이제 **오르비**가
학원을 재발명합니다

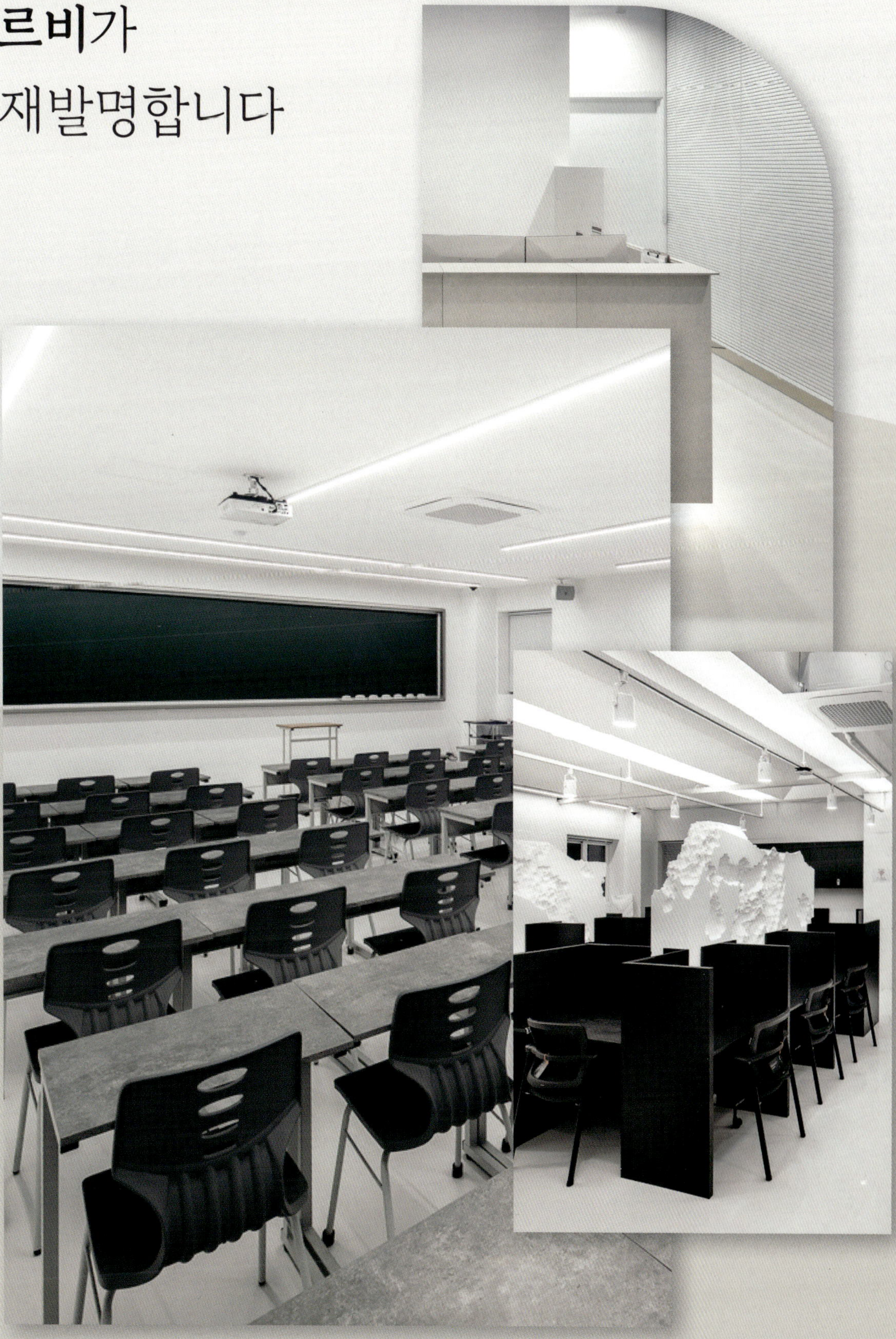

전화 : 02-522-0207　문자 전용 : 010-9124-0207　주소: 강남구 삼성로 61길 15 (은마사거리 도보 3분)

오르비학원은

모든 시스템이 수험생 중심으로 더 강화됩니다.

모든 시설이 최고의 결과가 나올 수 있도록 설계됩니다.

집중을 위해 오르비학원이 수험생 옆으로 다가갑니다.

오르비학원과 시작하면

원하는 대학문이 가장 빠르게 열립니다.

전화 : 02-522-0207 문자 전용 : 010-9124-0207 주소: 강남구 삼성로 61길 15 (은마사거리 도보 3분)

출발의 습관은 수능날까지 계속됩니다.
형식적인 상담이나
관리하고 있다는 모습만 보이거나
학습에 전혀 도움이 되지 않는
보여주기식의 모든 것을 배척합니다.

쓸모없는 강좌와 할 수 없는 계획을 강요하거나
무모한 혹은 무리한 스케줄로
1년의 출발을 무의미하게 하지 않습니다.
형식은 모방해도 내용은 모방할 수 없습니다.

개인의 능력을 극대화 시킬 모든 계획이 오르비학원에 있습니다.

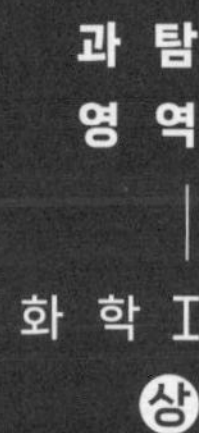

기출의 파급효과

과탐 영역 — 화학 I

상

화학 I (상)
기출의 파급효과

화학 Ⅰ (상)

저자의 말

화학1은 과목 특성상 시간이 부족한 과목입니다. 개념만으로 이루어진 과목과는 다르게 개념을 기반으로 한 계산문항이 있기 때문에 계산을 간단하게 하는 것이 중요하며 혹여나 계산 실수를 하게 된다면 시험 운영에 큰 어려움이 생깁니다. 그렇기에 실수들을 줄이기 위한 노력이 중요합니다. 기출분석을 통하여 유형별 루틴을 만들어 놓고 문제들을 풀어내는 연습은 실수를 줄일 수 있습니다. 이 책에 소개한 루틴으로 다양한 문제풀이를 체화하신다면 누구보다 안정적으로 고득점에 도달할 수 있을 겁니다. 또한 반드시 맞춰야 하는 개념, 비킬러 문제들을 단순히 맞추는 것에 그치지 않고 빠른 속도로 풀어내야 하기 때문에 정확한 개념의 숙지와 기계적인 적용도 필수적입니다. 따라서 수능 전날까지 꾸준히 연습을 하셔서 문제풀이의 감을 유지하는 것을 추천합니다.

화학1은 문제에 많은 자료와 조건들이 들어있기 때문에 이를 빠르고 정확하게 해석하는 것이 결국 준킬러 문제를 넘어 킬러 문제까지 풀어내는 핵심 포인트입니다. 그만큼 조건과 문제의 유기성을 파악하는 시야가 중요합니다. 이는 단순히 수업을 많이 듣고, 책을 여러 번 읽어보고, 수많은 모의고사를 그냥 풀어본다고 되는 것이 아닙니다. 직접 문제를 맞닥뜨리면서 고민하는 시간이 필수적입니다. 그리고 그런 고뇌의 시간 속에서 효율적인 방향으로 수험생 여러분들이 유도하는 것이 이 책의 목적성입니다.

아마 주위에서 화학을 선택한다고 한다면 가장 많이 듣는 말이 "수능 당일의 성적을 가장 예측하기 힘든 탐구 과목"이라는 말일 것입니다. 물론, 소수의 수험생들이 평소에는 '고정 만점'을 맞다가도 수능날 화학시간에 말려서 좋지 않은 등급을 받는 경우는 항상 존재해 왔습니다. 하지만 여러분이 준킬러에서 어이없는 계산실수, 오독/오판을 하지 않고 대략 10~15분 정도의 시간을 남기고 킬러 2문제를 남기는 실력에 오르시게 된다면 화학만큼 고정적으로 1등급을 보장해 줄 수 있는 과목도 없습니다. 대신, 평소에 비논리적이고 찍어서 푸는 풀이를 즐겨하는 수험생이라면 풀 때마다 풀이과정이 다소 바뀌다 보니 시험 운영에 있어 어려움을 겪을 수 있습니다.

하지만 평소 준킬러, 킬러 문제를 모두 논리적으로 문제에서 요구하는 조건들을 순서대로 제대로 해석해오던 수험생의 경우에는 충분히 여유롭게 시험을 운용하실 수 있으실 겁니다. 이 책에서는 기본에 충실한 논리적인 풀이를 지향하며 논리 위주로 내용을 전개하지만 가끔씩 '혹시나 모를 만약의 상황'을 위해서 기출 분석을 바탕으로 한 소위 말하는 '찍어서 풀기'도 소개합니다. 그러나 이는 차선책이 되어야지 최선책이 되어서는 안 됩니다. 논리적인 길을 따라가는 것이 과학탐구의 문제풀이의 정석임을 밝힙니다.

파급의 기출효과

cafe.naver.com/spreadeffect
파급의 기출효과 NAVER 카페

기출의 파급효과 시리즈는 기출 분석서입니다. 기출의 파급효과 시리즈는 국어, 수학, 영어, 물리학 1, 화학 1, 생명과학 1, 지구과학 1, 사회·문화가 예정되어 있습니다.

준킬러 이상 기출에서 얻어갈 수 있는 '꼭 필요한 도구와 태도'를 정리합니다.

'꼭 필요한 도구와 태도' 체화를 위해 관련도가 높은 준킬러 이상 기출을 바로바로 보여주며 체화 속도를 높입니다. 단시간 내에 점수를 극대화할 수 있도록 교재가 설계되었습니다.

학습하시다 질문이 생기신다면 '파급의 기출효과' 카페에서 질문을 할 수 있습니다.

교재 인증을 하시면 질문 게시판을 이용하실 수 있습니다.

기출의 파급효과 팀 소속 오르비 저자분들이 올리시는 학습자료를 받아보실 수 있습니다.
위 저자 분들의 컨텐츠 질문 답변도 교재 인증 시 가능합니다.

더 궁금하시다면 https://cafe.naver.com/spreadeffect/15에서 확인하시면 됩니다.

모킹버드

mockingbird.co.kr
수능 대비 온라인 문제은행

모킹버드는 수능 대비에 초점을 맞춘 문제은행 서비스입니다. AI 문항 추천 알고리즘을 통해 이용자의 학습에 최적화된 맞춤형 모의고사를 제공하여 효율적인 수능 성적향상을 목표로 합니다. **수학, 과탐을 서비스 중입니다.**

문항 제작과 검수에 기출의 파급효과 팀뿐만 아니라 지인선 님을 포함한 시대/강대/메가 컨텐츠 팀에서 근무하였고 여러 문항 공모전에서 수상한 이력이 있는 여러 문항 제작자들이 함께 하였습니다.
웹 개발과 알고리즘 개발에는 서울대 컴공, 카이스트 전산학부 출신 개발자들이 참여하였습니다.

모킹버드를 통해 싸고 맛좋은 실모를 온라인으로 뽑아 풀어보고,
AI 문항 추천 알고리즘 기술의 도움을 받아 학습 효율을 극대화해보세요.
가입만 해도 기출은 무제한 무료 이용 가능하고, 자작 실모 1회도 무료로 제공됩니다.

Chapter

00

화학의 시작

❚ 화학을 시작하기 전 알아야할 내용

1. 원소와 화합물

(1) 원소

물질을 구성하는 기본적인 성분으로, 물리적 화학적 방법으로는 단순한 물질로 나누어지지 않는다.
홑원소 물질을 원소라고도 한다.

〈홑원소 물질〉
한 종류의 원소만으로 이루어진 순수한 물질
ex H_2, O_2, He 등

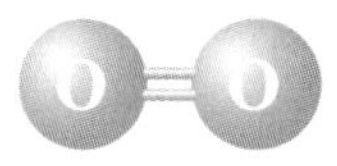

(2) 화합물

두 가지 이상의 **서로 다른** 종류의 원소들이 **일정한 비율**로 결합하여 만들어진 물질
ex CO_2, H_2O 등

2. 원소, 원자, 분자

(1) 원소

화학적 방법으로 더 **간단한 순물질로 분리할 수 없는** 물질

(2) 원자

일정한 질량과 크기를 가지고 있으며 물질을 **구성하는 가장 작은 입자**

(3) 분자

비금속으로 이루어진 **물질의 고유한 성질을 가지는 가장 작은 입자**
ex CO_2 : 2개의 원소로 이루어진 3원자 분자
　　He : 1개의 원소로 이루어진 1원자 분자
　　CH_2O : 3개의 원소로 이루어진 4원자 분자

(4) 분자로 존재하지 않는 물질들

이온결합물질

ex $NaCl$, MgO, $CuSO_4$ 등

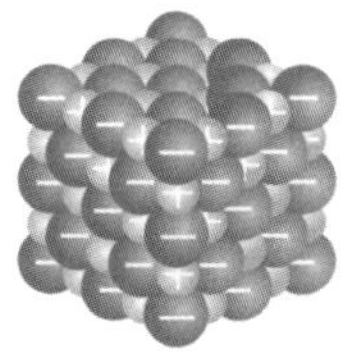

금속물질

ex Na, Mg, Cu 등

흑연, 다이아몬드(C)

3. 물질의 분류

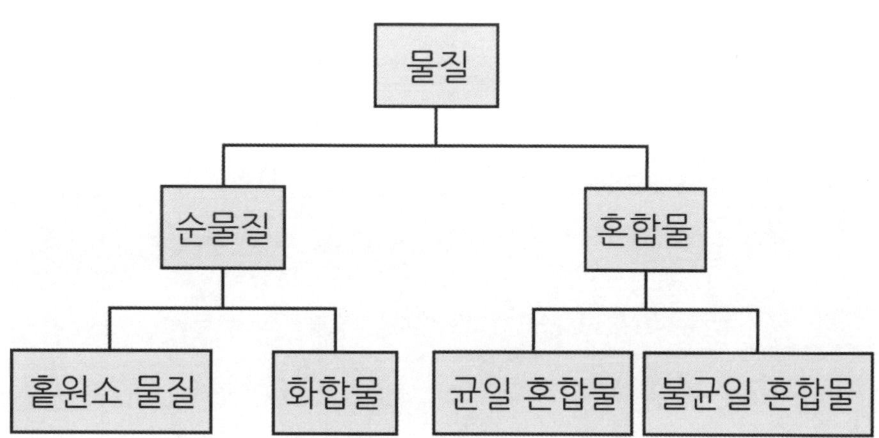

■ 물질은 옆과 같이 분류할 수 있다.

1족	2족	13족	14족	15족	16족	17족	18족
1 **H** 수소							2 **He** 헬륨
3 **Li** 리튬	4 **Be** 베릴륨	5 **B** 붕소	6 **C** 탄소	7 **N** 질소	8 **O** 산소	9 **F** 플루오린	10 **Ne** 네온
11 **Na** 나트륨	12 **Mg** 마그네슘	13 **Al** 알루미늄	14 **Si** 규소	15 **P** 인	16 **S** 황	17 **Cl** 염소	18 **Ar** 아르곤
19 **K** 칼륨	20 **Ca** 칼슘						

- 옆의 원소들은 반드시 암기해야 한다.
- 암기법에는 가로, 세로를 기준으로 암기하는 2가지 방법이 있다.
- 가로줄(주기)를 기준으로 '수헤리베비키니오퍼네 나만알지펩시클라크카'
- 세로줄(족)을 기준으로 '수리나카 베마카 비알 시씨 엔피 오황 불염 헤네알'

Chapter

01

우리 생활 속의 화학

01 우리 생활 속의 화학

▌들어가기

이 단원의 경우 1페이지에서도 쉬운 문항을 담당합니다. 아마 시험장에서 1페이지 눈풀(눈으로 보고 푸는 것)을 하는 학생이라면 이 문제는 눈으로 풀게 될 것입니다. 정해진 몇 가지의 물질만 제대로 암기하게 된다면 수능을 준비하는 과정에 있어서 거의 틀리지 않고 점수를 보장해 줄 수 있는 문제이니 반드시 맞추어야 하며 그 과정에서 시간도 짧게 바로 치고 나아가야 하는 단원입니다. 기본적으로 암기를 제대로 하지 않으면 여러모로 손해를 보기에 탄탄히 암기해 놓기를 추천합니다.

▍화학과 의류 문제의 해결

인류가 처음으로 입었던 옷은 동물의 가죽이나 식물의 잎으로 만든 것이다.
시간이 지남에 따라 식물에서 얻는 면이나 마가 등장하였지만 **천연 섬유는 강도가 약하며,**
생산 과정에 많은 시간과 노력이 들어 대량생산이 어렵고, 열과 물에 약하다는 단점이 있었다.

(1) 합성섬유의 개발과 의류 문제의 해결

▶ **합성 섬유** : 간단한 분자를 합성한 섬유로, 원료에 따라 다양한 특징을 갖는 섬유를 합성할 수 있다.

구분	천연섬유	합성섬유
종류	면, 마, 모 등	나일론, 폴리에스터 등
특징	흡습성과 촉감이 좋다. 질기지 않아 쉽게 닳는다. 생산량이 일정하지 않다. 생산 과정에서 많은 시간과 노력이 필요하다.	흡습성이 좋지 않다. 질기고 쉽게 닳지 않는다. 대량 생산이 가능하다. 세딕이 편하고 해충과 곰팡이의 피해가 없다. 다양한 기능의 섬유를 제작할 수 있다.

▶ 흡습성 : 물질이 습기를 빨아들이는 성질

▶ **합성 섬유 개발의 의의** : 화학의 발달과 함께 개발된 여러 가지 합성 섬유로 값싸고 다양한 기능이 있는
의복을 제작하고 이용할 수 있게 되었다.

(2) 최초의 합성 섬유 나일론, 현재 많이 생산되는 폴리 에스터

나일론은 캐러더스가 개발한 최초의 합성 섬유이다. 질기며 오랫동안 변하지 않는 장점이 있어 다양한 산업에
활용된다.

폴리 에스터는 현재 전 세계에서 가장 많이 생산되는 합성 섬유로 질기고 탄성이 좋아서 잘 구겨지지 않는다.
일반적인 의류의 소재로 사용되고 있다.

(1) 질소 비료의 필요성

산업 혁명 이후 인구가 급격하게 증가하였지만 농업 생산량이 그 속도를 따라가지 못하였다. 식량 생산량은 질소가 식물이 흡수할 수 있는 형태로 존재하는 양에 결정되므로 토양에 질소를 공급하여야 하는데 동물의 분뇨나 퇴비 등을 비료로 사용하기에는 부족하였다.

(2) 암모니아 합성과 식량 문제의 해결

질소(N)는 생물체 내에서 단백질, 핵산 등을 구성하는 원소이지만 대부분의 생명체는 공기 중의 질소(N_2)를 직접 이용하지 못한다.

하버와 보슈는 공기 중의 질소를 수소와 반응시켜 암모니아를 대량으로 합성하는 방법을 개발하였다.

암모니아를 원료로 하여 만든 질소 비료는 식량 문제 해결에 크게 기여하였다.

(3) 하버 보슈법

19세기 말 인구의 폭발적인 증가로 인한 식량 부족 문제는 인류가 해결해야 할 시급한 과제 중 하나였다.

대기 중의 질소는 매우 안정한 물질이기 때문에 암모니아 합성 반응은 고온, 고압 조건에서 일어난다.

하버와 보슈는 암모니아 합성에 필요한 최적의 온도와 압력, 촉매 등의 조건을 알아내기 위한 연구 끝에 공기 중의 질소를 수소와 반응시켜 암모니아를 대량 생산하는 공정을 만들었는데, 이를 하버 보슈법이라고 한다.

$$N_2(g) + 3H_2(g) \xrightarrow[\text{고온, 고압}]{\text{촉매}} 2NH_3(g)$$

이렇게 생산된 암모니아를 질산, 황산과 반응시켜 질산 암모늄이나 황산 암모늄으로 만들어 비료로 사용한다.

하버 보슈법에 의한 암모니아의 대량 생산은 식량 부족 문제를 해결하는 데 크게 기여하였고, 이 업적으로 하버는 1918년에 노벨 화학상을 수상하였다.

인류는 초기에 나무, 짚, 흙과 같은 천연 재료로 집을 지었다.

하지만 그러한 집들은 튼튼하지 않아 오래 지속되기 힘들었다.

건축재료	특징
철	단단하고 내구성이 뛰어나 건축물의 골조, 배관 및 가전제품 등에 이용한다. $2C + O_2 \rightarrow 2CO$, $Fe_2O_3 + 3CO \rightarrow 2Fe + 3CO_2$의 반응식으로 철을 제련한다.
스타이로폼	건물 내부의 열이 밖으로 빠져나가지 않도록 하는 단열재로 사용되며, 가볍고 거의 부식되지 않지만 열에 약하다.
시멘트	석회석($CaCO_3$)을 가열하여 생석회(CaO)로 만든 후 점토와 섞은 건축 재료이다.
콘크리트	시멘트에 물, 모래, 자갈 등을 섞은 건축 재료이며, 압축에는 강하지만 잡아당기는 힘에는 약하다.
철근 콘크리트	콘크리트 속에 철근을 넣어 콘크리트의 강도를 높인 것으로 주택, 건물, 도로 등의 건설에 이용한다.
유리	모래에 포함된 이산화 규소(SiO_2)를 원료로 만들며 건물의 외벽과 창에 이용한다.

➡ 건축 재료 발달의 의의 : 화학의 발달로 건축 재료가 바뀌면서 주택, 건물 등의 대규모 건설이 가능해졌다.

(1) 주요 재료들을 만드는 과정

석회석($CaCO_3$)을 가열하면 생석회(CaO)가 되고, 이를 점토와 섞으면 시멘트가 되며, 이 시멘트에 물, 모래, 자갈 등을 섞으면 콘크리트가 되고, 콘크리트 속에 철근을 넣으면 철근 콘크리트가 된다.

▶ 정의 : 탄소(C)를 기본골격으로 하여 수소(H), 산소(O), 질소(N), 황(S), 인(P), 할로젠 등이 **공유 결합하여 이루어진 화합물**

▶ 특징 : 하나의 탄소가 최대 4개의 원자와 공유 결합할 수 있기 때문에 다양한 종류의 화합물이 구성될 수 있다.

(1) 탄화수소

탄화수소	메테인 (CH_4)	프로페인(C_3H_8)	뷰테인(C_4H_{10})
분자모형	$$H-\overset{\displaystyle \overset{H}{\mid}}{\underset{\displaystyle \underset{H}{\mid}}{C}}-H$$	$$H-\overset{\overset{H}{\mid}}{\underset{\underset{H}{\mid}}{C}}-\overset{\overset{H}{\mid}}{\underset{\underset{H}{\mid}}{C}}-\overset{\overset{H}{\mid}}{\underset{\underset{H}{\mid}}{C}}-H$$	$$H-\overset{\overset{H}{\mid}}{\underset{\underset{H}{\mid}}{C}}-\overset{\overset{H}{\mid}}{\underset{\underset{H}{\mid}}{C}}-\overset{\overset{H}{\mid}}{\underset{\underset{H}{\mid}}{C}}-\overset{\overset{H}{\mid}}{\underset{\underset{H}{\mid}}{C}}-H$$
특징	**액화 천연가스 (LNG)의 주성분**	**액화 석유 가스 (LPG)의 주성분**	**액화 석유 가스(LPG)의 주성분**
	실온에서 기체	실온에서 기체	실온에서 기체
	냄새와 색깔이 없다	냄새와 색깔이 없다	냄새와 색깔이 없다
	가장 간단한 탄화수소		
이용	가정용 연료	차량용, 상업용 연료	차량용, 상업용 연료

탄소 화합물과 탄화 수소는 반드시 구분하여야 한다.

탄화 수소는 오직 탄소(C)와 수소(H)로만 이루어진 화합물이기에 만약 질소(N), 인(P), 황(S), 할로젠 등 탄소와 수소를 제외한 다른 원소가 화합물 내에 포함되어 있다면 그러한 화합물은 탄소화합물은 맞지만 탄화수소는 아니다.

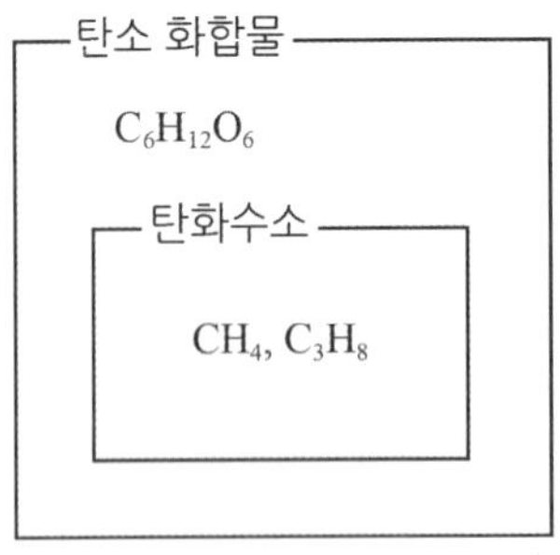

(2) 에탄올 (C_2H_5OH)

$$H-\overset{\displaystyle H}{\underset{\displaystyle H}{C}}-\overset{\displaystyle H}{\underset{\displaystyle H}{C}}-OH$$

1) 술의 주성분이며, 효모를 이용하여 과일이나 곡물 속에 포함된 당을 발효시켜 만든다.

2) 휘발성이 있고 잘 타는 성질이 있어 연료로 이용된다.

3) 물에 잘 녹는 부분과 물에 잘 녹지 않는 부분이 함께 존재하여 물과 기름에 모두 잘 녹는다.

4) 25℃ 에서 무색 액체로 존재하며 수용액은 중성이다.

5) 살균 효과가 있어 소독용 알코올, 약품의 원료로 사용된다.

(3) 아세트산 (CH_3COOH)

에탄올 → (발효) → 아세트산

에탄올

아세트산

1) 아세트산은 보통 에탄올이 발효 되어서 만들어진다.

2) 25℃에서 무색 액체로 존재하며 물에 녹아 **산성**을 나타낸다.

3) 식초, 아스피린, 플라스틱, 염료 등의 원료로 사용된다.

4) 아세트산의 경우, 살리실산과 아세트산을 합성시키면 아세틸살리실산(아스피린)이 되며 아스피린은 진통제나 해열제에 사용된다.

(4) 폼알데하이드 (CH_2O)

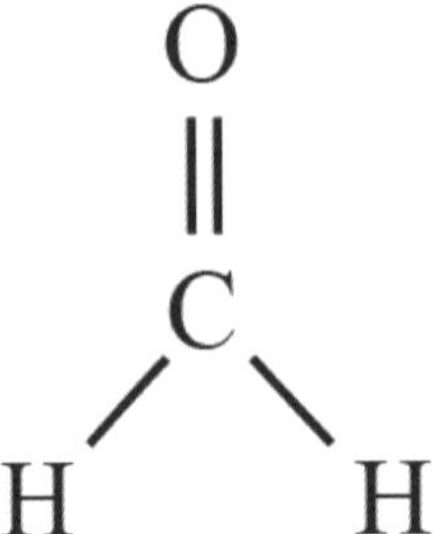

1) 모든 원자가 동일 평면에 위치한다.

2) 25℃ 에서 무색기체로 자극적인 냄새가 난다.

3) 물에 잘 용해된다.

4) 새집 증후군의 원인 물질이다.

5) 플라스틱, 가구용 접착제 등의 원료로 사용된다.

* 이 분자의 경우 해당 단원 뿐만 아니라 8단원에서도 자주 사용되기에 기억해주길 바란다.

(5) 아세톤 (C_3H_6O)

1) 25℃ 에서 무색 액체로 특유의 냄새가 난다.

2) 탄소화합물을 녹이는 용매나 매니큐어 제거제로 사용된다.

(6) 탄소 화합물의 연소

탄소 화합물이 완전 연소 될 때 생성되는 CO_2와 H_2O의 양은 탄소화합물이 가지고 있는 탄소(C)와 수소(H)의 개수와 비례한다.

$CH_4 + 2O_2 \rightarrow CO_2 + 2H_2O$ ($m=1$, $n=4$)에서
탄소화합물 1mol 반응당 CO_2 1mol, H_2O 2mol 이 생성된다.

$C_2H_4 + 3O_2 \rightarrow 2CO_2 + 2H_2O$ ($m=2$, $n=4$)에서
탄소화합물 1mol 반응당 CO_2 2mol, H_2O 2mol이 생성된다.

아래 수식들은 자주 출제되는 문제이며, 개정 전에는 리비히 분석이라는 준킬러 주제, 개정 후에는 비킬러, 준킬러를 막론하고 자주 보이므로 익혀두는 것을 추천한다.

(7) 탄화 수소 연소 반응 반응계수 맞추기

$$C_mH_n + (m + \frac{n}{4})O_2 \rightarrow mCO_2 + \frac{n}{2}H_2O$$

ex $CH_4 + 2O_2 \rightarrow CO_2 + 2H_2O$ ($m=1$, $n=4$)
$C_2H_4 + 3O_2 \rightarrow 2CO_2 + 2H_2O$ ($m=2$, $n=4$)

(8) 탄소 화합물 연소 반응 반응계수 맞추기(심화)

$$C_xH_yO_z + (x + \frac{y}{4} - \frac{z}{2})O_2 \rightarrow xCO_2 + \frac{y}{2}H_2O$$

01 22학년도 수능 2번

표는 일상생활에서 이용되고 있는 물질에 대한 자료이다.

물질	이용 사례
아세트산(CH_3COOH)	식초의 성분이다.
암모니아(NH_3)	질소 비료의 원료로 이용된다.
에탄올(C_2H_5OH)	㉠

이에 대한 옳은 설명만을 <보기>에서 있는 대로 고른 것은?

─── <보 기> ───

ㄱ. CH_3COOH을 물에 녹이면 산성 수용액이 된다.

ㄴ. NH_3는 탄소 화합물이다.

ㄷ. '의료용 소독제로 이용된다.'는 ㉠으로 적절하다.

02 21학년도 10월 1번

다음은 탄소 화합물 (가)~(다)에 대한 설명이다. (가)~(다)는 각각 메테인(CH_4), 에탄올(C_2H_5OH), 아세트산(CH_3COOH) 중 하나이다.

○ (가) : 천연가스의 주성분이다.

○ (나) : 수용액은 산성이다.

○ (다) : 손 소독제를 만드는 데 사용한다.

(가)~(다)로 옳은 것은?

	(가)	(나)	(다)
①	메테인	에탄올	아세트산
②	메테인	아세트산	에탄올
③	에탄올	메테인	아세트산
④	에탄올	아세트산	메테인
⑤	아세트산	에탄올	메테인

그림은 물질 (가)와 (나)의 구조식을 나타낸 것이다.

$$H-\overset{\displaystyle H}{\underset{\displaystyle H}{N}}-H \qquad H-\overset{\displaystyle H}{\underset{\displaystyle H}{C}}-\overset{\displaystyle O}{\overset{\|}{C}}-O-H$$

(가)   (나)

이에 대한 옳은 설명만을 <보기>에서 있는 대로 고른 것은?

<보 기>
ㄱ. (가)는 질소 비료의 원료로 사용된다.
ㄴ. (나)를 물에 녹이면 산성 수용액이 된다.
ㄷ. (가)와 (나)는 모두 탄소 화합물이다.

다음은 탄소 화합물 학습 카드와 탄소 화합물 A~C의 모형을 나타낸 것이다. A~C는 각각 메테인, 에탄올, 아세트산 중 하나이다.

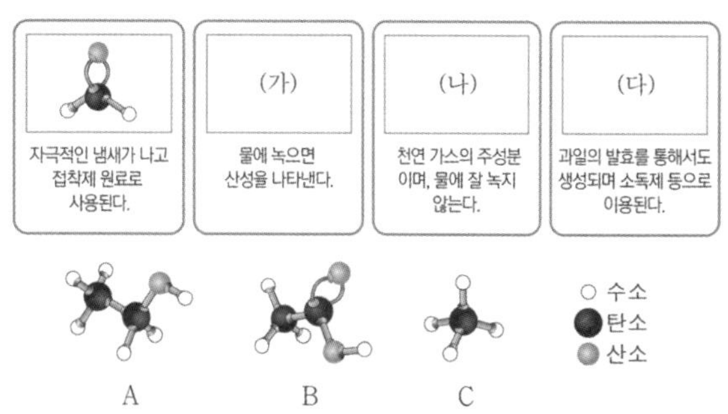

(가)~(다)에 해당하는 A~C의 모형을 옳게 고른 것은?

	(가)	(나)	(다)
①	A	B	C
②	A	C	B
③	B	A	C
④	B	C	A
⑤	C	B	A

05 22학년도 6월 1번

다음은 일상생활에서 사용하는 제품과 이와 관련된 성분 (가)~(다)에 대한 자료이다.

(가) 설탕
$(C_{12}H_{22}O_{11})$

(나) 염화 나트륨
$(NaCl)$

(다) 아세트산
(CH_3COOH)

(가)~(다) 중 탄소 화합물만을 있는 대로 고른 것은?

06 21학년도 4월 1번

다음은 실생활 문제 해결에 기여한 물질에 대한 설명이다.

○ ㉠ : 암모니아를 원료로 만든 물질로 식량 문제 해결에 기여
○ 시멘트 : 석회석을 원료로 만든 물질로 ㉡ 문제 해결에 기여

다음 중 ㉠과 ㉡으로 가장 적절한 것은?

	㉠	㉡
①	유리	의류
②	질소 비료	의류
③	유리	주거
④	질소 비료	주거
⑤	석유	의류

07 21학년도 3월 1번

다음은 메테인(CH_4), 에탄올(C_2H_5OH), 아세트산(CH_3COOH)에 대한 세 학생의 대화이다.

제시한 내용이 옳은 학생만을 있는 대로 고른 것은?

08 21학년도 수능 1번

다음은 탄소 화합물에 대한 설명이다.

> 탄소 화합물이란 탄소(C)를 기본으로 수소(H), 산소(O), 질소(N) 등이 결합하여 만들어진 화합물이다.

다음 중 탄소 화합물은?

① 산화 칼슘(CaO)

② 염화 칼륨(KCl)

③ 암모니아(NH_3)

④ 에탄올(C_2H_5OH)

⑤ 물(H_2O)

09 20학년도 10월 1번

다음은 화학이 실생활의 문제 해결에 기여한 사례이다.

○ 하버는 공기 중의 ㉠ 기체를 수소 기체와 반응시켜 ㉡을 대량 합성하는 방법을 개발하여 인류의 식량 문제 해결에 기여하였다.

○ 캐러더스는 최초의 합성 섬유인 ㉢을 개발하여 인류의 의류 문제 해결에 기여하였다.

이에 대한 옳은 설명만을 <보기>에서 있는 대로 고른 것은?

────── <보 기> ──────

ㄱ. ㉠은 질소이다.

ㄴ. ㉢은 천연 섬유에 비해 대량 생산이 쉽다.

ㄷ. 분자를 구성하는 원자 수는 ㉡이 ㉠의 4배이다.

---

10 21학년도 9월 평가원 1번

다음은 화학의 유용성과 관련된 자료이다.

○ 과학자들은 석유를 원료로 하여 ㉠ 나일론을 개발하였다.

○ 하버와 보슈는 질소 기체를 ㉡ 와/과 반응시켜㉢ 암모니아를 대량으로 합성하는 제조 공정을 개발하였다.

이에 대한 설명으로 옳은 것만을 <보기>에서 있는 대로 고른 것은?

────── <보 기> ──────

ㄱ. ㉠은 합성 섬유이다.

ㄴ. ㉡은 산소 기체이다.

ㄷ. ㉢은 인류의 식량 부족 문제를 개선하는 데 기여하였다.

11

그림은 탄소 화합물 (가)~(다)의 구조식을 나타낸 것이다. (가)~(다)는 각각 메테인, 에탄올, 아세트산 중 하나이다.

$$H-\underset{\underset{H}{|}}{\overset{\overset{H}{|}}{C}}-H \qquad H-\underset{\underset{H}{|}}{\overset{\overset{H}{|}\;\;O}{\overset{|\;\;\|}{C}}}-C-O-H \qquad H-\underset{\underset{H}{|}}{\overset{\overset{H}{|}}{C}}-\underset{\underset{H}{|}}{\overset{\overset{H}{|}}{C}}-O-H$$

(가)　　　　(나)　　　　　　(다)

이에 대한 설명으로 옳은 것만을 <보기>에서 있는 대로 고른 것은?

―――――――― <보 기> ――――――――

ㄱ. (가)는 천연 가스의 주성분이다.

ㄴ. (나)를 물에 녹이면 염기성 수용액이 된다.

ㄷ. (다)는 손 소독제를 만드는 데 사용된다.

12

그림은 탄소 화합물 (가)~(다)의 분자 모형을 나타낸 것이다.

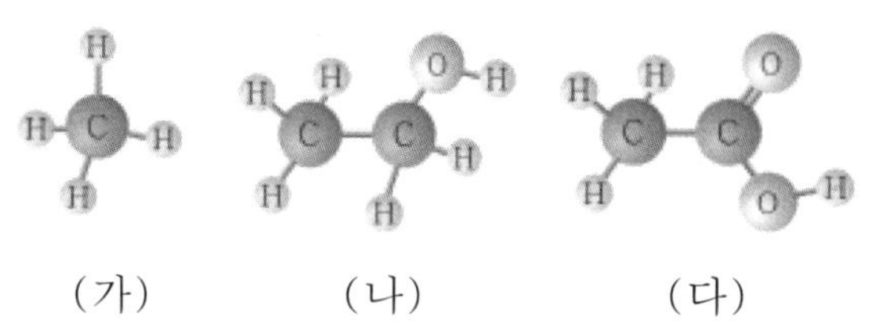

(가)　　　　(나)　　　　(다)

(가)~(다)에 대한 옳은 설명만을 <보기>에서 있는 대로 고른 것은?

―――――――― <보 기> ――――――――

ㄱ. (가)는 액화 천연 가스(LNG)의 주성분이다.

ㄴ. (다)의 수용액은 산성이다.

ㄷ. $\dfrac{\text{H 원자수}}{\text{C 원자수}}$ 는 (나)가 가장 크다.

13

다음은 물질 X에 대한 설명이다.

> ○ 탄소 화합물이다.
> ○ 구성 원소는 3가지이다.
> ○ 수용액은 산성이다.

다음 중 X로 가장 적절한 것은?

① 메테인(CH_4)

② 암모니아(NH_3)

③ 염화 나트륨($NaCl$)

④ 아세트산(CH_3COOH)

⑤ 설탕($C_{12}H_{22}O_{11}$)

14

그림은 식초의 식품 표시 정보의 일부를 나타낸 것이다.

식품 유형	식초
포장 재질	㉠ 플라스틱
원재료명	정제수, ㉡ 아세트산(CH_3COOH), ㉢ 이산화 황(SO_2)

이에 대한 설명으로 옳은 것만을 <보기>에서 있는 대로 고른 것은?

―――― <보 기> ――――

ㄱ. ㉠은 대량 생산이 가능하다.

ㄴ. ㉡을 물에 녹이면 산성 수용액이 된다.

ㄷ. ㉢은 탄소 화합물이다.

① ㄱ 　② ㄷ 　③ ㄱ, ㄴ

④ ㄴ, ㄷ 　⑤ ㄱ, ㄴ, ㄷ

15 23학년도 6월 1번

다음은 화학의 유용성에 대한 자료이다.

> ○ $\bigcirc$에탄올(C_2H_5OH)을 산화시켜 만든 $\bigcirc$아세트산(CH_3COOH)은 의약품 제조에 이용된다.
>
> ○ 질소(N_2)와 수소(H_2)를 반응시켜 만든 암모니아(NH_3)는 [$\boxdot$] (으)로 이용된다.

이에 대한 설명으로 옳은 것만을 <보기>에서 있는 대로 고른 것은?

> ─── <보 기> ───
>
> ㄱ. $\bigcirc$은 탄소 화합물이다.
>
> ㄴ. $\bigcirc$을 물에 녹이면 산성 수용액이 된다.
>
> ㄷ. '질소 비료의 원료'는 $\boxdot$으로 적절하다.

① ㄱ ② ㄷ ③ ㄱ, ㄴ
④ ㄴ, ㄷ ⑤ ㄱ, ㄴ, ㄷ

16 22학년도 7월 3번

다음은 탄소 화합물 X~Z에 대한 탐구 활동이다. X~Z는 각각 메테인, 에탄올, 아세트산 중 하나이다.

[탐구 과정]

○ 탄소 화합물 X~Z의 이용 사례를 조사하고, 퍼즐 $\bigcirc$~$\boxminus$을 사용하여 구조식을 완성한다.

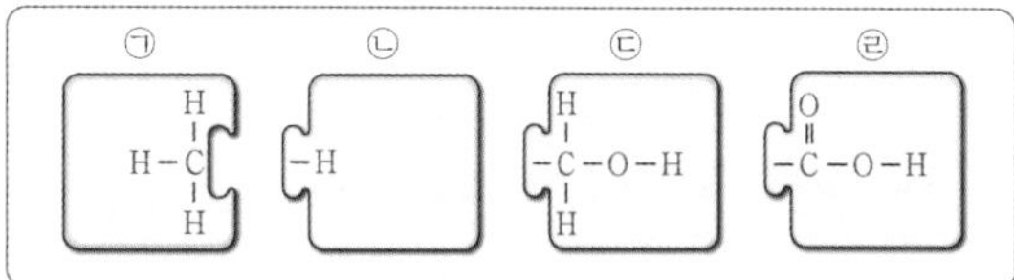

[탐구 결과]

탄소 화합물	X	Y	Z
이용 사례	식초의 성분	(가)	
사용한 퍼즐			$\bigcirc$과 $\boxdot$

이에 대한 설명으로 옳은 것만을 <보기>에서 있는 대로 고른 것은? [3점]

> ─── <보 기> ───
>
> ㄱ. X의 구조식을 완성하기 위해 사용한 퍼즐은 $\bigcirc$과 $\bigcirc$이다.
>
> ㄴ. '액화 천연가스의 주성분'은 (가)로 적절하다.
>
> ㄷ. Z는 물에 잘 녹는다.

① ㄱ ② ㄴ ③ ㄱ, ㄷ
④ ㄴ, ㄷ ⑤ ㄱ, ㄴ, ㄷ

17

다음은 일상생활에서 이용되고 있는 2가지 물질에 대한 자료이다.

○ 메테인(CH_4)은 [㉠] 의 주성분이다.

○ ㉡뷰테인(C_4H_{10})을 연소시켜 물을 끓인다.

이에 대한 설명으로 옳은 것만을 <보기>에서 있는 대로 고른 것은?

――――― <보 기> ―――――

ㄱ. '액화 천연 가스(LNG)'는 ㉠으로 적절하다.

ㄴ. ㉡은 탄소 화합물이다.

ㄷ. ㉡의 연소 반응은 발열 반응이다.

① ㄱ   ② ㄷ   ③ ㄱ, ㄴ

④ ㄴ, ㄷ   ⑤ ㄱ, ㄴ, ㄷ

18

그림은 물질 (가)~(다)를 분자 모형으로 나타낸 것이다.

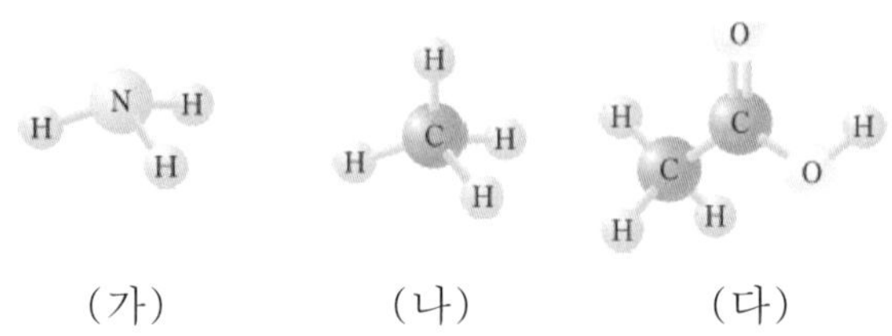

(가)   (나)   (다)

이에 대한 옳은 설명만을 <보기>에서 있는 대로 고른 것은?

――――― <보 기> ―――――

ㄱ. (가)는 질소 비료를 만드는 데 쓰인다.

ㄴ. (나)는 액화 천연가스(LNG)의 주성분이다.

ㄷ. (다)의 수용액은 산성이다.

① ㄱ   ② ㄴ   ③ ㄱ, ㄷ

④ ㄴ, ㄷ   ⑤ ㄱ, ㄴ, ㄷ

19 23학년도 수능 1번

다음은 일상생활에서 이용되고 있는 3가지 물질에 대한 자료이다.

○ 에탄올(C_2H_5OH)은 　　　　㉠　　　　

○ 제설제로 이용되는 ㉡염화 칼슘($CaCl_2$)을 물에 용해시키면 열이 발생한다.

○ ㉢메테인(CH_4)은 액화 천연 가스(LNG)의 주성분이다.

이에 대한 설명으로 옳은 것만을 <보기>에서 있는 대로 고른 것은?

─────── <보 기> ───────

ㄱ. '의료용 소독제로 이용된다.'는 ㉠으로 적절하다.

ㄴ. ㉡이 물에 용해되는 반응은 발열 반응이다.

ㄷ. ㉡과 ㉢은 모두 탄소 화합물이다.

① ㄴ　　　　② ㄷ　　　　③ ㄱ, ㄴ

④ ㄱ, ㄷ　　　⑤ ㄱ, ㄴ,

20 24학년도 6월 1번

다음은 일상생활에서 사용되고 있는 물질에 대한 자료이다.

○ ㉠에텐(C_2H_4)은 플라스틱의 원료로 사용된다.

○ ㉡아세트산(CH_3COOH)은 의약품 제조에 이용된다.

○ ㉢에탄올(C_2H_5OH)을 묻힌 솜으로 피부를 닦으면 에탄올이 기화되면서 피부가 시원해진다.

이에 대한 설명으로 옳은 것만을 <보기>에서 있는 대로 고른 것은?

─────── <보 기> ───────

ㄱ. ㉠은 탄소 화합물이다.

ㄴ. ㉡을 물에 녹이면 염기성 수용액이 된다.

ㄷ. ㉢이 기화되는 반응은 흡열 반응이다.

① ㄱ　　　　② ㄴ　　　　③ ㄱ, ㄷ

④ ㄴ, ㄷ　　　⑤ ㄱ, ㄴ, ㄷ

21

다음은 일상생활에서 이용되고 있는 물질에 대한 자료와 이에 대한 학생들의 대화이다.

○ ⓐ 메테인(CH_4)을 연소시켜 난방을 하거나 음식을 익힌다.
○ ⓑ 질산 암모늄(NH_4NO_3)이 물에 용해되는 반응을 이용하여 냉찜질 주머니를 차갑게 만든다.

제시한 내용이 옳은 학생만을 있는 대로 고른 것은?

① A   ② B   ③ A, C
④ B, C   ⑤ A, B, C

22

다음은 일상생활에서 사용되고 있는 물질에 대한 자료이다.

ⓐ 에탄올(C_2H_5OH)이 주성분인 손 소독제를 손에 바르면, 에탄올이 증발하면서 손이 시원해진다.

손난로를 흔들면, 손난로 속에 있는 ⓑ 철가루(Fe)가 산화되면서 열을 방출한다.

이에 대한 설명으로 옳은 것만을 <보기>에서 있는 대로 고른 것은?

──── <보 기> ────

ㄱ. ⓐ은 탄소 화합물이다.
ㄴ. ⓐ이 증발할 때 주위로 열을 방출한다.
ㄷ. ⓑ이 산화되는 반응은 발열 반응이다.

① ㄱ   ② ㄴ   ③ ㄱ, ㄷ
④ ㄴ, ㄷ   ⑤ ㄱ, ㄴ, ㄷ

Chapter

02

화학식량과 몰

02 화학식량과 몰

▌들어가기

이 단원에서 출제되는 준킬러의 유형은 '아보가드로 법칙'을 사용하는 문제와 '동위 원소 개념'을 사용하는 문제가 서로 혼합되어 나오기도 합니다. 준킬러를 원활하게 해결하여 시험 전반적인 운영을 매끄럽게 하기 위해 반드시 정복해야하는 단원이기도 합니다. (단원 분류상 동위 원소 관련 개념은 5단원에 첨가될 것입니다.)

우선 준킬러 중 '아보가드로 법칙'을 사용하는 문제에 대해 이야기 하자면 이 유형은 해가 거듭할수록 난이도가 높아지는 경향을 보이며, 능숙한 사람과 미숙한 사람의 문제풀이 속도 차가 굉장히 심한 유형 중 하나입니다. 책에서 소개하는 이론, 스킬들을 반드시 자신에게 내재화 시켜 어느정도 루틴화 시켜야 빠른 속도로 문제를 해결하고 화학1 과목에서 고득점을 얻을 수 있을 것입니다.

야매로 특정 원자들을 찍어서 푸는 방법을 사용하는 학생들도 더러 있지만 시간이 부족하다면 효율적인 방법인 것은 맞지만 평소 공부하거나 연습을 할 때는 최대한 논리적이고 유기적인 과정을 거쳐서 해답을 도출하는 방식으로 학습하길 바랍니다. 이제껏 평가원은 실제 원자를 출제하는 기조를 보였으나 숫자 조합을 조금만 바꾸면 다른 비율이 충분히 출제될 수 있기 때문에 어떤 상황에서도 자신의 논리를 이어나갈 수 있는 탄탄한 루틴들이 여러분들의 바탕에 깔려 있어야 합니다.

또한 이미 평가원 기출, 교육청 기출들을 통하여 소개된 표현들에 대해서는 암기 수준으로 학습하여 특정 표현이 나왔을 때 사용할 수 있는 방법들에 대해서는 충분히 연습을 하셔야 하며 상위권으로 가기 위해서는 이 단원의 문제를 맞추는 것을 넘어 빠르게 해결해 나갈 수 있어야 하니 기출의 표현과 논리들은 반드시 알아놓아 두시길 바랍니다.

❘ 원자량과 분자량 그리고 화학식량

1. 원자량

▶ 정의 : **질량수가 12인 탄소(C) 원자의 원자량을 12로** 정하고, 이것을 기준으로 하여 다른 원자의 질량을 **상대적으로 대응시킨 질량**이며, g이나 kg의 단위를 사용하지 않는다.

* 질량수와 원자량은 다르다!!!

▶ **질량수** : 원자핵을 이루는 양성자 수와 중성자 수의 합

▶ **원자량** : 원자 1개의 질량을 탄소 원자를 기준으로 나타낸 상댓값

** ^{12}C를 제외한 다른 원자의 원자량은 자연수가 아니다.

원자	질량수	(실제)원자량
^{1}H	1	1.0078xx
^{12}C	12	12
^{16}O	16	15.9949xx
^{35}Cl	35	34.969x

* <u>더 알아보기</u>
질량수가 12인 탄소(C)가 아니라 산소(O)를 기준으로 삼는다면 달라지는 값과 달라지지 않는 값은 어떤 것이 있을까?

달라지는 값 : 1몰의 질량, 아보가드로수(N_A), 분자량

달라지지 않는 값 : 원자의 실제 질량, 밀도

2. 분자량

▶ 정의 : 분자를 구성하는 모든 원자의 원자량을 더한 값, 분자량도 상대적인 값이므로 단위가 없다.

산소(O_2)	물(H_2O)	암모니아(NH_3)
O O	O H H	H N H H
O (16) O (16)	O (16) H (1) H (1)	N (14) H (1) H (1) H (1)
$16 \times 2 = 32$	$16 + (1 \times 2) = 18$	$14 + (1 \times 3) = 17$

3. 화학식량

▶ 정의 : 물질을 이루는 모든 원자의 원자량을 더한 값

* 여러가지 화학식량

암기를 하였을 경우 빠르게 문제를 해결해 나갈수 있기 때문에 암기해 두는 것을 추천한다.

사실 많은 문제를 접하다 보면 자연스럽게 뇌리에 남을 정도로 흔하게 출제되는 물질들이다.

$H(1)$ $C(12)$ $N(14)$ $O(16)$ $F(19)$ $Cl(35.5)$ $CH_4(16)$ $NH_3(17)$ $H_2O(18)$ $CO_2(44)$

$N_2O(44)$ $NO_2(46)$ $OF_2(54)$ $CF_4(88)$ $CaCO_3(100)$ $C_2H_5OH(46)$ $C_6H_{12}O_6(180)$

* 양적관계, 아보가드로 법칙 유형에서 원자량과 분자량을 잘못 보아 착각하는 경우가 있으니 조심하도록 하자

▎몰과 아보가드로 법칙

1. 몰(mol)

▶ 정의 : 원자, 분자, 이온 등과 같은 입자의 수를 나타낼 때 사용하는 묶음 단위이다.
 원자, 분자, 이온은 매우 작고 가벼워 물질의 양을 표기 하는데 어려움이 있기 때문에 묶음을 통해서 편하게 표현하고자 한다.

(1) 아보가드로 수

1mol은 6.02×10^{23}이며 6.02×10^{23}을 아보가드로 수라고 한다.
원자, 분자, 이온과 같은 입자를 셀 때에는 묶음 단위인 몰을 사용한다.
입자 1몰은 아보가드로수만큼 모인 입자의 묶음을 뜻하며, 그 질량은 각각의 원자량, 분자량, 화학식량에 g을 붙인 값과 같다. 물질 1몰의 질량은 몰 질량(g/mol)이라 한다.
우리가 이전에 배운 화학식량 뒤에 g을 붙이면 모두 1몰일 때의 질량을 표시한 것이 된다는 말이다.

2. 아보가드로 법칙

▶ 정의 : 모든 기체는 같은 온도와 같은 압력에서 같은 부피 속에 들어 있는 분자 수가 같다.
 따라서 기체의 종류에 관계없이 같은 온도와 같은 압력에서 기체 1몰이 차지하는 부피는 일정하다.
 즉, 0℃, 1기압에서 기체 1몰이 차지하는 부피는 기체의 종류에 관계없이 항상 22.4L 이다.

(1) 물질의 질량과 몰 계산

원자 1몰의 질량은 원자량에 g 단위를 써서 나타내고, 분자 1몰의 질량은 분자량에 g 단위를 써서 나타낸다.
ex) NH_3 1mol = 17g CO_2 0.5mol = 22g

(2) 물질의 부피와 몰 계산

기체의 경우(오직 기체여야만 한다.) 몰수와 질량을 부피로부터 구할 수 있다.
위에 설명한 아보가드로 법칙에 의거하여 모든 기체는 0℃, 1기압에서 1mol의 부피가 22.4L이다.
그리고 온도와 압력이 같으면 모든 기체는 같은 부피 속에 같은 수의 분자가 존재한다.

ex $H_2O(g)$ 1mol의 기체는 22.4L이다, $CO_2(g)$ 0.5mol의 기체는 11.2L이다.

몰 수 구하기

$$\text{물질의 양(mol)} = \frac{\text{입자 수}}{6.02 \times 10^{23}} = \frac{\text{질량(g)}}{\text{몰 질량(g/mol)}} = \frac{\text{기체의 부피(L)}}{22.4(\text{L/mol})} (0℃, 1기압)$$

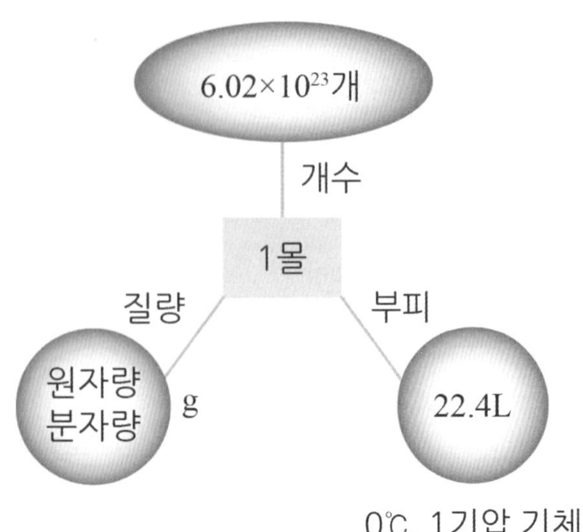

몰, 입자의 개수, 부피, 질량 간의 관계의 옆과 같다.

(3) 물질의 밀도와 화학식량의 관계

$n = \dfrac{w}{M}$ 이므로 질량 = 몰수×분자량 의 값을 가진다.

밀도(d) = $\dfrac{w}{V}$ = $\dfrac{nM}{V}$ 인데, $n \propto V$ 이므로 $d \propto M$ 이다.

* $PV = nRT$ (이상기체 상태 방정식 : P는 압력, V는 부피, n은 몰수, R은 상수, T는 온도)

$V = \dfrac{w}{d}$, $n = \dfrac{w}{M}$ 이므로

$P \times \dfrac{w}{d} = \dfrac{w}{M}RT$ 에서 양변에 w를 나누고 R은 상수이므로

무시하면 '압력과 온도가 같으면 M(화학식량) 과 d(밀도)가 비례한다'라는 결론을 도출해 낼 수 있다.

→ 이 부분에 대해서 도출 과정을 암기할 필요는 전혀 없다.
　애초에 이상기체 상태 방정식이 화학2 내용이므로 화학1 수능을 준비하시는 수험생들 입장에서는 '화학식량과 밀도가 비례한다'라는 결론만 암기해 주시면 됩니다.

(4) 빈출 표현 정리

❶ 1g당 분자수 & 같은 질량에 포함된 분자수 해석
사실상 1g 당 분자수와 같은 질량에 포함된 분자수는 같은 표현이다.
같은 질량의 표현을 1g이라고 생각하면 둘이 같은 개념인 것이 당연하게 여겨질 것이다.

같은 질량의 물질에 포함된 분자수는 분자량에 반비례한다.

$$\text{1g 당 분자수} \propto \frac{1}{\text{분자량}}$$

❷ 1g당 원자수 & 같은 질량에 포함된 원자수 해석
위 표현을 해결하기 위해서는 우선적으로 위에 나와있는 1g당 분자수 & 같은 질량에 포함된 분자수를 먼저
구해야 한다. 해당 값들을 구한 후에 그 값들에 해당 물질이 분자당 포함하는 원자수를 곱하여 1g당 원자수 &
같은 질량에 포함된 원자수를 구해야 한다.

> **tip**
>
> 1g당 & 같은 질량에 포함된 ' ~~ ' 자료와 질량이나 분자량 자료가 등장하게 되면 이 두 값을 곱해서
> 해석힐 수 있다는 것을 기억하자.
> 만약 1g당 & 같은 질량에 포함된 ' ~~ ' 자료에 기체 전체의 질량을 곱하게 되면 기체 전체의 ' ~~ '의
> 값을 알 수 있고, 1g당 & 같은 질량에 포함된 ' ~~ ' 자료에 분자량을 곱하게 되면 기체 1mol의 ' ~~
> '의 값을 알 수 있으므로 해석의 방향성이 다양해진다.

❸ 구성 원자의 질량비
ex CH_4

C : H

$(12 \times 1) : (1 \times 4)$

분자를 구성하는 원자 질량비를 구할때는 그 원자의 원자량을 적은후 분자당 구성하는 원자수를 곱하며 해당
값들의 비율을 구할 수 있다.

(5) 질소 화합물의 구성 원자 질량비

위 내용은 필수 암기내용은 아니지만 실제 원자를 주로 출제하는 평가원의 기조에서 가장 많이 출제되었던
물질들이므로 숫자 비율 정도는 눈에 익숙해져 있는게 좋을 것 같다.

물질 N 과 O 질량비

물질	질소의 질량	산소의 질량	질소 질량 : 산소질량 (비율)
N_2O	14×2	16×1	7:4
NO, N_2O_2	14×1, 14×2	16×1, 16×2	7:8
N_2O_3	14×2	16×3	7:12
NO_2, N_2O_4	14×1, 14×2	16×2, 16×4	7:16
N_2O_5	14×2	16×5	7:20

---

tip

두가지 원소로만 이루어진 화합물의 경우에는 1g당 해당원소의 원자수, 1g당 전체 원자수의 정확한
값을 계산하지 않고 대소 관계를 구할수 있긴 하다.

A_nB_m인 화합물이 있다고 하자.

1g당 A 원자수는 화합물 한 분자당 $\dfrac{A\ \text{원자수}}{B\ \text{원자수}}$ 로 비교한다.

1g당 B 원자수는 화합물 한 분자당 $\dfrac{B\ \text{원자수}}{A\ \text{원자수}}$ 로 비교한다.

1g당 전체 원자수는 화합물 한 분자당 $\dfrac{\text{화학식량이 더 작은 원소의 원자수}}{\text{화학식량이 더 큰 원소의 원자수}}$ 로 비교한다.

위 말이 어렵게 느껴질 수도 있는데 한마디로 정리하면, 1g당 특정 원자수는 그 특정 원자의 비율이
클수록 더 크고, 1g당 전체 원자수의 경우에는 화학식량이 더 작은 원소의 비율이 클수록 더 크다고
생각하면 문제에서 활용하는 데에 있어서 조금 더 편리할 것입니다.

(6) 수식으로 증명하기

임의의 화합물을 A_nB_m과 A_pB_q라고 설정하자.

A의 화학식량을 x, B의 화학식량을 y라 하면 g당 A원자수의 정의를 통한 식은 $\dfrac{n}{nx+my}$와 $\dfrac{p}{px+qy}$를 비교하면 되는데 위 식을 서로 정리하게 되면 npx가 양변에 같이 있어 소거되고 남은 부분에서 y도 나누어져 남은 식은 nq와 mp를 비교 하는 식이 되는데 위 식에 mq를 양변에 나누게 되면 $\dfrac{n}{m}$과 $\dfrac{p}{q}$를 비교하는 식이 되며 위 과정을 진행하는 동안 설정된 모든 미지수들은 양수의 값이므로 처음의 $\dfrac{n}{nx+my}$와 $\dfrac{p}{px+qy}$와 $\dfrac{n}{m}$과 $\dfrac{p}{q}$의 대소관계는 같게 된다.

* 위와 같은 방식으로 g당 B의 원자수, g당 전체 원자수 모두 증명가능하다. 단, 위의 스킬은 단순히 **대소관계**를 비교하는 선지에서만 사용해야 하며 구체적인 값을 구하는 선지에서는 정의에 입각하여 선지를 해결해 나가야 합니다.

(7) wnM 표 그리기(반드시 루틴화 시키기)

$$
\begin{array}{c}
w(\text{질량}) \\
n(\text{몰수}) \\
M(\text{분자량})
\end{array}
$$

위의 설명들을 통해 $n = \dfrac{w}{M}$임을 알고 있을 것이다. 이를 이용하여 가장 윗줄에 w(질량) 값들을 적고 후에 n(몰수), M(분자량) 순으로 적게 된다면, w밑에 나눈다라는 표시의 줄을 그어 n으로 나누게 되면 M의 값을 구할 수 있다.

* 위와 같은 순으로 배치하는 이유를 설명하자면, 기출을 많이 보게 되면 알겠지만 화학에서 양을 다루는 내용은 질량, 몰수(부피), 분자량이다. 이들을 구하여야지 모든 선지를 해결할 수 있도록 문제가 출제되는데, 일반적으로 자료에서 질량과 몰수에 대한 정보를 얻은 후 마지막으로 구하는 값을 분자량으로 설정하는 문제의 형태를 띈다.

wnM 표를 다음과 같이 가시적으로 보면 좋을 것 같다.

	물질1	물질2	물질3
w	질량1	질량2	질량3
n	몰수 or 반응계수	몰수 or 반응계수	몰수 or 반응계수
M	분자량1	분자량2	분자량3

* 이 내용은 정석적인 풀이가 아니라 시간이 부족할 경우 찍어서 풀 때 조금이나마 도움이 되길 바라는 마음에 작성하는 것이니 시간이 충분하시다면 반드시 논리적인 방법을 거쳐 풀이하시길 바랍니다.

주로 학생들이 찍어서 풀 때 많이 넣어보는 원소들이 C(12), N(14), O(16) 등을 많이 넣어보는데 최근에 은근히 F(19), S(32)가 출제되고 있다는 점 인지해주시면 좋을 것 같습니다.

(8) 어짜피 비율 – (임의의 실제값 대입)

이 단원에 해당하는 문제들의 경우 꽤나 계산량이 많다. 특히 제작년 수능인 2022학년도 수능부터 이러한 경향이 두드러졌다. 이러한 복잡한 계산을 하는데에 있어서 미지수가 많으면 많을수록 계산이 복잡해지기 마련이다. 그래서 문제 풀이의 진행과 계산에 있어서 이 많은 미지수들 대신 실제값을 사용하여 계산을 편리하게 하도록 하는 하나의 기술을 소개하고자 한다. 이 기술은 현재 서술하는 2단원에서 뿐만 아니라 4단원에서도 계산량을 줄이기 위해서 사용될 수 있기 때문에 이 기술을 잘만 활용한다면 시험장에서의 강력한 무기가 될 수 있을 것이다. 가장 먼저 이 기술을 사용할 수 있는 조건에 대해서 먼저 알아보겠다.

❶ 문제에서 요구하는 값을 확인하자.

화학Ⅰ은 비율의 과목이다. 문제 조건에서 빈번히 등장하는 상댓값과 분수 자료들이 이를 증명한다. 상댓값이나 분수 자료를 답에서 요구하는 경우, 미지수를 많이 잡더라도 결국에 마지막에 가서 답을 낼 때는 이 미지수들이 소거되기 마련이다. 우리는 이걸 역으로 이용해서 문제에서 요구하는 값이 상댓값이나 분수(비율)일 경우, 조건을 만족하는 미지수를 잡는 대신 이 조건을 만족하는 편리한 임의의 실제값을 넣어보자는 것이 기술의 취지이다. 그럼 예시를 들어가며 어떤 상황에서 이 기술을 사용할 수 있는지 알아보자.

<hr>

<보 기>

ㄱ. (가)에서 $\dfrac{X의\ 질량}{Y의\ 질량} = \dfrac{1}{2}$ 이다.

ㄴ. $\dfrac{(나)에\ 들어\ 있는\ 전체\ 분자\ 수}{(가)에\ 들어\ 있는\ 전체\ 분자\ 수} = \dfrac{3}{7}$ 이다.

ㄷ. $\dfrac{X의\ 원자량}{Y의\ 원자량 + Z의\ 원자량} = \dfrac{4}{17}$ 이다.

① ㄱ   ② ㄴ   ③ ㄷ   ④ ㄱ, ㄴ   ⑤ ㄴ, ㄷ

<hr>

이 선지의 경우 이전에 언급했던 2022학년도 대수능 18번 문항의 선지이다. 이 선지를 관찰해보면 선지 ㄱ,ㄴ,ㄷ 모두 문제에서 요구하는 값이 분수(비율)이라는 사실을 알 수 있다. 이러한 경우에 이 기술을 쓸 수 있다. 한가지 예시를 더 알아보자.

<hr>

<보 기>

ㄱ. $\dfrac{Y의\ 원자량}{X의\ 원자량} = \dfrac{4}{3}$ 이다.

ㄴ. (나)의 분자식은 XY이다.

ㄷ. $\dfrac{(다)의\ 분자량}{(가)의\ 분자량} = \dfrac{38}{11}$ 이다.

<hr>

이 선지의 경우 위에 등장했던 2022학년도 대수능과 같은 해 9월에 18번으로 출제되었던 문항의 선지이다. 이 선지를 관찰해보면 (가),(나),(다)의 대응을 물어보는 ㄴ선지를 제외하고는 모두 요구하는 값이 분수(비율)이라는 사실을 알 수 있다. 이러한 경우에도 이 기술을 쓸 수 있다.

❷ 조건을 만족하는 임의의 실제값을 대입하자

임의의 실제값을 대입한다는 말이 무엇인지에 대하여 간단한 예시를 들며 설명해보겠다. 문제를 풀이하다 보면 미지수를 도입한뒤 자료 해석을 통해 미지수간의 관계를 알게되는 방식으로 풀이 과정을 전개해 나가는 경우가 매우 많다. 얘를 들어 도입한 미지수가 x, y, z이고 문제 조건 해석을 통해 알게 된 미지수들간의 관계가 $x = 4y = 2z$라고 해보자. 이러한 경우에 임의의 실제값을 대입한다는 말은 x 대신에 4, y 대신에 1, z 대신에 2를 대입하여 문제 조건을 통해 구한 미지수들 간의 관계, 즉 비율을 만족하고 동시에 더욱 편리한 실제값을 대입함으로서 계산의 간결성을 챙긴다는 말이다. 추가적으로 문제를 풀어보며 이해를 돕도록 하겠다.

자작문항 예제

표는 용기 (가)와 (나)에 들어 있는 기체에 대한 자료이다. (나)에서 $\dfrac{\text{X의 질량}}{\text{Y의 질량}} = \dfrac{9}{2}$이다.

용기	기체	$\dfrac{\text{Z 원자수}}{\text{전체 원자수}}$	질량	단위질량당 Z 원자수 (상댓값)
(가)	XY_2, YZ_2	$\dfrac{2}{5}$	$25w$	18
(나)	X_2Z_2, YZ_2	$\dfrac{8}{15}$	$24w$	25

$\dfrac{\text{X의 원자량}}{\text{Y의 원자량} + \text{Z의 원자량}}$은? (단, X~Z는 임의의 원소기호이고, 모든 기체는 반응하지 않는다.)

1) 문제에서 요구하는 값을 확인하자.

문제에서 요구하는 값은 분수값으로 분자량간의 비율이다.

이러한 경우에는 어짜피 비율이라는 기술을 사용할 수 있다.

2) 조건을 만족하는 임의의 실제값을 대입하자. (1)

문제에서 주어진 조건을 먼저 살펴보자.

$\dfrac{\text{Z 원자수}}{\text{전체 원자수}}$ 값을 통해 용기 (가), (나) 각각에서 내부의 기체들 간의 비율을 알 수 있다.

(가) 의 XY_2, YZ_2의 비율이 2:3이고, (나) 의 X_2Z_2, YZ_2의 비율은 3:1이다.

용기(가)에는 미지수 a와 용기 (나)에는 미지수 b를 도입하여 용기 내부의 기체들의 양을 표현해보자.

용기	XY_2	X_2Z_2	YZ_2
(가)	2a	–	3a
(나)	–	3b	b

문제에서 질량과 단위 질량당 Z 원자수 자료가 같이 등장했고, 이 둘을 곱한 값은 전체 용기에 존재하는 Z 원자수와 같다.

따라서 용기 (가)와 (나)의 Z 원자수의 비는 $25w \times 18 : 24w \times 25 = 3:4$이다.

이를 이용해 미지수 a와 b간의 관계식을 알아보면 $2 \times 3a : 2 \times 3b + 2 \times b = 3:4$이다.

이를 통해 a=b라는 사실을 알 수 있다. 이러한 경우에 임의의 실제값을 대입한다는 말은 a 대신에 1, b 대신에 1을 대입한다는 이야기 이다. 이를 바탕으로 각 용기에 존재하는 원자수들을 정리해보자.

용기	X	Y	Z
(가)	2	7	6
(나)	6	1	8

3) 조건을 만족하는 임의의 실제값을 대입하자. (2)

문제 조건에서 주어진 비율 조건인 (나)에서 $\dfrac{\text{X의 질량}}{\text{Y의 질량}} = \dfrac{9}{2}$를 이용해보자.

(나)의 용기에 들어있는 X의 질량과 Y의 질량을 문제에서 주어진 조건에 따라 각각 $9k$, $2k$라고 하자.

이를 이용하면 X의 분자량은 $\dfrac{3}{2}k$, Y의 분자량은 $2k$라는 사실을 알 수 있다.

이때 다시 한번 이 기술을 사용할 수 있다. X의 분자량과 Y의 분자량의 비율은 3:4인데 이를 만족하는 편리한 임의의 실제값인 3과 4를 X의 분자량과 Y의 분자량으로 사용하고, 이때의 Z의 상대적인 분자량을 z라는 미지수를 사용해보자.

만약 이렇게 풀이를 진행하게 된다면 도입하는 미지수의 양을 줄임으로서 마무리 계산의 복잡성을 줄일 수 있다. 용기 (가)와 (나)의 질량이 $24w$와 $25w$라는 사실을 이용하여 마무리 계산을 해보자.

$$2 \times 3 + 7 \times 4 + 6 \times z : 6 \times 3 + 1 \times 4 + 8 \times z = 24w : 25w$$

$$34 + 6z : 22 + 8z = 24 : 25$$

$$z = \dfrac{19}{4} , \quad \dfrac{\text{X의 원자량}}{\text{Y의 원자량} + \text{Z의 원자량}} = \dfrac{12}{35}$$

01 22학년도 수능 18번

표는 용기 (가)와 (나)에 들어 있는 기체에 대한 자료이다. (나)에서 $\dfrac{X의\ 질량}{Y의\ 질량} = \dfrac{15}{16}$ 이다.

용기	기체	기체의 질량 (g)	$\dfrac{X\ 원자\ 수}{Z\ 원자\ 수}$	단위 질량당 Y 원자 수 (상댓값)
(가)	XY_2, YZ_4	$55w$	$\dfrac{3}{16}$	23
(나)	XY_2, X_2Z_4	$23w$	$\dfrac{5}{8}$	11

이에 대한 설명으로 옳은 것만을 <보기>에서 있는 대로 고른 것은? (단, X~Z는 임의의 원소 기호이고, 모든 기체는 반응하지 않는다.)

─── <보 기> ───

ㄱ. (가)에서 $\dfrac{X의\ 질량}{Y의\ 질량} = \dfrac{1}{2}$ 이다.

ㄴ. $\dfrac{(나)에\ 들어\ 있는\ 전체\ 분자수}{(가)에\ 들어\ 있는\ 전체\ 분자수} = \dfrac{3}{7}$ 이다.

ㄷ. $\dfrac{X의\ 원자량}{Y의\ 원자량\ +\ Z의\ 원자량} = \dfrac{4}{17}$ 이다.

02 21학년도 10월 18번

표는 $t\,°C$, 1atm에서 원소 X~Z로 이루어진 기체 (가)~(다)에 대한 자료이다. (가)~(다)는 각각 분자당 구성 원자 수가 3 이하이고, 원자량은 $Y > Z > X$ 이다.

기체	(가)	(나)	(다)
구성 원소	X, Y	X, Y	Y, Z
1g당 전체 원자 수	$22N$	$21N$	$21N$
1g당 부피(상댓값)	11	7	7

이에 대한 옳은 설명만을 <보기>에서 있는 대로 고른 것은? (단, X~Z는 임의의 원소 기호이다.)

─── <보 기> ───

ㄱ. (가)의 분자식은 XY_2 이다.

ㄴ. 원자량 비는 $X : Z = 6 : 7$ 이다.

ㄷ. 1g당 Y 원자 수는 (나)가 (다)의 2배이다.

03 22학년도 9월 18번

표는 원소 X와 Y로 이루어진 분자 (가)~(다)에서 구성 원소의 질량비를 나타낸 것이다. $t\,℃$, 1atm 에서 기체 1g의 부피비는 (가) : (나)= 15 : 22이고, (가)~(다)의 분자당 구성 원자 수는 각각 5 이하이다. 원자량은 Y가 X보다 크다.

분자	(가)	(나)	(다)
$\dfrac{\text{Y의 질량}}{\text{X의 질량}}$ (상댓값)	1	2	3

이에 대한 설명으로 옳은 것만을 <보기>에서 있는 대로 고른 것은?

(단, X와 Y는 임의의 원소 기호이다.)

─────── <보 기> ───────

ㄱ. $\dfrac{\text{Y의 원자량}}{\text{X의 원자량}} = \dfrac{4}{3}$ 이다.

ㄴ. (나)의 분자식은 XY이다.

ㄷ. $\dfrac{\text{(다)의 분자량}}{\text{(가)의 분자량}} = \dfrac{38}{11}$ 이다.

04 22학년도 6월 18번

다음은 $A(g) \sim C(g)$에 대한 자료이다.

- $A(g) \sim C(g)$의 질량은 각각 x g이다.
- $B(g)$ 1g에 들어 있는 X 원자 수와 $C(g)$ 1g에 들어 있는 Z 원자 수는 같다.

기체	구성 원소	분자당 구성 원자 수	단위 질량당 전체 원자 수 (상댓값)	기체에 들어 있는 Y의 질량 (g)
$A(g)$	X	2	11	
$B(g)$	X, Y	3	12	$2y$
$C(g)$	Y, Z	5	10	y

이에 대한 설명으로 옳은 것만을 <보기>에서 있는 대로 고른 것은?

(단, X~Z는 임의의 2주기 원소 기호이다.)

─────── <보 기> ───────

ㄱ. $\dfrac{B(g)\text{의 양(mol)}}{A(g)\text{의 양(mol)}} = \dfrac{8}{11}$ 이다.

ㄴ. $C(g)$ 1mol에 들어 있는 Y 원자의 양은 1mol이다.

ㄷ. $\dfrac{x}{y} = \dfrac{11}{3}$ 이다.

05 21학년도 4월 10번

표는 $t\,°\mathrm{C}$, 1기압에서 2가지 기체에 대한 자료이다.

기체	분자식	분자량	1g에 들어 있는 전체 원자 수	단위 부피당 질량 (상댓값)
(가)	X_mH_n	32	$\dfrac{3}{16}N_A$	8
(나)	$X_nY_nH_n$	a	$\dfrac{1}{9}N_A$	27

이에 대한 설명으로 옳은 것만을 <보기>에서 있는 대로 고른 것은? (단, H의 원자량은 1이고, X, Y는 임의의 원소 기호이며 N_A는 아보가드로수이다.)

───── <보 기> ─────

ㄱ. $a = 108$이다.

ㄴ. m = 2이다.

ㄷ. 원자량비는 X : Y = 7 : 6이다.

06 21학년도 3월 18번

그림은 $X(g)$가 들어 있는 실린더에 $Y_2(g)$, $ZY_3(g)$를 차례대로 넣은 것을 나타낸 것이다. 기체들은 서로 반응하지 않으며, 실린더 속 전체 원자 수 비는 (나) : (다)=3 : 7이다.

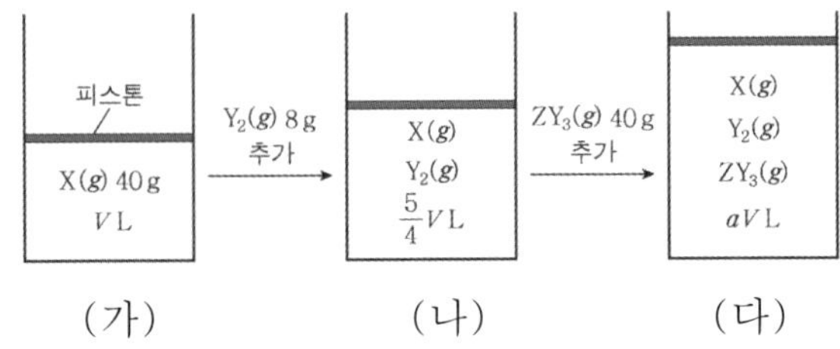

이에 대한 옳은 설명만을 <보기>에서 있는 대로 고른 것은? (단, X~Z는 임의의 원소 기호이며, 실린더 속 기체의 온도와 압력은 일정하다.)

───── <보 기> ─────

ㄱ. (다)에서 $a = \dfrac{7}{4}$이다.

ㄴ. 원자량 비는 X : Z = 5 : 4이다.

ㄷ. 1g에 들어 있는 전체 원자 수는 Y_2가 ZY_3 보다 크다.

07

그림 (가)는 강철 용기에 메테인($CH_4(g)$) 14.4g과 에탄올($C_2H_5OH(g)$) 23g이 들어 있는 것을, (나)는 (가)의 용기에 메탄올($CH_3OH(g)$) x g이 첨가된 것을 나타낸 것이다. 용기 속 기체의

$$\dfrac{\text{산소}(O)\ \text{원자 수}}{\text{전체 원자 수}}$$ 는 (나)가 (가)의 2배이다.

x는? (단, H, C, O의 원자량은 각각 1, 12, 16이다.)

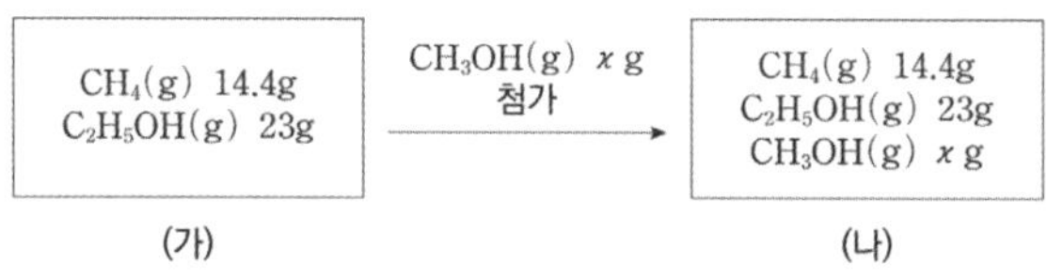

08

그림 (가)는 실린더에 $A_2B_4(g)$ 23g이 들어 있는 것을, (나)는 (가)의 실린더에 $AB(g)$ 10g이 첨가된 것을, (다)는 (나)의 실린더에 $A_2B(g)$ w g이 첨가된 것을 나타낸 것이다. (가)~(다)에서 실린더 속 기체의 부피는 VL, $\dfrac{7}{3}VL$, $\dfrac{13}{3}VL$ 이고, 모든 기체들은 반응하지 않는다.

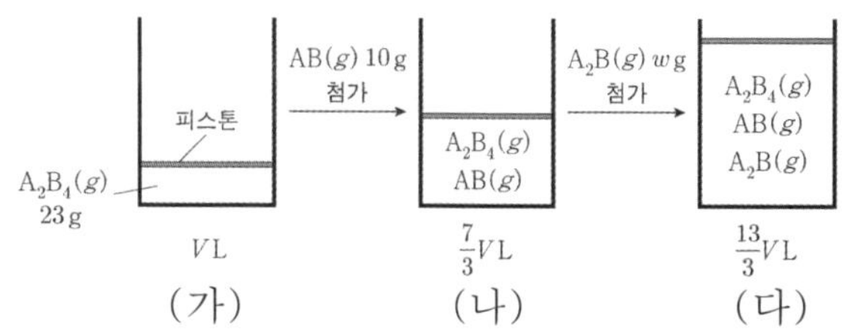

이에 대한 설명으로 옳은 것만을 <보기>에서 있는 대로 고른 것은? (단, A와 B는 임의의 원소 기호이며, 온도와 압력은 일정하다.)

<보 기>

ㄱ. 원자량은 A > B이다.

ㄴ. $w = 22$이다.

ㄷ. (다)에서 실린더 속 기체의
$$\dfrac{\text{A 원자수}}{\text{전체 원자수}} = \dfrac{1}{2}$$이다.

09 21학년도 6월 18번

표는 t℃, 1기압에서 기체 (가)~(다)에 대한 자료이다.

기체	분자식	질량 (g)	분자량	부피 (L)	전체 원자 수 (상댓값)
(가)	XY_2	18		8	1
(나)	ZX_2	23		a	1.5
(다)	Z_2Y_4	26	104		b

이에 대한 설명으로 옳은 것만을 <보기>에서 있는 대로 고른 것은? (단, X~Z는 임의의 원소 기호이고, t℃, 1기압에서 기체 1mol의 부피는 24L이다.)

<보 기>

ㄱ. $a \times b = 18$이다.

ㄴ. 1g에 들어 있는 전체 원자 수는 (나)>(다)이다.

ㄷ. t℃, 1기압에서 $X_2(g)$ 6L의 질량은 8g이다.

10 20학년도 4월 16번

표는 같은 온도와 압력에서 기체 C_2H_x, C_3H_y에 대한 자료이다.

기체	질량(g)	부피(L)	$\dfrac{C의\ 질량}{H의\ 질량}$
C_2H_x	$3w$	$2V$	
C_3H_y	$2w$	V	9

이에 대한 설명으로 옳은 것만을 <보기>에서 있는 대로 고른 것은?
(단, H, C의 원자량은 각각 1, 12이다.)

<보 기>

ㄱ. 기체의 양(mol)은 C_2H_x가 C_3H_y의 2배이다.

ㄴ. 분자량비는 $C_2H_x : C_3H_y = 3 : 4$이다.

ㄷ. x는 6이다.

11 20학년도 3월 17번

표는 $t°C$, 1기압에서 원소 A와 B로 이루어진 기체 (가)와 (나)에 대한 자료이다.

기체	분자식	$\dfrac{B의 질량}{A의 질량}$	분자 1개의 질량(g)	기체 1g당 부피(L/g)
(가)	AB	x	w_1	V_1
(나)	AB_2	$\dfrac{8}{3}$	w_2	V_2

이에 대한 옳은 설명만을 <보기>에서 있는 대로 고른 것은? (단, A와 B는 임의의 원소 기호이고, 아보가드로수는 N_A이다.)

<보 기>

ㄱ. $x = \dfrac{4}{3}$이다.

ㄴ. $\dfrac{V_2}{V_1} = \dfrac{w_2}{w_1}$이다.

ㄷ. $t°C$, 1기압에서 기체 1몰의 부피(L)는 $w_1 N_A V_1$이다.

---

12 20학년도 수능 14번

그림 (가)는 실린더에 $A_4B_8(g)$이 들어 있는 것을, (나)는 (가)의 실린더에 $A_nB_{2n}(g)$이 첨가된 것을 나타낸 것이다. (가)와 (나)에서 실린더 속 기체의 단위 부피당 전체 원자 수는 각각 x와 y이다. 두 기체는 반응하지 않는다.

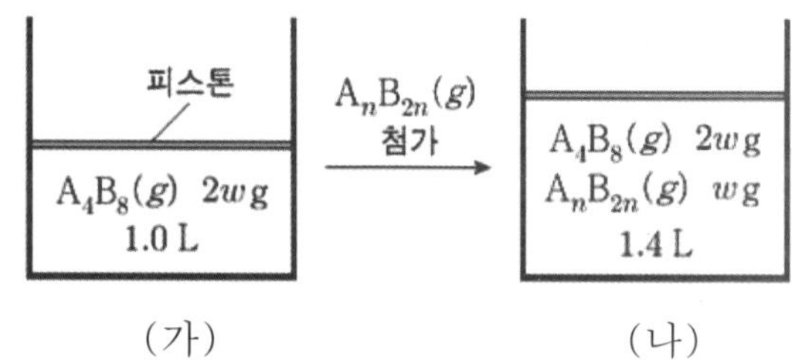

$n \times \dfrac{x}{y}$는? (단, A와 B는 임의의 원소 기호이며, 기체의 온도와 압력은 일정하다.)

13

표는 $t°C$, 1기압에서 기체 (가)~(다)에 대한 자료이다.

기체	분자식	질량 (g)	부피 (L)	전체 원자 수 (상댓값)
(가)	AB_2	16	6	1
(나)	AB_3	30	x	2
(다)	CB_2	23	12	y

이에 대한 설명으로 옳은 것만을 <보기>에서 있는 대로 고른 것은? (단, A~C는 임의의 원소 기호이다.)

<보 기>

ㄱ. $x + y = 10$이다.

ㄴ. 원자량은 B > C이다.

ㄷ. 1g에 들어 있는 B 원자 수는 (나)>(다)이다.

14

표는 $AB_2(g)$에 대한 자료이다. AB_2의 분자량은 M이다.

질량	부피	1g에 들어 있는 전체 원자 수
1g	2L	N

$AB_2(g)$에 대한 설명으로 옳은 것만을 <보기>에서 있는 대로 고른 것은? (단, A와 B는 임의의 원소 기호이며, 온도와 압력은 일정하다.)

<보 기>

ㄱ. 1g에 들어 있는 B 원자 수는 $\dfrac{2N}{3}$ 이다.

ㄴ. 1몰의 부피는 $2ML$이다.

ㄷ. 1몰에 해당하는 분자 수는 $\dfrac{MN}{3}$이다.

15 19학년도 수능 9번

표는 같은 온도와 압력에서 질량이 같은 기체 (가)~(다)에 대한 자료이다.

기체	분자식	부피(L)
(가)	XY_4	22
(나)	Z_2	11
(다)	XZ_2	8

이에 대한 설명으로 옳은 것만을 <보기>에서 있는 대로 고른 것은? (단, X ~ Z는 임의의 원소 기호이다.)

<보 기>

ㄱ. 분자량은 $XZ_2 > XY_4$이다.

ㄴ. 1g에 들어 있는 원자 수는 (가)가 (나)의 2.5배이다.

ㄷ. 원자량은 X > Z이다.

---

16 19학년도 9월 10번

표는 $t\,℃$, 1기압에서 기체 (가)~(다)에 대한 자료이다.

기체	분자식	질량 (g)	부피 (L)	분자 수	전체 원자 수 (상댓값)
(가)	AB	y		$1.5N_A$	4
(나)	A_2B	11	7		z
(다)	AB_x	23		$0.5N_A$	2

$\dfrac{y}{x+z}$ 는? (단, $t\,℃$, 1기압에서 기체 1몰의 부피는 28L이고, A와 B는 임의의 원소 기호이며, N_A는 아보가드로수이다.)

표는 t℃, 1기압에서 기체 (가)와 (나)에 대한 자료이다. (가)는 실험식과 분자식이 같다.

기체	분자식	질량 (g)	전체 원자 수	단위 질량당 부피(상댓값)
(가)	A_nB_{2m}	5	$\frac{7}{8}N_A$	3
(나)	A_mB_{2n}	5	$\frac{4}{3}N_A$	4

이에 대한 설명으로 옳은 것만을 <보기>에서 있는 대로 고른 것은? (단, A, B는 임의의 원소 기호이며, N_A는 아보가드로수이다.)

<보 기>

ㄱ. $n = 3$이다.

ㄴ. (나)의 분자량은 60이다.

ㄷ. A의 원자량은 14이다.

표는 용기 (가)와 (나)에 들어 있는 화합물 X_2Y 와 X_2Y_2에 대한 자료이다.

용기	화합물의 질량(g)		용기 내 전체 원자 수
	X_2Y	X_2Y_2	
(가)	a	$2b$	$19N$
(나)	$2a$	b	$14N$

$\dfrac{\text{(가)에서 Y 원자 수}}{\text{(나)에서 Y 원자 수}}$ 는?

(단, X, Y는 임의의 원소 기호이다.)

19 18학년도 9월 8번

표는 일정한 온도와 압력에서 기체 (가)~(다)에 대한 자료이다. (가)~(다)에 각각 포함된 수소 원자의 전체 질량은 같다.

기체	(가)	(나)	(다)
분자식	H_2	CH_4	NH_3
기체의 양	x g	$\frac{1}{2}N_A$개	V L

(가)~(다)에 대한 설명으로 옳은 것만을 <보기>에서 있는 대로 고른 것은? (단, H의 원자량은 1이며, N_A는 아보가드로수이다.)

<보 기>

ㄱ. $x = 4$이다.

ㄴ. (나)의 부피는 $\frac{3V}{4}$이다.

ㄷ. (다)에 있는 총 원자 수는 $\frac{4}{3}N_A$이다.

20 18학년도 6월 5번

표는 25℃, 1기압에서 2가지 기체에 대한 자료이다.

분자식	A_2B_4	A_4B_8
부피(L)	3	2
총 원자 수(상댓값)	3	x
단위 부피당 질량(상댓값)	y	2

$x + y$는? (단, A, B는 임의의 원소 기호이다.)

21 22학년도 3월 17번

표는 용기 (가)와 (나)에 들어 있는 기체에 대한 자료이다. $\dfrac{\text{B의 원자량}}{\text{A의 원자량}} = \dfrac{8}{7}$ 이다.

용기	기체	기체의 질량(g)	$\dfrac{\text{B 원자수}}{\text{A 원자수}}$	AB의 양 (mol)
(가)	AB, A_2B	$37w$	$\dfrac{2}{3}$	$5n$
(나)	AB, CB_2	$56w$	6	$4n$

이에 대한 옳은 설명만을 <보기>에서 있는 대로 고른 것은? (단, A~C는 임의의 원소 기호이고, 모든 기체는 반응하지 않는다.)

<보 기>

ㄱ. (가)에서 기체 분자 수는 AB와 A_2B가 같다.

ㄴ. $\dfrac{\text{(가)에서 } A_2B \text{의 양(mol)}}{\text{(나)에서 } CB_2 \text{의 양(mol)}} = \dfrac{1}{2}$ 이다.

ㄷ. $\dfrac{\text{C의 원자량}}{\text{B의 원자량}} = \dfrac{3}{4}$ 이다.

① ㄱ   ② ㄷ   ③ ㄱ, ㄴ

④ ㄴ, ㄷ   ⑤ ㄱ, ㄴ, ㄷ

22 22학년도 4월 8번

표는 분자 (가), (나)에 대한 자료이다.

분자	(가)	(나)
구성 원소	A, B	A, B
분자당 구성 원자 수	3	3
1g에 들어 있는 B 원자 수(상댓값)	23	44

이에 대한 설명으로 옳은 것만을 <보기>에서 있는 대로 고른 것은? (단, A와 B는 임의의 원소 기호이다.)

<보 기>

ㄱ. (가)는 A_2B이다.

ㄴ. 같은 질량에 들어 있는 분자 수는 (가):(나) = 23:22이다.

ㄷ. 원자량비는 A:B = 8:7이다.

① ㄱ   ② ㄷ   ③ ㄱ, ㄴ

④ ㄴ, ㄷ   ⑤ ㄱ, ㄴ, ㄷ

23

표는 기체 (가)와 (나)에 대한 자료이다. (가)의 분자당 구성 원자 수는 7이다.

기체	분자식	1g에 들어 있는 전체 원자 수 (상댓값)	분자량 (상댓값)	구성 원소의 질량비
(가)	$X_m Y_{2n}$	21	4	X:Y=9:1
(나)	$Z_n Y_n$	16	3	

$\dfrac{m}{n} \times \dfrac{\text{Z의 원자량}}{\text{X의 원자량}}$ 은?

(단, X~Z는 임의의 원소 기호이다.)

① $\dfrac{7}{4}$ ② $\dfrac{7}{8}$ ③ $\dfrac{6}{7}$

④ $\dfrac{7}{9}$ ⑤ $\dfrac{4}{7}$

24

표는 용기 (가)와 (나)에 들어 있는 기체에 대한 자료이다. 용기에 들어 있는 전체 기체 분자 수 비는 (가):(나)=4:3이다.

용기	기체	기체의 질량(g)	단위 질량당 X의 원자 수 (상댓값)	용기에 들어 있는 Z의 질량(g)
(가)	XY_2, XZ_4	$10w$	9	$\dfrac{38}{15}w$
(나)	YZ_2, XZ_4	$9w$	5	$\dfrac{19}{3}w$

이에 대한 설명으로 옳은 것만을 <보기>에서 있는 대로 고른 것은? (단, X~Z는 임의의 원소 기호이고, 모든 기체는 반응하지 않는다.)

<보 기>

ㄱ. XZ_4의 양(mol)은 (나)에서가 (가)에서의 2배이다.

ㄴ. $\dfrac{YZ_2의\ 분자량}{XZ_4의\ 분자량} = \dfrac{1}{2}$ 이다.

ㄷ. (나)에서 $\dfrac{X의\ 질량(g)}{Y의\ 질량(g)} = 4$ 이다.

① ㄱ ② ㄷ ③ ㄱ, ㄴ

④ ㄴ, ㄷ ⑤ ㄱ, ㄴ, ㄷ

25 22학년도 9월 18번

표는 실린더 (가)와 (나)에 들어 있는 기체에 대한 자료이다. 분자당 구성 원자 수 비는 X : Y = 5 : 3이다.

실린더	기체의 질량 (g)		단위 부피당 전체 원자 수 (상댓값)	전체 기체의 밀도 (g/L)
	X(g)	Y(g)		
(가)	$3w$	0	5	d_1
(나)	w	$4w$	4	d_2

$\dfrac{\text{Y의 분자량}}{\text{X의 분자량}} \times \dfrac{d_2}{d_1}$ 는? (단, 실린더 속 기체의 온도와 압력은 일정하며, X(g)와 Y(g)는 반응하지 않는다.)

① $\dfrac{8}{5}$　　　② 2　　　③ $\dfrac{5}{2}$

④ 5　　　⑤ 10

26 22학년도 10월 18번

표는 기체 (가)~(다)에 대한 자료이다. 1g에 들어 있는 Y 원자 수 비는 (가):(다) = 5:4이다.

기체	(가)	(나)	(다)
분자식	XY	ZX_n	Z_2Y_n
1g에 들어 있는 전체 원자 수(상댓값)	40	125	24
질량(g)	5	8	

이에 대한 옳은 설명만을 <보기>에서 있는 대로 고른 것은? (단, X~Z는 임의의 원소 기호이다.)

<보 기>

ㄱ. $n = 2$이다.

ㄴ. 기체의 양(mol)은 (나)가 (가)의 2배이다.

ㄷ. $\dfrac{\text{Z의 원자량}}{\text{X의 원자량} + \text{Y의 원자량}} = \dfrac{4}{5}$이다.

① ㄱ　　　② ㄴ　　　③ ㄷ

④ ㄱ, ㄴ　　　⑤ ㄴ, ㄷ

27 23학년도 수능 20번

표는 t℃, 1기압에서 실린더 (가)와 (나)에 들어 있는 기체에 대한 자료이다.

실린더	기체의 질량비	전체 기체의 밀도 (상댓값)	$\dfrac{\text{X 원자수}}{\text{Y 원자수}}$
(가)	$X_aY_{2b} : X_bY_c$ $= 1 : 2$	9	$\dfrac{13}{24}$
(나)	$X_aY_{2b} : X_bY_c$ $= 3 : 1$	8	$\dfrac{11}{28}$

$$\dfrac{X_bY_c \text{ 의 분자량}}{X_aY_{2b}\text{의 분자량}} \times \dfrac{c}{a} \text{ 는?}$$

(단, X와 Y는 임의의 원소 기호이다.)

① $\dfrac{2}{3}$　　② $\dfrac{4}{3}$　　③ 2

④ $\dfrac{8}{3}$　　⑤ $\dfrac{10}{3}$

28 24학년도 6월 18번

표는 용기 (가)와 (나)에 들어 있는 화합물에 대한 자료이다.

용기		(가)	(나)
화합물의 질량(g)	X_aY_b	$38w$	$19w$
	X_aY_c	0	$23w$
원자 수 비율		$\frac{3}{5}$ $\frac{2}{5}$	$\frac{7}{11}$ $\frac{4}{11}$
$\dfrac{\text{Y의 전체 질량}}{\text{X의 전체 질량}}$ (상댓값)		6	7
전체 원자 수		$10N$	$11N$

$$\dfrac{c}{a} \times \dfrac{\text{Y의 원자량}}{\text{X의 원자량}} \text{ 은?}$$

(단, X와 Y는 임의의 원소 기호이다.)

① $\dfrac{4}{11}$　　② $\dfrac{11}{12}$　　③ $\dfrac{12}{11}$

④ $\dfrac{7}{4}$　　⑤ $\dfrac{16}{7}$

29 24학년도 9월 18번

다음은 t℃, 1기압에서 실린더 (가)와 (나)에 들어 있는 기체에 대한 자료이다.

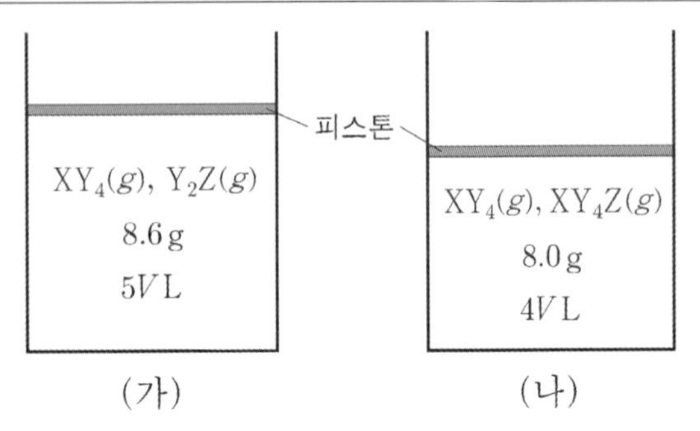

○ Y 원자 수는 (가)에서가 (나)에서의 $\dfrac{7}{8}$ 배이다.

○ $\dfrac{\text{Z 원자 수}}{\text{X 원자 수}}$ 는 (가)에서가 (나)에서의 6배이다.

○ (가)에서 Z의 질량은 4.8g이고, (나)에서 $XY_4(g)$의 질량은 w g이다.

$w \times \dfrac{\text{X의 원자량}}{\text{Z의 원자량}}$ 은?

(단, X~Z는 임의의 원소 기호이다.)

① 1.2 ② 1.8 ③ 2.4
④ 3.0 ⑤ 3.6

30 24학년도 수능 19번

표는 같은 온도와 압력에서 실린더 (가)~(다)에 들어 있는 기체에 대한 자료이다.

실린더		(가)	(나)	(다)
기체의 질량(g)	$X_aY_b(g)$	15w	22.5w	
	$X_aY_c(g)$	16w	8w	
Y 원자 수(상댓값)		6	5	9
전체 원자 수		10N	9N	x N
기체의 부피(L)		4V	4V	5V

이에 대한 설명으로 옳은 것만을 <보기>에서 있는 대로 고른 것은? (단, X와 Y는 임의의 원소 기호이다.)

<보 기>

ㄱ. $a=b$이다.

ㄴ. $\dfrac{\text{X의 원자량}}{\text{Y의 원자량}} = \dfrac{7}{8}$이다.

ㄷ. $x = 14$이다.

---

① ㄱ ② ㄴ ③ ㄱ, ㄷ
④ ㄴ, ㄷ ⑤ ㄱ, ㄴ, ㄷ

그림은 $X_aY_{2a}(g)$ N mol이 들어 있는 실린더에 $X_bY_{2a}(g)$를 조금씩 넣었을 때 $X_bY_{2a}(g)$의 양(mol)에 따른 혼합 기체의 밀도를 나타낸 것이다.

$\dfrac{X_aY_{2a}\,1g에\ 들어\ 있는\ X\ 원자\ 수}{X_bY_{2a}\,1g에\ 들어\ 있는\ X\ 원자\ 수} = \dfrac{21}{22}$ 이다.

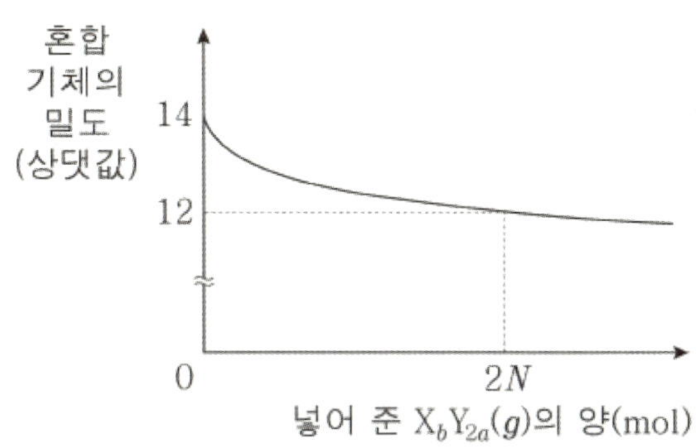

$\dfrac{b}{a} \times \dfrac{X의\ 원자량}{Y의\ 원자량}$ 은? (단, X, Y는 임의의 원소 기호이고, 두 기체는 반응하지 않으며, 실린더 속 기체의 온도와 압력은 일정하다.)

① $\dfrac{3}{4}$　　② 1　　③ $\dfrac{7}{6}$

④ 9　　⑤ 16

그림 (가)는 실린더에 $C_aH_4(g)$, $C_4H_{10}(g)$의 혼합 기체 wg이 들어 있는 것을, (나)는 (가)의 실린더에 $C_2H_6(g)$ w g이 첨가된 것을 나타낸 것이다. 1g당 C의 질량은 (가)에서와 (나)에서가 같다.

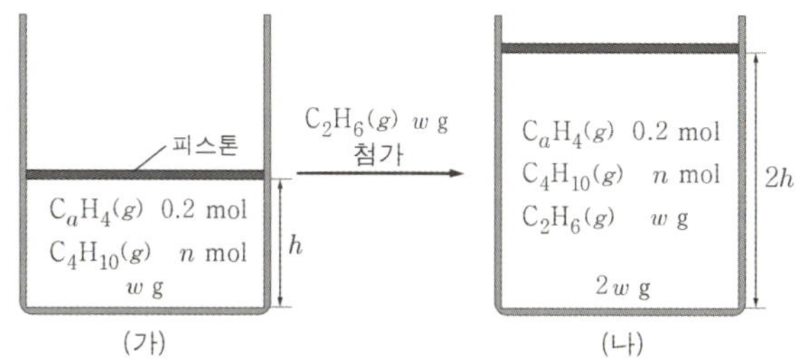

w는? (단, H, C의 원자량은 각각 1, 12이고, 실린더 속 기체의 온도와 압력은 일정하며, 모든 기체는 반응하지 않는다.)

① 8　　② 9　　③ 10

④ 12　　⑤ 15

33 23년 7월 18번

표는 원소 X와 Y로 이루어진 기체 (가)~(다)에 대한 자료이다. (가)~(다)의 분자당 구성 원자 수는 5 이하이다.

기체	분자량	$\dfrac{\text{Y의 질량}}{\text{X의 질량}}$ (상댓값)	단위 질량당 전체 원자 수 (상댓값)
(가)	x	4	22
(나)	44	1	23
(다)	76	3	

이에 대한 설명으로 옳은 것만을 <보기>에서 있는 대로 고른 것은? (단, X와 Y는 임의의 원소 기호이다.)

< 보 기 >

ㄱ. Y의 원자량은 16이다.

ㄴ. (나)의 분자식은 XY이다.

ㄷ. $x = 46$이다.

---

① ㄱ   ② ㄴ   ③ ㄱ, ㄷ

④ ㄴ, ㄷ   ⑤ ㄱ, ㄴ, ㄷ

Chapter

03

용액의 농도

03 용액의 농도

▌들어가기

위 단원은 단순히 한 단원 이상의 가치를 가진다고 봐야 합니다. 3단원의 농도에 대한 개념을 제대로 잡아놓아야 후에 9, 10단원에 나오는 물의 자동이온화, 중화적정, 중화반응 등의 준킬러, 킬러 유형에서 효과적으로 대응할 수 있기 때문입니다. 해당 단원자체에서는 적당한 준킬러 한 문제 정도가 한계이긴 하지만 뒤에 단원들과의 유기적 연결성을 고려하여 위 단원을 섬세하고 완벽히 정복하시길 바랍니다. 개정 전 2009 교육과정에 있었던 내용이 일부 화학2에서 화학1으로 내려오긴 했지만 몰농도, 퍼센트 농도 외에 고려할 요소가 전무하기 때문에 각각의 농도마다 정확한 정의를 인지하셔 놓길 바랍니다.

또한, 화2에서 화1으로 내려온 이후, 화1 내용으로만 풀 수 있는 기출문제의 양이 한정적이다 보니 수험생분들이 마주할 수 있는 기출문제의 양이 타 단원에 비해 상당히 적습니다. 그 말은 즉슨, 아직 미출제요소들이 남아 있다는 것입니다. 실제로 아직 평가원 문제에 한해서 퍼센트 농도와 몰농도를 전환하는 문제는 출제되지 않았지만, 이것이 교육과정 바깥에 있는 것이 아니라, 단순히 아직 시행된 시험의 절대적인 수가 적기 때문에 출제 순위에서 뒤로 밀려난 것 뿐이지 출제되지 않는 항목인 것은 아닙니다. 언제든지 출제될 수 있기 때문에 단순히 '이 개념은 기출에 출제되지 않았어' 하고 넘어가면 실제 시험에서 크나큰 타격을 받을 수 있으니 꼼꼼히 공부해주시길 바랍니다.

특히나 위 단원에서 처음배우는 학생, 꽤나 오랫동안 화학을 공부한 학생 관계 없이 한번쯤은 단위를 착각하여 문제를 풀 때 말리는 경우가 생기는 모습을 종종 목격하곤 합니다. L와 mL를 올바르게 전환해 주지 못한 것으로 인해 계산이 말리는 불상사가 발생할 수 있습니다. 그러니 항상 단위에 대해서 경각심을 가지고 문제에 접근 하시기 바랍니다.

▍농도와 관련된 개념들

1. 용해

용질이 용매와 고르게 섞이는 현상이다.

2. 용액

두 종류 이상의 순물질이 균일하게 섞여 있는 혼합물을 용액이라고 하며 **용액에서 녹이는 물질을 용매**, **녹는 물질을 용질**이라고 한다.

3. 퍼센트 농도

농도는 용액에서 일정량의 **용액에 대한 용질의 비율**이다.
농도가 진할수록 같은 양의 용액에 들어 있는 **용질의 양이 많다.**
퍼센트 농도는 용액 100g에 녹아 있는 용질의 질량(g)을 나타내며, 단위는 %를 사용한다.

$$\text{퍼센트 농도}(\%)=\frac{\text{용질의 질량}(g)}{\text{용액의 질량}(g)}\times100(\%)=\frac{\text{용질의 질량}(g)}{(\text{용질+용매})\text{의 질량}(g)}\times100(\%)$$

위 식에서 보이겠지만 용액의 개념과 용매의 개념을 혼동하기 쉬우나 이들은 명백히 다른 개념이므로 구분해주어야 한다. **용매에 용질까지 더해야 용액**이 되는 것이다. 일반적인 농도 문제에서 우리가 필요한 값은 '용액'에 대한 개념이므로 자료에서 '용매'에 관한 자료가 나온다면 '용질'의 질량을 함께 고려하여 '용액'에 대한 결론을 도출해야 한다.

위 식을 살짝 변형하면

용질의 질량$(g)=$용액의 질량$\times\dfrac{\text{퍼센트 농도}(\%)}{100}$ 임을 알 수 있으며 혹여 문제의 자료에서 용액의 질량이

바로 주어지지 않고 용액의 밀도와 용액의 부피에 대한 자료가 주어진다면
용액의 질량$(g)=$ 용액의 밀도$(g/mL)\times$부피(mL)를 통하여 용액의 질량에 대한 정보를 도출해 낸 후 진행한다.

---

example

20% 설탕 수용액 300g에 들어 있는 물과 설탕의 질량을 구해보자

→ 용질의 질량$(g)=$용액의 질량$(g)\times\dfrac{\text{퍼센트 농도}(\%)}{100}$ 이므로 설탕의 질량$=300\times\dfrac{20}{100}=60g$이다.

위 수용액의 용질(설탕)의 질량이 $60g$ 이므로 $300g$에서 $60g$을 뺀 $240g$은 물의 질량이 된다.

용액 1L에 녹아 있는 용질의 양(mol)을 나타내는 농도로서 단위는 (M) 또는 (mol/L)를 사용한다.

몰 농도$(M) = \dfrac{\text{용질의 양}(mol)}{\text{용액의 부피}(L)}$ 이다.

온도에 따라 용질의 양(mol)은 변하지 않지만 용액의 부피가 변하므로 몰 농도는 온도에 따라 달라진다.

위 식을 살짝 변형하면 **용질의 양(mol) = 용액의 부피(L) X 몰 농도(M)**이 되며 이 식은 3단원을 포함하여

10단원에서도 자주 활용되기에 익숙해지도록 하자.

몰 농도는 일정량의 용액에 녹아 있는 용질의 양(mol)을 나타내므로

몰 농도가 같다면 **물질의 종류와 관계없이 일정한 부피의 용액에 녹아 있는 용질 입자의 개수가 같다.**

(1) 농도 환산

$$\boxed{\%\text{농도} \rightarrow \text{몰 농도}}$$

용질의 질량을 분자량을 이용하여 용질의 몰수로 전환해 주고

용액의 질량을 밀도 값을 이용하여 용액의 부피로 바꾸어주자라는 목적의식을 가지고 진행해보자.

$a(\%)$의 수용액의 몰농도를 구하기 (수용액의 밀도$=dg/mL$), 분자량을 X라고 하자.

$$\boxed{a(\%) = \dfrac{\text{용질의 질량}(g)}{\text{용액의 질량}(g)} \times 100(\%)}$$

$a(\%)$의 수용액은 용액 $100g$ 에 용질이 ag 들어 있는 수용액이다.

여기서 용액 $100g$의 부피는 용액의 질량에 밀도를 나누어 주어 $\dfrac{100}{d}mL$임을 알 수 있으며,

용질 ag을 분자량 X로 나누어 용질의 몰수는 $\dfrac{a}{X}$임을 알수 있으며,

이 때의 몰농도는 $\dfrac{\dfrac{a}{X}mol}{\dfrac{100}{d}mL \times \dfrac{1L}{1000mL}} = \dfrac{10ad}{X}$임을 알 수 있다.

$$\boxed{\text{몰 농도} = \dfrac{10ad}{\text{분자량}}}$$
$$(a\text{는 퍼센트 농도, } d\text{는 수용액의 밀도})$$

용액의 희석과 혼합

1. 용액 희석 (묽힘)

기존 용액에 증류수를 더 넣어서 희석하는 경우 → 희석하기 전과 후의 용질의 양(mol)은 같다.

기존 용액에서 용액의 일부를 취하여 희석하는 경우 → $\dfrac{\text{취한 용액의 부피}}{\text{기존 용액의 부피}}$ 는 $\dfrac{\text{취한 용액의 몰수}}{\text{기존 용액의 몰수}}$ 와 같다.

> **example**
>
> 1M의 포도당 수용액 100mL의 수용액이 있을 때
> 이 수용액을 20mL 취하여 100mL로 희석시킨다고 가정해보자
>
> $1M \times 0.1(L)$에서 원래 수용액에서는 0.1mol의 포도당이 있었을 것이다.
>
> 이제 $\dfrac{20\text{mL}}{100\text{mL}} = \dfrac{x\,\text{mol}}{0.1\text{mol}}$ 에서 $x = 0.02$가 도출된다.
>
> 이 때 희석한 후 수용액의 몰농도는 $\dfrac{0.02\,\text{mol}}{0.1\text{L}} = 0.2\text{M}$ 이다.

2. 용액 혼합

용액을 혼합하기 전후에 용질의 몰수와 용액의 부피는 각각의 용액 내의 용질 몰수와 용액 부피의 합과 같다.

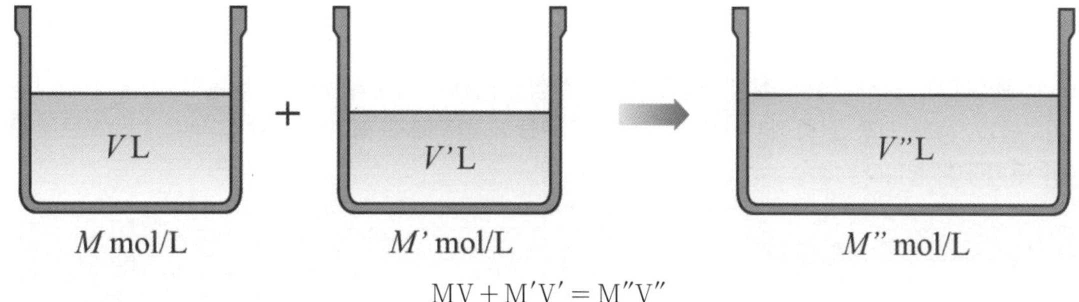

$$MV + M'V' = M''V''$$

> **example**
>
> 0.1M 설탕물 200mL와 0.2M 설탕물 300mL를 혼합시킨다고 가정하자.
> (단, 혼합 시 수용액의 부피는 일정하다.)
> 0.1M 설탕물 200mL 속의 설탕 몰수 $= 0.1\text{M} \times 0.2\text{L} = 0.02\text{mol}$
> 0.2M 설탕물 300mL 속의 설탕 몰수 $= 0.2\text{M} \times 0.3\text{L} = 0.06\text{mol}$
>
> 설탕의 총 몰 수 $= 0.08\text{mol}$, 총 부피 $= 500\text{mL}$
>
> $\dfrac{0.08\text{mol}}{0.5\text{L}} = 0.16\text{M}$

특정한 몰 농도의 용액을 만들 때 부피 플라스크, 전자저울, 비커, 씻기병 등이 필요하다.

(1) 실험기구 정리

부피 플라스크	전자저울	비커
표시선까지 용매를 채워 일정 부피의 용액을 만들 때 사용한다.	용질의 질량을 측정한다.	용질을 소량의 용매에 용해시킨 후 용액을 부피 플라스크에 옮길 때 사용한다.

▶ **부피 플라스크** : 표시선까지 용매를 채워 일정 부피의 용액을 만들 때 사용한다.

▶ **전자저울** : 용질의 질량을 측정할 때 사용한다.

▶ **비커** : 용질을 소량의 용매에 용해시킨 후 용액을 부피 플라스크에 옮길 때 사용한다.

* 후에 10단원에서 '중화 적정 실험'에도 여러 실험기구들이 소개되는데, '표준용액 만들기'에 사용되는 실험기구들과 '중화 적정 실험'에서 사용되는 실험기구들이 선지에서 섞여 나오는 경우가 빈번하므로 이들을 정확히 구별해야 합니다.

0.1M 수산화 나트륨(NaOH) 수용액 1L 만들기

1) 화학식량이 40인 NaOH 4.0g을 적당량의 증류수가 들어 있는 비커에 넣어 모두 녹인다.
2) 1L 부피 플라스크에 1)의 용액을 넣는다.
3) 증류수로 비커를 씻어 묻어 있는 용액까지 부피 플라스크에 넣는다.
4) 부피 플라스크에 증류수를 $\frac{2}{3}$ 정도 넣고, 용액을 섞는다.
5) 표지선까지 증류수를 가하고, 용액을 충분히 흔들어 준다.
6) 실온으로 식힌 후 다시 표지선까지 증류수를 채운다.

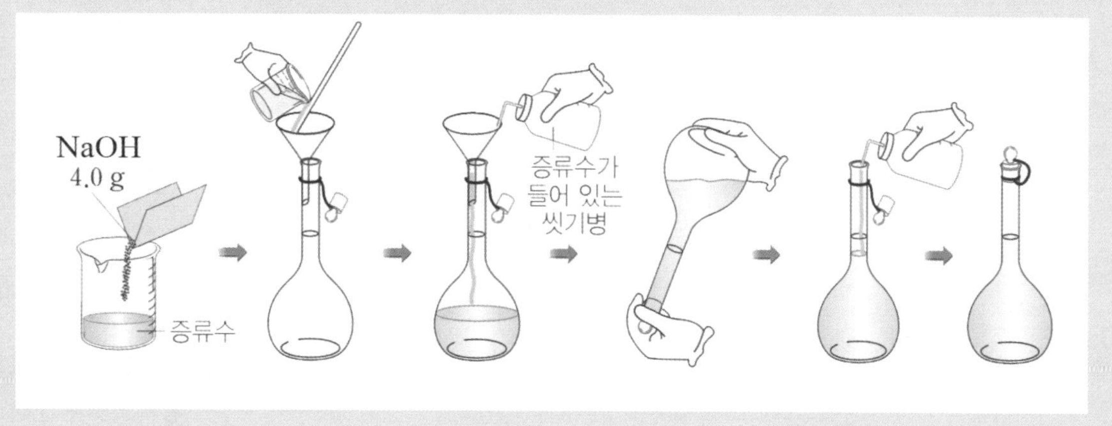

01 22학년도 수능 15번

그림은 $A(s)$ x g을 모두 물에 녹여 10 mL로 만든 0.3 M $A(aq)$에 aM $A(aq)$을 넣었을 때, 넣어 준 aM $A(aq)$의 부피에 따른 혼합된 $A(aq)$의 몰 농도(M)를 나타낸 것이다. A의 화학식량은 180이다.

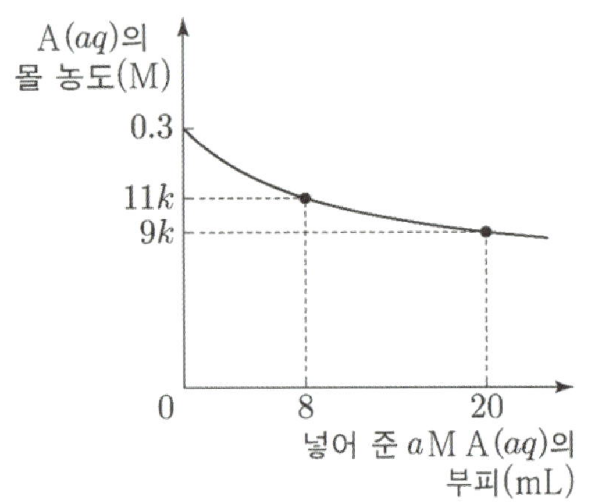

$\dfrac{x}{a}$는? (단, 온도는 일정하며, 혼합 용액의 부피는 혼합 전 각 용액의 부피의 합과 같다.)

02 21학년도 10월 6번

다음은 수산화 나트륨($NaOH$) 수용액을 만드는 실험이다.

[실험 과정]
(가) $NaOH(s)$ w g을 물 100 mL에 모두 녹인다.
(나) (가)의 수용액을 모두 V mL 부피 플라스크에 넣고 표시선까지 물을 넣는다.

[실험 결과]
○ (나)에서 만든 $NaOH(aq)$의 몰 농도는 a M이다.

V는? (단, $NaOH$의 화학식량은 40이다.)

다음은 A(aq)을 만드는 실험이다. A의 화학식 량은 a이다.

(가) A(s) x g을 모두 물에 녹여 A(aq) 500 mL를 만든다.

(나) (가)에서 만든 A(aq) 100 mL에 A(s) $\dfrac{x}{2}$ g을 모두 녹이고 물을 넣어 A(aq) 500 mL를 만든다.

(다) (가)에서 만든 A(aq) 50 mL 와 (나)에서 만든 A(aq) 200 mL를 혼합하고 물을 넣어 0.2 M A(aq) 500 mL를 만든다.

---

x는? (단, 온도는 일정하다.)

다음은 A(aq)에 관한 실험이다.

[실험 과정]

(가) 1 M A(aq)을 준비한다.

(나) (가)의 A(aq) x mL를 취하여 100 mL 부피 플라스크에 모두 넣는다.

(다) (나)의 부피 플라스크에 표시된 눈금선 까지 물을 넣고 섞어 수용액 I 을 만든다.

(라) (가)의 A(aq) y mL를 취하여 250 mL 부피 플라스크에 모두 넣는다.

(마) (라)의 부피 플라스크에 표시된 눈금선 까지 물을 넣고 섞어 수용액 II를 만든다.

[실험 결과 및 자료]

○ $x+y=70$이다.

○ I 과 II의 몰 농도는 모두 a M이다.

이에 대한 설명으로 옳은 것만을 <보기>에서 있는 대로 고른 것은? (단, 온도는 25℃로 일정 하다.)

<보 기>

ㄱ. $x=20$이다.

ㄴ. $a=0.1$이다.

ㄷ. I 과 II를 모두 혼합한 수용액에 포함된 A의 양은 0.07 mol이다.

---

05 21학년도 4월 4번

다음은 0.1 M 포도당 수용액을 만드는 과정에 대한 원격 수업 장면의 일부이다.

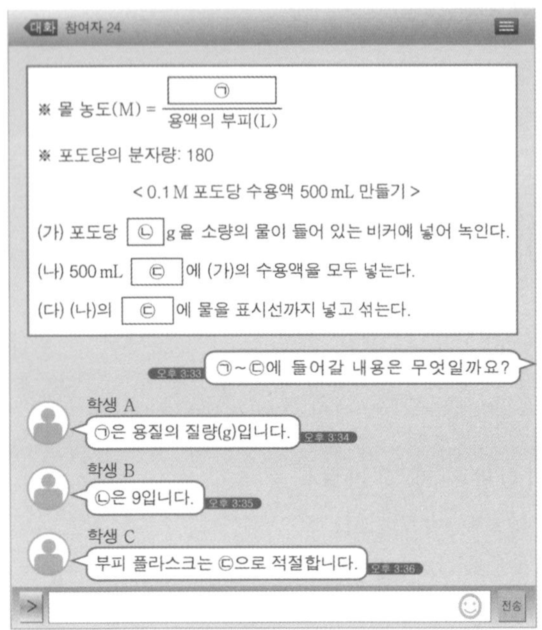

제시한 내용이 옳은 학생만을 있는 대로 고른 것은?

06 21학년도 4월 7번

표는 A 수용액 (가), (나)에 대한 자료이다. A의 화학식량은 100이고, (가)의 밀도는 $d\,\mathrm{g/mL}$이다.

수용액	물의 질량 (g)	A의 질량 (g)	농도 (%)
(가)	60	a	$3b$
(나)	200	$2a$	$2b$

(가)의 몰 농도(M)를 d로 나타내면?

07

표는 포도당 수용액 (가)와 (나)에 대한 자료이다.

수용액	(가)	(나)
부피(mL)	20	30
단위 부피당 포도당 분자 모형	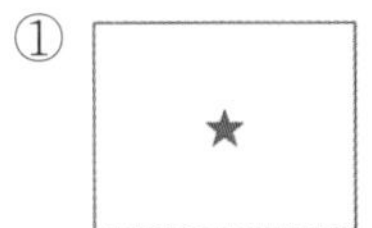	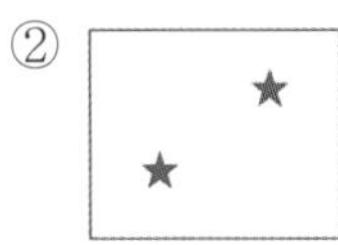

(가)와 (나)를 모두 혼합하고 물을 추가하여 용액의 부피가 100mL가 되도록 만든 수용액의 단위 부피당 포도당 분자 모형으로 옳은 것은? (단, 온도는 일정하다.)

① 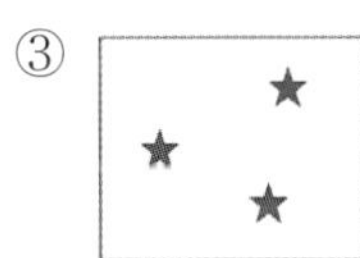

② 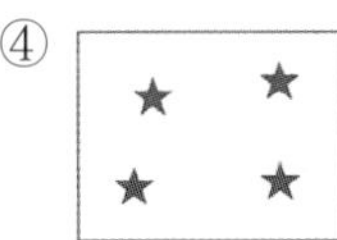

③

④

⑤ 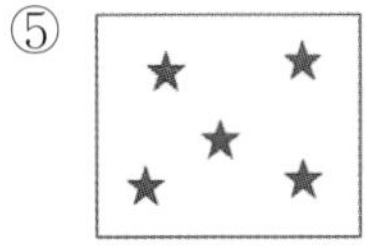

08

다음은 수산화 나트륨 수용액($NaOH(aq)$)에 관한 실험이다.

> (가) $2M\ NaOH(aq)\ 300\ mL$에 물을 넣어 $1.5M\ NaOH(aq)\ x\ mL$를 만든다.
>
> (나) $2M\ NaOH(aq)\ 200\ mL$에 $NaOH(s)$ $y\ g$과 물을 넣어 $2.5M\ NaOH(aq)$ $400\ mL$를 만든다.
>
> (다) (가)에서 만든 수용액과 (나)에서 만든 수용액을 모두 혼합하여 $z M\ NaOH(aq)$을 만든다.

$\dfrac{y \times z}{x}$는? (단, $NaOH$의 화학식량은 40이고, 온도는 일정하며, 혼합 용액의 부피는 혼합 전 각 용액의 부피의 합과 같다.)

그림은 용질 A를 녹인 수용액 (가)와 (나)를 혼합한 후 물을 추가하여 수용액 (다)를 만드는 과정을 나타낸 것이다. A의 화학식량은 60이다.

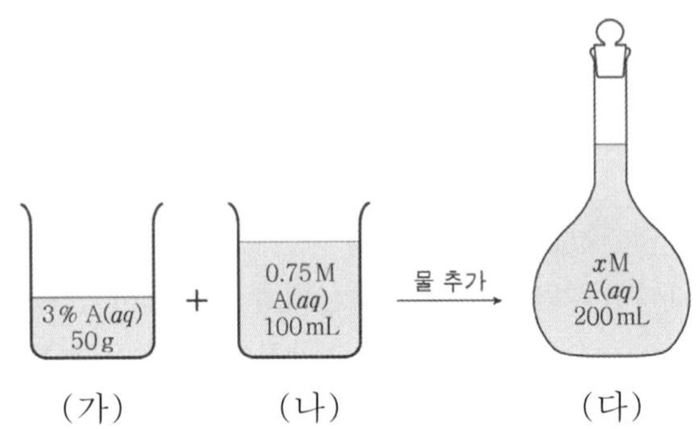

이에 대한 옳은 설명만을 <보기>에서 있는 대로 고른 것은?

<보 기>

ㄱ. (가)에 들어 있는 A의 양은 0.025 mol이다.

ㄴ. (나)에 들어 있는 A의 질량은 4.5 g이다.

ㄷ. $x = 0.5$ 이다.

다음은 0.3 M A 수용액을 만드는 실험이다.

(가) 소량의 물에 고체 A x g을 모두 녹인다.

(나) 250 mL 부피 플라스크에 (가)의 수용액을 모두 넣고 표시된 눈금선까지 물을 넣고 섞는다.

(다) (나)의 수용액 50 mL를 취하여 500 mL 부피 플라스크에 모두 넣는다.

(라) (다)의 500 mL 부피 플라스크에 표시된 눈금선까지 물을 넣고 섞어 0.3 M A 수용액을 만든다.

x는? (단, A의 화학식량은 60이고, 온도는 25℃로 일정하다.)

11 20학년도 7월 16번

다음은 0.06 M A(aq)을 만드는 실험이다.

[실험 과정]

(가) A(s) wg을 소량의 증류수가 들어 있는 비커에 녹인다.

(나) (가)의 수용액을 100 mL 부피 플라스크에 모두 넣은 후 표선까지 증류수를 가하여 1.5 M A(aq)을 만든다.

(다) (나)의 수용액 V mL를 취하여 500 mL 부피 플라스크에 넣은 후 표선까지 증류수를 가하여 0.06 M A(aq)을 만든다.

$\dfrac{w}{V}$는? (단, A의 화학식량은 40이고, 온도는 일정하다.)

12 21학년도 6월 8번

다음은 0.1M 포도당($C_6H_{12}O_6$) 수용액을 만드는 실험 과정이다.

[실험 과정]

(가) 전자 저울을 이용하여 $C_6H_{12}O_6$ xg을 준비한다.

(나) 준비한 $C_6H_{12}O_6$ xg을 비커에 넣고 소량의 물을 부어 모두 녹인다.

(다) 250 mL ㉠에 (나)의 용액을 모두 넣는다.

(라) 물로 (나)의 비커에 묻어 있는 용액을 몇 번 씻어 (다)의 ㉠에 모두 넣고 섞는다.

(마) (라)의 ㉠에 표시된 눈금선까지 물을 넣고 섞는다.

이에 대한 설명으로 옳은 것만을 <보기>에서 있는 대로 고른 것은? (단, $C_6H_{12}O_6$의 분자량은 180이다.)

───── <보 기> ─────

ㄱ. '부피 플라스크'는 ㉠으로 적절하다.

ㄴ. x=9이다.

ㄷ. (마) 과정 후의 수용액 100 mL에 들어 있는 $C_6H_{12}O_6$의 양은 0.02 mol이다.

13

다음은 A(aq)에 대한 실험이다. A의 화학식량
은 100이다.

[실험 과정 및 결과]

250 mL 부피 플라스크에 x M A(aq)
100 mL와 A(s) 4 g을 넣어 녹인 후, 표시선
까지 물을 추가하여 0.2 M A(aq)을 만들었다.

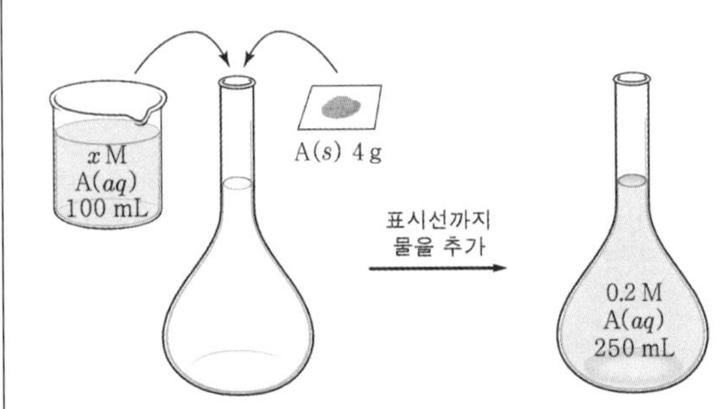

x는?

14

그림은 포도당 수용액 (가)~(다)를 나타낸 것이다.

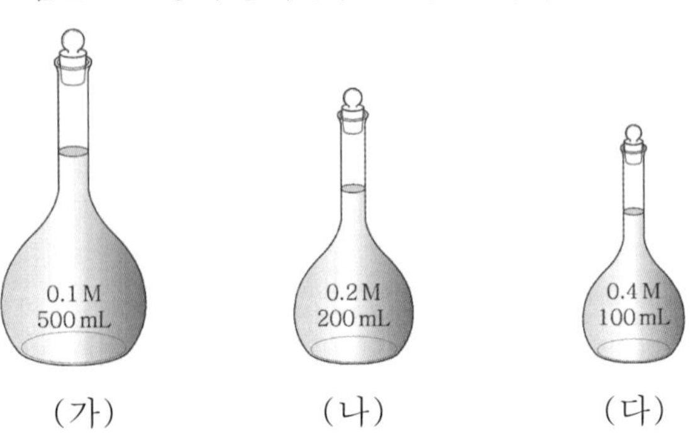

이에 대한 옳은 설명만을 <보기>에서 있는 대
로 고른 것은? (단, 포도당의 분자량은 180이고,
수용액의 온도는 일정하다.)

─── <보 기> ───

ㄱ. (가)에 녹아 있는 포도당의 질량은 9 g이다.

ㄴ. 수용액에 녹아 있는 포도당의 양(mol)은
   (나)와 (다)가 같다.

ㄷ. (나)와 (다)를 혼합한 후 증류수를 가해
   전체 부피를 500 mL로 만든 수용액의
   몰 농도는 0.08M이다.

15 22학년도 3월 13번

다음은 A(aq)에 관한 실험이다. A의 화학식량
은 40이다.

(가) A(s) 4g을 모두 물에 녹여 xM A(aq)
　　100mL를 만든다.

(나) xM A(aq) 25mL에 물을 넣어 yM
　　A(aq) 200mL를 만든다.

(다) xM A(aq) 50mL와 yM A(aq) VmL를
　　혼합하고 물을 넣어 0.3M A(aq) 200mL를
　　만든다.

$\dfrac{y}{x} \times V$는? (단, 온도는 일정하다.)

① 10　　　　② 40　　　　③ 50

④ 80　　　　⑤ 100

16 22학년도 4월 14번

그림은 aM NaOH(aq) 250mL에 NaOH(s)
5g을 넣어 녹인 후, 물을 추가하여 0.3M
NaOH(aq) 500mL를 만드는 과정을 나타낸 것
이다.

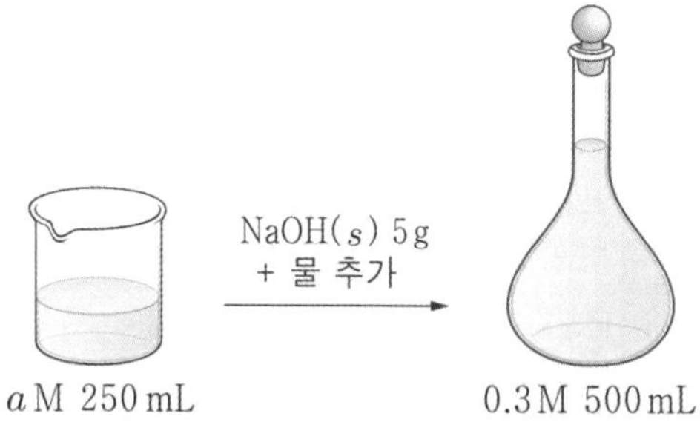

a는? (단, NaOH의 화학식량은 40이다.)

① 0.05　　　② 0.1　　　③ 0.15

④ 0.4　　　　⑤ 0.6

17 23학년도 6월 11번

다음은 A(aq)을 만드는 실험이다.

[자료]

○ t℃에서 aM A(aq)의 밀도 : dg/L

[실험 과정]

(가) A(s) 1mol이 녹아 있는 100g의 aM
  A(aq)을 준비한다.

(나) (가)의 A(aq) xmL와 물을 혼합하여
  0.1M A(aq) 500mL를 만든다.

(다) (나)에서 만든 A(aq) 250mL와 (가)의
  A(aq) ymL를 혼합하고 물을 넣어 0.2M
  A(aq) 500mL를 만든다.

$x + y$는? (단, 용액의 온도는 t℃로 일정하다.)

① $\dfrac{25}{d}$ ② $\dfrac{25}{2d}$ ③ $\dfrac{25}{3d}$

④ $\dfrac{25}{4d}$ ⑤ $\dfrac{5}{d}$

18 22학년도 7월 8번

다음은 aM NaOH(aq)을 만드는 2가지 방법을 나타낸 것이다. NaOH의 화학식량은 40이다.

○ NaOH(s) 2g을 소량의 물에 모두 녹인 후 500mL 부피 플라스크에 모두 넣고 표선까지 물을 가하여 aM NaOH(aq)을 만든다.

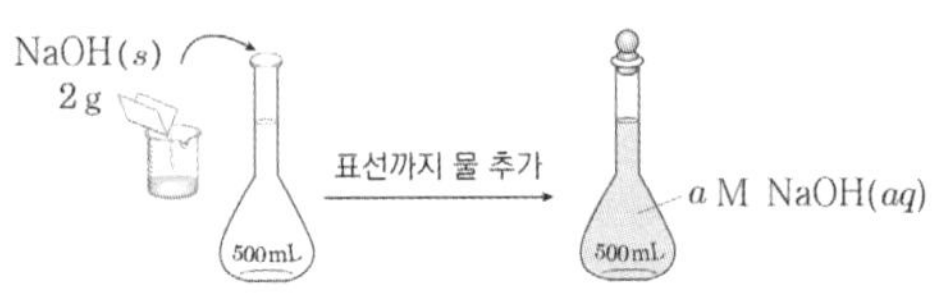

○ 2M NaOH(aq) VmL를 200mL 부피 플라스크에 넣고 표선까지 물을 가하여 aM NaOH(aq)을 만든다.

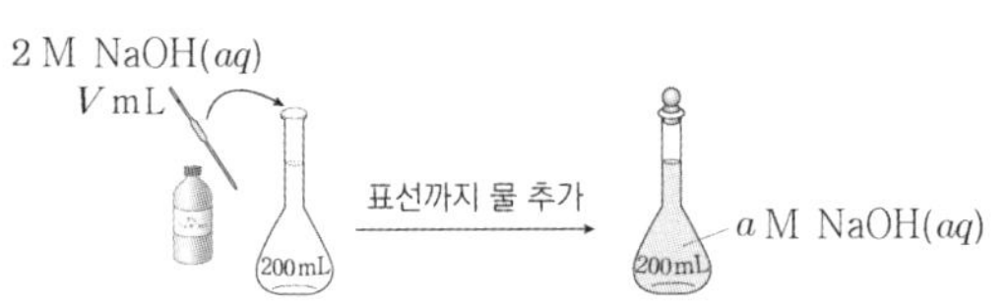

$a \times V$는? (단, 온도는 일정하다.)

① 1   ② 2   ③ 3

④ 4   ⑤ 5

그림은 a M X(aq)에 ㉠~㉢을 순서대로 추가하여 수용액 (가)~(다)를 만드는 과정을 나타낸 것이다. ㉠~㉢은 각각 $H_2O(l)$, $3a$ M X(aq), $5a$ M X(aq) 중 하나이고, 수용액에 포함된 X의 질량비는 (나) : (다) = 2 : 3 이다.

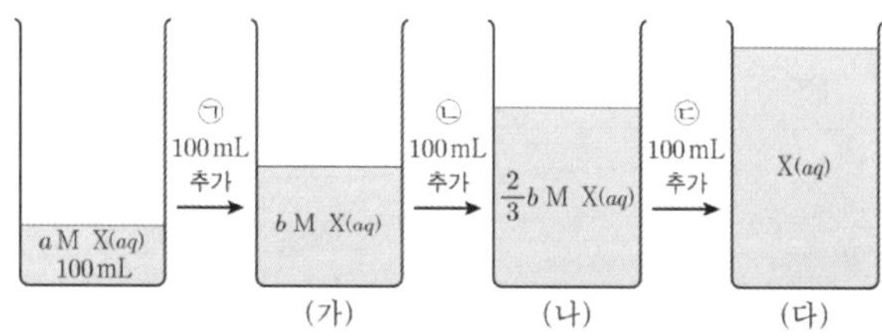

㉢과 b로 옳은 것은? (단, 온도는 일정하고, 혼합 용액의 부피는 혼합 전 각 용액의 부피의 합과 같다.)

	㉢	b		㉢	b
①	$H_2O(l)$	$2a$	②	$3a$ M X(aq)	$2a$
③	$3a$ M X(aq)	$3a$	④	$5a$ M X(aq)	$2a$
⑤	$5a$ M X(aq)	$3a$			

다음은 A(aq)을 만드는 실험이다. A의 분자량은 180이다.

(가) A(s) 36g을 모두 물에 녹여 aM A(aq) 200mL를 만든다.

(나) (가)의 A(aq) xmL에 물을 넣어 0.2M A(aq) 50mL를 만든다.

(다) (가)의 A(aq) ymL에 A(s) 18g을 모두 녹이고 물을 넣어 aM A(aq) 200mL를 만든다.

$\dfrac{y}{x}$는? (단, 온도는 일정하다.)

① 0.2　　② 0.5　　③ 2

④ 10　　⑤ 20

21 23학년도 수능 9번

다음은 A(l)를 이용한 실험이다.

[실험 과정]

(가) 25℃에서 밀도가 d_1g/mL인 A(l)를 준비
한다.

(나) (가)의 A(l) 10mL를 취하여 부피 플라
스크에 넣고 물과 혼합하여 수용액 I
100mL를 만든다.

(다) (가)의 A(l) 10mL를 취하여 비커에 넣
고 물과 혼합하여 수용액 II 100g을 만
든 후 밀도를 측정한다.

[실험 결과]

○ I의 몰 농도 : xM

○ II의 밀도 및 몰 농도 : d_2g/mL, yM

$\dfrac{y}{x}$ 는? (단, A의 분자량은 a이고, 온도는 25℃로
일정하다.)

① $\dfrac{d_1}{d_2}$　　② $\dfrac{d_2}{d_1}$　　③ d_2

④ $\dfrac{10}{d_1}$　　⑤ $\dfrac{10}{d_2}$

22 24학년도 6월 모평 12번

표는 t℃에서 A(aq)과 B(aq)에 대한 자료이다.
A와 B의 화학식량은 각각 $3a$와 a이다.

수용액	몰 농도 (M)	용질의 질량 (g)	용액의 질량 (g)	용액의 밀도 (g/mL)
A(aq)	x	w_1	$2w_2$	d_A
B(aq)	y	$2w_1$	w_2	d_B

$\dfrac{x}{y}$ 는?

① $\dfrac{d_A}{12d_B}$　　② $\dfrac{d_A}{4d_B}$　　③ $\dfrac{3d_A}{4d_B}$

④ $\dfrac{d_B}{12d_A}$　　⑤ $\dfrac{4d_B}{3d_A}$

23 24학년도 9월 13번

그림은 0.4M A(aq) x mL와 0.2M B(aq)
300mL에 각각 물을 넣을 때, 넣어 준 물의 부피에
따른 각 용액의 몰 농도를 나타낸 것이다.
A와 B의 화학식량은 각각 $3a$와 a이다.

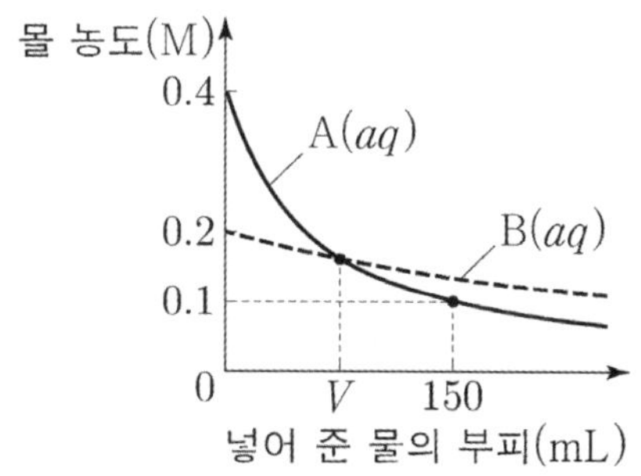

이에 대한 설명으로 옳은 것만을 <보기>에서
있는 대로 고른 것은? (단, 온도는 일정하고, 혼
합 용액의 부피는 혼합 전 용액과 넣어 준 물의
부피의 합과 같다.)

---------------- <보 기> ----------------

ㄱ. $x = 50$이다.

ㄴ. V=80이다.

ㄷ. 용질의 질량은 B(aq)에서가 A(aq)에서보다
크다.

---

① ㄱ　　　② ㄷ　　　③ ㄱ, ㄴ

④ ㄱ, ㄷ　　　⑤ ㄴ, ㄷ

24 24학년도 수능 11번

표는 t℃에서 X(aq) (가)~(다)에 대한 자료이다.

수용액	(가)	(나)	(다)
부피(L)	V_1	V_2	V_3
몰 농도(M)	0.4	0.3	0.2
용질의 질량(g)	w	$3w$	

(가)와 (다)를 혼합한 용액의 몰 농도(M)는?
(단, 혼합 용액의 부피는 혼합 전 각 용액의 부피
의 합과 같다.)

① $\dfrac{6}{25}$　　　② $\dfrac{4}{15}$　　　③ $\dfrac{2}{7}$

④ $\dfrac{3}{10}$　　　⑤ $\dfrac{1}{3}$

그림은 0.3M A(aq) VmL에 물질 (가)와 (나)를 순서대로 넣었을 때, A(aq)의 전체 부피에 따른 혼합된 A(aq)의 몰 농도(M)를 나타낸 것이다. (가)와 (나)는 H$_2$O(l)과 x M A(aq)을 순서 없이 나타낸 것이다.

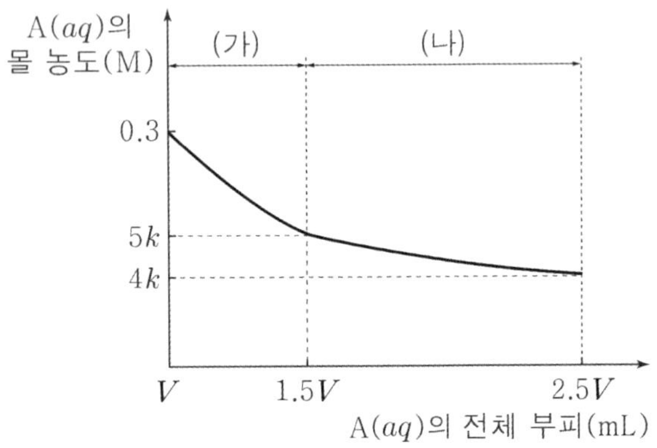

(가)와 x로 옳은 것은? (단, 온도는 일정하고, 혼합 용액의 부피는 혼합 전 물 또는 용액의 부피의 합과 같다.)

	(가)	x		(가)	x
①	H$_2$O(l)	0.1	②	x M A(aq)	0.1
③	H$_2$O(l)	0.1	④	x M A(aq)	0.1
⑤	H$_2$O(l)	0.1			

다음은 2가지 농도의 A(aq)을 만드는 실험이다. A의 화학식량은 100이다.

○ a M A(aq) 80mL에 A(s) $2w$ g을 넣어 모두 녹인 후 물과 혼합하여 0.8M A(aq) 250mL를 만든다.

○ a M A(aq) 10mL에 A(s) w g을 넣어 모두 녹인 후 물과 혼합하여 0.4M A(aq) 100mL를 만든다.

$\dfrac{w}{a}$는? (단, 온도는 일정하다.)

① $\dfrac{1}{5}$　　　② $\dfrac{1}{2}$　　　③ $\dfrac{4}{5}$

④ 1　　　⑤ $\dfrac{5}{2}$

Chapter

04

화학 양론

04 화학 양론

▌들어가기

양론, 말 그대로 양에 대한 이론입니다. 특히 2단원에서 배운 몰수를 비롯한 다른 자료들을 자유자재로 다룰 수 있어야 하며 자료들을 해석한 후 w, n, M 표를 통하여 문제에서 구하고자 하는 것에 대한 해답을 도출해 내야합니다.

개정 전과 개정 후 모두 중화 반응과 함께 화학1 시험지에서 가장 어려운 두 문제 중 하나라는 자리를 굳건히 지키고 있는 단원입니다. 어중간하게 공부해서는 시험시간에 시간도 날리고 문제를 해결하지도 못하는 불상사가 발생하니 이 단원은 굉장히 많은 노력을 요구합니다. 오랜 기간동안 출제되어 있기 때문에 정말 많은 기출문제들이 쌓여 있으므로 기출에 출제된 요소를 전부 완벽히 습득하는 것도 마냥 쉽지는 않을 것입니다. 하지만 우선 일차적으로 기출에 이미 출제된 논리나 표현들을 완벽히 습득하신 후에 다양한 문제들을 풀어보는 경험을 통해 해당 유형에 대한 감각들을 키우는 것이 중요합니다. 그렇기에 수능 전날까지도 오만하지 않게 겸손한 자세로 꾸준히 감을 유지 해주는게 중요한 단원이기도 합니다.

개념만 읽어본다면 누구나 다 해결할 수 있을 것 같을 정도로 쉽게 느껴지지만, 개념과 실제 문제에 적용하는 수준의 괴리가 가장 심한 단원이기도 합니다. 그렇기에 단순히 개념을 읽고 이해하는 것에 그치지 않고 기출문제를 비롯한 다양한 문제에 직접 적용시켜 보는 과정이 필수적으로 동반되어야 합니다. 그러다 보면 자연스럽게 문제에서 주어진 조건들 간의 우선순위를 파악하게 되고 문제에서 의도한 조건의 해석 순서를 정확하게 파악하여 이끌고 간다면 의외로 빠른 시간안에 문제를 해결할 수도 있을 것입니다.

화학 반응식

1. 화학 반응식 완성하기

(1) 반응물과 생성물을 화학식으로 나타낸다.
(2) →를 기준으로 반응물은 왼쪽에, 생성물은 오른쪽에 적은 다음 →로 연결한다.
(3) 반응물과 생성물을 구성하는 원자의 종류 및 개수가 같아지도록 화학식의 계수를 맞춘다.
　　계수는 가장 간단한 자연수 비로 나타내고, 1일 경우 생략한다.
(4) 물질의 상태는 ( ) 안에 기호를 써서 화학식 뒤에 표시한다.
　　※ 고체(s), 액체(l), 기체(g), 수용액(aq)

> **Tip**
>
> 정석대로라면 원자의 종류와 개수가 같아지도록 화학식의 계수를 맞추는 것이 맞지만, 자주 등장하는 반응식이나, 앞의 chapter1에서 언급한 탄소화합물의 연소 반응식의 산소 계수 같은 간단한 암기 사항들은 시험장에 지니고 가는 것이 시간 단축에 큰 도움이 될 것입니다.

2. 화학 반응식의 의미

화학 반응식을 통해 반응물과 생성물의 종류를 알 수 있고, 물질의 양(mol), 분자 수, 질량, 기체의 부피 등의 양적 관계를 파악할 수 있다. 화학 반응식의 계수비는 반응 몰 비 또는 반응 분자 수비와 같다.
기체인 경우, 일정한 온도와 압력에서 화학 반응식의 계수비는 기체의 반응 부피비와 같다.
반응물의 질량 총합과 생성물의 질량 총합은 같지만 (질량보존법칙), 반응 질량비는 화학 반응식의 계수비와 같지 않다.

가장 대표적인 연소반응을 예시로 들어보자. $CH_4(g) + 2O_2(g) \rightarrow CO_2(g) + 2H_2O(g)$ 반응이 있다.

계수비	1	2	1	2
반응하는 몰 수비	−1	−2	+1	+2
분자수비	1	2	1	2
부피비	1	2	1	2
반응하는 질량비	−16	−64	+44	+36
질량보존 법칙 (−16) + (−64) + (+44) + (+36) = 0				

> **Caution**
>
> 위에서 정리한 것과 같이 계수비가 몰수비이며 부피비라는 것을 알 수 있다.
> 하지만 계수비가 반응하는 질량비는 절대 아니라는 점을 인지하셔야 합니다.!!

▌양론을 바라보는 태도

화학 양론을 결국 $n = \dfrac{w}{M}$을 통해 질량, 몰수, 부피 등의 양을 다루는 내용입니다. 그렇기에 풀이과정을 크게 부피를 기점으로 하는 풀이, 질량을 기점으로 하는 풀이 둘로 나눌 수 있습니다. 이는 문제마다 주어진 조건을 파악하여 유연하게 대처해야 합니다. 부피를 기점으로 하는 풀이는 부피비, 몰수비와 계수비의 관계를 주된 논리로 사용하며, 질량을 기점으로 하는 풀이는 질량보존법칙을 주된 논리로 전개하는 유형입니다. 둘 중에 무엇을 중점으로 사고해야 하는가 라는 질문에는 '주어진 문제에서 주어진 조건들을 보고 유연하게 사고한다.'가 제가 드릴 수 있는 대답입니다. 기출문제 분석을 하시다 보면 이러이러한 조건과 발문이 있을 때는 질량 혹은 부피를 기점으로 진행해야겠다는 것이 자연스레 체득되시게 될 것입니다.

양론을 시작하기에 앞서 수월한 설명을 위해 몇가지 표현들을 독자분들과 맞춘 후 진행해야 할 것 같습니다. 우선, 책의 내용을 전개함에 있어, "사이클을 돌다"라는 표현을 사용할 것입니다. 이해하기 쉽게 예를 들어보자. $N_2(g) + 3H_2(g) \rightarrow 2NH_3(g)$의 반응이 있다고 할 때 '사이클 한번 돌았다.'는 N_2 1mol과 H_2 3mol이 반응하여 NH_3 2mol 이 생성된 상황을 의미합니다. 즉, 사이클 한번은 반응 계수 만큼 반응물, 생성물이 변했다는 것이고, 사이클 두 번은 반응 계수의 두배씩 만큼 반응물은 감소, 생성물은 증가했다는 의미입니다.

화학 양론을 함에 있어서 처음, 반응, 나중 세 줄 풀이를 자주 보시게 될 것입니다. 처음 수능 화학의 양론을 접하시는 분들 중 다수의 수험생분들이 풀이를 할 때 처음부터 적어나가야 한다는 고정관념을 가지고 계시는데, 무작정 세 줄 풀이를 시작하는 것보다 문제에서 주어진 다른 조건들을 해석하는 것이 우선시 되어야 한다는 점을 인지하셔야 합니다. 이러한 조건 해석이 무엇인지 막연하게 수험생 여러분들에게 다가올 수도 있지만, 바로 뒤에 '양론에서 사용되는 논리들' 단원을 통해 천천히 구체화 시켜드리겠습니다. 이러한 조건 해석만으로 답이 도출 되는 경우도 있지만, 아닌 경우 그때가 돼서야 세 줄 풀이를 통해 문제의 답을 도출하면 되는 것입니다. 다시 한 번 강조하자면 세 줄 풀이는 양적관계 문제 풀이의 '시작점'이 아니라 모든 조건 해석을 한 이후에 하는 '마무리 단계'라는 사실을 잊지 않으셨으면 좋겠습니다.

▌양론에서 사용 되는 논리들

1. 질량 보존 법칙

화학 반응이 일어날 때 원자의 종류와 수는 변하지 않으므로 반응 전후 질량의 총 합은 반드시 같다.
너무나도 당연한 법칙이지만 양론을 어느 정도 난이도 이상으로 출제한다면 절대 빠지지 않는 논리이다.
한번 안 보이면 생각보다 말리는 경우가 많아서 문제의 조건이나 풀이 과정에서 질량에 대한 정보가 나온다면,
대부분 질량 보존 법칙은 반드시 사용되므로 의식적으로 인지해 주길 바란다.

$CH_4(g) + 2O_2(g) \rightarrow CO_2(g) + 2H_2O(g)$ 의 반응식을 예로 들어보자.

반응 전	$32g$	$64g$	0	0
반응	$-16g$	$-64g$	$+44g$	$+36g$
반응 후	$16g$	0	$44g$	$36g$

우선, 질량 보존은 크게 두가지 관점으로 바라보면 된다.

첫째, 반응전 전체 질량(32g+64g) 와 반응후 전체 질량(16g+44g+36g)이 같다는 것이다.

둘째, 반응하는 과정에서의 감소하는 반응물의 질량(16g+64g)과 증가하는 생성물의 질량(44g+36g)이 같다는
것이다.

> **Tip**
>
> 질량 보존을 바라보는 첫 번째 관점을 문제에서 자주 주어지는 밀도 자료와 엮어서 해석의 방향을 제시해
> 보겠습니다. 수험생 여러분들도 알다시피 밀도$= \dfrac{질량}{부피}$ 에 해당합니다. 또한 질량 보존 법칙에 의하여
> 반응 전과 후의 질량은 동일합니다. 이를 통해 반응 전과 후의 밀도비와 반응 전과 후의 부피비는 반비례
> 한다는 사실을 도출할 수 있습니다. 간단한 예시를 덧붙여 설명을 구체화하겠습니다. 예를 들어 반응 전의
> 밀도가 $3d$, 반응 후의 밀도 $4d$인 화학 반응 실험이 존재한다고 합시다. 위 실험에서 반응 전과 후의 밀도
> 비는 3:4에 해당합니다. 저희가 앞에서 알게 된 새로운 사실을 적용하여 위 실험을 부피적으로 해석하여
> 보면, 반응 전과 후의 밀도비와 반응 전과 후의 부피비는 반비례하기 때문에 반응 전과 후의 부피비는
> 4:3임을 도출할 수 있습니다. 만약 문제에서 반응 전과 후의 밀도가 등장하면, 이를 반대로 뒤집어서 부피
> 의 비율을 구할 수 있다는 사실도 기억하고 있으면 좋겠습니다.

2. 한계 물 해석

화학 반응에서 다른 반응물들보다 먼저 전부 소비되는 반응물을 한계 반응물이라고 부른다.
한계 반응물이 결국 생성물의 양을 결정하기 때문에 양론에서 해석해야 하는 중요한 자료이다.

한계 반응물을 찾는 팁으로 한계반응물은 $\dfrac{\text{몰 수}}{\text{화학 반응 계수}}$ 가 가장 작은 반응물이다.

예를 들어 보자.

$2A + B \rightarrow 2C$ 라는 반응이 있다고 가정하고 기체 A는 10mol, 기체 B는 4mol이 있다고 가정해 보자.

기체 A의 $\dfrac{\text{몰 수}}{\text{화학 반응 계수}}$ 는 $\dfrac{10}{2} = 5$ 이고, 기체 B의 $\dfrac{\text{몰 수}}{\text{화학 반응 계수}}$ 는 $\dfrac{4}{1} = 4$ 이므로 더 작은 B가 한계
반응물이 된다. B가 한계 반응물이기에 B가 4mol 반응할 때 A와 C는 8mol 이 각각 반응하고 생성됨을
통하여 양적관계식을 구할 수 있다.

또한 한계 반응물이 주된 논리로 사용되는 이유는 한계 반응물이 바뀔 때 1,2에서 계속해서 이야기 했던
변화량의 비례가 깨지기 때문이다. 아래의 예시를 통해 확인해보겠다.

$N_2(g) + 3H_2(g) \rightarrow 2NH_3(g)$ 의 반응에서 N_2 5mol이 있고 H_2의 양을 조금씩 늘려준다고 가정해보자.

N_2 초기 몰수	H_2 초기 몰수	생성되는 NH_3몰수	반응전 물질의 몰수 합	반응후 물질의 몰수 합	몰수 변화량
5	3	2	8	6	−2
5	6	4	11	7	−4
5	9	6	14	8	−6
5	12	8	17	9	−8
5	15	10	20	10	−10
5	18	10	23	13	−10
5	21	10	26	16	−10

N_2 5mol은 H_2가 15mol이 되기 전까지 H_2가 한계 반응물이므로
H_2의 양에 비례하여 NH_3의 생성량과 반응전,후의 몰수 변화량이 결정된다.
하지만 H_2가 15mol이 넘어가서 H_2가 더 이상 한계 반응물이 아니고,
N_2가 한계 반응물이 되게 된다면 위에서 말한 비례가 성립하지 않는다.
역으로, 비례관계가 성립하지 않는 지점을 찾아서 한계반응물을 역으로 추정할 수도 있다.

> **Tip**
>
> $\dfrac{\text{몰 수}}{\text{화학 반응 계수}}$ 의 비교를 통해 한계 반응물을 결정할 때, 반응 계수가 미지수라고 해서 비교 할 수 없
> 는 것은 아니다. 반응 계수는 무조건 '자연수'이기 때문에 이를 이용하여 비교가 가능한 경우도 존재한다.
> 예를 들어 $aA(g) + B(g) \rightarrow 2C(g)$의 반응식이 존재하고, $A(g)$의 양과 $B(g)$의 양이 각각 1mol, 3mol
> 이라고 하자. 이때 $A(g)$와 $B(g)$의 $\dfrac{\text{몰 수}}{\text{화학 반응 계수}}$ 값을 비교해보면 $\dfrac{1}{a} < \dfrac{3}{1}$로 $A(g)$가 한계 반응물
> 임을 알 수 있다.

화학 양론 문제를 풀어낼 때, 가장 중요한 자료 해석이라고 해도 과언이 아니다. 문제에서 두 가지 이상의 실험이 등장할 때, 앞으로 언급할 비례 관계를 이용하여 두 가지 이상의 실험들의 상호 간의 반응량의 비율을 구할 수 있다. 이 비율을 세 줄 풀이를 작성할 때 이용하게 되면 훨씬 더 빠르고 간결한 풀이가 가능해진다. 앞으로 두 가지의 비례 관계를 설명하고 이를 예제를 풀어봄으로써 사용 방법을 구체화 해볼 것이다.

첫째, 부피의 변화량은 반응량에 비례한다.

자작문항 예제

다음은 $A(g)$와 $B(g)$가 반응하여 $C(g)$를 생성하는 반응의 화학 반응식이다.

$$2A(g) + B(g) \rightarrow 2C(g)$$

표는 실린더에 $A(g)$와 $B(g)$의 몰수를 달리하여 넣고 반응을 완결시킨 실험 I, II에 대한 자료이다.

실험	넣어준 물질의 몰수(몰)		실린더 속 기체의 부피	
	$A(g)$	$B(g)$	반응 전	반응 후
I	4	x	5V	4V
II	y	4	10V	7V

$\dfrac{y}{x}$는? (단, 기체의 온도와 압력은 일정하다.)

---

1) 위 반응에서 실험 I과 실험 II의 부피 변화량을 비교하여 보면 (5V-4V) : (10V-7V)로 부피 변화량은
실험 I과 실험 II이 1:3의 비율을 가지게 된다. 이를 통해 실험 I과 실험 II의 반응량의 비율 또한 1:3
이라는 사실을 알 수 있다.

2) 한계 반응물을 찾아보자. 먼저 $A(g)$가 한계 반응물이라고 가정해 보자.

<실험I>

$$2A(g) \; + \; B(g) \; \rightarrow \; 2C(g)$$

$$
\begin{array}{ccc}
4 & x & 0 \\
-4 & -2 & +4 \\
\hline
0 & x-2 & 4
\end{array}
$$

$\xrightarrow{\;3\text{배}\;}$

<실험II>

$$2A(g) \; + \; B(g) \; \rightarrow \; 2C(g)$$

$$
\begin{array}{ccc}
y & 4 & 0 \\
-12 & -6 & +12 \\
\hline
0 & (-2) & 12
\end{array}
$$

(모순)

반응량이 1:3이라는 사실을 이용하여 세 줄 식을 작성해보았을 때, 실험I에서 두 사이클을 돌았으므로
실험II에서는 여섯 사이클을 돌도록 세 줄 식을 작성해준다. 이와 같이 세 줄 식을 작성했을 경우 실험II
에서 반응 후 $B(g)$의 양이 음수가 나오는 모순이 발생한다. 따라서 한계 반응물은 $B(g)$이고,
세 줄 식을 세우면 다음과 같다.

〈실험I〉

$$2A(g) \; + \; B(g) \; \rightarrow \; 2C(g)$$

$$
\begin{array}{ccc}
4 & x & 0 \\
-2x & -x & +2x \\
\hline
4-2x & 0 & 2x
\end{array}
$$

실험 I에서 반응 전 후의 부피가 각각 5V와 4V로 5:4이므로 $(4+x) : (4-2x+2x)$ = 5:4이다.
따라서 $x = 1$임을 구할 수 있다. 이를 통해 실험 I은 한 사이클을 돌았다는 사실을 알 수 있고,
실험 II은 이의 세배인 세 사이클을 돌아야 한다.

〈실험II〉

$$2A(g) \; + \; B(g) \; \rightarrow \; 2C(g)$$

$$
\begin{array}{ccc}
y & 4 & 0 \\
-6 & -3 & +6 \\
\hline
y-6 & 1 & 6
\end{array}
$$

실험 II에서 한계 반응물은 $A(g)$이므로 $y-6=0$이어야 한다. 따라서 $y=6$임을 구할 수 있다.

3) $x=1$, $y=6$이므로 $\dfrac{y}{x}=6$이다.

둘째, 생성물의 양은 반응량에 비례한다. (단, 반응전에 이미 생성물이 존재하는 경우는 제외한다.)

자작문항 예제

다음은 $A(g)$와 $B(g)$가 반응하여 $C(g)$를 생성하는 반응의 화학 반응식이다.

$$A(g) + bB(g) \rightarrow 2C(g) \quad (b\text{는 반응계수})$$

표는 실린더에서 $A(g)$와 $B(g)$의 질량을 달리하여 반응을 완결시킨 실험 I, II에 대한 자료이다. 실험 II에서 $B(g)$는 모두 반응하였다.

실험	반응 전			반응 후	
	A의 질량 (g)	B의 질량 (g)	전체 기체의 부피(L)	C의 질량 (g)	전체 기체의 부피(L)
I	42	y	xV	17	4V
II		6	10V	34	xV

$b \times \dfrac{y}{x}$는? (단, 기체의 온도와 압력은 일정하다.)

1) 위 반응에서 실험 I과 실험 II의 생성물의 양(C의 질량)을 비교하여 보면 실험 I과 실험 II의 반응량의 비율은 1:2라는 사실을 알 수 있다. 생성물의 양 분만 아니라 부피 변화량 또한 반응량과 비례하기 때문에 실험I과 실험 II의 반응량의 비율 또한 1:2라는 사실을 알 수 있다. 이를 이용하여 x값을 구해보면 $(x-4) : (10-x)$ = 1:2 이므로 x=6임을 구할 수 있다.

2) 실험 I의 한계 반응물을 찾아보자.

우선 $A(g)$가 한계 반응물이라고 가정해보자.

반응 전 $A(g)$의 질량이 42g인데 생성된 $C(g)$의 질량은 42g보다 작은 17g이므로 실험 I에서는 $B(g)$가 모두 반응하였다. 또한 문제에서 실험 II의 한계 반응물이 $B(g)$라고 하였고, 이를 질량 보존을 사용하며 세 줄 식을 작성하면 다음과 같다.

<실험I>

$$A(g) \;+\; bB(g) \;\rightarrow\; 2C(g)$$

42	y	0
-14	-3	$+17$
28	0	17

$\xleftarrow{\frac{1}{2}배}$

<실험II>

$$A(g) \;+\; bB(g) \;\rightarrow\; 2C(g)$$

	6	0
-28	-6	$+34$	(질량 보존)
	0	34

실험 I에서 $B(g)$가 모두 반응하였으므로 $y-3=0$이다. 따라서 y=3임을 구할 수 있다.

주어진 부피를 이용하여 계수 b를 구해보자.

실험 I에서 반응한 만큼을 한 사이클 돈 것으로 가정하고, 부피 세줄 식을 작성해보자.

〈실험I〉

$$A(g) \;+\; bB(g) \;\rightarrow\; 2C(g)$$

3	b	0
-1	$-b$	$+2$
2	0	2

실험 I에서 반응 전과 반응 후의 부피가 6V와 4V로 비율은 3:2이다.

이를 이용하여 b값을 구해보면, $(3+b) : (2+2)$ = 3:2 이므로 b의 값은 3이다.

3) $b=3$, $x=6$, $y=3$이므로 $b \times \dfrac{y}{x} = \dfrac{3}{2}$이다.

은근히 질량보존과 더불어 한번 보이지 않으면 끝없이 말릴 위험이 있는 유형이다. 일반적으로 양론에서 기본적으로 사용되는 아보가드로 법칙을 비롯한 대부분의 논리들이 '기체'에 한정되어 사용되는 논리이다. 하지만 문제의 주어진 상황에서 고체나 액체가 함께 존재할 경우나 주어진 자료가 '실린더 내 기체의 밀도' 등의 형태일 때, 우리가 흔히 사용하는 아보가드로 법칙 등의 논리들을 기체로 한정하여 적용해주어야 하지만 관성으로 인해 고체, 액체, 기체를 구별하지 않고 무분별하게 사용할 경우 말리게 될 것이다.

20학년도 수능 19번

다음은 $A(s)$와 $B(g)$가 반응하여 $C(g)$를 생성하는 반응의 화학 반응식이다.

$$A(s) + b\,B(g) \rightarrow C(g) \quad (b : 반응\ 계수)$$

표는 실린더에 $A(s)$와 $B(g)$의 몰수를 달리하여 넣고 반응을 완결시킨 실험 I, II에 대한 자료이다. $\dfrac{B의\ 분자량}{C의\ 분자량} = \dfrac{1}{16}$ 이다.

실험	넣어준 물질의 몰수(몰)		실린더 속 기체의 밀도(상댓값)	
	$A(s)$	$B(g)$	반응 전	반응 후
I	2	7	1	7
II	3	8	1	x

$b \times x$는? (단, 기체의 온도와 압력은 일정하다.)

① 15　　　② 20　　　③ 21　　　④ 24　　　⑤ 32

0) 반응을 해석하기에 앞서 A 물질이 g(기체)가 아니라 s(고체)임을 파악하여야 한다.

1) 한계 반응물을 찾아보자. 우선 B(g)이 한계 반응물이라고 가정해보자.

<실험 Ⅰ> (질량)

$$A(s) + bB(g) \rightarrow C(g)$$

2	7	0
$-\dfrac{7}{b}$	-7	$+\dfrac{7}{b}$
$2-\dfrac{7}{b}$	0	$\dfrac{7}{b}$

$V \propto n$ 이고 $d = \dfrac{w}{V}$ 임을 통해 실린더 속 기체의 반응 전후 밀도는 $\dfrac{(7\times1)}{7L} : \dfrac{(\frac{7}{b}\times16)}{\frac{7}{b}L} = 1 : 16$

이므로 조건의 1 : 7에 위배된다.

따라서 실험 I 에서의 한계반응물은 A 이고 반응식을 세우면 다음과 같다.

<실험 Ⅰ> (질량)

$$A(s) + bB(g) \rightarrow C(g)$$

2	7	0
-2	$-2b$	$+2$
0	$7-2b$	$+2$

실험 전후의 밀도를 비교해보면 $\dfrac{(7\times1)}{7L} : \dfrac{(7-2b)\times1 + (2\times16)}{(7-2b)+2} = 1 : 7$ 식을 풀면 $b=2$ 임을 구할 수 있다.

2) 이를 바탕으로 II의 반응을 해석해보자.

<실험 Ⅱ> (질량)

$$A(s) + 2B(g) \rightarrow C(g)$$

3	8	0
-3	-6	$+3$
0	2	3

의 결과가 나온다. 실린더 속 기체의 밀도를 구하면 $\dfrac{(8\times1)}{8L} : \dfrac{(2\times1)+(3\times16)}{(2+3)L} = 1 : x$ 이므로 $x = 10$ 이다.

3) $b=2$, $x=10$ 이므로 $b \times x = 20$ 이다.

▶ **주입형** : 조금씩 계속해서 물질을 넣어주어 반응하는 경우

이 유형은 두가지 case 로 나뉜다.

$aA(g) + bB(g) \rightarrow cC(g)$ 를 반응식으로 가지며, $A(g)$가 들어 있는 실린더에 $B(g)$를 넣는다고 가정하자. (반대의 상황의 경우 아래의 논리를 반대로 적용하면 된다.) (생성물이 두 개 이상인 경우에는 생성물들의 계수를 합친 값이 c에 해당한다고 생각하면 된다.)

(1) 반응 완결 이전의 상황

B가 한계 반응물인 지점까지는 B를 넣어주자마자 없어지므로 B는 기체의 양에 포함되지 않는다.
따라서 A와 C의 양으로만 기체의 양 변화를 생각해준다.

> a > c : 전체 기체의 양 & 기체의 부피가 감소한다.
> a = c : 전체 기체의 양 & 기체의 부피가 일정하다.
> a < c : 전체 기체의 양 & 기체의 부피가 증가한다.

* 간단하게 생각하면 $a > c$ 이면 많이 줄어들고 적게 생성되기 때문에 기체의 양이 감소한다고 생각하고 $a < c$이면 적게 줄어들고 많이 생성되므로 기체의 양이 증가된다고 생각하면 편하다.

(2) 반응 황완결 이후의 상

A가 한계 반응물이므로 B를 더 넣어줘도 반응은 더 이상 일어나지 않기 때문에 넣어주는 B는 그대로 남아서, 넣어준 B의 양만큼 기체의 양과 부피가 증가한다.

이를 통하여 〈주입형〉의 경우 그래프들의 기울기를 통하여 계수를 추론 가능하다. 아래의 그림을 참조하도록 하자.

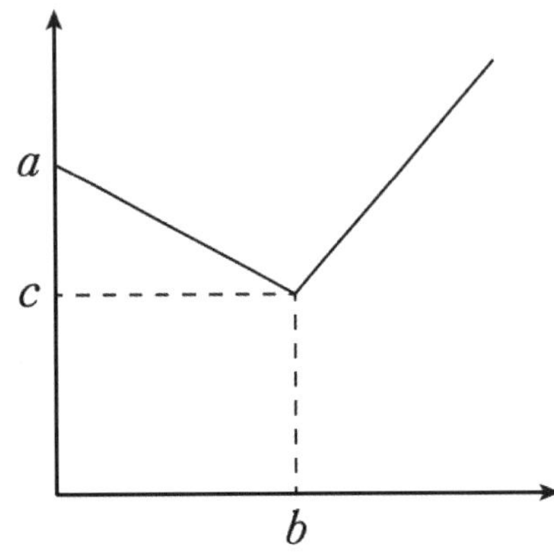

반응 완결전 그래프의 기울기 : $\dfrac{c-a}{b}$

반응 완결후 그래프의 기울기 : $1(\dfrac{b}{b})$(반응하지 않으므로 넣어준 만큼 그대로 몰수가 증가한다.)

처음 부피 : 완결점의 부피 $= a : c$

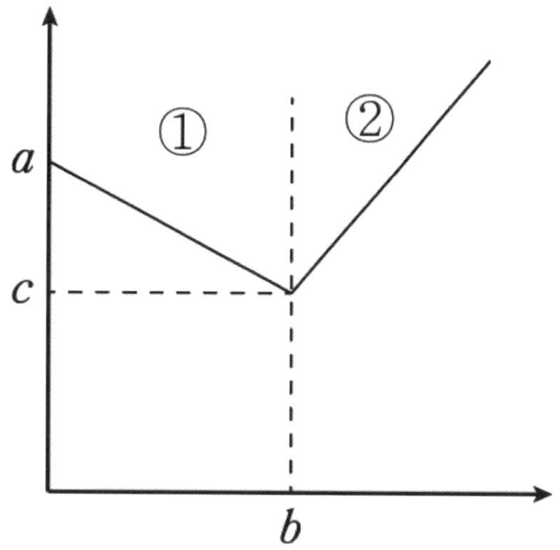

반응 완결전인 ① 지점에서의 기울기인 $c-a$ 가 음수이다. $c-a<0$ 이므로 $c<a$ 임을 알 수 있다.

반응 완결전인 ① 지점에서의 기울기와 반응 완결후인 ② 지점에서의 기울기를 비교해 보자.

$c-a<b$ 이므로 $a+b>c$ 임을 알 수 있다.

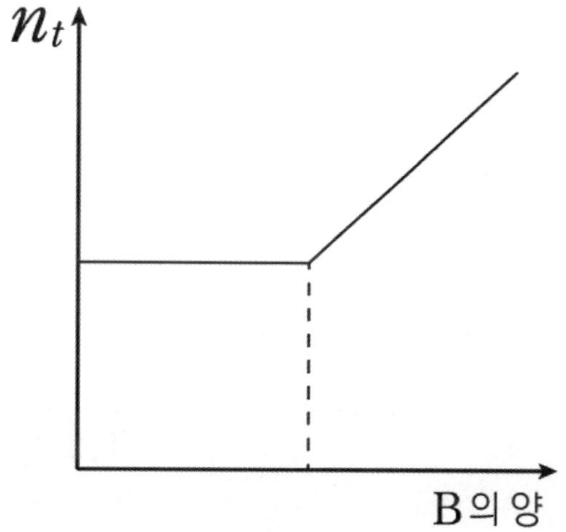

반응 완결전인 ① 지점에서의 기울기인 $c-a$ 가 0이다. $c-a=0$ 이므로 $a=c$ 임을 알 수 있다.

반응 완결전인 ① 지점에서의 기울기와 반응 완결후인 ② 지점에서의 기울기를 비교해 보자.

$0=c-a<b$ 이므로 $a+b>c$ 임을 알 수 있다.

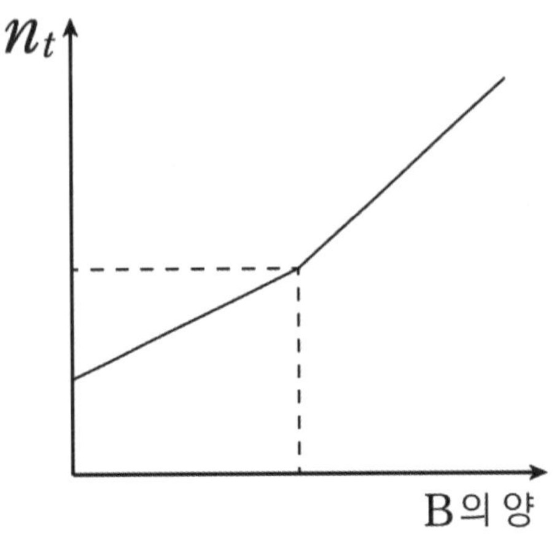

반응 완결전인 ① 지점에서의 기울기인 c − a 가 양수이다. c − a > 0이므로 c > a 임을 알 수 있다.

반응 완결전인 ① 지점에서의 기울기와 반응 완결후인 ② 지점에서의 기울기를 비교해 보자.

c − a < b 이므로 a + b > c 임을 알 수 있다.

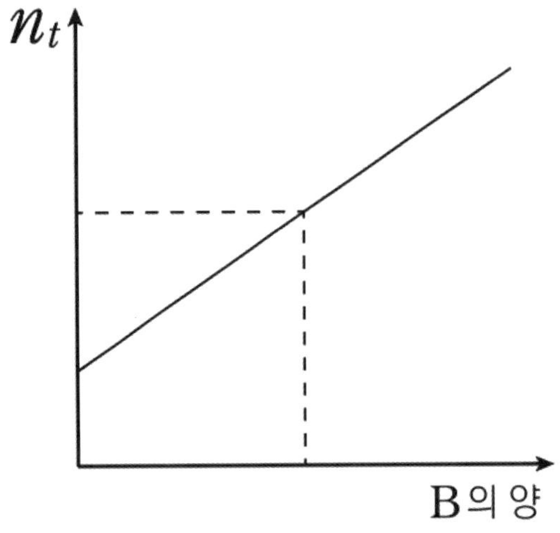

반응 완결전인 ① 지점에서의 기울기인 c − a 가 양수이다. c − a > 0이므로 c > a 임을 알 수 있다.

반응 완결전인 ① 지점에서의 기울기와 반응 완결후인 ② 지점에서의 기울기를 비교해 보자.

c − a = b 이므로 a + b = c 임을 알 수 있다.

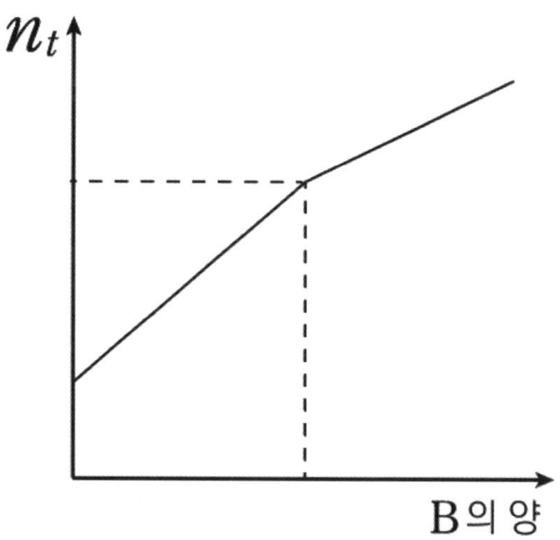

반응 완결전인 ① 지점에서의 기울기인 $c-a$ 가 양수이다. $c-a>0$이므로 $c>a$ 임을 알 수 있다.

반응 완결전인 ① 지점에서의 기울기와 반응 완결후인 ② 지점에서의 기울기를 비교해 보자.

$c-a>b$ 이므로 $a+b<c$ 임을 알 수 있다.

➡ 혼합형 : 한꺼번에 부워서 반응하는 경우

$$aA(g) + bB(g) \rightarrow cC(g)$$

a+b>c : 전체 기체의 양 & 기체의 부피가 감소한다.
a+b=c : 전체 기체의 양 & 기체의 부피가 일정하다.
a+b<c : 전체 기체의 양 & 기체의 부피가 증가한다.

반응물과 생성물이 모두 기체일 경우 계수의 비교에 따라서 밀도의 변화를 알 수 있다. 예를 들어 a+b<c인 경우에 전체 기체의 양 & 기체의 부피가 증가하면 질량은 반응 중에 일정하기 때문에 밀도는 자연스레 감소한다는 논리로 연결 시킬 수 있다.

> **Tip**
>
> 반응계수 논리에 대해 기출을 기준으로 이야기하자면 실제로 $aA + bB \rightarrow cC(c < 3)$ 인 경우 반응계수는 자연수라는 조건에 의거하여 $c = 1 \, or \, c = 2$ 이며, 둘을 실제 대입하여 해봄으로써 한 가지 경우에 모순이 나오는 논리로 계수를 결정하라는 문제가 출제된 적이 있다. 하지만 $c = 1 \, or \, c = 2$과 같이 둘 중 하나를 고르는 문제가 아니라 그 이상의 경우의 수를 직접 해봐야하는 문제는 출제 되지 않았으므로 경우의 수가 3가지 이상 나오는 경우에는 내가 문제를 풀면서 놓친 조건이 있나를 다시 한번 돌아보시는걸 추천 드립니다.

6. 밀도 자료 해석

밀도 자료 해석은 크게 두가지로 나뉜다. 정의에 입각한 풀이와, 분자량을 활용한 풀이가 있다. 우선 메인 풀이는 무조건 '정의'로 가야한다는 입장이다. 분자량 풀이도 쉽고 빠르게 풀어낼 수 있지만 사용할 수 있는 상황들이 한정되어 있기 때문에 특정한 상황이 아니면 사용할 수 없다. 보편적으로 모든 문제에서 적용할 수 있는 풀이는 정의를 기반으로 한 풀이이며, 이는 밀도$=\dfrac{질량}{부피}$ 를 사용하는 일반적인 계산으로 밀고 나가는 풀이다. 분자량으로 풀이할 수 있는 것은 무조건 정의로 풀이할 수 있으므로 정의 풀이는 여러분들의 가장 밑바탕에 깔려 있어야 하는 풀이이며, 이를 완벽히 마스터한 후 속도를 줄이기 위한 방편으로 분자량 풀이를 스킬의 형태로 첨가하시는 것이 바람직하다.

정의 풀이를 하는 방법은 당연하게도 밀도$=\dfrac{질량}{부피}$ 로 해석하는 것이 전부이다.

밀도 자료 해석을 분자량으로 하는 논리에 대해 설명하자면, 앞서 2단원에서 $PV=nRT$식을 간단하게 설명한 적이 있다. 이 때, $n=\dfrac{w}{M}$ 을 대입하면 $PVM=wRT$ 이며 양변에 V를 나누어 주면 $PM=\dfrac{w}{V}RT$ 임을 알 수 있고 $\dfrac{w}{V}=d$(밀도) 이므로 위 식을 정리하면 $PM=dRT$ 임을 알 수 있다. R은 상수이므로 압력과 온도가 일정하다면, $M\propto d$의 식을 도출해 낼수 있다.

다음으로는 **분지량 풀이**를 사용할 수 있는 상황에 대해서 이야기 하겠다.

첫째로, 위에서 증명하였듯이 압력과 온도가 일정해야 한다.
둘째, 단일 기체여야 효율적이다.

Tip

물론, 단일 기체가 아닌 혼합기체이더라도 풀이를 할 수는 있습니다. 내분 논리를 사용하여 $M\propto d$로 끌고 갈 수 있긴 하지만 혼합기체에서 내분을 써가면서 계산을 하는 것보다 혼합기체의 경우에는 처음 소개했던 정의에 입각한 풀이가 더 효율적이라 생각하기 때문에 단일 기체일 때 위주로 $M\propto d$ 논리를 사용하시길 추천드리긴하지만, 이 역시 개인마다의 취향차이 이므로 수험생분들의 손에 더 잘 익는 사용하시길 바랍니다. 또한, 앞으로 출제가 어떤 방식으로 될지는 모르고, 수험생 여러분께서 취사선택할 수 있는 선택지의 폭을 넓혀드리는 것이 좋다고 생각하여 내분을 이용한 분자량/밀도 논리 역시 소개 드리겠습니다.
저희가 앞의 단원에서 '동위원소'에 대해 배운적이 있습니다. 그 때를 잘 떠올려 보시면 좋을 것 같습니다. 동위원소에서 해당 동위원소가 차지하는 비율값을 바탕으로 내분을 통하여 '평균 원자량'을 구해냈습니다. 똑같은 원리로 여러 가지 기체가 혼합되어 있는 혼합기체에서의 비율값과 화학식량을 통하여 '평균 화학식량' 혹은 '평균 밀도값'을 구해낼 수 있습니다.
예를 들어, A(2) 인 기체와 B(8) 인 기체가 1:2 의 비율로 존재한다고 할 때 해당 상황에서의 평균 분자량은 $\dfrac{(1\times2)+(2\times8)}{2+1}=6$임을 구해낼 수 있습니다.(기체의 존재비가 1:2 이니까 2:1 로 내분하는 것은 앞에 동위원소 단원에서 설명하였으니 참고하시길 바랍니다.)

01 22학년도 수능 5번

다음은 2가지 반응의 화학 반응식이다.

> (가) $HNO_2 + NH_3 \rightarrow \text{㉠} + 2H_2O$
>
> (나) $aN_2O + bNH_3 \rightarrow 4\text{㉠} + aH_2O$
>
> $\quad$ (a, b는 반응 계수)

이에 대한 설명으로 옳은 것만을 <보기>에서 있는 대로 고른 것은?

> ─────── <보 기> ───────
>
> ㄱ. ㉠은 N_2이다.
>
> ㄴ. $a+b=4$이다.
>
> ㄷ. (가)와 (나)에서 각각 NH_3 1g이 모두 반응했을 때 생성되는 H_2O의 질량은 (나)>(가)이다.

02 21학년도 10월 3번

다음은 2가지 반응의 화학 반응식이다.

> ○ $2NaHCO_3 \rightarrow Na_2CO_3 + \text{㉠} + CO_2$
>
> ○ $MnO_2 + aHCl \rightarrow MnCl_2 + b\text{㉠} + Cl_2$
>
> $\quad$ (a, b는 반응 계수)

$\dfrac{b}{a}$는?

03 22학년도 9월 6번

다음은 아세틸렌(C_2H_2) 연소 반응의 화학 반응식이다.

$$2C_2H_2 \ + aO_2 \rightarrow 4CO_2 + 2H_2O$$

$$(a\text{는 반응 계수})$$

이 반응에서 1mol의 C_2H_2이 반응하여 x mol의 CO_2와 1mol의 H_2O이 생성되었을 때, $a+x$는?

04 21학년도 7월 2번

다음은 알루미늄(Al) 산화 반응의 화학 반응식이다.

$$4Al \ + \ 3O_2 \rightarrow 2Al_2O_3$$

이 반응에서 1mol의 Al_2O_3이 생성되었을 때 반응한 Al의 질량(g)은? (단, Al의 원자량은 27이다.)

05 22학년도 6월 2번

그림은 강철 용기에 에탄올(C_2H_5OH)과 산소
(O_2)를 넣고 반응시켰을 때, 반응 전과 후 용기
에 존재하는 물질과 양을 나타낸 것이다. x는?

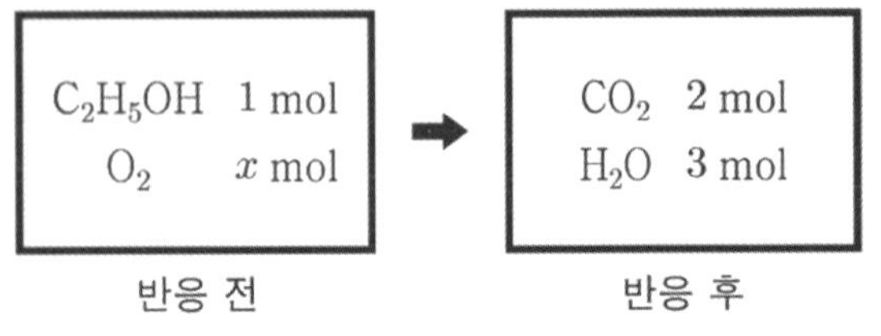

06 21학년도 수능 5번

다음은 2가지 반응의 화학 반응식이다.

○ $Zn(s) + 2HCl(aq) \rightarrow$ ㉠ $(aq) + H_2(g)$

○ $2Al(s) + aHCl(aq)$
$\rightarrow 2AlCl_3(aq) + bH_2(g)$ (a, b는 반응 계수)

이에 대한 옳은 설명만을 <보기>에서 있는 대로
고른 것은?

───── <보   기> ─────

ㄱ. ㉠은 $ZnCl_2$이다.

ㄴ. $a+b=9$이다.

ㄷ. 같은 양(mol)의 $Zn(s)$과 $Al(s)$을 각각
　　충분한 양의 $HCl(aq)$에 넣어 반응을 완결시
　　켰을 때 생성되는 H_2의 몰비는 1 : 2이다.

다음은 아세트알데하이드(C_2H_4O) 연소 반응의 화학 반응식이다.

$$2C_2H_4O + xO_2 \rightarrow 4CO_2 + 4H_2O$$

$$(x는 반응 계수)$$

이 반응에서 1mol의 CO_2가 생성되었을 때 반응한 O_2의 양(mol)은?

다음은 과산화 수소(H_2O_2) 분해 반응의 화학 반응식이다.

$$2H_2O_2 \rightarrow 2H_2O + ㉠$$

이에 대한 설명으로 옳은 것만을 <보기>에서 있는 대로 고른 것은? (단, H와 O의 원자량은 각각 1과 16이다.)

―――― <보 기> ――――

ㄱ. ㉠은 H_2이다.

ㄴ. 1mol의 H_2O_2가 분해되면 1mol의 H_2O이 생성된다.

ㄷ. 0.5mol의 H_2O_2가 분해되면 전체 생성물의 질량은 34g이다.

09

그다음은 황세균의 광합성과 관련된 반응의 화학 반응식이다. a, b는 반응 계수이다.

$$a\,H_2S + 6CO_2 \rightarrow b\,C_6H_{12}O_6 + 12S + 6H_2O$$

이 반응에서 12mol의 H_2S가 모두 반응했을 때, 생성되는 $C_6H_{12}O_6$의 양(mol)은?

① 1   ② 2   ③ 4

④ 6   ⑤ 12

10

다음은 질산 암모늄(NH_4NO_3) 분해 반응의 화학 반응식이다.

$$a\,NH_4NO_3 \rightarrow a\,N_2O + 2H_2O\,(a\text{는 반응 계수})$$

이 반응에서 생성된 H_2O의 양이 1mol일 때 반응한 NH_4NO_3의 양(mol)은?

① $\dfrac{1}{4}$ ② $\dfrac{1}{2}$ ③ 1

④ 2   ⑤ 4

11 23학년도 9월 4번

그림은 실린더에 AB(g)와 $B_2(g)$를 넣고 반응을 완결시켰을 때, 반응 전과 후 실린더에 존재하는 물질을 나타낸 것이다. 반응 전과 후 실린더 속 전체 기체의 밀도는 각각 d_1과 d_2이다.

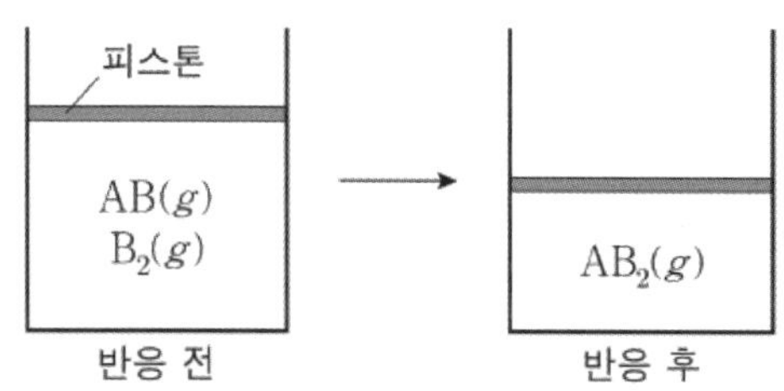

$\dfrac{d_2}{d_1}$는? (단, A와 B는 임의의 원소 기호이고, 실린더 속 기체의 온도와 압력은 일정하다.)

① 2 ② $\dfrac{3}{2}$ ③ $\dfrac{4}{3}$

④ 1 ⑤ $\dfrac{2}{3}$

12 22학년도 3월 5번

다음은 금속 M의 원자량을 구하기 위한 실험이다. $t℃$, 1atm에서 기체 1mol의 부피는 24L이다.

○ 화학 반응식

$M(s) + NaHCO_3(s) + H_2O(l) \rightarrow$
$MCO_3(s) + Na^+(aq) + OH^-(aq) +$ $\boxed{\text{㉠}}\ (g)$

[실험 과정]

(가) 그림과 같이 Y자관 한쪽에 $M(s)$ wg을, 다른 한쪽에 충분한 양의 $NaHCO_3(s)$과 $H_2O(l)$을 넣는다.

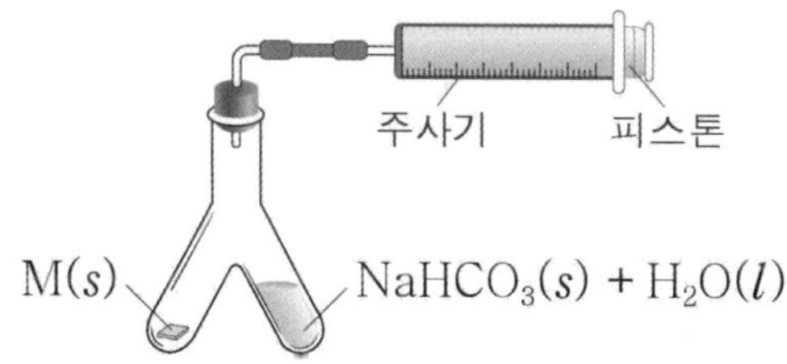

(나) Y자관을 기울여 $M(s)$을 모두 반응시킨 후, 발생한 기체 ㉠의 부피를 측정한다.

[실험 결과]

○ (나)에서 발생한 기체 ㉠의 부피 : V L
○ M의 원자량 : a

이에 대한 옳은 설명만을 <보기>에서 있는 대로 고른 것은? (단, M은 임의의 원소 기호이고, 온도와 압력은 $t℃$, 1atm으로 일정하며, 피스톤의 마찰은 무시한다.)

<보 기>

ㄱ. ㉠은 CO_2이다.

ㄴ. (나)에서 반응 후 용액은 염기성이다.

ㄷ. $a = \dfrac{24w}{V}$이다.

---

① ㄱ ② ㄴ ③ ㄷ

④ ㄴ, ㄷ ⑤ ㄱ, ㄴ, ㄷ

13 23학년도 6월 12번

다음은 금속과 산의 반응에 대한 실험이다.

[화학 반응식]

○ $2A(s) + 6HCl(aq)$
  $\rightarrow 2ACl_3(aq) + 3H_2(g)$

○ $B(s) + 2HCl(aq) \rightarrow BCl_2(aq) + H_2(g)$

[실험 과정]

(가) 금속 $A(s)$ 1g을 충분한 양의 $HCl(aq)$과 반응시켜 발생한 $H(g)$의 부피를 측정한다.

(나) $A(s)$ 대신 금속 $B(s)$를 이용하여 (가)를 반복한다.

(다) (가)와 (나)에서 측정한 $H_2(g)$의 부피를 비교한다.

이 실험으로부터 B의 원자량을 구하기 위해 반드시 이용해야 할 자료만을 <보기>에서 있는 대로 고른 것은? (단, A와 B는 임의의 원소 기호이고, 온도와 압력은 일정하다.)

———— <보 기> ————

ㄱ. A의 원자량

ㄴ. H_2의 분자량

ㄷ. 사용한 $HCl(aq)$의 몰 농도(M)

① ㄱ   ② ㄷ   ③ ㄱ, ㄴ
④ ㄴ, ㄷ   ⑤ ㄱ, ㄴ, ㄷ

14 22학년도 10월 17번

다음은 금속 A, B와 관련된 실험이다. A, B의 원자량은 각각 24, 27이고, t℃, 1atm에서 기체 1mol의 부피는 25L이다.

[화학 반응식]

○ $A(s) + 2HCl(aq)$
  $\rightarrow ACl_2(aq) + H_2(g)$

○ $2B(s) + 6HCl(aq)$
  $\rightarrow 2BCl_3(aq) + 3H_2(g)$

[실험 과정 및 결과]

○ t℃, 1atm에서 충분한 양의 $HCl(aq)$에 <u>금속 A와 B의 혼합물 12.6g을 넣어 모두 반응</u>시켰더니 15L의 $H_2(g)$가 발생하였다.

㉠에 들어 있는 B의 양(mol)은?
(단, A와 B는 임의의 원소 기호이고, 온도와 압력은 일정하다.)

① 0.05   ② 0.1   ③ 0.15
④ 0.2   ⑤ 0.3

15

다음은 XYZ_3의 반응을 이용하여 Y의 원자량을 구하는 실험이다.

[자료]

○ 화학 반응식 : $XYZ_3(s)$

　　$\rightarrow XZ(s) + YZ_2(g)$

○ 원자량의 비는 X:Z=5:2이다.

[실험 과정]

(가) $XYZ_3(s)$ wg을 반응 용기에 넣고 모두 반응시킨다.

(나) 생성된 $XZ(s)$의 질량과 $YZ_2(g)$의 부피를 측정한다.

[실험 결과]

○ $XZ(s)$의 질량 : $0.56wg$

○ $t℃$, 1기압에서 $YZ_2(g)$의 부피 : 120mL

○ Y의 원자량 : a

a는? (단, X~Z는 임의의 원소 기호이고, $t℃$, 1기압에서 기체 1mol의 부피는 24L이다.)

① $12w$　　② $24w$　　③ $32w$

④ $40w$　　⑤ $44w$

16

그림은 용기에 XY와 Y_2를 넣고 반응을 완결시켰을 때, 반응 전과 후 용기에 들어 있는 분자를 모형으로 나타낸 것이다.

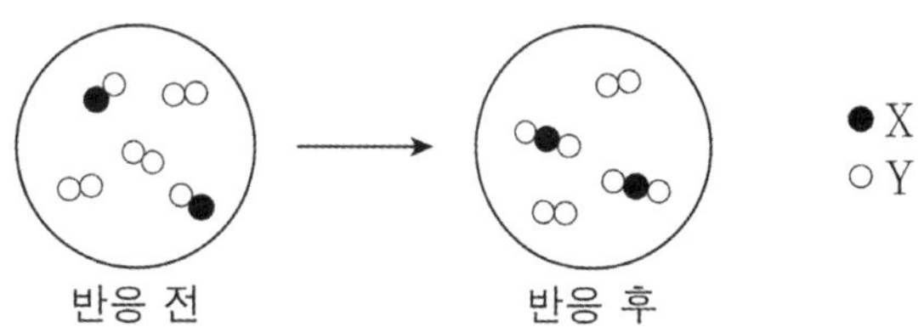

이 반응에 대한 설명으로 옳은 것만을 <보기>에서 있는 대로 고른 것은? (단, X와 Y는 임의의 원소 기호이다.)

<보　기>

ㄱ. 전체 분자 수는 반응 전과 후가 같다.

ㄴ. 생성물의 종류는 1가지이다.

ㄷ. 4mol의 XY_2가 생성되었을 때, 반응한 Y_2의 양은 2mol이다.

① ㄱ　　② ㄴ　　③ ㄱ, ㄷ

④ ㄴ, ㄷ　　⑤ ㄱ, ㄴ, ㄷ

17 24학년도 9월 3번

그림은 실린더에 $AB_3(g)$와 $C_2(g)$를 넣고 반응을 완결시켰을 때, 반응 전과 후 실린더에 존재하는 물질을 나타낸 것이다. 반응 전과 후 실린더 속 기체의 부피는 각각 V_1과 V_2이다.

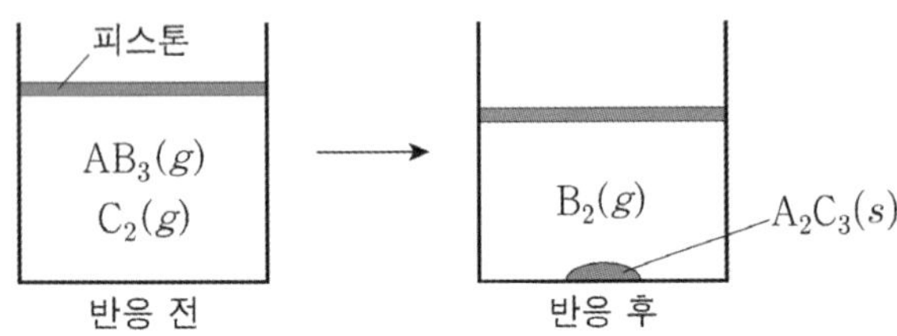

$\dfrac{V_2}{V_1}$는? (단, A~C는 임의의 원소 기호이고, 실린더 속 기체의 온도와 압력은 일정하다.)

① $\dfrac{7}{8}$ ② $\dfrac{6}{7}$ ③ $\dfrac{3}{4}$

④ $\dfrac{5}{7}$ ⑤ $\dfrac{4}{7}$

18 24학년도 수능 3번

그림은 실린더에 $Al(s)$과 $HF(g)$를 넣고 반응을 완결시켰을 때, 반응 전과 후 실린더에 존재하는 물질을 나타낸 것이다.

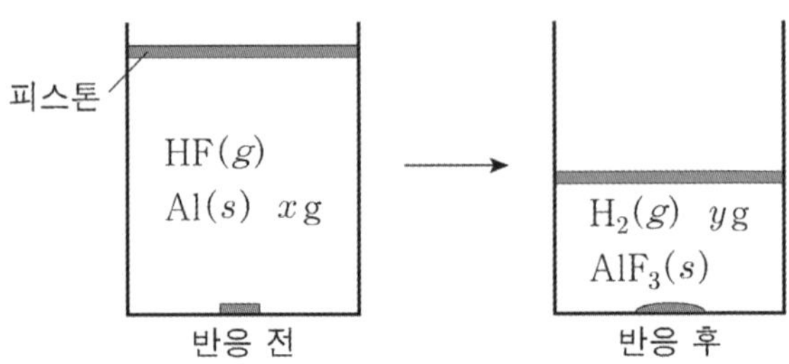

$\dfrac{x}{y}$는?

(단, H와 Al의 원자량은 각각 1, 27이다.)

① $\dfrac{27}{2}$ ② 12   ③ $\dfrac{21}{2}$

④ 9   ⑤ $\dfrac{9}{2}$

그림은 실린더에 XY(g)와 ZY(g)를 넣고 반응시켜 X_aY_b(g)와 Z_2(g)를 생성할 때, 반응 전과 후 단위 부피당 분자 모형을 나타낸 것이다. 반응 전과 후 실린더 속 기체의 온도와 압력은 일정하다.

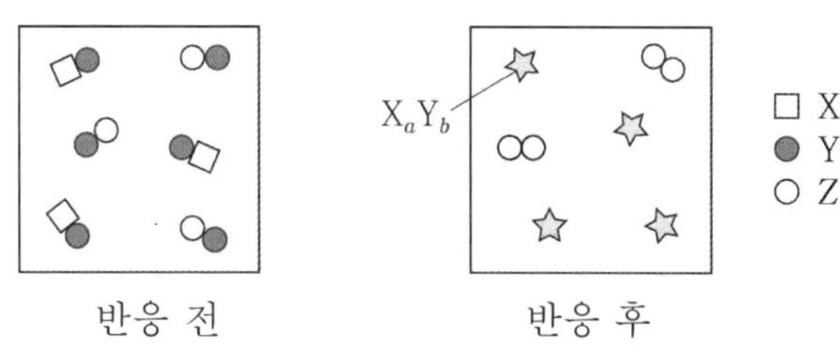

$b-a$는? (단, X~Z는 임의의 원소 기호이다.)

① −1   ② 0   ③ 1

④ 2   ⑤ 3

04 유제(2)

01 22학년도 수능 19번

다음은 A(g)와 B(g)가 반응하여 C(g)가 생성되는 반응의 화학 반응식이다.

$$a\,A(g) + B(g) \rightarrow 2C(g)\ (a는\ 반응\ 계수)$$

표는 B(g) x g 이 들어 있는 실린더에 A(g)의 질량을 달리하여 넣고 반응을 완결시킨 실험 I~IV에 대한 자료이다. II에서 반응 후 남은 B(g)의 질량은 III에서 반응 후 남은 A(g)의 질량의 $\frac{1}{4}$ 배이다.

실험		I	II	III	IV
넣어 준 A(g)의 질량(g)		w	$2w$	$3w$	$4w$
반응 후	$\dfrac{생성물의\ 양(\,mol\,)}{전제\ 기체의\ 부피(\,L\,)}$ (상댓값)	$\dfrac{4}{7}$	$\dfrac{8}{9}$		$\dfrac{5}{8}$

$a \times x$ 는? (단, 실린더 속 기체의 온도와 압력은 일정하다.)

02 21학년도 10월 20번

다음은 기체 A와 B가 반응하여 기체 C가 생성되는 반응의 화학 반응식이다.

$$A(g) + b\,B(g) \rightarrow 2C(g)\ (b는\ 반응\ 계수)$$

그림 (가)는 실린더에 A(g) x g과 B(g) y g을 넣은 것을, (나)는 (가)의 실린더에서 반응을 완결시킨 것을, (다)는 (나)의 실린더에 ㉠ 1L를 추가하여 반응을 완결시킨 것을 나타낸 것이다. ㉠은 A(g), B(g) 중 하나이고, 실린더 속 기체의 밀도비는 (나) : (다)= 1 : 2이다.

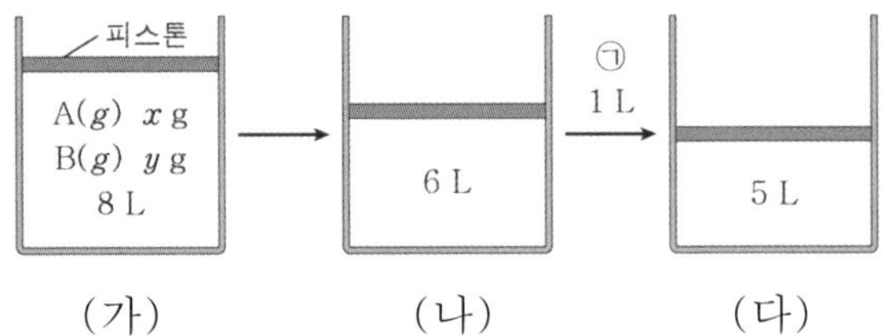

$b \times \dfrac{y}{x}$ 는? (단, 온도와 압력은 t℃, 1atm으로 일정하고, 피스톤의 질량과 마찰은 무시한다.)

03 22학년도 9월 20번

다음은 A(g)와 B(g)가 반응하여 C(g)를 생성하는 반응의 화학 반응식이다.

$$a\text{A}(g) + \text{B}(g) \rightarrow c\text{C}(g) \ (a, c \text{는 반응 계수})$$

표는 실린더에 A(g)와 B(g)의 질량을 달리하여 넣고 반응을 완결시킨 실험 I~III에 대한 자료이다.

실험	반응 전		반응 후		
	A의 질량 (g)	B의 질량 (g)	A 또는 B의 질량(g)	C의 밀도 (상댓값)	전체 기체의 부피 (상댓값)
I	1	w	$\dfrac{4}{5}$	17	6
II	3	w	1	17	12
III	4	$w+2$		x	17

$\dfrac{x}{c} \times \dfrac{\text{C의 분자량}}{\text{B의 분자량}}$ 은?

(단, 온도와 압력은 일정하다.)

04 21학년도 7월 19번

다음은 실린더에 A(g)와 B(g)의 질량을 달리하여 넣고 반응을 완결시킨 실험 I~III에 대한 자료이다.

○ 화학 반응식

A(g) + bB(g)

→ C(g) + dD(g) (b, d 는 반응 계수)

실험	넣어 준 물질의 질량(g)		전체 기체의 밀도(상댓값)	
	A(g)	B(g)	반응 전	반응 후
I	$2w$	$12w$	$\dfrac{7}{2}$	$\dfrac{7}{2}$
II	$4w$	$8w$	3	
III	$4w$	$12w$		x

○ 실험 I과 II에서 반응 후 생성된 C(g)의 양이 같다.

$\dfrac{x}{b+d}$ 는? (단, 실린더 속 기체의 온도와 압력은 일정하다.)

다음은 $A(g)$와 $B(g)$가 반응하여 $C(g)$와 $D(g)$를 생성하는 반응의 화학 반응식이다.

$$2A(g) + bB(g) \rightarrow cC(g) + 6D(g)$$
$$(b, c \text{ 는 반응 계수})$$

그림 (가)는 실린더에 $A(g)$, $B(g)$, $D(g)$를 넣은 것을, (나)는 (가)의 실린더에서 반응을 완결시킨 것을 나타낸 것이다.

(가)와 (나)에서 $\dfrac{D의\ 양(\,mol)}{전체\ 기체의\ 양(\,mol)}$ 은

각각 $\dfrac{2}{5}$, $\dfrac{3}{4}$이고, $\dfrac{A의\ 분자량}{B의\ 분자량}$ 은 $\dfrac{7}{4}$이다.

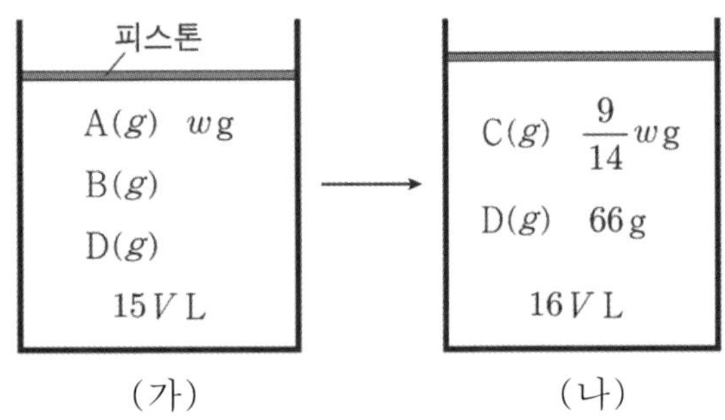

$\dfrac{b \times c}{w}$ 는? (단, 실린더 속 기체의 온도와 압력은 일정하다.)

다음은 기체 A와 B로부터 기체 C와 D가 생성되는 반응의 화학 반응식이다. b, d 는 반응 계수이며, 자연수이다.

$$A(g) + bB(g) \rightarrow C(g) + dD(g)$$

그림은 A $3wg$ 이 들어 있는 용기에 B를 넣어 반응을 완결시켰을 때, 넣어 준 B의 질량에 따른

$\dfrac{\text{㉠의 양}(\,mol)}{\text{전체 물질의 양}(\,mol)}$ 을 나타낸 것이다.

㉠은 C, D 중 하나이다.

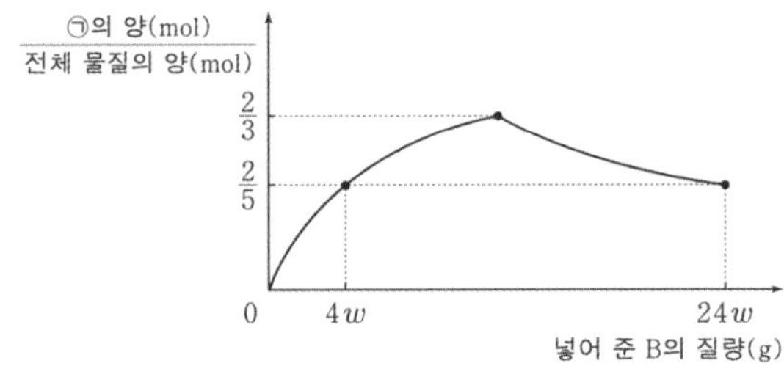

$b \times \dfrac{B의\ 분자량}{A의\ 분자량}$ 는?

07 21학년도 3월 20번

다음은 $A(g)$와 $B(g)$가 반응하여 $C(g)$를 생성하는 반응의 화학 반응식이다.

$$A(g) + bB(g) \rightarrow cC(g) \ (b, c는 \ 반응 \ 계수)$$

표는 실린더에 $A(g)$와 $B(g)$의 질량을 달리하여 넣고 반응을 완결시킨 실험 I, II에 대한 자료이다.

실험	반응 전			반응 후	
	$A(g)$의 질량 (g)	$B(g)$의 질량 (g)	전체 기체의 밀도	$C(g)$의 질량 (g)	전체 기체의 밀도
I	8	28	$72d$	22	$x\,d$
II	24	y	$75d$	33	$100d$

$\dfrac{x}{y}$는? (단, 실린더 속 기체의 온도와 압력은 일정하다.)

08 21학년도 수능 20번

다음은 $A(g)$와 $B(g)$가 반응하여 $C(g)$와 $D(g)$를 생성하는 반응의 화학 반응식이다.

$$A(g) + xB(g) \rightarrow C(g) + yD(g)$$
$$(x, y \ 는 \ 반응 \ 계수)$$

그림 (가)는 실린더에 $A(g)$와 $B(g)$가 각각 $9w\,g$, $w\,g$ 이 들어 있는 것을, (나)는 (가)의 실린더에서 반응을 완결시킨 것을, (다)는 (나)의 실린더에 $B(g)$ $2w\,g$을 추가하여 반응을 완결시킨 것을 나타낸 것이다. (가), (나), (다) 실린더 속 기체의 밀도가 각각 d_1, d_2, d_3 일 때,

$\dfrac{d_2}{d_1} = \dfrac{5}{7}$, $\dfrac{d_3}{d_2} = \dfrac{14}{25}$ 이다. (다)의 실린더 속 $C(g)$와 $D(g)$의 질량비는 $4 : 5$ 이다.

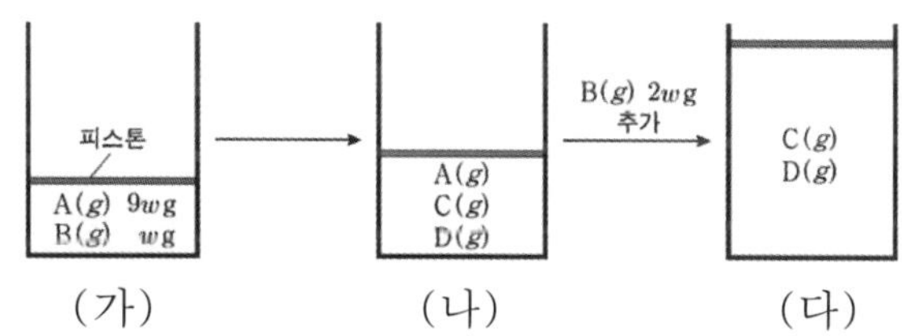

$\dfrac{D의\ 분자량}{A의\ 분자량} \times \dfrac{x}{y}$ 는? (단, 실린더 속 기체의 온도와 압력은 일정하다.)

09 20학년도 10월 20번

다음은 A(g)와 B(g)가 반응하여 C(g)를 생성하는 반응의 화학 반응식이다.

$$a\,A(g) + B(g) \rightarrow a\,C(g) \quad (a\text{는 반응 계수})$$

표는 실린더에 A(g)와 B(g)를 넣고 반응을 완결시킨 실험 Ⅰ~Ⅲ에 대한 자료이다.

실험	반응 전			반응 후
	A(g)의 질량(g)	B(g)의 질량(g)	전체 기체의 밀도 (상댓값)	전체 기체의 부피 (상댓값)
Ⅰ	4	3	4	4
Ⅱ	4	4		5
Ⅲ	12	2	5	x

$\dfrac{x}{a}$는? (단, 기체의 온도와 압력은 일정하다.)

10 21학년도 9월 18번

다음은 A(g)와 B(g)가 반응하여 C(g)를 생성하는 반응의 화학 반응식이다.

$$2A(g) + B(g) \rightarrow c\,C(g) \quad (c\text{는 반응 계수})$$

표는 실린더에 A(g)와 B(g)의 질량을 달리하여 넣고 반응을 완결시킨 실험 Ⅰ, Ⅱ에 대한 자료이다. $\dfrac{A의\ 분자량}{C의\ 분자량} = \dfrac{4}{5}$이고, 실험 Ⅱ에서 B는 모두 반응하였다.

실험	반응 전		반응 후	
	A의 질량 (g)	B의 질량 (g)	$\dfrac{C의\ 양(mol)}{전체\ 기체의\ 양(mol)}$	전체 기체의 부피 (L)
Ⅰ	$4w$	$6w$		V_1
Ⅱ	$9w$	$2w$	$\dfrac{8}{9}$	V_2

$c \times \dfrac{V_2}{V_1}$는? (단, 온도와 압력은 일정하다.)

11 20학년도 7월 20번

다음은 A(g)와 B(g)의 반응에 대한 실험이다.

[화학 반응식]

○ a A(g) + B(g) → 2 C(g) (a : 반응 계수)

[실험 과정]

(가) 실린더에 A(g) m몰과 B(g) n몰을 넣어 반응을 완결시킨다.

(나) (가)에 B(g)를 w g씩 가하며 반응시킨 후 실린더의 부피를 측정한다.

[실험 결과]

○ (나)에서 넣어 준 B(g)의 총 질량에 따른 반응 후 전체 기체의 부피

(나)에서 넣어준 B(g)의 총 질량(g)	0	w	$2w$	$3w$
반응 후 전체 기체의 부피 (상댓값)	21	15	13	15

$a \times \dfrac{n}{m}$ 은? (단, 온도와 실린더 내부 압력은 일정하다.)

12 21학년도 6월 19번

다음은 A(g)와 B(g)가 반응하여 C(g)를 생성하는 화학 반응식이다. 분자량은 A가 B의 2배이다.

$$a\,A(g) + B(g) \rightarrow a\,C(g) \quad (a\text{는 반응 계수})$$

그림은 A(g) V L가 들어 있는 실린더에 B(g)를 넣어 반응을 완결시켰을 때, 넣어 준 B(g)의 질량에 따른 반응 후 전체 기체의 밀도를 나타낸 것이다. P에서 실린더의 부피는 $2.5\,V$ L 이다.

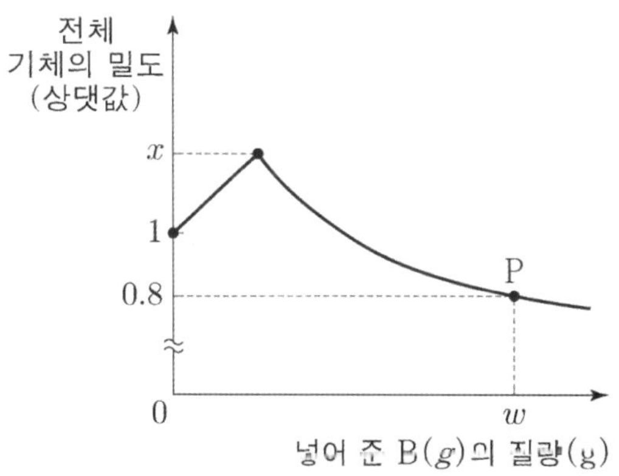

$a \times x$ 는? (단, 기체의 온도와 압력은 일정하다.)

13

다음은 기체 A, B가 반응하여 기체 C를 생성하는 반응의 화학 반응식이다.

$$A(g) + b\,B(g) \rightarrow C(g) \quad (b\text{는 반응 계수})$$

표는 실린더에서 A와 B의 질량을 달리하여 반응을 완결시킨 실험 I, II에 대한 자료이다.

실험	반응 전			반응 후	
	A의 질량 (g)	B의 질량 (g)	전체 기체의 부피 (L)	C의 질량 (g)	전체 기체의 부피 (L)
I	21		$5V$	8	
II	14	x	$10V$	16	$6V$

x는? (단, 기체의 온도와 압력은 일정하다.)

14

다음은 A(g)와 B(s)가 반응하여 C(s)를 생성하는 화학 반응식이다.

$$A(g) + 2B(s) \rightarrow c\,C(s) \quad (c\text{는 반응 계수})$$

그림은 V L의 A(g)가 들어 있는 실린더에 B(s)를 넣어 반응을 완결시켰을 때, 넣어 준 B(s)의 양(mol)에 따른 반응 후 남은 A(g)의 부피(L)와 생성된 C(s)의 양(mol)의 곱을 나타낸 것이다.

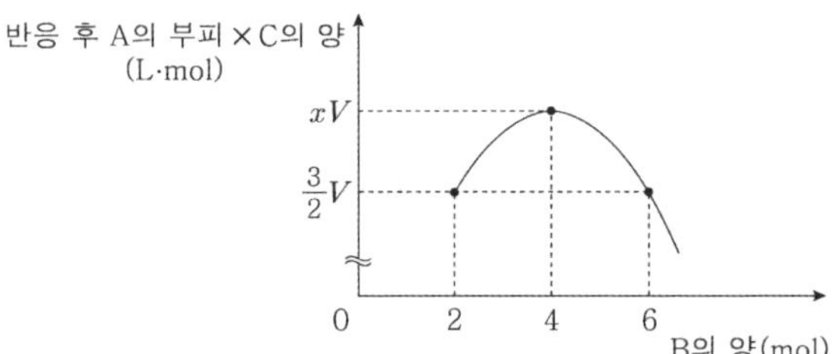

$c \times x$는? (단, 온도와 압력은 일정하다.)

15 20학년도 수능 19번

다음은 A(s)와 B(g)가 반응하여 C(g)를 생성하는 반응의 화학 반응식이다.

$$A(s) + b\,B(g) \rightarrow C(g) \quad (b : \text{반응 계수})$$

표는 실린더에 A(s)와 B(g)의 몰수를 달리하여 넣고 반응을 완결시킨 실험 Ⅰ, Ⅱ에 대한 자료이다. $\dfrac{\text{B의 분자량}}{\text{C의 분자량}} = \dfrac{1}{16}$ 이다.

실험	넣어준 물질의 몰수(몰)		실린더 속 기체의 밀도(상댓값)	
	A(s)	B(g)	반응 전	반응 후
Ⅰ	2	7	1	7
Ⅱ	3	8	1	x

$b \times x$는? (단, 기체의 온도와 압력은 일정하다.)

16 20학년도 9월 17번

다음은 A와 B가 반응하여 C를 생성하는 화학 반응식이다.

$$A + b\,B \rightarrow c\,C \quad (b, c \text{는 반응 계수})$$

그림은 m몰의 B가 들어 있는 용기에 A를 넣어 반응을 완결시켰을 때, 넣어 준 A의 몰수에 따른 반응 후 $\dfrac{\text{전체 물질의 몰수}}{\text{C의 몰수}}$ 를 나타낸 것이다.

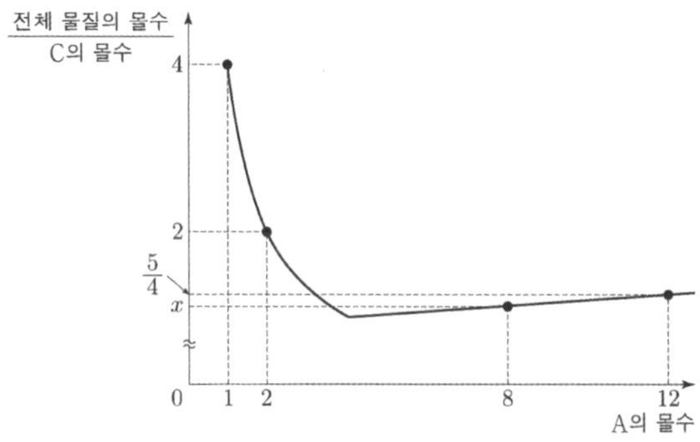

$m \times x$는?

17 20학년도 6월 19번

다음은 A(g)와 B(g)의 양을 달리하여 반응을 완결시킨 실험 Ⅰ~Ⅲ에 대한 자료이다.

○ 화학 반응식 : $A(g) + b\,B(g)$
$\rightarrow c\,C(g)$ (b, c는 반응 계수)

실험	반응 전 물질의 양		전체 기체의 부피	
	A(g)	B(g)	반응 전	반응 후
Ⅰ	$2n$몰	n몰	$3V$	$\dfrac{5}{2}V$
Ⅱ	n몰	$3n$몰	$4V$	$3V$
Ⅲ	x g	x g		$\dfrac{45}{8}V$

○ 실험 Ⅲ에서 반응 후 A(g)는 $\dfrac{3}{4}x$ g 이 남았다.

이에 대한 설명으로 옳은 것만을 <보기>에서 있는 대로 고른 것은? (단, 반응 전후 온도와 압력은 모두 같다.)

─────── <보 기> ───────

ㄱ. $b = 4$ 이다.

ㄴ. 분자량은 C가 A의 2.5배이다.

ㄷ. 반응 후 생성된 C의 몰수 비는
　　Ⅱ : Ⅲ $= 8 : 9$ 이다.

18 19학년도 수능 18번

다음은 A(g)가 분해되어 B(g)와 C(g)를 생성하는 반응의 화학 반응식이고,

$$\dfrac{\text{C의 분자량}}{\text{A의 분자량}} = \dfrac{8}{27}$$ 이다.

$$2A(g) \rightarrow b\,B(g) + C(g) \quad (b\text{는 반응 계수})$$

그림 (가)는 실린더에 A(g) w g 을 넣었을 때를, (나)는 반응이 진행되어 A와 C의 몰수가 같아졌을 때를, (다)는 반응이 완결되었을 때를 나타낸 것이다. (가)와 (다)에서 실린더 속 기체의 부피는 각각 2L, 5L 이다.

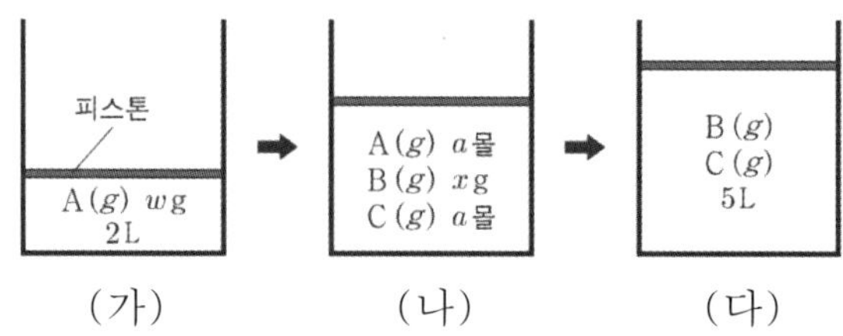

(나)에서 x는? (단, 기체의 온도와 압력은 일정하다.)

다음은 기체 A와 B의 반응에 대한 자료와 실험이다.

[자료]

○ 화학 반응식 : a A(g) + B(g)
  → 2 C(g) (a는 반응 계수)
○ t℃, 1기압에서 기체 1몰의 부피 : 40L
○ B의 분자량 : x

[실험 과정 및 결과]

○ A(g) y L 가 들어 있는 실린더에 B(g)의 질량을 달리하여 넣고 반응을 완결시켰을 때, 넣어 준 B의 질량에 따른 전체 기체의 부피는 그림과 같았다.

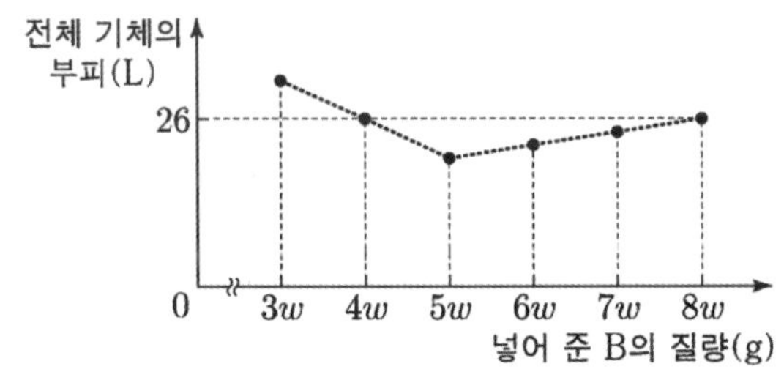

$\dfrac{y}{x}$ 는? (단, 온도와 실린더 속 전체 기체 압력은 t℃, 1기압으로 일정하다.)

다음은 기체 A와 B의 반응에 대한 자료와 실험이다.

○ 화학 반응식 : a A(g) + b B(g)
  → c C(g) (a~c는 반응 계수)
○ t℃, 1기압에서 기체 1몰의 부피는 30L이다.

[실험 Ⅰ의 과정 및 결과]

○ 3L의 A(g)가 들어 있는 실린더에 B(g)를 넣어 가면서 반응시켰을 때, B(g)의 질량에 따른 전체 기체의 부피는 그림과 같았다.

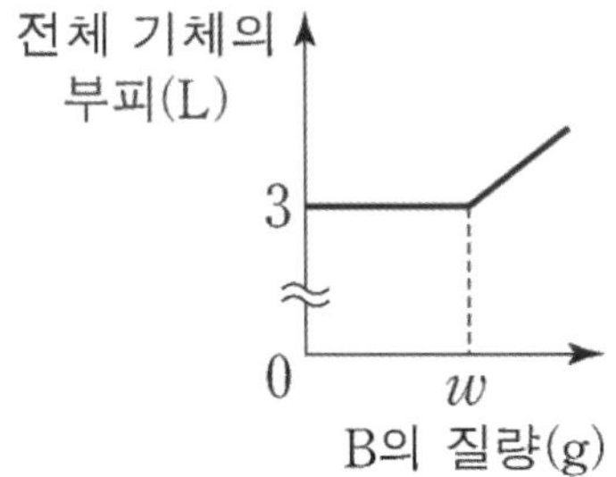

[실험 Ⅱ의 과정 및 결과]

○ 2w g의 B(g)가 들어 있는 실린더에 2L의 A(g)를 넣어 반응을 완결시켰을 때, $\dfrac{\text{C}(g)\text{의 몰수}}{\text{전체 기체의 몰수}}$ 는 0.5이었다.

(B의 분자량)$\times\dfrac{a}{b}$ 는? (단, 온도와 압력은 t℃, 1기압으로 일정하다.)

21 18학년도 수능 17번

다음은 A와 B가 반응하여 C와 D를 생성하는 화학 반응식이다.

$$2A(g) + b\,B(g) \rightarrow C(g) + 2D(g)$$
$$(b는 반응 계수)$$

표는 실린더에 $A(g)$를 $x\,L$ 넣고 $B(g)$의 부피를 달리하여 반응을 완결시켰을 때, 반응 전과 후에 대한 자료이다.

실험	반응		반응
	A의 부피(L)	B 부피(L)	$\dfrac{\text{전체 기체 몰수}}{\text{C의 몰수}}$
I	x	4	4
II	x	9	4

$\dfrac{x}{b}$는? (단, 온도와 압력은 일정하다.)

22 18학년도 9월 20번

다음 $A(g)$와 $B(g)$가 반응하여 $C(g)$를 생성하는 화학 반응식이다.

$$a\,A(g) + B(g) \rightarrow 2C(g) \quad (a는 반응 계수)$$

표는 실린더에 A와 B를 넣어 반응시킨 실험 I, II에 대한 자료이다. 반응물 중 하나는 모두 반응하였고, 분자량은 A가 B의 2배이다.

실험	반응물의 질량(g)		전체 기체의 부피(L)	
	A	B	반응 전	반응 후
I	w	w	V	$\dfrac{5}{6}V$
II	$4w$	$2w$		

반응 후 $\dfrac{\text{I 에서 C의 단위 부피당 질량}}{\text{II 에서 C의 단위 부피당 질량}}$ 은?

(단, 온도와 압력은 일정하다.)

23 17학년도 수능 20번

다음은 A와 B가 반응하여 C를 생성하는 화학 반응식이다.

$$a\text{A} + \text{B} \rightarrow 2\text{C} \quad (a\text{는 반응 계수})$$

표는 m몰의 A가 들어 있는 용기에 B를 넣어 반응을 완결시켰을 때, 반응 후 남아 있는 반응물에 대한 생성물의 몰수 비 $\left(\dfrac{n_{\text{생성물}}}{n_{\text{반응물}}}\right)$를 넣어준 B의 몰수에 따라 나타낸 것이다.

B의 몰수	2	3	$\dfrac{9}{2}$
$\dfrac{n_{\text{생성물}}}{n_{\text{반응물}}}$	4	6	x

$m \times x$ 는?

24 22학년도 3월 19번

다음은 A(g)와 B(g)가 반응하여 C(g)를 생성하는 반응의 화학 반응식이다.

$$a\text{A}(g) + \text{B}(g) \rightarrow 2\text{C}(g) \quad (a\text{는 반응 계수})$$

표는 실린더에 A(g)와 B(g)를 질량을 달리하여 넣고 반응을 완결시킨 실험 I과 II에 대한 자료이다.

실험	반응 전			반응 후	
	A의 질량 (g)	B의 질량 (g)	전체 기체의 밀도	남은 반응물의 질량(g)	전체 기체의 밀도
I	6	1	xd	2	$7d$
II	8	4	yd	2	$6d$

$a \times \dfrac{x}{y}$ 는? (단, 온도와 압력은 일정하다.)

① $\dfrac{6}{5}$ ② $\dfrac{11}{6}$ ③ $\dfrac{13}{7}$

④ $\dfrac{7}{3}$ ⑤ $\dfrac{12}{5}$

25 22학년도 4월 20번

다음은 $A(g)$와 $B(g)$가 반응하여 $C(g)$와 $D(g)$를 생성하는 반응의 화학 반응식이다.

$$4A(g) + b\,B(g) \rightarrow c\,C(g) + 4D(g)$$
$$(b,\ c\text{는 반응 계수})$$

표는 실린더에 $A(g)$와 $B(g)$의 양을 달리하여 넣고 반응을 완결시킨 실험 Ⅰ, Ⅱ에 대한 자료이다. (가)는 A~D 중 하나이고,

$$\frac{D\text{의 분자량}}{C\text{의 분자량}} = \frac{5}{3}\ \text{다.}$$

실험	반응 전		반응 후		
	A의 양 (mol)	B의 양 (mol)	(가)의 양 (mol)	기체의 질량(g) C	D
Ⅰ	6	2	$11n$	$9w$	$10w$
Ⅱ	8	5	$10n$		x

$\dfrac{x}{b \times n}$ 는? (단, 온도와 압력은 일정하며, n은 0이 아니다.)

① $2w$　　② $5w$　　③ $\dfrac{15}{2}w$

④ $\dfrac{25}{2}w$　　⑤ $15w$

26 23학년도 6월 20번

다음은 $A(g)$와 $B(g)$가 반응하여 $C(g)$를 생성하는 반응의 화학 반응식이다.

$$a\,A(g) + B(g) \rightarrow 2C(g)\ (a\text{는 반응 계수})$$

표는 실린더에 $A(g)$와 $B(g)$를 넣고 반응을 완결시킨 실험 Ⅰ, Ⅱ에 대한 자료이다.

실험	반응 전			반응 후	
	전체 기체의 질량 (g)	전체 기체의 밀도 (g/L)	A의 질량 (상댓값)	전체 기체의 부피 (상댓값)	전체 기체의 밀도 (g/L)
Ⅰ	$3w$	$5d_1$	1	5	$7d_1$
Ⅱ	$5w$	$9d_2$	5	9	$11d_2$

$a \times \dfrac{B\text{의 분자량}}{C\text{의 분자량}}$ 은? (단, 실린더 속 기체의 온도와 압력은 일정하다.)

① $\dfrac{1}{4}$　　② $\dfrac{4}{5}$　　③ $\dfrac{8}{9}$

④ 1　　⑤ $\dfrac{10}{9}$

27 22학년도 7월 19번

다음은 A(g)와 B(g)의 반응에 대한 실험이다.

[화학 반응식]

$a\,\mathrm{A}(g) + b\,\mathrm{B}(g)$

$\rightarrow 2\mathrm{C}(g) + a\,\mathrm{D}(g)$ (a, b는 반응 계수)

[실험 과정]

o A(g) $x$mol이 들어 있는 용기에 B(g)의
   질량을 달리하여 넣고 반응을 완결시킨다.

[실험 결과]

실험		I	II	III	IV
넣어 준 B(g)의 질량(g)		w	$2w$	$3w$	$4w$
반응 후	$\dfrac{\mathrm{C}(g)의\ 양(\,\mathrm{mol})}{전체\ 기체의\ 양(\,\mathrm{mol})}$	$\dfrac{1}{4}$	$\dfrac{2}{5}$		$\dfrac{2}{5}$

o 실험 III에서 반응 후 용기에는 C(g)와
   D(g)만 있다.

실험 I 에서 넣어 준 B(g)의 양을 $y$mol이라고
했을 때, $(a+b) \times \dfrac{y}{x}$는?

① $\dfrac{3}{2}$ ② $\dfrac{5}{2}$ ③ 3

④ $\dfrac{10}{3}$ ⑤ $\dfrac{15}{4}$

28 23학년도 9월 20번

다음은 A(g)와 B(g)가 반응하여 C(g)를 생성하
는 반응의 화학 반응식이다.

$$\mathrm{A}(g) + 2\mathrm{B}(g) \rightarrow 2\mathrm{C}(g)$$

표는 실린더에 A(g)와 B(g)를 넣고 반응시켰을
때, 반응이 진행되는 동안 시간에 따른 실린더
속 기체에 대한 자료이다. $t_1 < t_2 < t_3 < t_4$이고, t_4
에서 반응이 완결되었다.

시간	0	t_1	t_2	t_3	t_4
$\dfrac{\mathrm{B}(g)의질량}{\mathrm{A}(g)의질량}$	1	$\dfrac{7}{8}$	$\dfrac{7}{9}$	$\dfrac{1}{2}$	
전체 기체의 양(mol) (상댓값)	x	7	6.7	6.1	y

$\dfrac{\mathrm{A}의\ 분자량}{\mathrm{C}의\ 분자량} \times \dfrac{y}{x}$는? (단, 실린더 속 기체의

온도와 압력은 일정하다.)

① $\dfrac{3}{10}$ ② $\dfrac{2}{5}$ ③ $\dfrac{8}{15}$

④ $\dfrac{7}{12}$ ⑤ $\dfrac{2}{3}$

29 22학년도 10월 19번

다음은 A와 B가 반응하여 C를 생성하는 반응 (가)와 C와 B가 반응하여 D를 생성하는 반응 (나)에 대한 실험이다. c, d는 반응 계수이다.

[화학 반응식]

(가) $A + B \rightarrow c\,C$

(나) $2C + B \rightarrow d\,D$

[실험 I]

○ A $8w$g이 들어 있는 용기 I에 B를 조금씩 넣어가면서 반응 (가)를 완결시켰을 때, 넣어 준 B의 총 질량에 따른

$$\dfrac{C의 \ 양(\text{mol})}{전체 \ 물질의 \ 양(\text{mol})}$$ 은 다음과 같았다.

넣어 준 B의 총 질량(g)	$3w$	$6w$	$16w$
$\dfrac{C의 \ 양(\text{mol})}{전체 \ 물질의 \ 양(\text{mol})}$	$\dfrac{3}{8}$	$\dfrac{3}{4}$	$\dfrac{1}{2}$

[실험 II]

○ 용기 II에 C $8w$ g과 B $3w$ g을 넣고 반응 (나)를 완결시켰을 때

$$\dfrac{D의 \ 양(\text{mol})}{전체 \ 물질의 \ 양(\text{mol})} = \dfrac{4}{5}$$ 이었다.

$\dfrac{D의 \ 분자량}{C의 \ 분자량}$ 은?

① $\dfrac{5}{4}$ ② $\dfrac{7}{5}$ ③ $\dfrac{3}{2}$

④ $\dfrac{11}{7}$ ⑤ $\dfrac{23}{14}$

30 23학년도 수능 18번

다음은 A(g)와 B(g)가 반응하여 C(g)와 D(g)를 생성하는 반응의 화학 반응식이다.

$$A(g) + 4B(g) \rightarrow 3C(g) + 2D(g)$$

표는 실린더에 A(g)와 B(g)를 넣고 반응을 완결시킨 실험 I ~ III에 대한 자료이다. I과 II에서 B(g)는 모두 반응하였고, I에서 반응 후 생성물의 전체 질량은 $21w$ g이다.

실험	반응 전		반응 후
	A(g)의 질량 (g)	B(g)의 질량 (g)	$\dfrac{생성물의 \ 전체양(\text{mol})}{남아있는 \ 반응물의 \ 양(\text{mol})}$ (상댓값)
I	$15w$	$16w$	3
II	$10w$	$x\,w$	2
III	$10w$	$48w$	y

$x + y$ 는?

① 11   ② 12   ③ 13

④ 14   ⑤ 15

31

다음은 $A(g)$와 $B(g)$가 반응하여 $C(g)$와 $D(s)$를 생성하는 반응의 화학 반응식이다.

$$A(g) + 2B(g) \rightarrow 2C(g) + 3D(s)$$

그림 (가)는 실린더에 전체 기체의 질량이 $w\,g$이 되도록 $A(g)$와 $B(g)$를 넣은 것을, (나)는 (가)의 실린더에서 일부가 반응한 것을, (다)는 (나)의 실린더에서 반응을 완결시킨 것을 나타낸 것이다. 실린더 속 전체 기체의 부피비는 (나) : (다) = 11 : 10 이고, $\dfrac{A의 분자량}{B의 분자량} = \dfrac{32}{17}$ 이다.

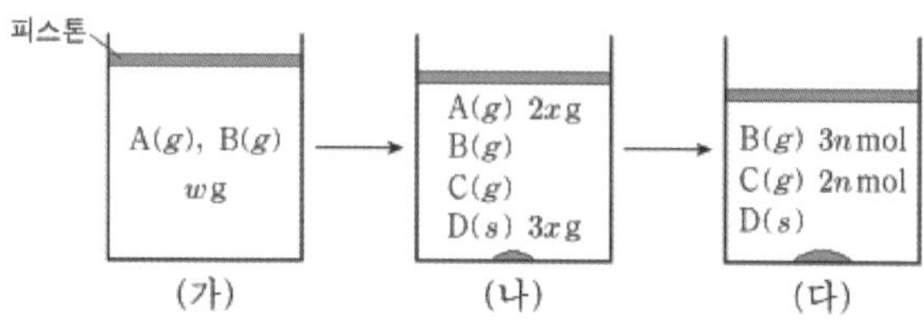

$x \times \dfrac{C의 분자량}{A의 분자량}$ 은? (단, 실린더 속 기체의 온도와 압력은 일정하다.)

① $\dfrac{1}{104}w$ ② $\dfrac{1}{64}w$ ③ $\dfrac{1}{52}w$

④ $\dfrac{1}{13}w$ ⑤ $\dfrac{3}{26}w$

32

다음은 $A(g)$와 $B(g)$가 반응하여 $C(s)$와 $D(g)$를 생성하는 반응의 화학 반응식이다.

$$A(g) + 3B(g) \rightarrow C(s) + 3D(g)$$

표는 실린더에 $A(g)$와 $B(g)$를 넣고 반응을 완결시킨 실험 Ⅰ~Ⅲ에 대한 자료이다. Ⅰ~Ⅲ에서 $A(g)$는 모두 반응하였고, Ⅰ에서 반응 후 생성된 $D(g)$의 질량은 $27w\,g$이며, $\dfrac{A의 화학식량}{C의 화학식량} = \dfrac{2}{5}$ 이다.

실험	반응 전		반응 후
	$A(g)$의 질량(g)	$B(g)$의 질량(g)	$\dfrac{B(g)의 양(mol)}{D(g)의 양(mol)}$
Ⅰ	$14w$	$96w$	
Ⅱ	$7w$	xw	2
Ⅲ	$7w$	$36w$	y

$x \times y$ 는?

① 42   ② 36   ③ 30

④ 24   ⑤ 18

33 24학년도 수능 20번

다음은 A(g)와 B(g)가 반응하여 C(g)와 D(g)를 생성하는 반응의 화학 반응식이다.

$$2A(g) + 3B(g) \rightarrow 2C(g) + 2D(g)$$

표는 실린더에 A(g)와 B(g)를 넣고 반응을 완결시킨 실험 I과 II에 대한 자료이다. I과 II에서 남은 반응물의 종류는 서로 다르고, II에서 반응 후 생성된 D(g)의 질량은 $\dfrac{45}{8}$ g이다.

실험	반응 전		반응 후	
	A(g)의 부피(L)	B(g)의 질량(g)	A(g) 또는 B(g)의 질량(g)	$\dfrac{\text{전체 기체의 양(mol)}}{\text{C(g)의 양(mol)}}$
I	4V	6	17w	3
II	5V	25	40w	x

$x \times \dfrac{\text{C의 분자량}}{\text{B의 분자량}}$ 은? (단, 실린더 속 기체의 온도와 압력은 일정하다.)

① $\dfrac{3}{2}$ ② 3 ③ $\dfrac{9}{2}$

④ 6 ⑤ 9

34 23년 3월 19번

다음은 기체 A와 B가 반응하여 기체 C를 생성하는 반응의 화학 반응식이다.

$$A(g) + bB(g) \rightarrow 2C(g) \quad (b\text{는 반응 계수})$$

표는 실린더에 A(g)와 B(g)를 넣고 반응을 완결시킨 실험 I, II에 대한 자료이다.

$$\dfrac{\text{II 에서 반응 후 전체 기체의 부피}}{\text{I 에서 반응 후 전체 기체의 부피}} = \dfrac{3}{11}\text{이다.}$$

실험	반응 전 기체의 질량(g)		반응 후 남은 반응물의 질량(g)
	A(g)	B(g)	
I	2w	20	w
II	4w	6	2w

$\dfrac{w}{b} \times \dfrac{\text{B의 분자량}}{\text{A의 분자량}}$ 은? (단, 실린더 속 기체의 온도와 압력은 일정하다.)

① $\dfrac{1}{4}$ ② $\dfrac{1}{3}$ ③ $\dfrac{1}{2}$

④ $\dfrac{2}{3}$ ⑤ $\dfrac{3}{4}$

35 23년 4월 19번

다음은 A(g)와 B(g)가 반응하여 C(g)를 생성하는 반응의 화학 반응식이다.

$$2A(g) + B(g) \rightarrow cC(g) \ (c는 \ 반응 \ 계수)$$

표는 실린더에 A(g)와 B(g)를 넣고 반응을 완결시킨 실험 Ⅰ~Ⅲ에 대한 자료이다. Ⅱ에서 B(g)는 모두 반응하였다.

실험	반응 전 반응물의 질량(g)		반응 후 전체 기체의 부피 / 반응 전 전체 기체의 부피
	A	B	
Ⅰ	7	1	$\dfrac{8}{9}$
Ⅱ	7	2	$\dfrac{4}{5}$
Ⅲ	7	4	㉠

$\dfrac{A의 \ 분자량}{B의 \ 분자량} \times ㉠$은? (단, 기체의 온도와 압력은 일정하다.)

① $\dfrac{7}{12}$ ② $\dfrac{2}{3}$ ③ $\dfrac{6}{7}$

④ $\dfrac{3}{2}$ ⑤ $\dfrac{12}{7}$

36 23년 7월 19번

다음은 A(g)와 B(g)가 반응하여 C(g)가 생성되는 반응의 화학 반응식이다.

$$A(g) + b\,B(g) \rightarrow c\,C(g) \ (b, c는 \ 반응 \ 계수)$$

그림은 A(g) $8w$ g이 들어 있는 실린더에 B(g)를 넣어 반응을 완결시켰을 때, 넣어 준 B(g)의 질량에 따른 전체 기체의 $\dfrac{1}{밀도}$을 나타낸 것이다.

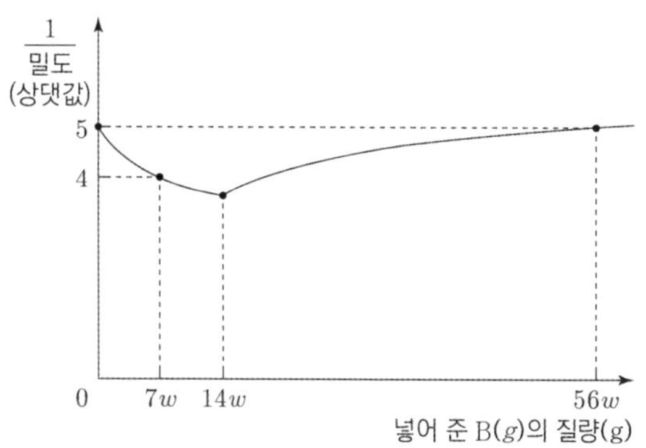

이에 대한 설명으로 옳은 것만을 <보기>에서 있는 대로 고른 것은? (단, 실린더 속 기체의 온도와 압력은 일정하다.)

<보 기>

ㄱ. $c = 2$이다.

ㄴ. $\dfrac{A의 \ 분자량}{B의 \ 분자량} = \dfrac{8}{7}$이다.

ㄷ. A(g) $24w$ g과 B(g) $21w$ g을 완전히 반응시켰을 때, 반응 후 $\dfrac{C의 \ 양(mol)}{전체 \ 기체의 \ 양(mol)} = \dfrac{2}{3}$이다.

① ㄱ ② ㄴ ③ ㄱ, ㄷ

④ ㄴ, ㄷ ⑤ ㄱ, ㄴ, ㄷ

37

다음은 A(g)와 B(g)가 반응하여 C(g)를 생성하는 반응의 화학 반응식이다.

$$A(g) + b\,B(g) \rightarrow 2C(g) \quad (b\text{는 반응 계수})$$

그림 (가)는 실린더에 A(g) $4w$ g을 넣은 것을, (나)는 (가)의 실린더에 B(g) 4.8g을 넣고 반응을 완결시킨 것을, (다)는 (나)의 실린더에 A(g) w g을 넣고 반응을 완결시킨 것을 나타낸 것이다.

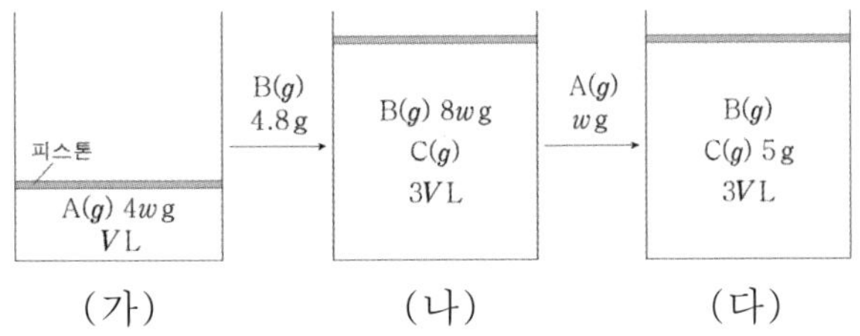

$\dfrac{w}{b} \times \dfrac{\text{B의 분자량}}{\text{A의 분자량}}$ 은? (단, 실린더 속 기체의 온도와 압력은 일정하다.)

① $\dfrac{2}{15}$ ② $\dfrac{1}{5}$ ③ $\dfrac{3}{10}$

④ $\dfrac{1}{2}$ ⑤ $\dfrac{3}{5}$

Chapter

05

원자의 구조

05 원자의 구조

▌들어가기

원자의 구조 및 발전과정, 동위원소, 오비탈 등에 대해 배우는 단원입니다.

기본적으로 개념 자체는 수월하게 이해할 수 있는 단원입니다. 하지만 위 단원에서 출제되는 문제들이 마냥 쉬운 느낌은 아니며, 준킬러로도 자주 출제되는 소재들이기 때문에 단순히 개념을 이해하는 것을 넘어 문제에 적용할 때는 나름대로의 루틴과 문제풀이 틀을 마련하시는 것을 추천드립니다.

한번 제대로 개념을 숙지하신다면 이후에 위 단원의 문제 풀이를 하시는 과정에서 몰라서 틀리는 문제는 존재하시지 않을 것이지만, 은근히 실수 유발을 하는 선지들이 있기 때문에 이들에 대해서 민감하게 반응하는 연습이 중요합니다. 몇 가지 비슷해 보이지만 다른 표현들을 통해 순간적으로 수험생의 눈을 현혹시키는 표현들이 있으므로 이들을 서로 구분해 주시기만 하신다면 크게 무리는 없을 것입니다.

한편으로는 동위원소나 오비탈 관련 문제들은 안정적인 시험 운영에 있어서 굉장히 중요한 요소이기도 합니다. 해당 유형들에서 시간을 많이 써버리게 된다면 복구하기 힘들 정도로 시험 자체가 말리기 때문에 문제에서 제시하는 조건들, 특히 이 단원에서는 숫자들에 대해서 굉장히 민감하고 센스있게 반응하셔야 합니다. 필요하시다면 자주 출제되는 숫자나 표현들에 대해서는 어느정도 암기를 해주시는 것도 시간 단축을 위해서는 추천드리는 방법입니다.

다만, 평가원의 최근 기조상 새로운 표현들을 계속해서 개발하고 있는 경향성이 보이며, 실전에서 '기존에 알던 표현'이 아니라 '새로운 표현'이 등장하여도 숫자들을 직접 적어 보며 관찰하면 충분히 빠르게 풀어나갈 수 있습니다.

| 원자를 구성하는 입자의 성질과 표시

1. 원자를 구성하는 입자의 성질

구성입자		질량(g)	상대적 질량	전하량(C)	상대적 전하
원자핵	양성자(p)	1.673×10^{-24}	1	$+1.6 \times 10^{-19}$	$+1$
	중성자(n)	1.675×10^{-24}	1	0	0
전자(e^-)		9.109×10^{-28}	$\dfrac{1}{1836}$	-1.6×10^{-19}	-1

➡ **원자핵** : 원자 중심에 양성자와 중성자로 이루어진 **작고 밀도가 높은 부분**을 말하며 **원자의 질량 대부분을 차지한다.**

➡ **양성자 (p)** : 중성자와 함께 원자핵을 이루는 입자로, **원소에 따라 그 수가 다르다.**
같은 원소의 원자는 양성자수가 같으며, 원자핵을 구성하는 양성자수가 그 원소의 원자 번호이다.

➡ **중성자 (n)** : 양성자와 질량이 거의 같으며 전하를 띠지 않는 입자로 양성자와 함께 원자핵을 구성한다.
같은 원소의 원자라도 중성자수는 다를 수 있다.

➡ **전자 (e-)** : 양성자와 전하량의 크기는 같고 부호는 반대인 ($-$) 전하를 띠는 입자로, 질량은 양성자 질량의
$\dfrac{1}{1836}$ 배 정도이다. **원자는 전자 수와 양성자수가 같아 전기적으로 중성이다.**

2. 원자의 표시

➡ **원자 번호** : 원자의 종류는 원자핵 속 양성자수에 따라 달라지므로 **원자 번호는 양성자수로 정하며,**
원소 기호의 왼쪽 아래에 표시한다. **전기적으로 중성인 원자는 양성자수와 전자 수가 같다.**

➡ **질량수** : 전자의 질량은 양성자와 중성자에 비해 무시할 수 있을 정도로 작으므로, **원자의 질량은 양성자와 중성자에 의해 결정된다고 할 수 있다.**
양성자수와 중성자수를 합한 수를 질량수라고 하고 원소 기호의 왼쪽 위에 표시한다.

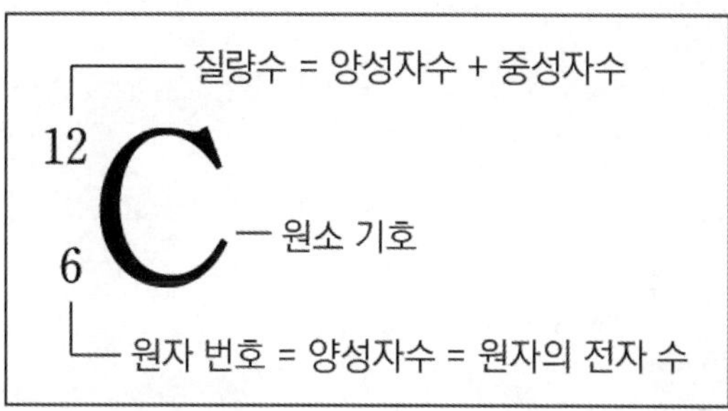

〈문제풀이 논리〉
• 원자는 전기적으로 중성이며, 양성자와 전자 수가 같다.
• 원자가 전자를 잃으면 양이온, 전자를 얻으면 음이온이 된다.
• 원자에서 일반적으로 중성자의 수는 양성자의 수보다 크거나 같다.

▌동위 원소와 평균 원자량

1. 동위 원소

원자 번호가 1인 수소 원자는 원자핵이 양성자 1개로 이루어져 있어서 ^1_1H 로 표현한다. 하지만 실제로 수소원자는 질량수가 1인 것만 존재하는 것은 아니다. 양성자 1개와 중성자 1개로 이루어져 질량수가 2인 중수소(^2_1H)도 존재하며, 양성자 1개와 중성자 2개로 이루어진 삼중수소(^3_1H)도 존재한다. 이와 같이 **양성자수는 같으나 중성자수가 다른 원소를 동위원소**라고 한다. 이러한 동위 원소는 **양성자 수가 같으므로 화학적 성질은 거의 같으나, 중성자 수가 달라 물리적 성질은 다르다.**

양성자 수 동일 = 전자 수 동일 = 화학적 성질 동일

중성자 수 다르다 = 질량수 다르다 = 물리적 성질 다름

2. 평균 원자량

➡ **평균 원자량** : 자연계에 존재하는 동위 원소의 존재 비율을 고려하여 평균값으로 나타낸 원자량이다.

> **example**
>
> 염소(Cl) 원소가 $^{35}_{17}Cl$ 75% 존재하고, $^{37}_{17}Cl$ 이 25% 존재할 때, 염소(Cl)의 평균 원자량을 구하시오.
>
> sol) $35 \times \dfrac{75(\%)}{100(\%)} + 37 \times \dfrac{25(\%)}{100(\%)} = 35.5$ 이다.

〈 평균 원자량 구하는 방법을 내분점 논리로도 이해해보자. 〉

^{x}A, ^{y}Y 가 $m:n$ 의 비율로 존재한다고 가정해보자.

A의 평균 원자량은 ^{x}A, ^{y}Y의 원자량인 x 와 y를 $n:m$(존재비를 거꾸로)으로 내분한 값과 같다.

따라서 평균 원자량은 $\dfrac{mx+ny}{n+m}$ 이다.

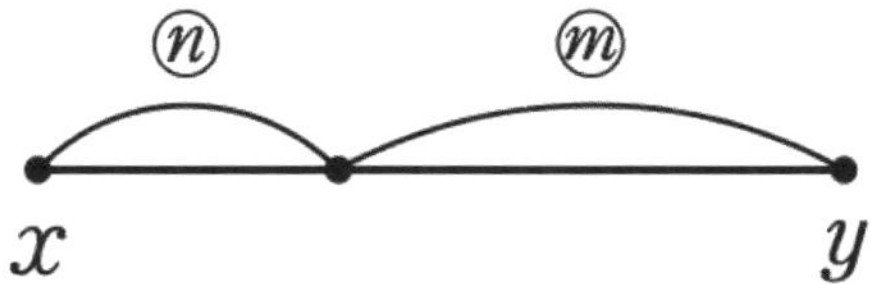

평균 분자량은 평균 원자량의 합으로도 구할 수 있다.

최근들어 아보가드로 법칙과 양성자, 중성자 개수 문제를 융합하는 유형이 자주 출제되고 있는데, 이 부분에서는 기출 해설부분에서 풀이를 보겠지만 의외로 계산실수가 자주 나는 경우가 많아서 유의해야 한다. 필자는 문제를 읽고 본격적으로 풀이를 시작하기 앞서 각 물질들의 양성자수 중성자수를 간단하게 p, n 으로 표시한후 각각의 값을 표시한뒤 문제풀이를 시작하는 것을 추천한다.

자주 출제되는 자료값들

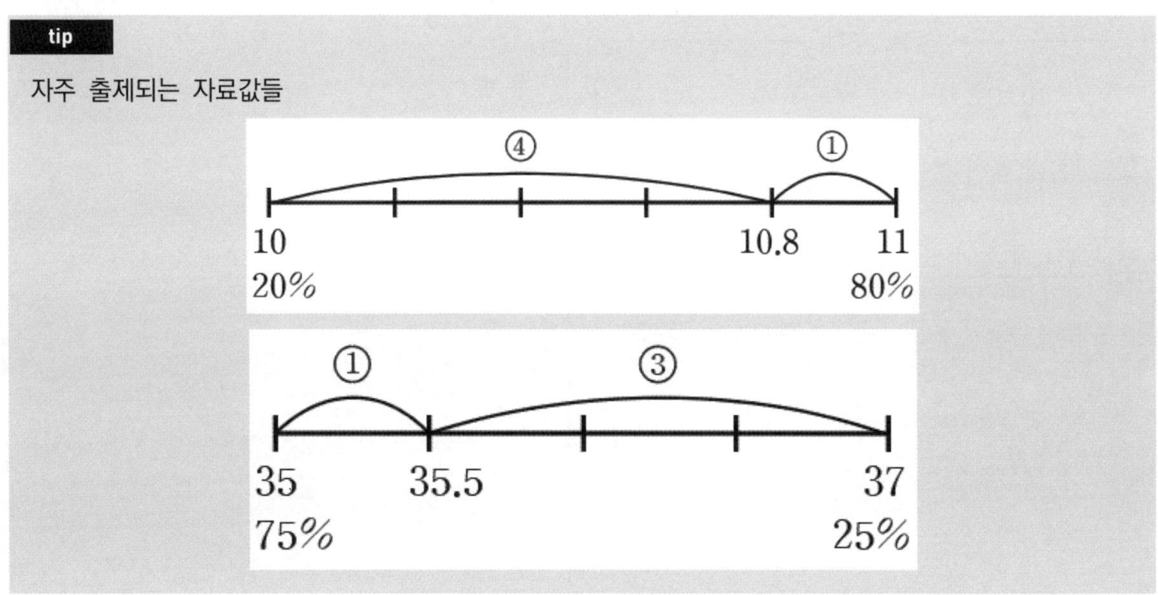

01 22학년도 수능 17번

다음은 용기 (가)와 (나)에 각각 들어 있는 O_2 와 H_2O에 대한 자료이다.

$^{16}O\,^{18}O$ x mol	$^1H\,^1H\,^{18}O$ 0.2 mol $^1H\,^2H\,^{16}O$ y mol
(가)	(나)

○ (가)와 (나)에 들어 있는 양성자의 양은 각각 9.6 mol, z mol이다.

○ (가)와 (나)에 들어 있는 중성자의 양의 합은 20 mol이다.

이에 대한 설명으로 옳은 것만을 <보기>에서 있는 대로 고른 것은?(단, H, O의 원자 번호는 각각 1, 8이고, ^1H, ^2H, ^{16}O, ^{18}O의 원자량은 각각 1, 2, 16, 18이다.)

――――――― <보 기> ―――――――

ㄱ. $z = 10$이다.

ㄴ. (나)에 들어 있는 $\dfrac{^1H\ 원자\ 수}{^2H\ 원자\ 수} = \dfrac{3}{2}$이다.

ㄷ. $\dfrac{(나)에\ 들어\ 있는\ H_2O의\ 질량}{(가)에\ 들어\ 있는\ O_2의\ 질량} = \dfrac{16}{17}$이다.

02 21학년도 10월 15번

다음은 자연계에 존재하는 분자 XCl_3와 관련된 자료이다.

○ X와 Cl의 동위 원소의 존재 비율과 원자량

동위 원소		존재 비율(%)	원자량
X의 동위 원소	^mX	a	m
	^{m+1}X	$100-a$	$m+1$
Cl의 동위 원소	^{35}Cl	75	35
	^{37}Cl	25	37

○ $\dfrac{분자량이\ 가장\ 큰\ XCl_3의\ 존재\ 비율}{분자량이\ 가장\ 작은\ XCl_3의\ 존재\ 비율} = \dfrac{4}{27}$

X의 평균 원자량은?
(단, X는 임의의 원소 기호이다.)

① $m + \dfrac{1}{5}$ ② $m + \dfrac{1}{4}$

③ $m + \dfrac{1}{3}$ ④ $m + \dfrac{2}{3}$

⑤ $m + \dfrac{4}{5}$

03 22학년도 9월 17번

다음은 용기 속에 들어 있는 X_2Y에 대한 자료이다.

○ 용기 속 X_2Y를 구성하는 원자 X와 Y에 대한 자료

원자	^aX	^bX	^cY
양성자 수	n		$n+1$
중성자 수	$n+1$	n	$n+3$
$\dfrac{중성자수}{전자 수}$ (상댓값)		4	5

○ 용기 속에는 $^aX\,^aX\,^cY$, $^aX\,^bX\,^cY$, $^bX\,^bX\,^cY$만 들어 있다.

○ $\dfrac{용기\ 속에\ 들어\ 있는\ ^aX\ 원자\ 수}{용기\ 속에\ 들어\ 있는\ ^bX\ 원자\ 수}=\dfrac{2}{3}$이다.

용기 속 $\dfrac{전체\ 중성자\ 수}{전체\ 양성자\ 수}$는?(단, X와 Y는 임의의 원소 기호이다.)

04 21학년도 7월 8번

다음은 자연계에 존재하는 X와 Y에 대한 자료이다.

○ X의 동위 원소는 ^{35}X, ^{37}X 2가지이다.

○ X의 평균 원자량은 35.5이다.

○ Y의 동위 원소는 ^{79}Y, ^{81}Y 2가지이다.

○ $\dfrac{분자량이\ 160인\ Y_2의\ 존재\ 비율(\%)}{분자량이\ 162인\ Y_2의\ 존재\ 비율(\%)}=2$이다.

$\dfrac{^{35}X의\ 존재\ 비율(\%)}{^{81}Y의\ 존재\ 비율(\%)}$은? (단, 원자량은 질량 수와 같고, X와 Y는 임의의 원소 기호이다.)

05 22학년도 6월 17번

다음은 용기 (가)와 (나)에 각각 들어 있는 Cl_2에 대한 자료이다.

- (가)에는 $^{35}Cl_2$와 $^{37}Cl_2$의 혼합 기체가 (나)에는 $^{35}Cl^{37}Cl$ 기체가 들어 있다.
- (가)와 (나)에 들어 있는 기체의 총 양은 각각 1mol이다.

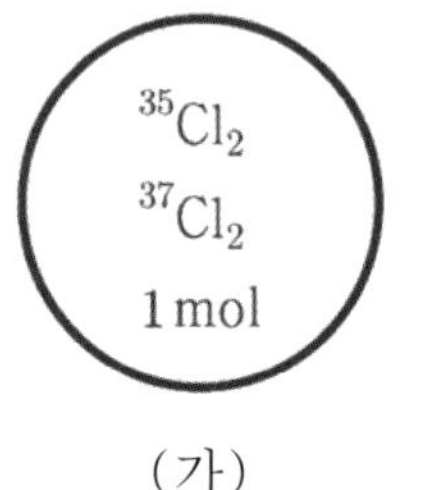

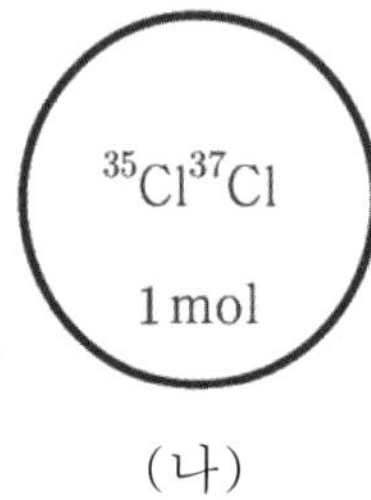

- ^{35}Cl 원자의 양(mol)은 (가)에서가 (나)에서의 $\dfrac{3}{2}$ 배이다.

이에 대한 설명으로 옳은 것만을 <보기>에서 있는 대로 고른 것은?

─── <보 기> ───

ㄱ. (가)에서 $\dfrac{^{35}Cl_2 \text{ 분자 수}}{^{37}Cl_2 \text{ 분자 수}}=4$이다.

ㄴ. ^{37}Cl 원자 수는 (나)에서가 (가)에서의 2배이다.

ㄷ. 중성자의 양은 (나)에서가 (가)에서보다 2mol 만큼 많다.

---

06 21학년도 4월 17번

다음은 자연계에 존재하는 원소 X에 대한 자료이다.

- X의 동위 원소의 원자량과 존재 비율

동위 원소	^{a}X	^{a+2}X
원자량	a	a+2
존재 비율(%)	b	100−b

- $\dfrac{\text{분자량이 } 2a+4 \text{인 } X_2 \text{의 존재 비율(\%)}}{\text{분자량이 } 2a \text{인 } X_2 \text{의 존재 비율(\%)}}=\dfrac{1}{9}$ 이다.

이에 대한 옳은 설명만을 <보기>에서 있는 대로 고른 것은? (단, X는 임의의 원소 기호이다.)

─── <보 기> ───

ㄱ. 분자량이 서로 다른 X_2는 4가지이다.

ㄴ. $b > 50$이다.

ㄷ. X의 평균 원자량은 $a+\dfrac{1}{2}$ 이다.

---

07 21학년도 3월 10번

다음은 자연계에 존재하는 염화 나트륨($NaCl$)과 관련된 자료이다. $NaCl$은 화학식량이 다른 (가)와 (나)가 존재한다.

- Na은 ^{23}Na으로만, Cl는 ^{35}Cl와 ^{37}Cl로만 존재한다.
- Cl의 평균 원자량은 35.5이다.
- (가)와 (나)의 화학식량과 존재 비율

NaCl	(가)	(나)
화학식량	58	x
존재 비율(%)	a	b

이에 대한 옳은 설명만을 <보기>에서 있는 대로 고른 것은? (단, ^{23}Na, ^{35}Cl, ^{37}Cl의 원자량은 각각 23, 35, 37이다.)

< 보 기 >

ㄱ. $\dfrac{\text{(나) 1mol에 들어 있는 중성자 수}}{\text{(가) 1mol에 들어 있는 중성자 수}} > 1$ 이다.

ㄴ. $x = 60$이다.

ㄷ. $b > a$이다.

---

08 21학년도 수능 18번

다음은 자연계에 존재하는 수소(H)와 플루오린(F)에 대한 자료이다.

- $^{1}_{1}H$, $^{2}_{1}H$, $^{3}_{1}H$의 존재 비율(%)은 각각 a, b, c이다.
- $a + b + c = 100$이고, $a > b > c$이다.
- F은 $^{19}_{9}F$으로만 존재한다.
- $^{1}_{1}H$, $^{2}_{1}H$, $^{3}_{1}H$, $^{19}_{9}F$의 원자량은 각각 1, 2, 3, 19이다.

이에 대한 설명으로 옳은 것만을 <보기>에서 있는 대로 고른 것은?

< 보 기 >

ㄱ. H의 평균 원자량은 $\dfrac{a + 2b + 3c}{100}$이다.

ㄴ. $\dfrac{\text{분자량이 5인 } H_2\text{의 존재 비율(\%)}}{\text{분자량이 6인 } H_2\text{의 존재 비율(\%)}} > 2$이다.

ㄷ. $\dfrac{\text{1mol의 } H_2 \text{ 중 분자량이 3인 } H_2\text{의 전체 중성자의 수}}{\text{1mol의 } HF \text{ 중 분자량이 20인 } HF\text{의 전체 중성자의 수}} = \dfrac{b}{500}$이다.

---

09 20학년도 10월 8번

다음은 구리(Cu)에 대한 자료이다.

> ○ 자연계에 존재하는 구리의 동위 원소는
> ^{63}Cu, ^{65}Cu 2가지이다.
> ○ ^{63}Cu, ^{65}Cu 의 원자량은 각각 62.9, 64.9
> 이다.
> ○ Cu의 평균 원자량은 63.5 이다.

이에 대한 옳은 설명만을 <보기>에서 있는 대로 고른 것은?

―――― <보 기> ――――

ㄱ. 중성자수는 $^{65}Cu > ^{63}Cu$ 이다.

ㄴ. 자연계에 존재하는 비율은 $^{65}Cu > ^{63}Cu$
이다.

ㄷ. $\dfrac{^{63}Cu \ 1\,g에 \ 들어 \ 있는 \ 원자 \ 수}{^{65}Cu \ 1\,g에 \ 들어 \ 있는 \ 원자 \ 수} > 1$ 이다.

10 21학년도 9월 16번

다음은 자연계에 존재하는 모든 X_2에 대한 자료이다.

> ○ X_2는 분자량이 서로 다른 (가), (나), (다)
> 로 존재한다.
> ○ X_2의 분자량 : (가)>(나)>(다)
> ○ 자연계에서 $\dfrac{(다)의 \ 존재 \ 비율(\%)}{(나)의 \ 존재 \ 비율(\%)} = 1.5$
> 이다.

이에 대한 설명으로 옳은 것만을 <보기>에서 있는 대로 고른 것은? (단, X는 임의의 원소 기호이다.)

―――― <보 기> ――――

ㄱ. X의 동위 원소는 3가지이다.

ㄴ. X의 평균 원자량은 $\dfrac{(나)의 \ 분자량}{2}$

보다 작다.

ㄷ. 자연계에서 $\dfrac{(나)의 \ 존재 \ 비율(\%)}{(가)의 \ 존재 \ 비율(\%)} = 2$

이다.

11 20학년도 7월 9번

표는 원자 (가)~(다)에 대한 자료이다. (가)~(다)는 $_4$Be 또는 $_5$B이며, ㉠은 양성자 수와 중성자 수 중 하나이다.

원자	㉠	질량수	존재 비율(%)
(가)	5	10	20
(나)	5	b	100
(다)	a	11	80

이에 대한 설명으로 옳은 것만을 <보기>에서 있는 대로 고른 것은? (단, 원자량은 질량수와 같다.)

―――― <보 기> ――――

ㄱ. $a+b=15$ 이다.

ㄴ. $_5$B의 평균 원자량은 9이다.

ㄷ. $\dfrac{㉠}{전자\ 수}$ 은 (다)>(나)이다.

12 21학년도 6월 15번

다음은 원자 X의 평균 원자량을 구하기 위해 수행한 탐구 활동이다.

[탐구 과정]

(가) 자연계에 존재하는 X의 동위 원소와 각각의 원자량을 조사한다.

(나) 원자량에 따른 X의 동위 원소 존재 비율을 조사한다.

(다) X의 평균 원자량을 구한다.

[탐구 결과 및 자료]

○ X의 동위 원소

동위 원소	원자량	존재 비율(%)
^{a}X	A	19.9
^{b}X	B	80.1

○ $b>a$이다.

○ 평균 원자량은 w이다.

이에 대한 설명으로 옳은 것만을 <보기>에서 있는 대로 고른 것은? (단, X는 임의의 원소 기호이다.)

―――― <보 기> ――――

ㄱ. $w=(0.199\times\text{A})+(0.801\times\text{B})$이다.

ㄴ. 중성자수는 ^{a}X>^{b}X이다.

ㄷ. $\dfrac{1\,g의\ ^a\text{X}에\ 들어\ 있는\ 전체\ 양성자\ 수}{1\,g의\ ^b\text{X}에\ 들어\ 있는\ 전체\ 양성자\ 수}>1$ 이다.

13

표는 원자 (가)~(다)에 대한 자료이다. (가)~(다)는 각각 ^mX, ^nX, ^lY 중 하나이고, X의 평균 원자량은 63.6이며 원자량은 $^mX > ^nX$이다.

원자	(가)	(나)	(다)
원자량	63	64	65
중성자 수	a	a	b

이에 대한 설명으로 옳은 것만을 <보기>에서 있는 대로 고른 것은? (단, X와 Y는 임의의 원소기호이고, 자연계에서 X의 동위 원소는 ^mX와 ^nX만 존재한다고 가정한다.)

─── <보 기> ───

ㄱ. (가)는 ^nX이다.

ㄴ. 전자 수는 (나)와 (다)가 같다.

ㄷ. X의 동위 원소 중 ^mX의 존재 비율은 30%이다.

14

그림은 분자 X_2가 자연계에 존재하는 비율을 나타낸 것이다. ^aX, ^{a+2}X의 원자량은 각각 a, $a+2$이다.

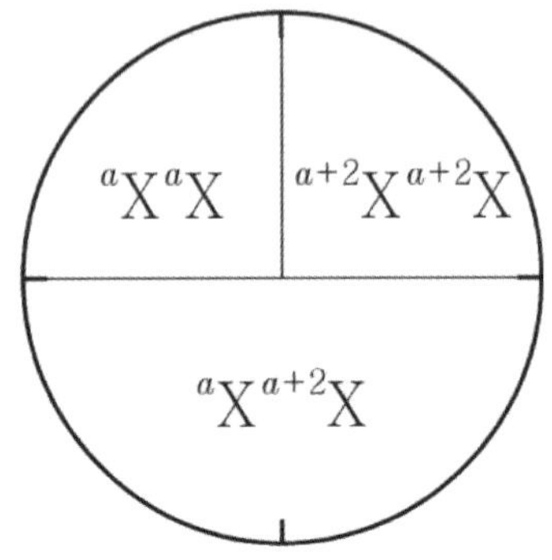

이에 대한 옳은 설명만을 <보기>에서 있는 대로 고른 것은? (단, X는 임의의 원소기호이다.)

─── <보 기> ───

ㄱ. 전자 수는 $^{a+2}X > ^aX$이다.

ㄴ. 중성자 수는 $^{a+2}X > ^aX$이다.

ㄷ. X의 평균 원자량은 $a+1$이다.

15 20학년도 9월 4번

표는 원자 X~Z에 대한 자료이다.

원자	중성자 수	질량수	전자 수
X	6	㉠	6
Y	7	13	
Z	9	17	

이에 대한 설명으로 옳은 것만을 <보기>에서 있는 대로 고른 것은? (단, X~Z는 임의의 원소 기호이다.)

─── <보 기> ───

ㄱ. ㉠은 12이다.

ㄴ. Y는 X의 동위원소이다.

ㄷ. Z^{2-}의 전자 수는 10이다.

16 20학년도 6월 7번

다음은 원자량에 대한 학생과 선생님의 대화이다.

학 생 : ^{12}C의 원자량은 12.00인데 주기율표에는 왜 C의 원자량이 12.01 인가요?

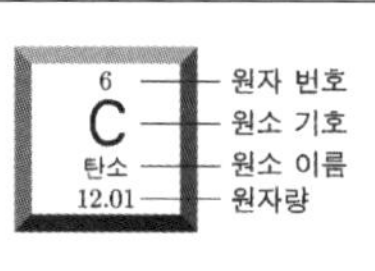

선생님 : 아래 표의 ^{13}C와 같이, ^{12}C와 원자 번호는 같지만 질량수가 다른 동위 원소가 존재합니다. 따라서 주기율표에 제시된 원자량은 동위 원소가 자연계에 존재하는 비율을 고려하여 평균값으로 나타낸 것입니다.

동위 원소	^{12}C	^{13}C
양성자 수	a	b
중성자 수	c	d

이에 대한 설명으로 옳은 것만을 <보기>에서 있는 대로 고른 것은? (단, C의 동위 원소는 ^{12}C와 ^{13}C만 존재한다고 가정한다.)

─── <보 기> ───

ㄱ. $b > a$이다.

ㄴ. $d > c$이다.

ㄷ. 자연계에서 ^{12}C의 존재 비율은 ^{13}C보다 크다.

17 19학년도 수능 14번

그림은 부피가 동일한 용기 (가)와 (나)에 기체가 각각 들어 있는 것을 나타낸 것이다. 두 용기 속 기체의 온도와 압력은 같고, 두 용기 속 기체의 질량 비는 (가) : (나)=45 : 46 이다.

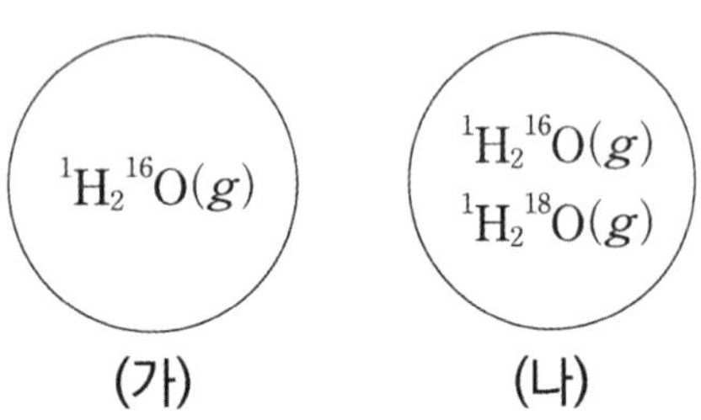

(나)에 들어 있는 기체의 $\dfrac{\text{전체 중성자 수}}{\text{전체 양성자 수}}$ 는?

(단, H, O의 원자 번호는 각각 1, 8이고, ^1H, ^{16}O, ^{18}O의 원자량은 각각 1, 16, 18이다.)

18 19학년도 9월 15번

그림은 용기 속에 ^4He과, ^1H, ^{12}C, ^{13}C만으로 이루어진 CH_4이 들어 있는 것을 나타낸 것이다.

용기 속에 들어 있는 ^{12}C와 ^{13}C의 원자 수 비가

1 : 1 일때, 용기 속 $\dfrac{\text{전체 중성자 수}}{\text{전체 양성자 수}}$ 는?

19 19학년도 6월 12번

다음은 3주기 원자 A~D에 대한 자료이다. (가)와 (나)는 각각 양성자 수와 중성자 수 중 하나이고, ㉠~㉣은 각각 A~D 중 하나이다.

- A는 B의 동위원소이다.
- C와 D의 $\dfrac{\text{중성자 수}}{\text{전자 수}} = 1$ 이다.
- 질량수는 B > C > A > D 이다.
- A~D의 양성자 수와 중성자 수

원자	㉠	㉡	㉢	㉣
(가)	18		20	
(나)	17	18		16

이에 대한 설명으로 옳은 것만을 <보기>에서 있는 대로 고른 것은? (단, A~D는 임의의 원소 기호이다.)

─────── <보 기> ───────

ㄱ. (가)는 중성자 수이다.

ㄴ. B의 질량수는 37이다.

ㄷ. D의 원자 번호는 18이다.

20 18학년도 수능 11번

표는 원자 X, Y와 이온 Z^-에 대한 자료이다. X~Z는 2주기 원소이고, ㉠~㉢은 각각 양성자, 중성자, 전자 중 하나이다.

	X	Y	Z^-
㉠의 수	a	7	$b+1$
㉡의 수	5	$\dfrac{1}{2}(a+b)$	b
㉢의 수	$a+1$	8	$b+1$

이에 대한 설명으로 옳은 것만을 <보기>에서 있는 대로 고른 것은? (단, X~Z는 임의의 원소 기호이다.)

─────── <보 기> ───────

ㄱ. ㉠은 중성자이다.

ㄴ. X의 질량수는 11이다.

ㄷ. X~Z에서 중성자 수는 Z가 가장 크다.

21 18학년도 6월 12번

표는 원자 X~Z에 대한 자료이다.

원자	X	Y	Z
중성자 수	6	7	8
$\dfrac{\text{질량수}}{\text{전자 수}}$	2	2	$\dfrac{7}{3}$

이에 대한 설명으로 옳은 것만을 <보기>에서 있는 대로 고른 것은? (단, X~Z 는 임의의 원소 기호이다.)

─── <보 기> ───

ㄱ. Y는 $^{13}_{6}\text{C}$이다.

ㄴ. X와 Z는 동위원소이다.

ㄷ. 질량수는 Z > Y이다.

22 19학년도 10월 6번

표는 원자 또는 이온 (가)~(다)에 대한 자료이다. (가)~(다)는 각각 ^{16}O, ^{18}O, $^{n}\text{O}^{2-}$ 중 하나이고, ㉠~㉢은 각각 양성자, 중성자, 전자 중 하나이다.

원자 또는 이온	구성 입자 수		
	㉠	㉡	㉢
(가)	a	a	a
(나)	a	b	b
(다)	a	a	b

이에 대한 옳은 설명만을 <보기>에서 있는 대로 고른 것은?

─── <보 기> ───

ㄱ. ㉠은 양성자이다.

ㄴ. $b > a$이다.

ㄷ. $n = 18$이다.

23

그림은 원자 (가)~(다)의 중성자 수와 핵전하량
을 나타낸 것이다. 양성자 1개의
전하량은 $+1.6 \times 10^{-19}$C이다.

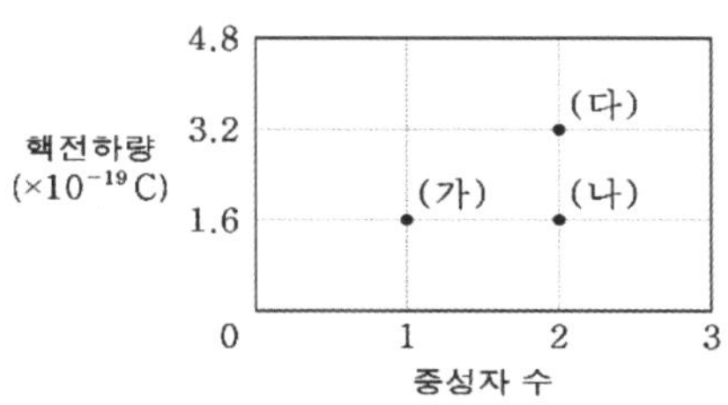

(가)~(다)에 대한 설명으로 옳은 것만을 <보기>
에서 있는 대로 고른 것은?

─── <보　기> ───

ㄱ. (가)의 원자 번호는 1이다.

ㄴ. (다)의 질량수는 4이다.

ㄷ. (나)와 (다)는 동위 원소이다.

24

다음은 몇 가지 원자 또는 이온의 구성 입자 수에
대한 자료이다. (가)~(다)는 각각 양성자, 중성
자, 전자 중 하나이다.

○ $^{23}_{11}\text{Na}$에서 (가)와 (나)의 수는 같다.

○ $^{18}_{8}\text{O}^{2-}$에서 (가)와 (다)의 수는 같다.

○ $^{a}_{16}\text{X}^{2-}$에서 (나)와 (다)의 수는 같다.

이에 대한 옳은 설명만을 <보기>에서 있는 대로
고른 것은? (단, X는 임의의 원소 기호이다.)

─── <보　기> ───

ㄱ. (다)는 양성자이다.

ㄴ. $a = 32$이다.

ㄷ. $^{23}_{11}\text{Na}^{+}$에서 (가)의 수는 10이다.

25 18학년도 7월 15번

그림은 원자 X, Y와 이온 Z$^+$를 구성하는 입자를 두 종류씩 나타낸 것이다. a~c는 각각 양성자, 중성자, 전자 중 하나이다.

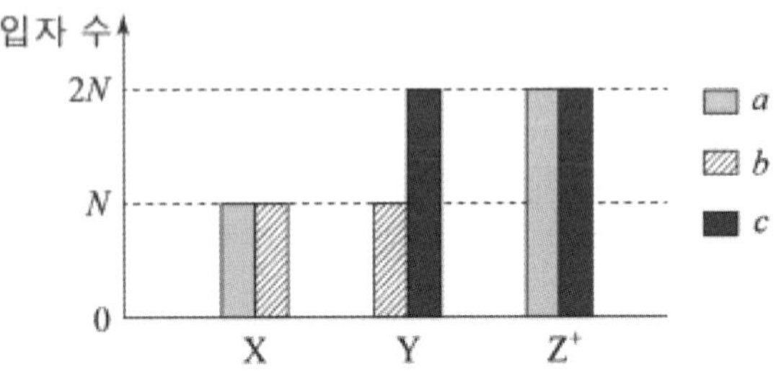

이에 대한 설명으로 옳은 것만을 <보기>에서 있는 대로 고른 것은? (단, X~Z는 임의의 원소 기호이다.) [3점]

<보 기>

ㄱ. c 는 중성자이다.

ㄴ. Y의 질량수는 3N이다.

ㄷ. X와 Z는 동위 원소이다.

26 18학년도 4월 3번

표는 원자 (가)~(다)에 대한 자료이다. ㉠은 양성자와 중성자 중 하나이다.

원자	(가)	(나)	(다)
원자의 표시 방법	$^{x}_{6}C$	$^{x}_{7}N$	$^{15}_{y}N$
㉠의 수 − 전자의 수	2	0	a

이에 대한 설명으로 옳은 것만을 <보기>에서 있는 대로 고른 것은? [3점]

<보 기>

ㄱ. ㉠은 양성자이다.

ㄴ. $a = 1$ 이다.

ㄷ. (나)는 (다)의 동위 원소이다.

27 22학년도 3월 9번

다음은 자연계에 존재하는 붕소(B)의 동위 원소와 플루오린(F)에 대한 자료이다.

○ B의 동위 원소

동위 원소	$^{10}_{5}B$	$^{11}_{5}B$
원자량	10	11
존재 비율(%)	20	80

○ F은 $^{19}_{9}F$만 존재한다.

이에 대한 옳은 설명만을 <보기>에서 있는 대로 고른 것은?

─── <보 기> ───

ㄱ. 분자량이 다른 BF_3는 2가지이다.

ㄴ. B의 평균 원자량은 10.8이다.

ㄷ. $\dfrac{^{10}_{5}B\,1g에\ 들어\ 있는\ 양성자\ 수}{^{11}_{5}B\,1g에\ 들어\ 있는\ 양성자\ 수} > 1$이다.

① ㄱ   ② ㄷ   ③ ㄱ, ㄴ

④ ㄴ, ㄷ   ⑤ ㄱ, ㄴ, ㄷ

28 22학년도 4월 11번

다음은 X의 동위 원소에 대한 자료이다.

○ ^{44}X, ^{a}X의 원자량은 각각 44, a이다.

○ ^{44}X, ^{a}X각 wg에 들어 있는 양성자와 중성자의 양

동위 원소	질량(g)	양성자의 양 (mol)	중성자의 양 (mol)
^{44}X	w	10	12
^{a}X	w		11

이에 대한 설명으로 옳은 것만을 <보기>에서 있는 대로 고른 것은? (단, X는 임의의 원소 기호이다.)

─── <보 기> ───

ㄱ. X의 원자 번호는 20이다.

ㄴ. w는 20이다.

ㄷ. a는 42이다.

① ㄱ   ② ㄴ   ③ ㄱ, ㄷ

④ ㄴ, ㄷ   ⑤ ㄱ, ㄴ, ㄷ

29 23학년도 6월 17번

다음은 분자 XY에 대한 자료이다.

○ XY를 구성하는 원자 X와 Y에 대한 자료

원자	^aX	^bY	^{b+2}Y
$\dfrac{전자 수}{중성자 수}$ (상댓값)	5	5	4

○ ^aX와 ^{b+2}Y의 양성자수 차는 2이다.

○ $\dfrac{^aX\,^bY\,1mol에\ 들어\ 있는\ 전체\ 중성자수}{^aX\,^{b+2}Y\,1mol에\ 들어\ 있는\ 전체\ 중성자수} = \dfrac{7}{8}$ 이다.

$\dfrac{^{b+2}Y의\ 중성자수}{^aX의\ 양성자수}$ 는? (단, X와 Y는 임의의 원소 기호이다.)

① $\dfrac{3}{5}$ ② $\dfrac{4}{3}$ ③ $\dfrac{3}{2}$

④ $\dfrac{5}{3}$ ⑤ $\dfrac{8}{3}$

30 22학년도 7월 9번

표는 원자 또는 이온 (가)~(다)에 대한 자료이다. (가)~(다)는 각각 $^{14}_{7}N$, $^{15}_{7}N$, $^{16}_{8}O^{2-}$ 중 하나이고, ㉠~㉢은 각각 양성자 수, 중성자 수, 전자 수 중 하나이다.

원자 또는 이온	(가)	(나)	(다)
㉠ - ㉡	0		1
㉡ - ㉢		0	

이에 대한 설명으로 옳은 것만을 <보기>에서 있는 대로 고른 것은?

<보 기>

ㄱ. ㉢은 전자 수이다.

ㄴ. ㉠은 (가)와 (다)가 같다.

ㄷ. (나)와 (다)는 동위 원소이다.

---

① ㄱ   ② ㄷ   ③ ㄱ, ㄴ

④ ㄴ, ㄷ   ⑤ ㄱ, ㄴ, ㄷ

31 2023학년도 9월 14번

다음은 실린더 (가)에 들어 있는 $BF_3(g)$에 대한 자료이다.

○ 자연계에서 B는 ^{10}B와 ^{11}B로만 존재하고, F은 ^{19}F으로만 존재한다.

○ B와 F의 각 동위 원소의 존재 비율은 자연계에서와 (가)에서가 같다.

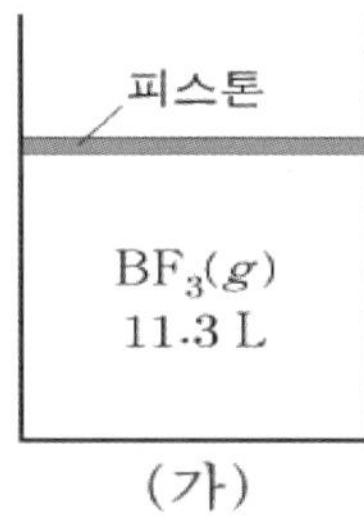

○ (가)에 들어 있는 $BF_3(g)$의 온도, 압력, 밀도는 각각 t℃, 1기압, 3g/L이다.

○ t℃, 1기압에서 기체 1mol의 부피는 22.6L 이다.

이에 대한 설명으로 옳은 것만을 <보기>에서 있는 대로 고른 것은? (단, B와 F의 원자 번호는 각각 5와 9이고, ^{10}B, ^{11}B, ^{19}F의 원자량은 각각 10.0, 11.0, 19.0이다.)

───── <보 기> ─────

ㄱ. 자연계에서 $\dfrac{^{11}B의\ 존재\ 비율}{^{10}B의\ 존재\ 비율} = 5$이다.

ㄴ. B의 평균 원자량은 10.8이다.

ㄷ. (가)에 들어 있는 중성자의 양은 35.8mol이다.

① ㄱ   ② ㄴ   ③ ㄷ
④ ㄱ, ㄴ   ⑤ ㄴ, ㄷ

32 2022년 10월 16번

다음은 용기에 들어 있는 기체 XY에 대한 자료이다.

○ XY를 구성하는 원자는 ^{a}X, ^{a+2}X, ^{b}Y, ^{b+2}Y 이다.

○ ^{a}X, ^{a+2}X, ^{b}Y, ^{b+2}Y의 원자량은 각각 a, $a+2$, b, $b+2$이다.

○ 양성자수는 ^{b}Y가 ^{a}X보다 2만큼 크다.

○ 중성자수는 ^{a+2}X와 ^{b}Y가 같다.

○ 질량수 비는 $^{a}X : {^{b+2}Y} = 2{:}3$이다.

이에 대한 옳은 설명만을 <보기>에서 있는 대로 고른 것은? (단, X와 Y는 임의의 원소 기호 이다.)

───── <보 기> ─────

ㄱ. $b = a+2$이다.

ㄴ. 질량수 비는 $^{a+2}X : {^{b}Y} = 7{:}8$이다.

ㄷ. 분자량이 다른 XY는 4가지이다.

① ㄱ   ② ㄴ   ③ ㄷ
④ ㄱ, ㄴ   ⑤ ㄴ, ㄷ

33 2023학년도 수능 15번

표는 원소 X와 Y에 대한 자료이고, a+b=c+d=100이다.

원소	원자 번호	동위 원소	자연계에 존재하는 비율(%)	평균 원자량
X	17	^{35}X	a	35.5
		^{37}X	b	
Y	31	^{69}Y	c	69.8
		^{71}Y	d	

이에 대한 설명으로 옳은 것만을 <보기>에서 있는 대로 고른 것은? (단, X와 Y는 임의의 원소 기호이고, ^{35}X, ^{37}X, ^{69}Y, ^{71}Y의 원자량은 각각 35.0, 37.0, 69.0, 71.0이다.)

<보 기>

ㄱ. $\dfrac{d}{c} = \dfrac{2}{3}$ 이다.

ㄴ. $\dfrac{1g의\ ^{69}Y에\ 들어\ 있는\ 양성자수}{1g의\ ^{71}Y에\ 들어\ 있는\ 양성자수} > 1$ 이다.

ㄷ. X_2 1mol에 들어 있는 ^{35}X와 ^{37}X의 존재 비율(%)이 각각 a, b일 때, 중성자의 양은 37mol이다.

① ㄱ   ② ㄷ   ③ ㄱ, ㄴ

④ ㄴ, ㄷ   ⑤ ㄱ, ㄴ, ㄷ

34 24학년도 6월 9번

표는 원소 X의 동위 원소에 대한 자료이다. X의 평균 원자량은 $m + \dfrac{1}{2}$ 이고, $a+b=100$이다.

동위 원소	원자량	자연계에 존재하는 비율(%)
^{m}X	m	a
^{m+2}X	$m+2$	b

이에 대한 설명으로 옳은 것만을 <보기>에서 있는 대로 고른 것은? (단, X는 임의의 원소 기호이다.)

<보 기>

ㄱ. $a > b$ 이다.

ㄴ. $\dfrac{1g의\ ^{m}X에\ 들어\ 있는\ 양성자수}{1g의\ ^{m+2}X에\ 들어\ 있는\ 양성자수} > 1$ 이다.

ㄷ. $\dfrac{1mol의\ ^{m}X에\ 들어\ 있는\ 전자\ 수}{1mol의\ ^{m+2}X에\ 들어\ 있는\ 전자\ 수} > 1$ 이다.

① ㄱ   ② ㄷ   ③ ㄱ, ㄴ

④ ㄴ, ㄷ   ⑤ ㄱ, ㄴ, ㄷ

35 24학년도 9월 16번

다음은 자연계에 존재하는 원소 X와 Y에 대한 자료이다.

원소	동위원소	존재비율(%)	평균 원자량
X	^{79}X	a	80
	^{81}X	b	
Y	^{m}Y	c	
	$^{m+2}$Y	d	

표 제목: X와 Y의 동위 원소 존재 비율과 평균 원자량

○ $a+b=c+d=100$이다.

○ $\dfrac{\text{XY 중 분자량이 } m+81 \text{인 XY의 존재 비율(\%)}}{\text{Y}_2\text{ 중 분자량이 } 2m+4 \text{인 Y}_2\text{의 존재 비율(\%)}}=8$ 이다.

이에 대한 설명으로 옳은 것만을 <보기>에서 있는 대로 고른 것은? (단, X와 Y는 임의의 원소 기호이고, ^{79}X, ^{81}X, ^{m}Y, $^{m+2}$Y의 원자량은 각각 79, 81, m, $m+2$이다.)

<보 기>

ㄱ. 자연계에서 분자량이 서로 다른 XY는 3가지이다.

ㄴ. Y의 평균 원자량은 m+1이다.

ㄷ. 자연계에서 1mol의 XY 중
$\dfrac{^{81}\text{X}^{m}\text{Y의 전체 중성자수}}{^{79}\text{X}^{m+2}\text{Y의 전체 중성자수}}=3$이다.

① ㄱ ② ㄴ ③ ㄱ, ㄷ

④ ㄴ, ㄷ ⑤ ㄱ, ㄴ, ㄷ

36 24학년도 수능 14번

표는 원자 A~D에 대한 자료이다. A~D는 원소 X와 Y의 동위 원소이고, A~D의 중성자수 합은 76이다. 원자 번호는 X>Y이다.

원자	중성자수 − 원자 번호	질량수
A	0	m−1
B	1	m−2
C	2	m+1
D	3	m

이에 대한 설명으로 옳은 것만을 <보기>에서 있는 대로 고른 것은? (단, X와 Y는 임의의 원소 기호이고, A, B, C, D의 원자량은 각각 m−1, m−2, m+1, m이다.)

<보 기>

ㄱ. B와 D는 Y의 동위 원소이다.

ㄴ. $\dfrac{1\text{g의 C에 들어 있는 중성자수}}{1\text{g의 A에 들어 있는 중성자수}}=\dfrac{20}{19}$이다.

ㄷ. $\dfrac{1\text{mol의 D에 들어 있는 양성자수}}{1\text{mol의 A에 들어 있는 양성자수}}<1$ 이다.

① ㄱ ② ㄴ ③ ㄱ, ㄷ

④ ㄴ, ㄷ ⑤ ㄱ, ㄴ, ㄷ

37 23년 7월 17번

다음은 원소 X와 Y에 대한 자료이다.

- X, Y의 원자 번호는 각각 9, 35이다.
- 자연계에서 X는 ^{19}X로만 존재하고, Y는 ^{n}Y와 ^{n+2}Y로 존재한다.
- XY의 평균 분자량은 99이다.
- $\dfrac{^{19}X^{n+2}Y\, 1mol에\ 들어\ 있는\ 전체\ 중성자수}{^{19}X^{n}Y\, 1mol에\ 들어\ 있는\ 전체\ 중성자수} = \dfrac{28}{27}$ 이다.

이에 대한 설명으로 옳은 것만을 <보기>에서 있는 대로 고른 것은? (단, X, Y는 임의의 원소 기호이고, ^{19}X, ^{n}Y, ^{n+2}Y의 원자량은 각각 19, n, $n+2$이다.)

< 보 기 >

ㄱ. Y_2의 평균 분자량은 160이다.

ㄴ. $\dfrac{1g의\,^{n}Y^{n+2}Y에\ 들어\ 있는\ 전체\ 양성자수}{1g의\,^{n+2}Y^{n+2}Y에\ 들어\ 있는\ 전체\ 양성자수} = \dfrac{81}{80}$ 이다.

ㄷ. 자연계에서 $\dfrac{^{n}Y의\ 존재\ 비율}{^{n+2}Y의\ 존재\ 비율} = 1$ 이다.

---

① ㄱ　　　② ㄴ　　　③ ㄱ, ㄷ

④ ㄴ, ㄷ　　　⑤ ㄱ, ㄴ, ㄷ

38 23년 10월 17번

다음은 원소 X와 Y의 동위 원소에 대한 자료이다. 자연계에 존재하는 X와 Y의 동위 원소는 각각 2가지이다.

- X와 Y의 동위 원소의 원자량과 자연계에 존재하는 비율

원소	동위 원소	원자량	존재 비율(%)
X	^{a}X	a	x
	^{a+b}X	$a+b$	$x-40$
Y	^{a+3b}Y	$a+3b$	60
	^{a+4b}Y	$a+4b$	40

- X와 Y의 평균 원자량의 차는 6.2이다.
- 원자 번호는 Y가 X보다 2만큼 크다.

이에 대한 옳은 설명만을 <보기>에서 있는 대로 고른 것은?
(단, X, Y는 임의의 원소 기호이다.)

< 보 기 >

ㄱ. $x = 70$이다.

ㄴ. $b = 1$이다.

ㄷ. ^{a}X와 ^{a+3b}Y의 중성자수의 차는 6이다.

---

① ㄱ　　　② ㄴ　　　③ ㄱ, ㄷ

④ ㄴ, ㄷ　　　⑤ ㄱ, ㄴ, ㄷ

원자 모양의 변천

▶ **음극선** : 진공관 안에 전극을 연결하여 높은 전압을 걸어 주면 (−)극에서 (+)극으로 빛의 흐름이 나타나는데, 이를 **음극선**이라고 한다.

▶ **음극선 실험** : 1897년 톰슨은 음극선에 대한 몇가시 실험 결과를 통해 다음과 같은 사실을 알아냈다.

❶ 음극선의 진로에 장애물을 설치하면 그림자가 생긴다. → **음극선은 직진한다.**

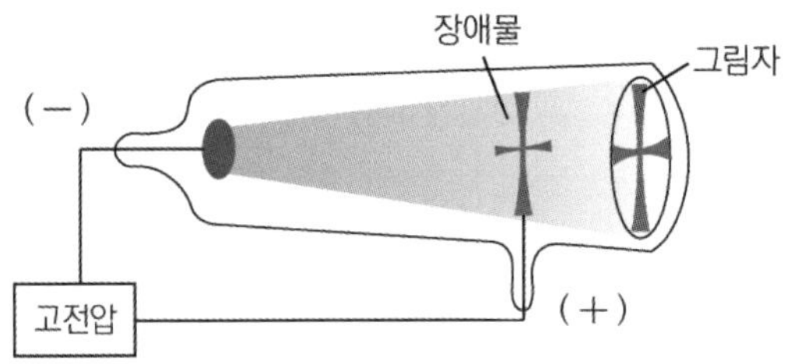

❷ 음극선의 진로에 바람개비를 설치하면 바람개비가 회전한다. → **음극선은 질량을 가진 입자의 흐름이다.**

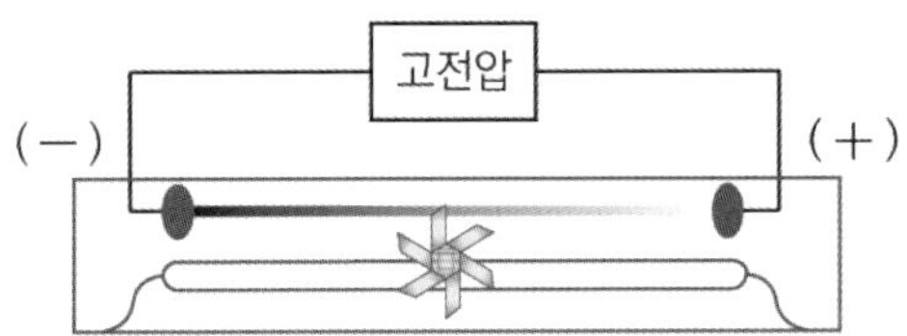

❸ 전기장에서 음극선의 진로가 (+) 극 쪽으로 휜다. → **음극선은 (−) 전하를 띤다.**

음극선이 위와 같은 특성들을 보이므로 **음극선의 구성 입자가 모든 물질의 공통적인 입자**라고 생각하였으며, 이를 **전자**라고 하였다.

▶ **톰슨의 원자 모형** : 톰슨은 음극선 실험을 통해 원자가 (−)전하를 띠는 입자인 **전자를 포함하고 있음을 확인하였고**, (+) 전하가 고르게 분포된 공 속에 **(−)전하를 띤 전자가 박혀 있는 원자 모형**을 제안하였다.

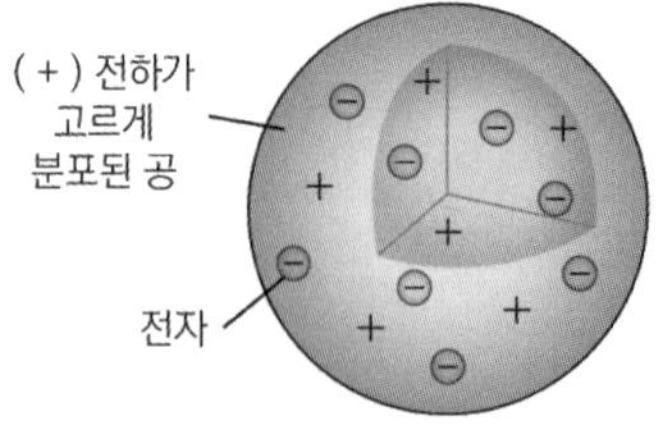

톰슨의 원자 모형

▶ α입자 산란 실험 : 1911년 러더퍼드는 금박에 (+) 전하를 띤 α입자를 충돌시키는 실험을 한 결과, 대부분의 α입자는 금박을 그대로 통과하지만 **극히 일부의 α입자가 크게 휘어지거나 튕겨 나오는 현상**을 관찰하게 되었다. 이를 바탕으로 **원자의 대부분이 빈 공간이며 원자의 중심에 원자 질량의 대부분을 차지**하면서 크기가 매우 작고 (+) 전하를 띤 입자가 있음을 발견하였고, 이를 **원자핵**이라고 하였다.

(1) α입자 산란 실험 결과의 의미

▶ 대부분의 입자는 직진한다 : **원자의 대부분은 빈공간이다.**

▶ 극히 일부의 α입자가 뒤로 산란된다 : **원자의 중심에 크기가 매우작고, (+) 전하를 띤, 질량이 큰 입자가 존재한다.**

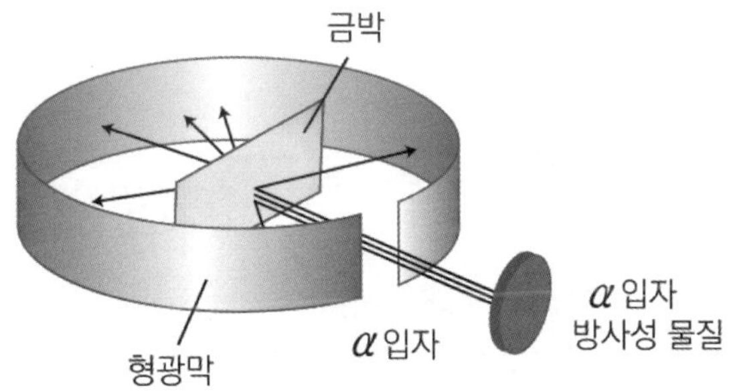

(2) α 입자 : 헬륨 원자핵(He^{2+})이다.

▶ **러더퍼드의 원자 모형** : 원자핵을 발견한 러더퍼드는 **(+)전하를 띠는 매우 작은 크기의 원자핵**이 원자의 중심에 있고, **(−)전하를 띠는 전자가 원자핵 주위를 돌고 있는** 원자 모형을 제안하였다.

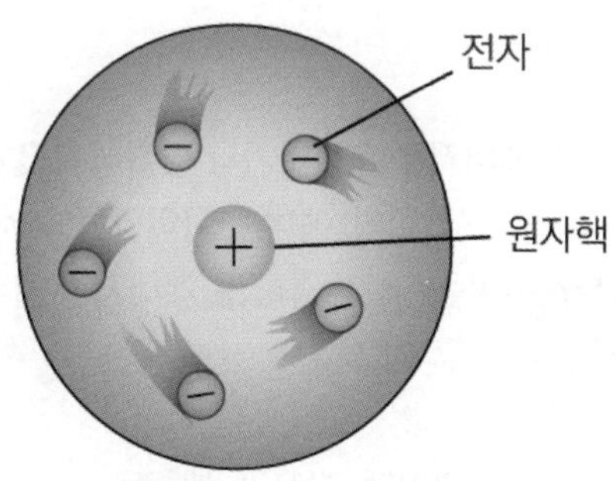

Caution

러더퍼드가 발견한 입자는 양성자가 아니라 원자핵입니다. 실수하지 않도록 조심해주시길 바랍니다.

(1) 수소 원자의 선 스펙트럼

수소 기체를 방전관에 넣고 고전압으로 방전시키면 수소 방전관에서 빛이 방출되는데, 이 빛을 프리즘에 통과시키면 불연속적인 선 스펙트럼이 생긴다. 이는 **전자가 에너지를 흡수하여 에너지가 높은 상태로 되었다가 다시 에너지를 방출하면서 에너지가 낮은 상태로 되기 때문이다.** 이때 그 차이만큼은 에너지를 빛의 형태로 방출한다.

(2) 보어의 원자 모형

수소 원자의 불연속적인 선 스펙트럼을 설명하기 위하여 제안된 모형으로, **전자는 원자핵 주위의 일정한 궤도를 따라 원운동하며, 불연속적인 전자의 궤도를 전자 껍질이라고 한다. 전자 껍질의 에너지 준위는 불연속적이며,** 핵에 가까운 쪽에서부터 K(n = 1), L(n = 2), M(n = 3), N(n = 4) 등의 기호를 사용하여 나타낸다. **n은 주 양자수라고 하며, 양의 정수이다.**

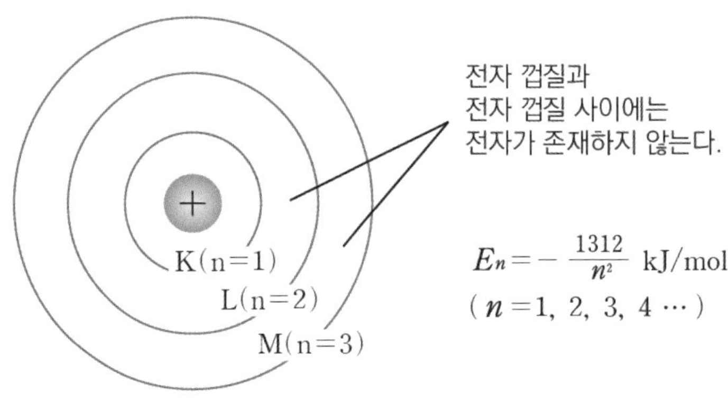

$$E_n = -\frac{1312}{n^2} \ \text{kJ/mol}$$
$$(\, n = 1,\ 2,\ 3,\ 4 \cdots \,)$$

수소 원자에서 전자 껍질의 에너지 준위는 주 양자수 n에 의해서만 결정된다.

(3) 에너지와 전자 배치 상태

전자는 **같은 전자 껍질에서 원운동할 때 에너지를 흡수하거나 방출하지 않는다.**
전자가 **다른 전자 껍질로 전이될 때 두 전자 껍질의 에너지 차이만큼의 에너지를 흡수하거나 방출한다.**
빛에너지와 파장은 반비례하므로 전자가 전이할 때 방출하는 **에너지가 클수록 빛의 파장은 짧고,**
에너지가 작을수록 빛의 파장은 길다.

▶ **바닥 상태** : 에너지 준위가 **가장 낮은 전자껍질에 전자가 배치된 상태**

▶ **들뜬 상태** : 바닥상태의 전자가 에너지를 흡수하여 에너지가 **높은 전자껍질로 전이된 상태**

(1) 현대적 원자 모형 등장의 배경

➡ **보어 모형의 한계** : 보어 모형은 전자가 1개인 수소 원자의 선 스펙트럼을 잘 설명할 수 있었으나, 수소 원자가 아닌 원자, 즉 전자가 2개 이상인 **다전자 원자의 선 스펙트럼을 설명할 수 없었다.**

➡ 전자는 질량이 매우 작아 **정확한 위치와 운동량을 동시에 측정할 수 없지만**, 파동의 성질을 지니므로 **전자가 발견될 확률을 파동 함수로 나타낼 수 있다.**

(2) 원자 모양의 변천 한눈에 보기

구분	특징	모형
돌턴	질량보존 법칙, 일정 성분비의 법칙을 설명가능	〈단단한 공 모형〉
톰슨	음극선 실험에서 발견된 전자를 설명하기 위해 만들어진 모형	〈푸딩 모형〉
러더퍼드	α입자 산란 실험에서 발견된 원자핵을 설명하기 위해 만들어진 모형 원자 중심에 밀도가 크고 (＋) 전하를 띠는 원자핵이 있고, 그 주위에 (－) 전하를 띠는 전자가 있다.	〈행성 모형〉
보어	수소 원자의 선 스펙트럼을 설명하기 위해 만들어진 모형 전자는 원자핵 주위에서 특정한 에너지 준위를 갖는 궤도 위에서만 존재할 수 있다고 생각했다.	〈궤도 모형〉
현대적 모형	다전자 원자의 선 스펙트럼을 설명하기 위해 만들어진 모형 원자핵 주위에서 전자가 발견될 확률을 계산하여 확률 분포를 3차원 구조로 나타내었다.	〈전자 구름 모형〉

현대적 원자 모형

1. 오비탈(궤도 함수)

일정한 에너지를 가진 전자가 원자핵 주위에서 발견될 확률을 나타내는 함수이며, 궤도 함수의 모양, 전자의 에너지 상태를 의미하기도 한다.
주양자수(n)와 오비탈의 모양을 의미하는 s,p,d,f 등의 기호를 사용하여 나타낸다.

▶ 주 양자수에 따른 오비탈의 종류

전자 껍질	K	L		M		
주 양자수 (n)	1	2		3		
오비탈의 종류	$1s$	$2s$	$2p$	$3s$	$3p$	$3d$

(1) s 오비탈

공 모양(구형)으로 모든 전자 껍질에 존재하며, 전자가 발견될 확률이 90%인 공간을 경계면으로 나타내면 다음과 같다.

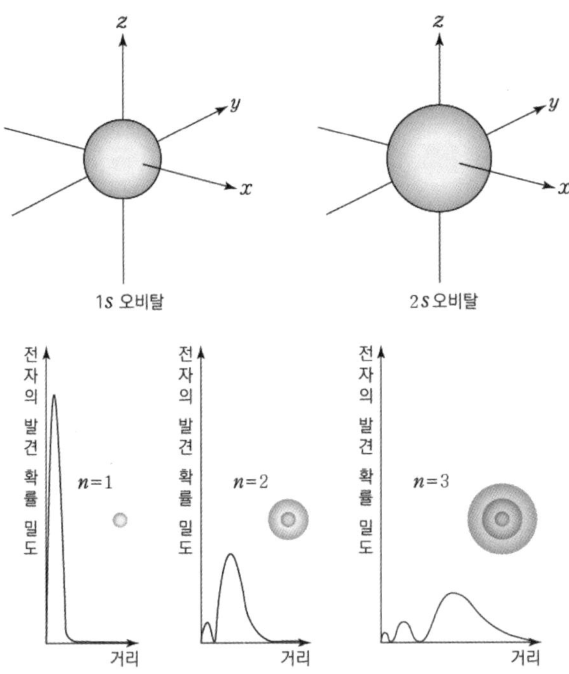

핵으로부터 거리가 같으면 방향에 관계없이 전자가 발견될 확률이 같다.
1s 오비탈과 2s 오비탈의 모양은 같지만, 같은 원자에서 2s 오비탈이 1s 오비탈보다 크기가 크다.

위의 그림과 같이 s오비탈에서의 전자의 발견 확률 밀도가 0이 되는 지점이 존재하는데, 이러한 지점을 마디라고 부르며, $1s$오비탈에는 마디가 없으며, $2s$오비탈에는 마디가 1개, $3s$오비탈에는 마디가 2개 있다.

(2) p 오비탈

아령 모양으로 L전자 껍질 (n=2)부터 존재한다.

방향성이 있어서 핵으로부터의 거리와 방향에 따라 전자가 발견될 확률이 다르다.

p 오비탈은 3차원 공간의 각 축 방향으로 분포하며, 한 전자 껍질에 에너지 준위가 같은 p_x, p_y, p_z 오비탈이 존재한다.

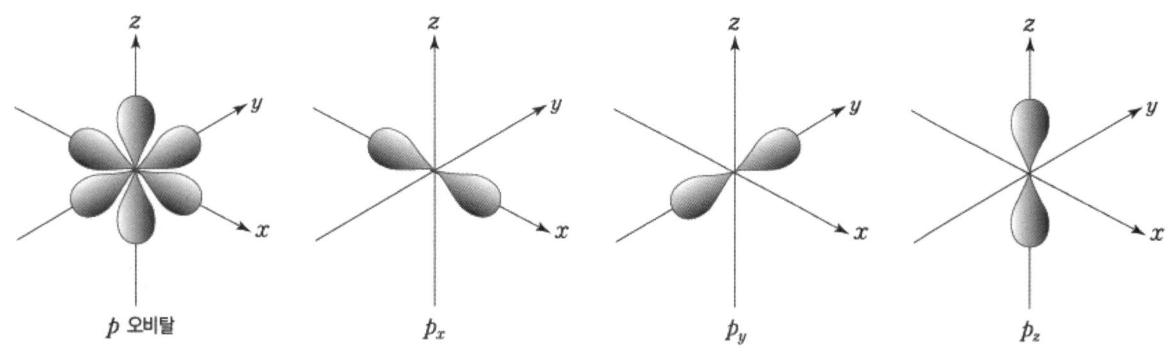

(3) d 오비탈

아래와 같은 5가지 형태가 있다. 화학Ⅰ에서는 s, p 오비탈만 알더라도 크게 문제가 생기진 않는다.

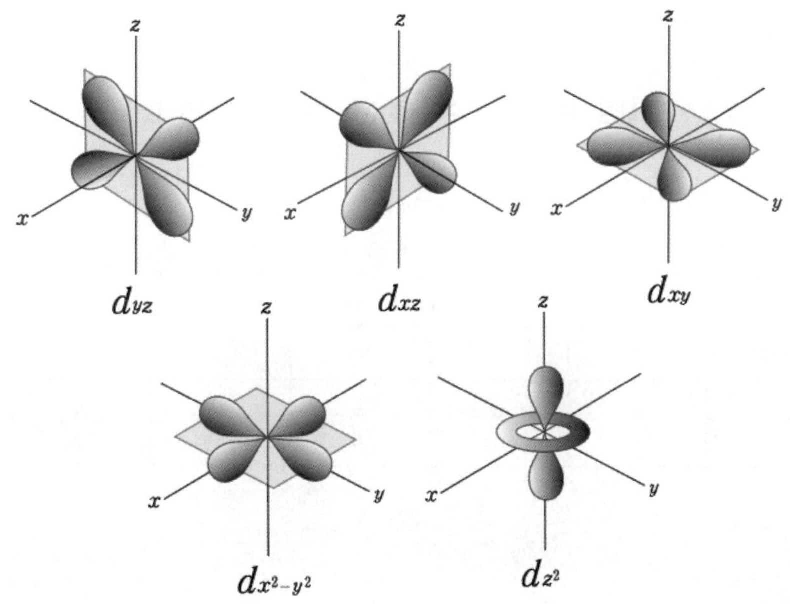

---

tip

s,p 오비탈 이후에 d,f와 같은 다른 오비탈들도 존재하지만 화학Ⅰ 수능 수준에서는 s,p 오비탈만 공부해도 충분하다. 일반적으로 화학Ⅰ 수능에서는 원자번호가 20인 Ca까지 출제되는데 원자번호 20까지는 s,p 오비탈만 전자가 채워지기 때문이다.

❙ 양자수

오비탈의 에너지와 크기를 결정하는 양자수이다.
보어 원자 모형에서 전자 껍질을 나타낸다.
$n = 1,2,3,4 \cdots$ 등의 양의 정수값을 가진다.

수소 원자에서 주 양자수가 증가할수록 오비탈의 크기와 에너지 준위는 커진다.

주 양자수 (n)	1	2	3	4
전자 껍질	K	L	M	N
에너지 크기	K < L < M < N < ⋯			

2. 방위(부) 양자수(l)

오비탈의 모양을 결정하는 양자수이다.
주 양자수가 n일 때 부 양자수는 $0 \le l \le n-1$의 정수값을 갖는다.
다전자 원자에서는 주 양자수가 같을 때 부 양자수가 클수록 에너지 준위가 높다.

s오비탈은 0, p오비탈은 1, d오비탈은 2로 나타낸다.

전자 껍질	K	L		M		
주 양자수 (n)	1	2		3		
부 양자수 (l)	0 (s)	0 (s)	1 (p)	0 (s)	1 (p)	2 (d)

3. 자기 양자수 (m_l)

오비탈의 방향을 결정하는 양자수이다.
부 양자수가 l일 때 자기 양자수는 $-l \le m_l \le l$의 정수값을 가진다.
부 양자수가 l일 때 $2l+1$개가 존재하며, 각각 방향은 서로 다르지만 **에너지는 같다.**
s오비탈은 자기 양자수(m_l) 이 무조건 0 이다.
p오비탈은 자기 양자수(m_l) 이 -1, 0, $+1$ 중 하나의 값을 가진다.

오비탈에 있는 전자 회전 방향을 결정하는 양자수이다.

스핀 자기 양자수는 $+\frac{1}{2}$, $-\frac{1}{2}$의 2가지가 가능하며 스핀 자기 양자수가 다른 전자는 ↑, ↓ 와 같이 서로 반대 방향의 화살표를 사용하여 표시한다.

(1) 양자수 한눈에 보기

전자 껍질	K	L		M				
주 양자수 (n)	1	2		3				
부 양자수 (l)	0 (s)	0 (s)	1 (p)	0 (s)	1 (p)	2 (d)		
자기 양자수 (m)	0	0	−1 0 +1	0	−1 0 +1	−2 −1 0 +1 +2		
오비탈 종류	1s	2s	$2p_x, 2p_y, 2p_z$	3s	$3p_x, 3p_y, 3p_z$	5개의 $3d$ 오비탈		
각 전자 껍질에 존재하는 오비탈 수 (n^2)	1	4		9				
전자의 수 ($2n^2$)	2	8		18				

(2) 오비탈의 표시

▌오비탈의 에너지 준위

1. 수소 원자

전자가 1개인 **수소 원자**(H)의 경우 오비탈의 **에너지 준위**는 오비탈의 종류에 관계없이 주 양자수에 의해서만 결정된다.

주 양자수가 커질수록 원자핵에서 전자가 멀어지므로 원자핵과의 인력이 약해져 **에너지 준위가 높아진다.**

주 양자수가 같다면 부 양자수에 상관없이 **오비탈의 에너지 준위는 모두 같다.**

$$1s < 2s = 2p < 3s = 3p = 3d < 4s = 4p = 4d = 4f < \ldots\ldots$$
(이 부분에서 $3d, 4s$의 에너지 준위를 주의 깊게 보길 바랍니다.)

2. 다전자 원자

전자가 2개 이상인 원자의 경우 오비탈의 에너지 준위는 **주 양자수뿐만 아니라 오비탈의 종류 역시 에너지 준위에 영향을 준다.** 즉, 주양자수가 같아도 s, p, d, f 순으로 에너지 준위가 높아진다.

$$1s < 2s < 2p < 3s < 3p < 4s < 3d < 4p\ldots$$

Caution

이 부분에서 $3d, 4s$의 에너지 준위를 주의 깊게 보길 바랍니다.

▌전자 배치 규칙

1. 쌓음 원리

전자는 에너지 준위가 낮은 오비탈부터 순서대로 채워진다.
전자가 1개인 **수소 원자**의 경우 **오비탈의 에너지 준위**는 오비탈의 종류에 관계없이 주 양자수에 의해서만 결정된다.

$$1s < 2s = 2p < 3s = 3p = 3d < 4s = 4p = 4d = 4f < \dots\dots$$

전자가 2개 이상인 다전자 원자의 경우에는 주 양자수뿐만 아니라 오비탈의 종류에 따라서도 에너지 준위가 달라진다.

$$1s < 2s < 2p < 3s < 3p < 4s < 3d < 4p\dots$$

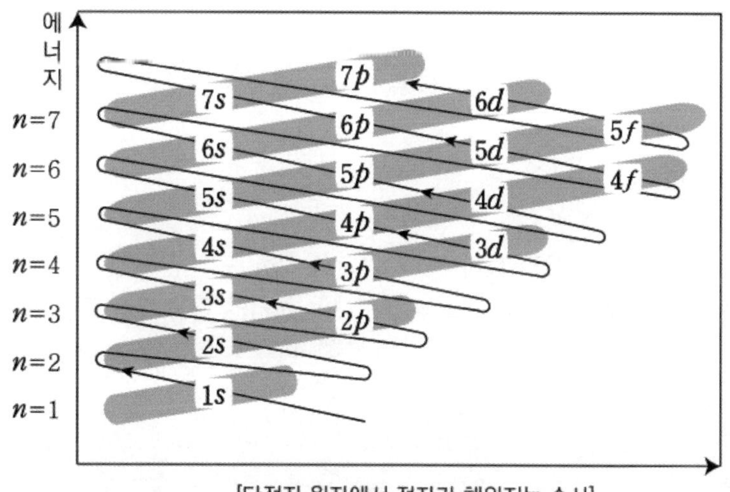

[다전자 원자에서 전자가 채워지는 순서]

1개의 오비탈에는 전자가 최대 2개까지 채워지며, 이 두 전자는 서로 다른 스핀 방향을 갖는다.
1개의 오비탈에는 스핀 방향이 같은 전자가 존재할 수 없으며, 스핀 방향이 반대인 2개의 전자가 쌍을 이루면서 함께 존재할 수 있다.

1개의 오비탈에 3개 이상의 전자가 들어가거나 스핀 방향이 같은 2개의 전자가 들어가는 것은 파울리 배타 원리에 어긋나는 전자 배치로, 불가능한 전자 배치이다.

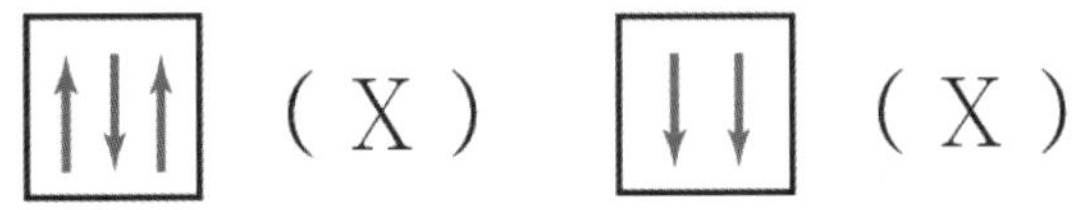

파울리 배타 원리는 한 개의 원자에 네 개의 양자수가 모두 같은 전자는 존재할 수 없다는 뜻이기도 하다.

같은 에너지 준위의 오비탈에 전자가 채워질 때는 쌍을 이루지 않는 전자수(홀전자)가 최대가 되도록 전자를 배치한다.

바닥상태 전자 배치는 쌓음 원리, 파울리 배타 원리, 훈트 규칙을 모두 만족한다.
들뜬상태 전자 배치는 파울리 배타 원리를 반드시 만족해야 하지만 쌓음 원리 또는 훈트 규칙을 만족할 필요는 없다.

원소기호	원자번호	K	L				M				N	전자 배치	홀전자 수
		$1s$	$2s$	$2p$			$3s$	$3p$			$4s$		
H	1	↑										$1s^1$	1
He	2	↑↓										$1s^2$	0
Li	3	↑↓	↑									$1s^2\,2s^1$	1
Be	4	↑↓	↑↓									$1s^2\,2s^2$	0
B	5	↑↓	↑↓	↑								$1s^2\,2s^2 2p^1$	1
C	6	↑↓	↑↓	↑	↑							$1s^2\,2s^2 2p^2$	2
N	7	↑↓	↑↓	↑	↑	↑						$1s^2\,2s^2 2p^3$	3
O	8	↑↓	↑↓	↑↓	↑	↑						$1s^2\,2s^2 2p^4$	2
F	9	↑↓	↑↓	↑↓	↑↓	↑						$1s^2\,2s^2 2p^5$	1
Ne	10	↑↓	↑↓	↑↓	↑↓	↑↓						$1s^2\,2s^2 2p^6$	0
Na	11	↑↓	↑↓	↑↓	↑↓	↑↓	↑					$1s^2\,2s^2 2p^6\,3s^1$	1
Mg	12	↑↓	↑↓	↑↓	↑↓	↑↓	↑↓					$1s^2\,2s^2 2p^6\,3s^2$	0
Al	13	↑↓	↑↓	↑↓	↑↓	↑↓	↑↓	↑				$1s^2\,2s^2 2p^6\,3s^2 3p^1$	1
Si	14	↑↓	↑↓	↑↓	↑↓	↑↓	↑↓	↑	↑			$1s^2\,2s^2 2p^6\,3s^2 3p^2$	2
P	15	↑↓	↑↓	↑↓	↑↓	↑↓	↑↓	↑	↑	↑		$1s^2\,2s^2 2p^6\,3s^2 3p^3$	3
S	16	↑↓	↑↓	↑↓	↑↓	↑↓	↑↓	↑↓	↑	↑		$1s^2\,2s^2 2p^6\,3s^2 3p^4$	2
Cl	17	↑↓	↑↓	↑↓	↑↓	↑↓	↑↓	↑↓	↑↓	↑		$1s^2\,2s^2 2p^6\,3s^2 3p^5$	1
Ar	18	↑↓	↑↓	↑↓	↑↓	↑↓	↑↓	↑↓	↑↓	↑↓		$1s^2\,2s^2 2p^6\,3s^2 3p^6$	0
K	19	↑↓	↑↓	↑↓	↑↓	↑↓	↑↓	↑↓	↑↓	↑↓	↑	$1s^2\,2s^2 2p^6\,3s^2 3p^6 4s^1$	1
Ca	20	↑↓	↑↓	↑↓	↑↓	↑↓	↑↓	↑↓	↑↓	↑↓	↑↓	$1s^2\,2s^2 2p^6\,3s^2 3p^6 4s^2$	0

수소 원자에서 전자 껍질의 에너지 준위는 주 양자수(n)가 클수록 높아진다.

각 전자 껍질에는 최대 $2n^2$개의 전자가 채워질 수 있다.

각 전자 껍질에는 n^2개의 오비탈이 존재하며, 1개의 오비탈에는 최대 2개의 전자가 채워지기 때문이다.

원자의 바닥상태 전자 배치에서 가장 바깥 전자 껍질의 전자 수는 8을 넘지 못한다.

np 오비탈에 전자가 채워지고 나면, nd 오비탈에 전자가 배치되기 전에 바깥 전자 껍질의 $(n+1)s$ 오비탈에 전자가 먼저 배치되기 때문이다.

▎이온의 전자 배치

원자가 가장 바깥 전자 껍질의 전자를 모두 잃고 양이온이 되면 전자 배치가 비활성 기체의 전자 배치와 같아진다.

[양이온]

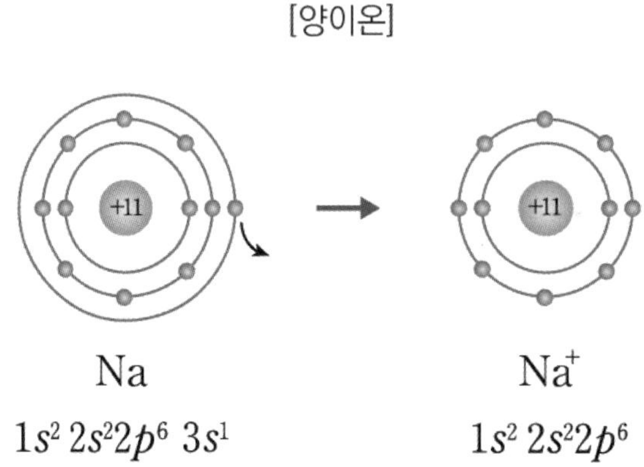

원자가 전자를 얻어 가장 바깥 전자 껍질의 전자가 8개인 음이온이 되면 전자 배치가 비활성 기체의 전자 배치와 같아진다.

[음이온]

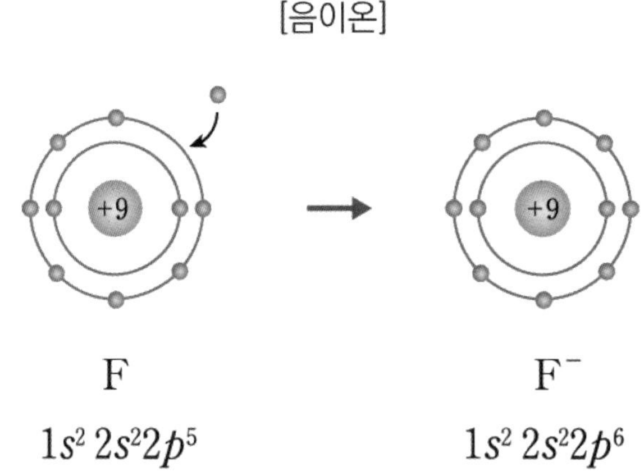

(1) 자주 출제 되는 표현들

❶ 홀전자수

1족	2족	13족	14족	15족	16족	17족	18족
1	0	1	2	3	2	1	0

❷ 전자가 들어 있는 오비탈 수

	1족	2족	13족	14족	15족	16족	17족	18족
2주기	2	2	3	4	5	5	5	5
3주기	6	6	7	8	9	9	9	9

❸ $\dfrac{p \text{ 오비탈에 들어 있는 전자 수}}{s \text{ 오비탈에 들어 있는 전자 수}}$

	1족	2족	13족	14족	15족	16족	17족	18족
2주기	$\dfrac{0}{3}$	$\dfrac{0}{4}$	$\dfrac{1}{4}$	$\dfrac{2}{4}$	$\dfrac{3}{4}$	$\dfrac{4}{4}$	$\dfrac{5}{4}$	$\dfrac{6}{4}$
3주기	$\dfrac{6}{5}$	$\dfrac{6}{6}$	$\dfrac{7}{6}$	$\dfrac{8}{6}$	$\dfrac{9}{6}$	$\dfrac{10}{6}$	$\dfrac{11}{6}$	$\dfrac{12}{6}$

$\dfrac{p \text{ 오비탈에 들어 있는 전자 수}}{s \text{ 오비탈에 들어 있는 전자 수}} = 1$: 산소(O), 마그네슘(Mg)

$\dfrac{p \text{ 오비탈에 들어 있는 전자 수}}{s \text{ 오비탈에 들어 있는 전자 수}} = 1.5$: 네온(Ne), 인(P)

❹ $\dfrac{\text{전자가 들어 있는 } p \text{오비탈 수}}{\text{전자가 들어 있는 } s \text{오비탈 수}}$

	1족	2족	13족	14족	15족	16족	17족	18족
2주기	$\dfrac{0}{2}$	$\dfrac{0}{2}$	$\dfrac{1}{2}$	$\dfrac{2}{2}$	$\dfrac{3}{2}$	$\dfrac{3}{2}$	$\dfrac{3}{2}$	$\dfrac{3}{2}$
3주기	$\dfrac{3}{3}$	$\dfrac{3}{3}$	$\dfrac{4}{3}$	$\dfrac{5}{3}$	$\dfrac{6}{3}$	$\dfrac{6}{3}$	$\dfrac{6}{3}$	$\dfrac{6}{3}$

$\dfrac{\text{전자가 들어 있는 } p \text{오비탈 수}}{\text{전자가 들어 있는 } s \text{오비탈 수}} = 1$: C Na Mg

$\dfrac{\text{전자가 들어 있는 } p \text{오비탈 수}}{\text{전자가 들어 있는 } s \text{오비탈 수}} = 1.5$: N O F Ne K Ca

❻ 전자가 모두 채워진 오비탈수 (=전자쌍이 들어 있는 오비탈 수)

	1족	2족	13족	14족	15족	16족	17족	18족
2주기	1	2	2	2	2	3	4	5
3주기	5	6	6	6	6	7	8	9

❼ 양자수 관련 표현

$n+l = 2 : 2s$

$n+l = 3 : 2p,\ 3s$

$n+l = 4 : 3p,\ 4s$

아래의 표들을 보며 눈에 익혀 두도록하면 문제풀이에서의 감각을 끌어올릴 수 있을 것이다.

2주기	Li	Be	B	C	N	O	F	Ne
원자번호	3	4	5	6	7	8	9	10
홀전자 수	1	0	1	2	3	2	1	0
s오비탈 전자 수	3	4	4	4	4	4	4	4
p오비탈 전자 수	0	0	1	2	3	4	5	6
오비탈 수	2	2	3	4	5	5	5	5
s오비탈 수	2	2	2	2	2	2	2	2
p오비탈 수	0	0	1	2	3	3	3	3

3주기	Na	Mg	Al	Si	P	S	Cl	Ar
원자번호	11	12	13	14	15	16	17	18
홀전자 수	1	0	1	2	3	2	1	0
s오비탈 전자 수	5	6	6	6	6	6	6	6
p오비탈 전자 수	6	6	7	8	9	10	11	12
오비탈 수	6	6	7	8	9	9	9	9
s오비탈 수	3	3	3	3	3	3	3	3
p오비탈 수	3	3	4	5	6	6	6	6

Caution

그리고 우려되는 점이 있어서 마지막으로 제안을 드립니다. 여러분들이 치게 되는 모의고사, 6, 9월 및 수능에서 위에 소개했던 '자주 출제되는 표현들'이 출제될 수도 있습니다만, 반대로 한번도 출제 되지 않는 '새로운 표현'들이 출제될 가능성도 충분히 높습니다. 그러니 '새로운 표현'들이 출제되었다면 당황하지 마시고 제발 **직접 써서** 문제에 제시된 자료들을 해석하시길 바랍니다. 유독 이 단원에서 몇몇 학생들이 오만하게 '나는 머리로 풀 수 있어' 하고 자료들을 머리 속으로만 떠올리는 학생들이 있는데, 물론 머리로만 풀수도 있겠지만, 위험요소들을 최대한 없애고 정확하게 풀기 위해서는 조금 시간이 걸리더라도 '시간을 버린다'고 생각하지 말고 '시간을 투자한다' 라고 생각하며 직접 써서 자료를 해석하시길 부탁드립니다. (물론, 자주 보셔서 익숙한 자료들은 머릿속으로만 푸시든, 써서 푸시든 취사선택 하시면 됩니다.)

01 22학년도 수능 9번

다음은 수소 원자의 오비탈 (가)~(다)에 대한 자료이다. n은 주 양자수이고, l은 방위(부) 양자수이다.

- (가)~(다)는 각각 $2s$, $2p$, $3s$ 중 하나이다.
- 에너지 준위는 (가) > (나)이다.
- $n+l$는 (나) > (다)이다.

이에 대한 설명으로 옳은 것만을 <보기>에서 있는 대로 고른 것은?

─── <보 기> ───

ㄱ. (가)의 자기 양자수(m_l)는 0이다.

ㄴ. (나)의 $n+l=2$이다.

ㄷ. (다)의 모양은 구형이다.

02 22학년도 수능 11번

표는 2주기 바닥상태 원자 X~Z의 전자 배치에 대한 자료이다.

원자	X	Y	Z
전자가 2개 들어 있는 오비탈 수	a	a+1	a+2
p 오비탈에 들어 있는 홀전자 수	a	a	b

이에 대한 설명으로 옳은 것만을 <보기>에서 있는 대로 고른 것은? (단, X~Z는 임의의 원소 기호이다.)

─── <보 기> ───

ㄱ. a+b=3 이다.

ㄴ. X의 원자가 전자 수는 2이다.

ㄷ. 전자가 들어 있는 오비탈 수는 Y와 Z가 같다.

다음은 3주기 바닥상태 원자 X의 전자가 들어 있는 오비탈 (가)~(다)에 대한 자료이다. n, l은 각각 주 양자수, 방위(부) 양자수이다.

- n은 (가)~(다)가 모두 다르다.
- $(n+l)$은 (가)와 (나)가 같다.
- $(n-l)$은 (나)와 (다)가 같다.
- 오비탈에 들어 있는 전자 수는 (다)>(가) 이다.

이에 대한 옳은 설명만을 <보 기>에서 있는 대로 고른 것은? (단, X는 임의의 원소 기호이다.)

─── <보　기> ───

ㄱ. l은 (나)>(가)이다.

ㄴ. 에너지 준위는 (다)>(가)이다.

ㄷ. X의 홀전자 수는 1이다.

표는 2주기 바닥상태 원자 X~Z에 대한 자료이다.

원자	X	Y	Z
$\dfrac{\text{홀전자 수}}{\text{전자가 들어 있는 오비탈 수}}$	$\dfrac{1}{2}$	a	$\dfrac{2}{5}$
$\dfrac{p\text{오비탈의 전자 수}}{s\text{ 오비탈의 전자 수}}$ (상댓값)	2	1	b

이에 대한 옳은 설명만을 <보기>에서 있는 대로 고른 것은? (단, X~Z는 임의의 원소 기호이다.)

─── <보　기> ───

ㄱ. $ab = \dfrac{4}{3}$ 이다.

ㄴ. 원자 번호는 Y > X이다.

ㄷ. 전자가 2개 들어 있는 오비탈 수는 Z가 Y의 2배이다.

05 22학년도 9월 4번

다음은 학생 A가 가설을 세우고 수행한 탐구 활동이다.

[가설]
○ 수소 원자의 오비탈 에너지 준위는 ㉠ 가 커질수록 높아진다.

[탐구 과정]
(가) 수소 원자에서 주 양자수(n)가 1~3인 모든 오비탈 종류와 에너지 준위를 조사한다.
(나) (가)에서 조사한 오비탈 에너지 준위를 비교한다.

[탐구 결과]

주 양자수(n)	1	2	2	3	3	3
오비탈 종류	s	㉡	p	s	p	d

○ 오비탈 에너지 준위 :
$$1s < 2s = 2p < 3s = 3p = 3d$$

[결론]
○ 가설은 옳다.

학생 A의 결론이 타당할 때, ㉠과 ㉡으로 가장 적절한 것은?

	㉠	㉡
①	주 양자수(n)	s
②	주 양자수(n)	p
③	주 양자수(n)	d
④	방위(부) 양자수(l)	s
⑤	방위(부) 양자수(l)	p

06 22학년도 9월 11번

다음은 원자 번호가 20 이하인 바닥상태 원자 X~Z에 대한 자료이다.

○ X~Z 각각의 전자 배치에서
$$\frac{p \text{ 오비탈에 들어 있는 전자 수}}{s \text{ 오비탈에 들어 있는 전자 수}} = \frac{3}{2} \text{으로}$$
같다.
○ 원자 번호는 X > Y > Z 이다.

이에 대한 설명으로 옳은 것만을 <보기>에서 있는 대로 고른 것은? (단, X~Z는 임의의 원소 기호이다.)

──── <보 기> ────

ㄱ. X의 원자가 전자 수는 2이다.
ㄴ. Y의 홀전자 수는 0이다.
ㄷ. Z에서 전자가 들어 있는 오비탈 수는 5이다.

07

그림은 바닥상태 원자 X~Z의 전자 배치의 일부이다. X~Z의 홀전자 수의 합은 6이다.

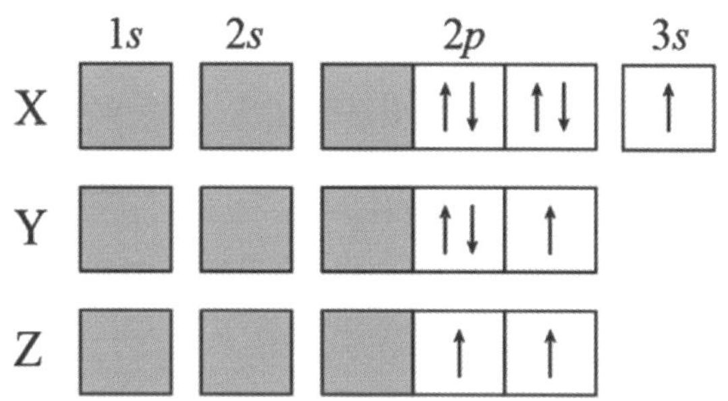

이에 대한 설명으로 옳은 것만을 <보기>에서 있는 대로 고른 것은? (단, X~Z는 임의의 원소 기호이다.)

─── <보 기> ───

ㄱ. X의 원자 번호는 11이다.

ㄴ. Y는 17족 원소이다.

ㄷ. 전자가 들어 있는 오비탈 수는 Y > Z이다.

08

표는 바닥상태의 인($_{15}$P) 원자에서 전자가 들어 있는 오비탈 중 3가지 오비탈 (가)~(다)에 대한 자료이다. n, l, m_l는 각각 주 양자수, 방위(부) 양자수, 자기 양자수이다.

	$n+l$	$n+m_l$	$l+m_l$
(가)	2	a	0
(나)	3	2	b
(다)	c	4	2

a + b + c 는?

09 22학년도 6월 9번

다음은 수소 원자의 오비탈 (가)~(다)에 대한 자료이다. n은 주 양자수이고, l은 방위(부) 양자수이다.

○ (가)~(다)는 각각 $2s$, $2p$, $3s$, $3p$ 중 하나이다.
○ (나)의 모양은 구형이다.
○ $n-l$ 는 (다)>(나)>(가)이다.

(가)~(다)의 에너지 준위를 비교한 것으로 옳은 것은?

① (가)=(나)>(다)
② (나)>(가)>(다)
③ (나)>(다)>(가)
④ (다)>(가)=(나)
⑤ (다)>(가)>(나)

10 22학년도 6월 11번

다음은 2주기 바닥상태 원자 X와 Y에 대한 자료이다.

○ X의 홀전자 수는 0이다.
○ 전자가 2개 들어 있는 오비탈 수는 Y가 X의 2배이다.

이에 대한 설명으로 옳은 것만을 <보기>에서 있는 대로 고른 것은? (단, X와 Y는 임의의 원소 기호이다.)

───── <보 기> ─────

ㄱ. X는 베릴륨(Be)이다.
ㄴ. Y의 원자가 전자 수는 7이다.
ㄷ. s오비탈에 들어 있는 전자 수는 Y > X이다.

11

다음은 바닥상태 원자 X에 대한 자료이다.

○ 2주기 원소이다.

○ $\dfrac{\text{전자가 들어 있는 } p \text{ 오비탈 수}}{\text{전자가 들어 있는 } s \text{ 오비탈 수}} = 1$ 이다.

다음 중 X^-의 바닥상태 전자 배치로 적절한 것은?
(단, X는 임의의 원소 기호이다.)

$1s$	$2s$	$2p$

① 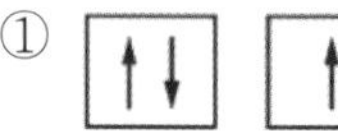  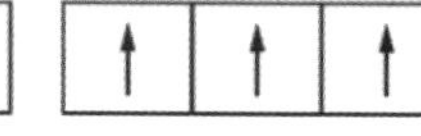

② 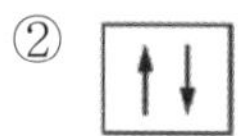 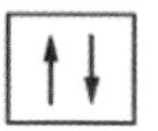 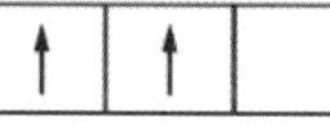

③ 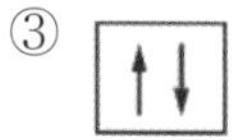  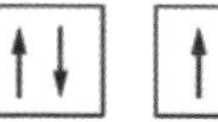 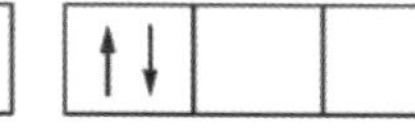

④ 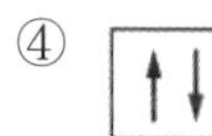  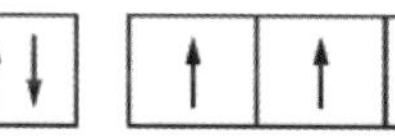

⑤ 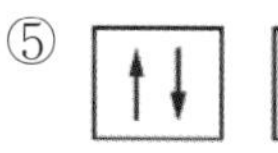 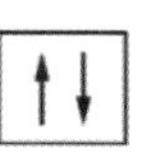 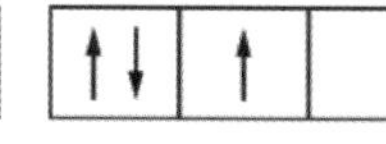

12

표는 바닥상태 알루미늄($_{13}$Al) 원자에서 전자가 들어 있는 오비탈 (가)~(다)에 대한 자료이다. ㉠은 주 양자수(n)와 방위(부) 양자수(l) 중 하나이다.

오비탈	(가)	(나)	(다)
㉠		1	
$n+l$	$a-1$	a	$a+1$

이에 대한 옳은 설명만을 <보기>에서 있는 대로 고른 것은? [3점]

<보 기>

ㄱ. ㉠은 n이다.

ㄴ. (가)의 자기 양자수(m_l)는 0이다.

ㄷ. (다)에 들어 있는 전자 수는 2이다.

13

그림은 원자 X~Z의 전자 배치를 나타낸 것이다.

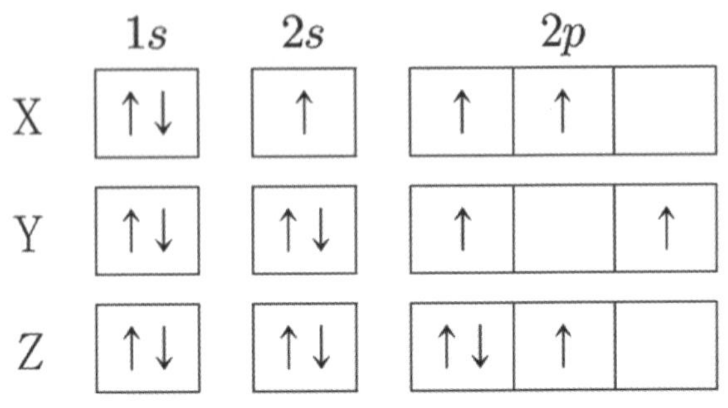

이에 대한 옳은 설명만을 <보기>에서 있는 대로 고른 것은? (단, X~Z는 임의의 원소 기호이다.)

———— <보 기> ————

ㄱ. X는 들뜬상태이다.

ㄴ. Y는 훈트 규칙을 만족한다.

ㄷ. Z는 바닥상태일 때 홀전자 수가 3이다.

14

표는 2, 3주기 바닥상태 원자 X~Z에 대한 자료이다.

원자	X	Y	Z
모든 전자의 주 양자수(n)의 합	a	a+4	a+9

X~Z에 대한 옳은 설명만을 <보기>에서 있는 대로 고른 것은? (단, X~Z는 임의의 원소 기호이다.)

———— <보 기> ————

ㄱ. 3주기 원소는 1가지이다.

ㄴ. 전자가 들어 있는 오비탈 수는 Y > X이다.

ㄷ. 모든 전자의 방위(부) 양자수(l)의 합은 Z가 X의 2배이다.

15

그림 (가)~(라)는 학생들이 그린 산소(O) 원자의 전자 배치이다.

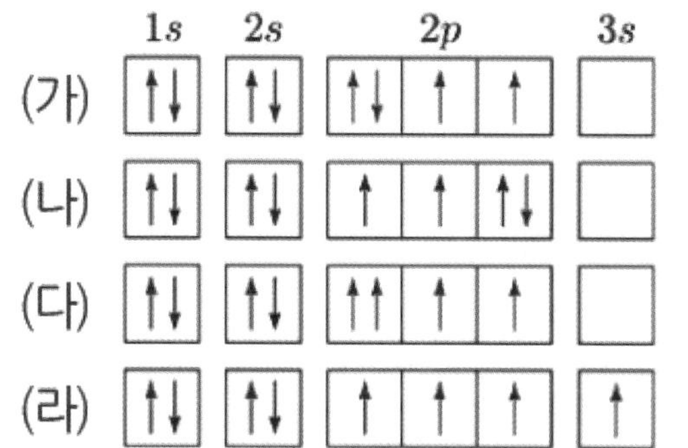

이에 대한 설명으로 옳은 것만을 <보기>에서 있는 대로 고른 것은?

━━━━━ <보 기> ━━━━━

ㄱ. (가)와 (나)는 모두 바닥상태의 전자 배치이다.

ㄴ. (다)는 파울리 배타 원리에 어긋난다.

ㄷ. (라)는 들뜬상태의 전자 배치이다.

16

표는 수소 원자의 오비탈 (가) (다)에 대한 자료이다. n, l, m_l는 각각 주 양자수, 방위(부) 양자수, 자기 양자수이다.

	$n+l$	$l+m_l$
(가)	1	0
(나)	2	0
(다)	3	1

이에 대한 설명으로 옳은 것만을 <보기>에서 있는 대로 고른 것은?

━━━━━ <보 기> ━━━━━

ㄱ. 방위(부) 양자수(l)는 (가)=(나)이다.

ㄴ. 에너지 준위는 (가)>(나)이다.

ㄷ. (다)의 모양은 구형이다.

17

그림은 원자 X~Z의 전자 배치를 나타낸 것이다.

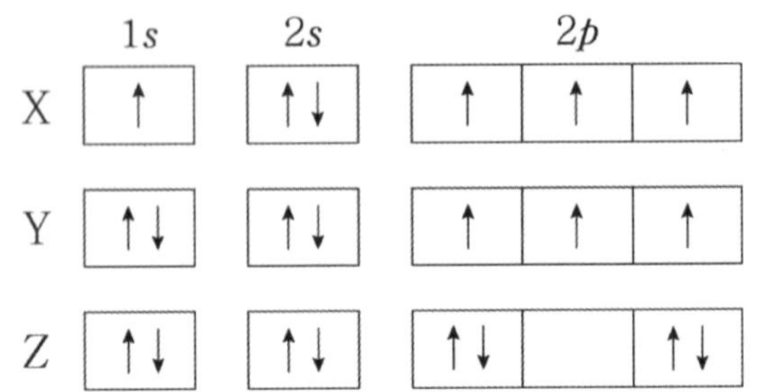

이에 대한 옳은 설명만을 <보기>에서 있는 대로 고른 것은? (단, X~Z는 임의의 원소 기호이다.)

———— <보 기> ————

ㄱ. X는 15족 원소이다.

ㄴ. Y의 전자 배치는 훈트 규칙을 만족한다.

ㄷ. 바닥상태에서 홀전자 수는 X > Z이다.

18

그림은 바닥상태 나트륨($_{11}$Na) 원자에서 전자가 들어 있는 오비탈 중 (가)~(다)를 모형으로 나타낸 것이다. (가)~(다) 중 에너지 준위는 (가)가 가장 높다.

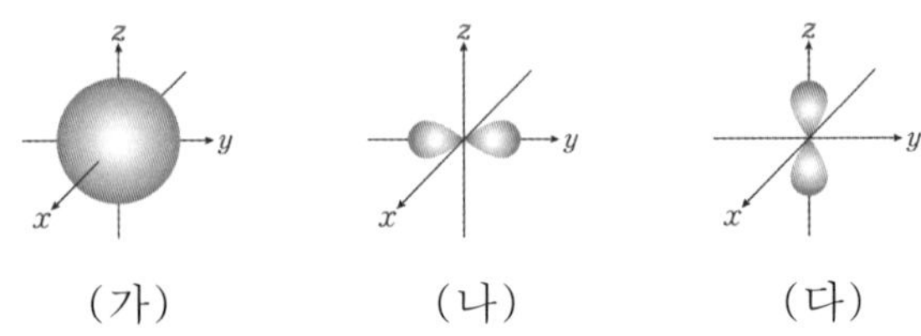

(가)   (나)   (다)

이에 대한 옳은 설명만을 <보기>에서 있는 대로 고른 것은?

———— <보 기> ————

ㄱ. 주 양자수(n)는 (가)>(나)이다.

ㄴ. (나)에 들어 있는 전자 수는 1이다.

ㄷ. 에너지 준위는 (나)와 (다)가 같다.

그림은 학생들이 그린 원자 $_6$C의 전자 배치 (가) ~ (다)를 나타낸 것이다.

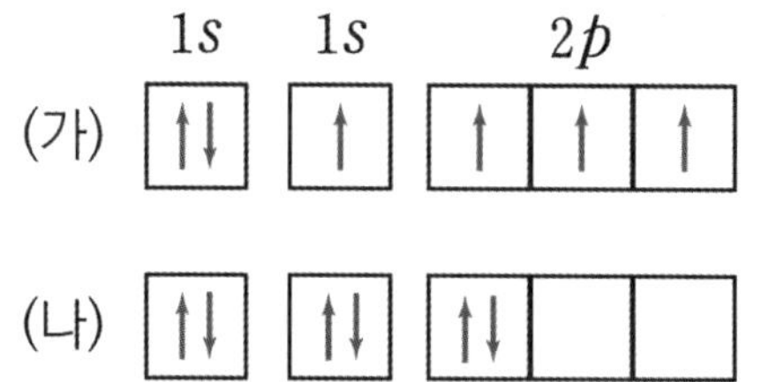
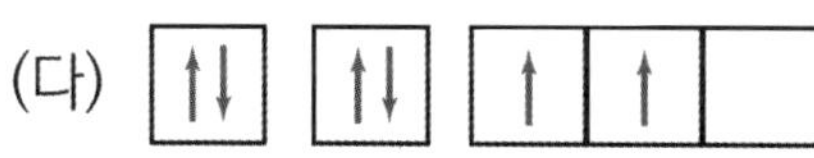

이에 대한 설명으로 옳은 것만을 <보기>에서 있는 대로 고른 것은?

─── <보 기> ───

ㄱ. (가)는 쌓음 원리를 만족한다.

ㄴ. (다)는 바닥상태 전자 배치이다.

ㄷ. (가)~(다)는 모두 파울리 배타 원리를 만족한다.

그림은 오비탈 (가), (나)를 모형으로 나타낸 것이고, 표는 오비탈 A, B에 대한 자료이다. (가), (나)는 각각 A, B 중 하나이다.

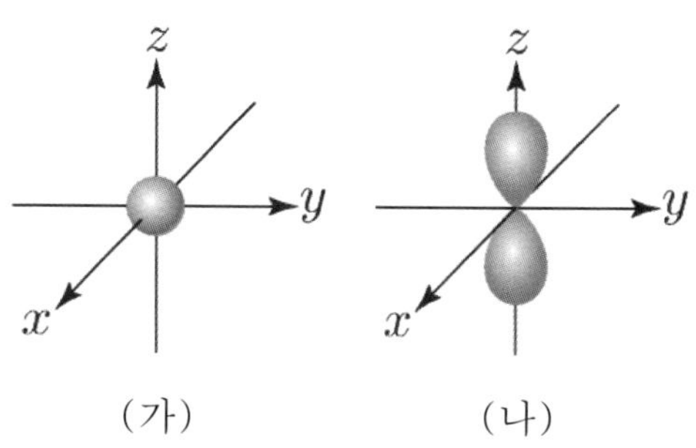

오비탈	주 양자수 (n)	방위(부) 양자수 (l)
A	1	a
B	2	b

이에 대한 설명으로 옳은 것만을 <보기>에서 있는 대로 고른 것은?

─── <보 기> ───

ㄱ. (가)는 A이다.

ㄴ. $a+b=2$이다.

ㄷ. (나)의 자기 양자수(m_l)는 $+\dfrac{1}{2}$이다.

21   21학년도 6월 10번

다음은 바닥상태 원자 X ~ Z의 전자 배치이다.

$$X : 1s^2\ 2s^2\ 2p^5$$

$$Y : 1s^2\ 2s^2\ 2p^6\ 3s^2$$

$$Z : 1s^2\ 2s^2\ 2p^6\ 3s^2\ 3p^1$$

바닥상태 원자 X ~ Z에 대한 설명으로 옳은 것만을 <보기>에서 있는 대로 고른 것은?
(단, X ~ Z는 임의의 원소 기호이다.)

───── <보 기> ─────

ㄱ. 전자가 들어 있는 전자 껍질 수는
　　Y > X이다.

ㄴ. 원자가 전자 수는 Y > Z이다.

ㄷ. 홀전자 수는 X > Z이다.

22   21학년도 6월 12번

그림은 수소 원자의 오비탈 (가) ~ (다)를 모형으로 나타낸 것이다. (가) ~ (다)는 각각 $1s$, $2s$, $2p_z$ 오비탈 중 하나이다. 수소 원자의 바닥상태 전자 배치에서 전자는 (다)에 들어 있다.

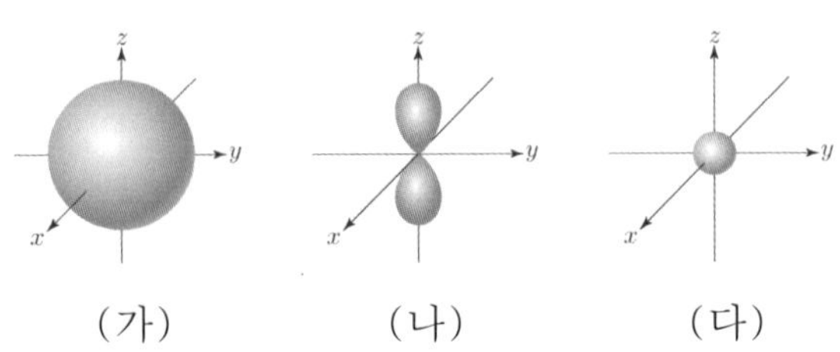

| (가) | (나) | (다) |

이에 대한 설명으로 옳은 것만을 <보기>에서 있는 대로 고른 것은?

───── <보 기> ─────

ㄱ. x는 1이다.

ㄴ. (다)에서 전자가 들어 있는 오비탈 수는
　　7이다.

ㄷ. 홀전자 수는 (라)>(가)이다.

23 20학년도 4월 7번

그림은 원자 X에서 전자가 들어 있는 오비탈 $1s$, $2s$, $2p_x$를 주어진 기준에 따라 분류한 것이다.

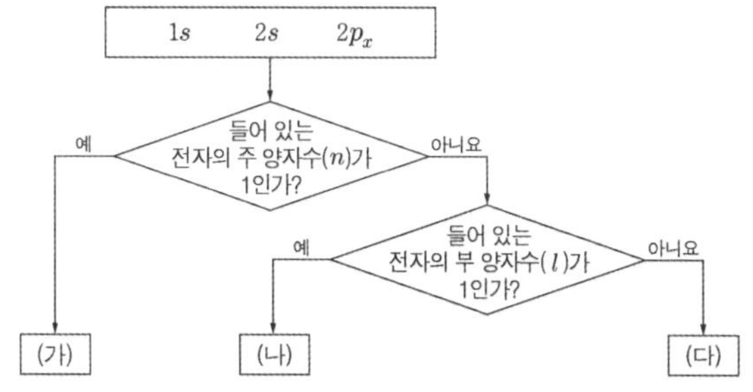

(가)~(다)로 옳은 것은?

	(가)	(나)	(다)		(가)	(나)	(다)
①	$1s$	$2s$	$2p_x$	②	$1s$	$2p_x$	$2s$
③	$2s$	$1s$	$2p_x$	④	$2s$	$2p_x$	$1s$
⑤	$2p_x$	$2s$	$1s$				

24 20학년도 4월 15번

그림은 원자 번호가 연속인 3주기 바닥상태 원자 (가)~(라)의 원자 번호에 따른

$$\frac{p \text{ 오비탈의 총 전자 수}}{s \text{ 오비탈의 총 전자 수}}$$ 를 나타낸 것이다.

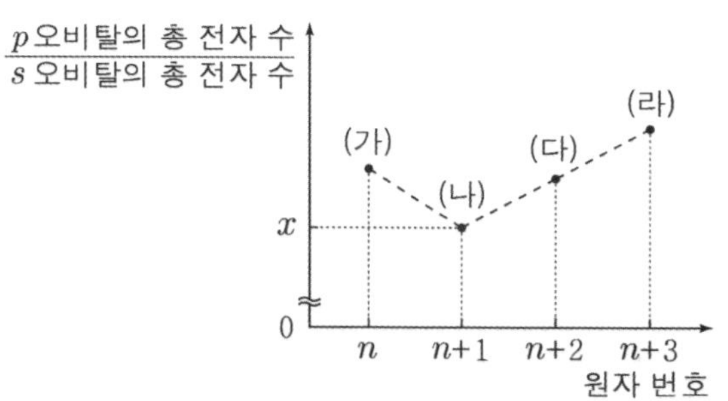

이에 대한 설명으로 옳은 것만을 <보기>에서 있는 대로 고른 것은?

<보 기>

ㄱ. x는 1이다.

ㄴ. (다)에서 전자가 들어 있는 오비탈 수는 7이다.

ㄷ. 홀전자 수는 (라)>(가)이다.

25 20학년도 3월 4번

표는 2주기 바닥상태 원자 X, Y의 전자 배치에 대한 자료이다.

원자	X	Y
전자가 들어 있는 오비탈 수	n	$n+1$
홀전자 수	2	2

바닥상태 원자 Y의 전자 배치로 옳은 것은?
(단, X, Y는 임의의 원소 기호이다.)

	$1s$	$2s$	$2p$
①	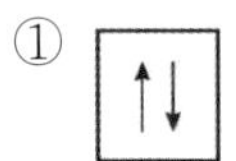	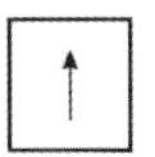	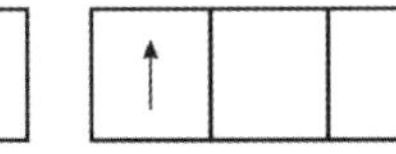
②	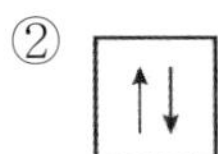		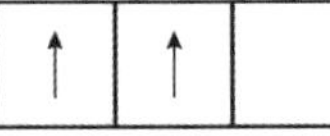
③	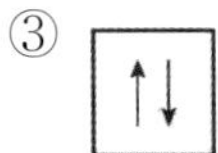	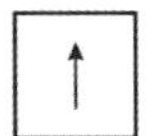	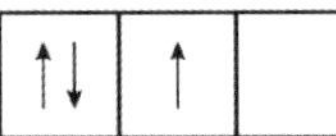
④	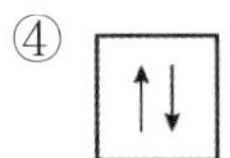	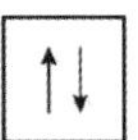	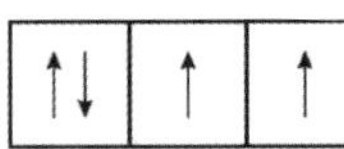
⑤	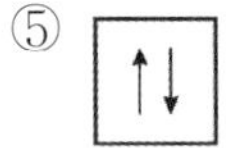	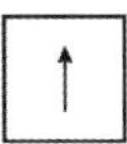	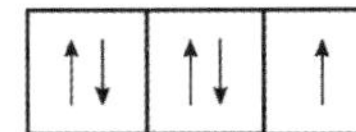

26 20학년도 3월 8번

그림은 바닥상태 나트륨($_{11}$Na) 원자에서 전자가 들어 있는 오비탈 (가), (나)를 모형으로 나타낸 것이다. 에너지 준위는 (가)가 (나)보다 높다.

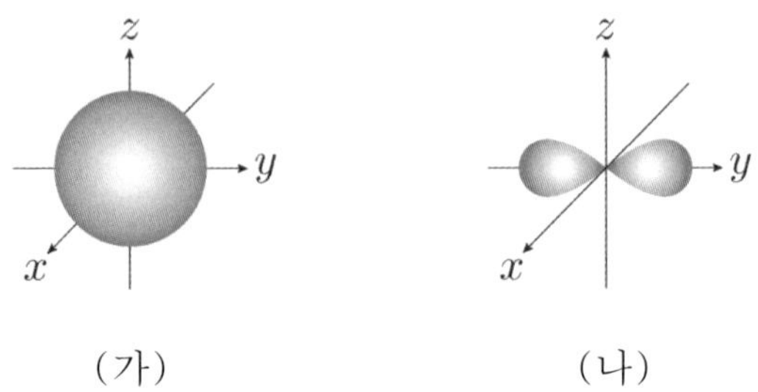

이에 대한 옳은 설명만을 <보기>에서 있는 대로 고른 것은?

<보 기>

ㄱ. (가)와 (나)에 들어 있는 전자의 주 양자수 (n)는 같다.

ㄴ. 오비탈에 들어 있는 전자 수는 (나)가 (가)의 2배이다.

ㄷ. (가)에 들어 있는 전자의 부 양자수(l)는 1이다.

그림은 원자 X~Z의 전자 배치를 나타낸 것이다.

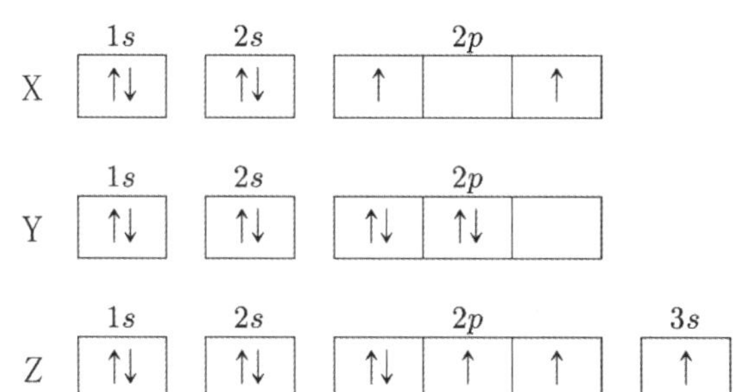

이에 대한 옳은 설명만을 <보기>에서 있는 대로 고른 것은? (단, X~Z는 임의의 원소 기호이다.)

─── <보 기> ───

ㄱ. X는 바닥 상태이다.

ㄴ. Y는 훈트 규칙을 만족한다.

ㄷ. Z는 3주기 원소이다.

그림은 바닥상태 원자 X~Z에서 $1s$, $2s$, $2p$ 오비탈에 들어 있는 전자 수의 비율을 나타낸 것이다.

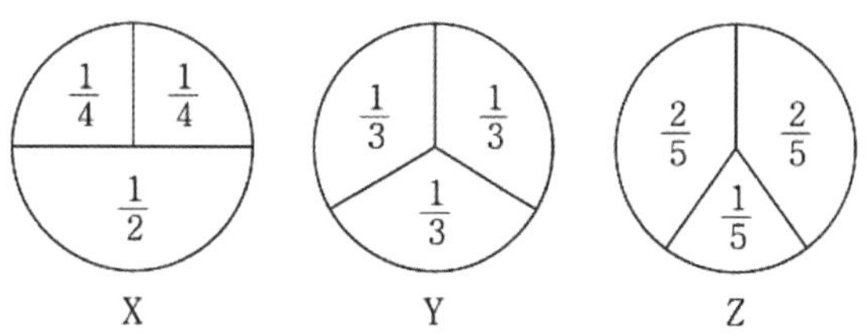

X~Z에 대한 설명으로 옳은 것만을 <보기>에서 있는 대로 고른 것은? (단, X~Z는 임의의 원소 기호이다.)

─── <보 기> ───

ㄱ. X는 산소(O)이다.

ㄴ. 원자가 전자 수는 Y > X이다.

ㄷ. 전자가 들어 있는 p 오비탈의 수는 X가 Z의 3배이다.

29 19학년도 3월 6번

표는 바닥상태 원자 A~C에 대한 자료이다.

원자	A	B	C
p오비탈에 들어 있는 전자 수	3	5	7

전자가 들어 있는 오비탈 수를 옳게 비교한 것은? (단, A~C는 임의의 원소 기호이다.)

① $A = B = C$

② $A = B > C$

③ $B = C > A$

④ $C > A = B$

⑤ $C > B > A$

30 18학년도 4월 12번

표는 바닥 상태의 2주기 원자 (가)~(다)에 대한 자료이다.

원자	오비탈에 들어 있는 전자 수		홀전자 수
	$2s$	$2p$	
(가)	1	0	1
(나)	2	㉠	3
(다)	2	4	㉡

이에 대한 설명으로 옳은 것만을 <보기>에서 있는 대로 고른 것은?

─── <보 기> ───

ㄱ. (가)의 원자 번호는 3이다.

ㄴ. ㉠+㉡=7이다.

ㄷ. 전자가 들어 있는 오비탈 수는 (나)와 (다)가 같다.

31

그림은 원자 X의 전자 배치 (가)와 (나)를 나타낸 것이다.

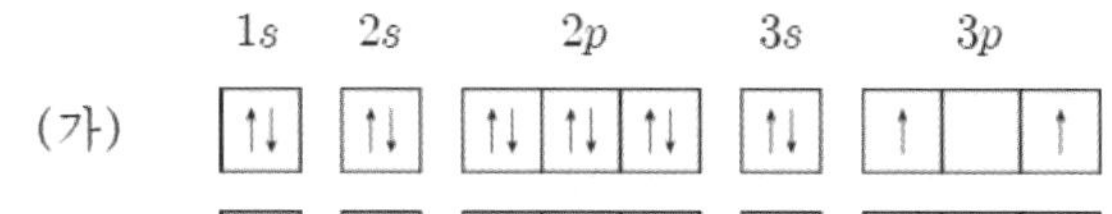

이에 대한 옳은 설명만을 <보기>에서 있는 대로 고른 것은? (단, n, l은 각각 주 양자수, 방위(부) 양자수이고, X는 임의의 원소 기호이다.)

─── <보 기> ───

ㄱ. X는 14족 원소이다.

ㄴ. (가)와 (나)는 모두 들뜬상태의 전자 배치이다.

ㄷ. X는 바닥상태에서 $n + l = 4$ 인 전자 수가 3이다.

① ㄱ   ② ㄴ   ③ ㄷ

④ ㄱ, ㄴ   ⑤ ㄴ, ㄷ

32

다음은 2, 3주기 바닥상태 원자 X~Z의 전자 배치에 대한 자료이다.

○ X~Z의 홀전자 수의 합은 6이다.

○ 전자가 들어 있는 s 오비탈 수와 p 오비탈 수의 비

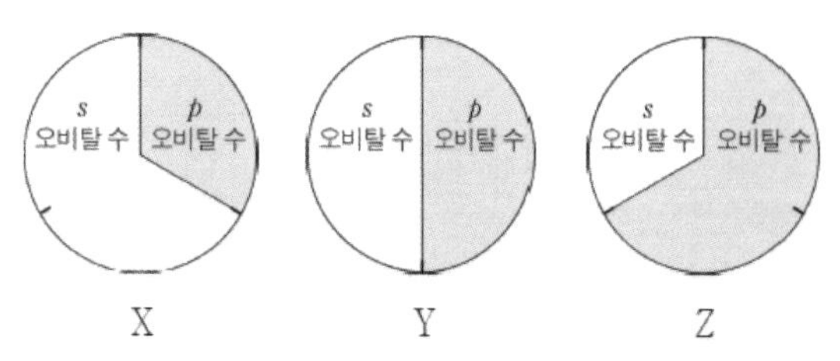

X~Z에 대한 옳은 설명만을 <보기>에서 있는 대로 고른 것은? (단, X~Z는 임의의 원소 기호이다.)

─── <보 기> ───

ㄱ. 2주기 원소는 2가지이다.

ㄴ. 원자가 전자 수는 X>Y이다.

ㄷ. 홀전자 수는 Z>Y이다.

① ㄱ   ② ㄴ   ③ ㄱ, ㄷ

④ ㄴ, ㄷ   ⑤ ㄱ, ㄴ, ㄷ

33 22학년도 4월 4번

그림은 학생들이 그린 3가지 원자의 전자 배치 (가)~(다)를 나타낸 것이다.

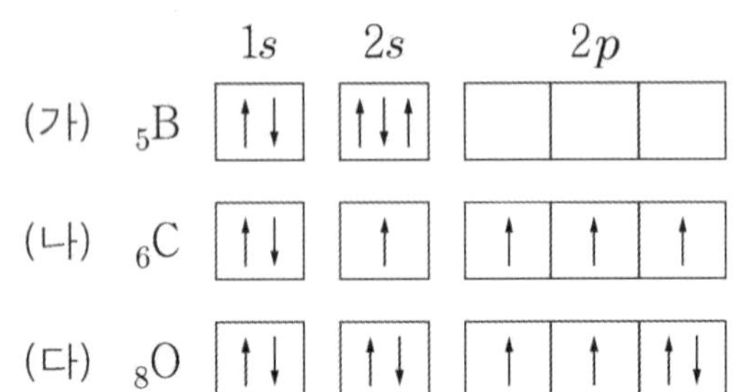

(가)~(다) 중 바닥상태 전자 배치(㉠)와 들뜬상태 전자 배치(㉡)로 옳은 것은?

	㉠	㉡		㉠	㉡
①	(가)	(나)	②	(나)	(가)
③	(나)	(다)	④	(다)	(가)
⑤	(다)	(나)			

34 22학년도 4월 12번

다음은 바닥상태 염소($_{17}Cl$) 원자에서 전자가 들어 있는 오비탈 (가)~(다)에 대한 자료이다. n, l은 각각 주 양자수, 방위(부) 양자수이다.

- ○ (가)~(다)의 n의 총합은 8이다.
- ○ $n + l$은 (나)>(가)=(다)이다.
- ○ l는 (가)=(나)이다.

이에 대한 설명으로 옳은 것만을 <보기>에서 있는 대로 고른 것은?

———— <보 기> ————

ㄱ. (가)는 $3s$이다.

ㄴ. (다)의 자기 양자수(m_l)는 1이다.

ㄷ. n는 (나)와 (다)가 같다.

① ㄱ   ② ㄷ   ③ ㄱ, ㄴ

④ ㄴ, ㄷ   ⑤ ㄱ, ㄴ, ㄷ

35 23학년도 6월 4번

표는 수소 원자의 서로 다른 오비탈 (가)~(라)에 대한 자료이다. (가)~(라)는 각각 $2s$, $2p$, $3s$, $3p$ 중 하나이며 n은 주 양자수이고, l은 방위(부) 양자수이다.

오비탈	(가)	(나)	(다)	(라)
$n+l$	a	3	3	
$2l+1$	1	1		b

이에 대한 설명으로 옳은 것만을 <보기>에서 있는 대로 고른 것은?

```
─────── <보  기> ───────
ㄱ. (라)는 2p이다.
ㄴ. a+b = 5이다.
ㄷ. 에너지 준위는 (나)>(다)이다.
```

① ㄱ
② ㄷ
③ ㄱ, ㄴ
④ ㄴ, ㄷ
⑤ ㄱ, ㄴ, ㄷ

36 23학년도 6월 9번

표는 바닥상태 원자 X~Z에 대한 자료이다. X~Z의 원자 번호는 각각 8~15 중 하나이다.

원자	X	Y	Z
s 오비탈에 들어 있는 전자 수	a		a
p 오비탈에 들어 있는 전자 수		a	
$\dfrac{p \text{ 오비탈에 들어 있는 전자 수}}{s \text{ 오비탈에 들어 있는 전자 수}}$	1	b	b

이에 대한 설명으로 옳은 것만을 <보기>에서 있는 대로 고른 것은? (단, X~Z는 임의의 원소 기호이다.)

```
─────── <보  기> ───────
ㄱ. b = 3/2 이다.
ㄴ. Y와 Z는 같은 주기 원소이다.
ㄷ. 전자가 들어 있는 p 오비탈 수는 Z가 X의 2배이다.
```

① ㄱ
② ㄴ
③ ㄱ, ㄷ
④ ㄴ, ㄷ
⑤ ㄱ, ㄴ, ㄷ

37 22학년도 7월 7번

표는 원자 번호가 20 이하인 바닥상태 원자 X와 Y의 전자 배치에 대한 자료이다.

원자	X	Y
전자가 들어 있는 전자 껍질 수	a	$a+1$
p 오비탈에 들어 있는 전자 수 (상댓값)	1	5

이에 대한 설명으로 옳은 것만을 <보기>에서 있는 대로 고른 것은? (단, X, Y는 임의의 원소 기호이다.)

— <보 기> —

ㄱ. 홀전자 수는 X와 Y가 같다.

ㄴ. X와 Y는 같은 족 원소이다.

ㄷ. 전자가 2개 들어 있는 오비탈 수는 Y가 X의 2배이다.

① ㄱ   ② ㄴ   ③ ㄱ, ㄷ

④ ㄴ, ㄷ   ⑤ ㄱ, ㄴ, ㄷ

38 22학년도 7월 9번

표는 원자 또는 이온 (가)~(다)에 대한 자료이다. (가)~(다)는 각각 $^{14}_{7}N$, $^{15}_{7}N$, $^{16}_{8}O^{2-}$ 중 하나이고, ㉠~㉢은 각각 양성자 수, 중성자 수, 전자 수 중 하나이다.

원자 또는 이온	(가)	(나)	(다)
㉠ − ㉡	0		1
㉡ − ㉢		0	

이에 대한 설명으로 옳은 것만을 <보기>에서 있는 대로 고른 것은?

— <보 기> —

ㄱ. ㉢은 전자 수이다.

ㄴ. ㉠은 (가)와 (다)가 같다.

ㄷ. (나)와 (다)는 동위 원소이다.

① ㄱ   ② ㄷ   ③ ㄱ, ㄴ

④ ㄴ, ㄷ ⑤ ㄱ, ㄴ, ㄷ

39

그림은 수소 원자의 오비탈 (가)~(라)에 대한 자료이다. n, l, m_l는 각각 주 양자수, 방위(부) 양자수, 자기 양자수이다.

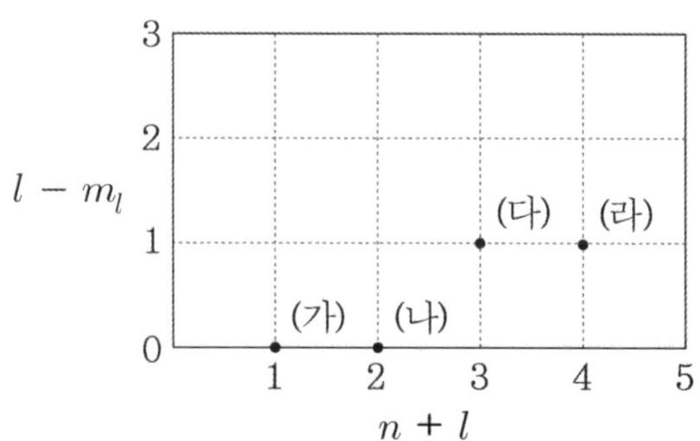

이에 대한 설명으로 옳은 것만을 <보기>에서 있는 대로 고른 것은?

───── <보　기> ─────

ㄱ. (가)의 모양은 구형이다.

ㄴ. 자기 양자수(m_l)는 (다)와 (라)가 다르다.

ㄷ. 에너지 준위는 (다)>(나)이다.

① ㄱ　　　② ㄴ　　　③ ㄱ, ㄷ

④ ㄴ, ㄷ　　⑤ ㄱ, ㄴ, ㄷ

40

다음은 2, 3주기 바닥상태 원자 W~Z에 대한 자료이다.

<table>
<tr><td colspan="5">○ W~Z의 전자 배치에 대한 자료</td></tr>
</table>

원자	W	X	Y	Z
홀전자 수 / s 오비탈에 들어있는 전자 수	$\frac{1}{6}$	$\frac{1}{6}$	$\frac{1}{4}$	$\frac{1}{3}$

○ 전기 음성도는 W > Y > X이다.

○ Y와 Z는 같은 주기 원소이다.

W~Z에 대한 설명으로 옳은 것만을 <보기>에서 있는 대로 고른 것은? (단, W~Z는 임의의 원소 기호이다.)

───── <보　기> ─────

ㄱ. W는 Cl이다.

ㄴ. X와 Y는 같은 족 원소이다.

ㄷ. $\dfrac{\text{제2 이온화 에너지}}{\text{제1 이온화 에너지}}$ 는 Z > Y이다.

① ㄱ　　　② ㄷ　　　③ ㄱ, ㄴ

④ ㄴ, ㄷ　　⑤ ㄱ, ㄴ, ㄷ

41 23학년도 9월 11번

다음은 ㉠과 ㉡에 대한 설명과 2주기 바닥상태 원자 X~Z에 대한 자료이다. n은 주 양자수이고, l은 방위(부) 양자수이다.

○ ㉠ : 각 원자의 바닥상태 전자 배치에서 전자가 들어 있는 오비탈 중 n가 가장 큰 오비탈

○ ㉡ : 각 원자의 바닥상태 전자 배치에서 전자가 들어 있는 오비탈 중 $n+l$가 가장 큰 오비탈

원자	X	Y	Z
㉠에 들어 있는 전자 수 (상댓값)	1	2	4

이에 대한 설명으로 옳은 것만을 <보기>에서 있는 대로 고른 것은? (단, X~Z는 임의의 원소 기호이다.)

———— <보 기> ————

ㄱ. Z는 18족 원소이다.

ㄴ. 홀전자 수는 X와 Z가 같다.

ㄷ. 전자가 들어 있는 오비탈 수 비는
   X : Y = 1 : 2이다.

① ㄱ　　　② ㄷ　　　③ ㄱ, ㄴ

④ ㄴ, ㄷ　　　⑤ ㄱ, ㄴ, ㄷ

42 23학년도 9월 15번

표는 2, 3주기 바닥상태 원자 A~C에 대한 자료이다. n은 주 양자수이고, l은 방위(부) 양자수이며, m_l은 자기 양자수이다.

원자	A	B	C
$n-l=1$인 오비탈에 들어 있는 전자 수	6	x	8
$n-l=2$인 오비탈에 들어 있는 전자 수	x	2	$2x$

이에 대한 설명으로 옳은 것만을 <보기>에서 있는 대로 고른 것은? (단, A~C는 임의의 원소 기호이다.)

———— <보 기> ————

ㄱ. $x = 2$이다.

ㄴ. A에서 전자가 들어 있는 오비탈 중
   $l+m_l = 1$인 오비탈이 있다.

ㄷ. 원자가 전자 수는 B와 C가 같다.

① ㄱ　　　② ㄷ　　　③ ㄱ, ㄴ

④ ㄴ, ㄷ　　　⑤ ㄱ, ㄴ, ㄷ

43 22학년도 10월 4번

다음은 수소 원자의 오비탈 (가)~(다)에 대한 자료이다. n은 주 양자수, l은 방위(부) 양자수이다.

- (가)~(다)는 각각 $2p$, $3s$, $3p$ 오비탈 중 하나이다.
- 에너지 준위는 (가)>(나)이다.
- $n+l$은 (나)와 (다)가 같다.

이에 대한 옳은 설명만을 <보기>에서 있는 대로 고른 것은?

———— <보 기> ————

ㄱ. (가)의 모양은 구형이다.

ㄴ. 에너지 준위는 (가)>(다)이다.

ㄷ. l은 (나)>(다)이다.

① ㄱ   ② ㄷ   ③ ㄱ, ㄴ

④ ㄴ, ㄷ   ⑤ ㄱ, ㄴ, ㄷ

44 22학년도 10월 9번

표는 2, 3주기 바닥상태 원자 X~Z에 대한 자료이다.

원자	X	Y	Z
홀전자 수	a	1	2
$\dfrac{\text{전자가 2개 들어있는 오비탈 수}}{p \text{ 오비탈에 들어 있는 전자 수}}$	$\dfrac{7}{10}$	$\dfrac{5}{6}$	1

이에 대한 옳은 설명만을 <보기>에서 있는 대로 고른 것은? (단, X~Z는 임의의 원소 기호이다.)

———— <보 기> ————

ㄱ. $a = 3$이다.

ㄴ. X~Z 중 3주기 원소는 2가지이다.

ㄷ. s 오비탈에 들어 있는 전자 수는 Z > Y이다.

① ㄱ   ② ㄴ   ③ ㄱ, ㄷ

④ ㄴ, ㄷ   ⑤ ㄱ, ㄴ, ㄷ

45   23학년도 수능 10번

다음은 2, 3주기 13~15족 바닥상태 원자 W~Z
에 대한 자료이다.

- W와 X는 다른 주기 원소이고, 원자가 전자
  수는 X > Y이다.

- W와 X의 $\dfrac{\text{홀전자 수}}{\text{전자가 들어 있는 오비탈 수}}$ 는
  같다.

- $\dfrac{s\text{오비탈에 들어 있는 전자 수}}{\text{홀전자 수}}$ 의 비는
  X:Y:Z = 1:1:3이다.

이에 대한 설명으로 옳은 것만을 <보기>에서
있는 대로 고른 것은? (단, W~Z는 임의의 원소
기호이다.)

—————— <보 기> ——————

ㄱ. Y는 3주기 원소이다.

ㄴ. 홀전자 수는 W와 Z가 같다.

ㄷ. s 오비탈에 들어 있는 전자 수의 비는
   X:Y=3:2이다.

① ㄱ   ② ㄴ   ③ ㄷ

④ ㄱ, ㄷ   ⑤ ㄴ, ㄷ

46   23학년도 수능 11번

그림은 수소 원자의 오비탈 (가)~(라)의 $n+l$과
$\dfrac{n+l+m_l}{n}$ 을 나타낸 것이다. n은 주 양자수이고,
l은 방위(부) 양자수이며, m_l은 자기 양자수이다.

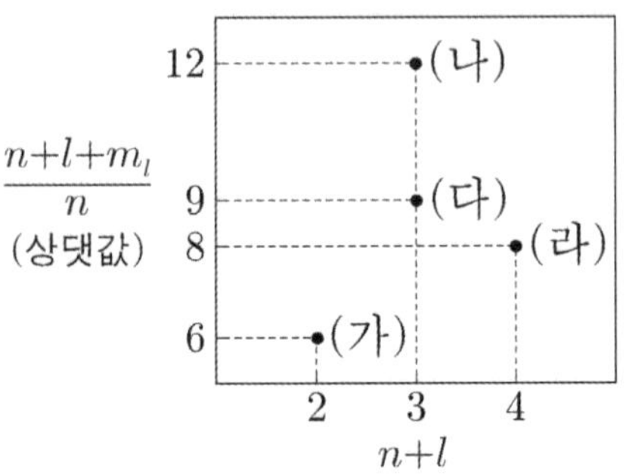

이에 대한 설명으로 옳은 것만을 <보기>에서
있는 대로 고른 것은?

—————— <보 기> ——————

ㄱ. (나)는 $3s$ 이다.

ㄴ. 에너지 준위는 (가)와 (다)가 같다.

ㄷ. m_l는 (가)와 (라)가 같다.

① ㄱ   ② ㄴ   ③ ㄷ

④ ㄱ, ㄴ   ⑤ ㄴ, ㄷ

47 24학년도 6월 8번

표는 2, 3주기 바닥상태 원자 X~Z의 전자 배치에 대한 자료이다. ㉠과 ㉡은 각각 s 오비탈과 p 오비탈 중 하나이고, 원자 번호는 Y> X이다.

원자	X	Y	Z
㉠에 들어 있는 전자 수 ⎯⎯ ㉡에 들어 있는 전자 수	$\dfrac{2}{3}$	$\dfrac{2}{3}$	$\dfrac{3}{5}$

X~Z에 대한 설명으로 옳은 것만을 <보기>에서 있는 대로 고른 것은? (단, X~Z는 임의의 원소 기호이다.)

— <보 기> —

ㄱ. 2주기 원소는 1가지이다.

ㄴ. X에는 홀전자가 존재한다.

ㄷ. 원자가 전자 수는 Y>Z이다.

① ㄱ ② ㄴ ③ ㄱ, ㄷ
④ ㄴ, ㄷ ⑤ ㄱ, ㄴ, ㄷ

48 24학년도 6월 10번

표는 2, 3주기 바닥상태 원자 X~Z에 대한 자료이다.

원자	X	Y	Z
원자 번호	$m-3$	m	$m+3$
$\dfrac{\text{홀전자 수}}{\text{원자가 전자 수}}$ (상댓값)	㉠	6	3

이에 대한 설명으로 옳은 것만을 <보기>에서 있는 대로 고른 것은? (단, X~Z는 임의의 원소 기호이다.)

— <보 기> —

ㄱ. ㉠은 1이다.

ㄴ. 홀전자 수는 X와 Z가 같다.

ㄷ. 제1 이온화 에너지는 X>Z>Y이다.

① ㄱ ② ㄴ ③ ㄷ
④ ㄱ, ㄴ ⑤ ㄴ, ㄷ

49 24학년도 6월 15번

다음은 수소 원자의 오비탈 (가)~(라)에 대한 자료이다. n은 주 양자수, l은 방위(부) 양자수, m_l은 자기 양자수이다.

○ $n+l$는 (가)~(라)에서 각각 3 이하이고, (가)>(나)이다.

○ n는 (나)>(다)이고, 에너지 준위는 (나)=(라)이다.

○ m_l는 (라)>(나)이고, (가)~(라)의 ml 합은 0이다.

이에 대한 설명으로 옳은 것만을 <보기>에서 있는 대로 고른 것은?

<보 기>

ㄱ. (다)는 1s이다.

ㄴ. m_l는 (나)>(가)이다.

ㄷ. 에너지 준위는 (가)>(라)이다.

---

① ㄱ   ② ㄷ   ③ ㄱ, ㄴ

④ ㄴ, ㄷ   ⑤ ㄱ, ㄴ, ㄷ

50 24학년도 9월 7번

다음은 바닥상태 Mg의 전자 배치에서 전자가 들어 있는 오비탈 (가)~(라)에 대한 자료이다. n은 주 양자수, l은 방위(부) 양자수, m_l은 자기 양자수이다.

○ $n+l$는 (가)>(나)>(다)이다.

○ m_l는 (나)=(라)>(가)이다.

○ (가)~(라) 중 $l+m_l$는 (라)가 가장 크다.

이에 대한 설명으로 옳은 것만을 <보기>에서 있는 대로 고른 것은?

<보 기>

ㄱ. 에너지 준위는 (가)=(나)이다.

ㄴ. (가)의 $l+m_l=0$이다.

ㄷ. (라)는 3s이다.

---

① ㄱ   ② ㄴ   ③ ㄱ, ㄴ

④ ㄱ, ㄷ   ⑤ ㄴ, ㄷ

51 24학년도 9월 10번

표는 2, 3주기 14~16족 바닥상태 원자 X~Z에
대한 자료이다.

원자	X	Y	Z
$\dfrac{p\text{오비탈에 들어 있는 전자 수}}{\text{홀전자 수}}$	2	3	4

X~Z에 대한 설명으로 옳은 것만을 <보기>에
서 있는 대로 고른 것은? (단, X~Z는 임의의 원
소 기호이다.)

─── <보 기> ───

ㄱ. 3주기 원소는 2가지이다.

ㄴ. 홀전자 수는 X>Y이다.

ㄷ. 전자가 들어 있는 오비탈 수는 Z가 X의 2배
  이다.

① ㄱ   ② ㄴ   ③ ㄱ, ㄷ

④ ㄴ, ㄷ   ⑤ ㄱ, ㄴ, ㄷ

52 24학년도 수능 8번

다음은 2, 3주기 15~17족 바닥상태 원자 W~Z
에 대한 자료이다.

○ W와 Y는 다른 주기 원소이다.

○ W와 Y의 $\dfrac{p\text{오비탈에 들어 있는 전자 수}}{\text{홀전자 수}}$ 는
  같다.

○ X~Z의 전자 배치에 대한 자료

원자	X	Y	Z
$\dfrac{\text{홀전자 수}}{s\text{오비탈에 들어 있는 전자 수}}$ (상댓값)	9	4	2

W~Z에 대한 설명으로 옳은 것만을 <보기>에
서 있는 대로 고른 것은? (단, W~Z는 임의의 원
소 기호이다.)

─── <보 기> ───

ㄱ. 3주기 원소는 2가지이다.

ㄴ. 원자가 전자 수는 W>Z이다.

ㄷ. 전자가 들어 있는 오비탈 수는 X>Y이다.

① ㄱ   ② ㄴ   ③ ㄱ, ㄷ

④ ㄴ, ㄷ   ⑤ ㄱ, ㄴ, ㄷ

53 24학년도 수능 10번

다음은 바닥상태 탄소(C) 원자의 전자 배치에서 전자가 들어 있는 오비탈 (가)~(라)에 대한 자료이다. n은 주 양자수, l은 방위(부) 양자수, m_l은 자기 양자수이다.

- $n-l$는 (가)>(나)이다.
- $l-m_l$는 (다)>(나)=(라)이다.
- $\dfrac{n+l+m_l}{n}$는 (라)>(나)=(다)이다.

이에 대한 설명으로 옳은 것만을 <보기>에서 있는 대로 고른 것은?

─────── <보 기> ───────

ㄱ. (나)는 1s이다.

ㄴ. (다)에 들어 있는 전자 수는 2이다.

ㄷ. 에너지 준위는 (라)>(가)이다.

① ㄱ   ② ㄴ   ③ ㄱ, ㄷ

④ ㄴ, ㄷ   ⑤ ㄱ, ㄴ, ㄷ

54 23년 4월 9번

다음은 바닥상태 원자 W~Z에 대한 자료이다. W~Z는 O, F, Na, Mg을 순서 없이 나타낸 것이고, 이온의 전자 배치는 모두 Ne과 같다.

- p 오비탈에 들어 있는 전자 수는 W>X>Y이다.
- $\dfrac{\text{이온 반지름}}{|\text{이온의 전하}|}$ 은 Z>Y이다.

W~Z에 대한 설명으로 옳은 것만을 <보기>에서 있는 대로 고른 것은?

─────── <보 기> ───────

ㄱ. X는 F이다.

ㄴ. 바닥상태 원자 W의 홀전자 수는 1이다.

ㄷ. 원자 반지름은 Z가 가장 크다.

① ㄱ   ② ㄴ   ③ ㄱ, ㄷ

④ ㄴ, ㄷ   ⑤ ㄱ, ㄴ, ㄷ

55 23년 7월 8번

그림은 2, 3주기 원자 X~Z의 바닥상태 전자 배치에서 홀전자 수와

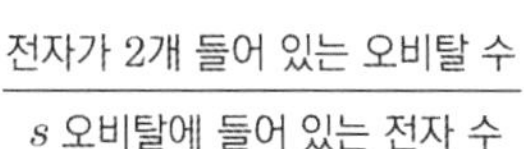 를 나타낸 것이다.

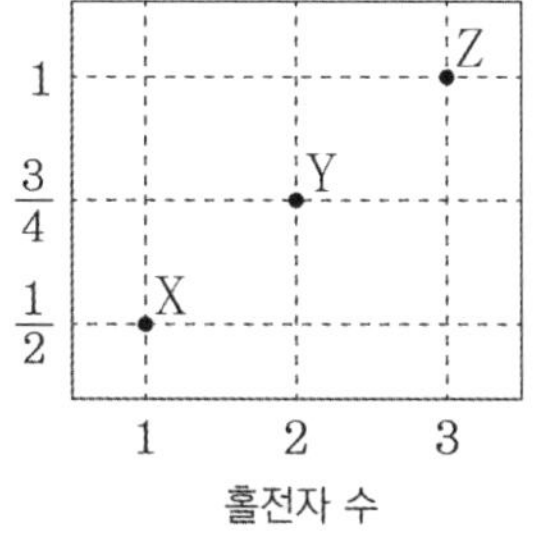

이에 대한 설명으로 옳은 것만을 <보기>에서 있는 대로 고른 것은? (단, X~Z는 임의의 원소 기호이다.)

<보　기>

ㄱ. Y의 원자가 전자 수는 4이다.

ㄴ. X와 Y는 같은 주기 원소이다.

ㄷ. p 오비탈에 들어 있는 전자 수는 Z가 X의 3배이다.

---

① ㄱ　　　② ㄴ　　　③ ㄱ, ㄷ

④ ㄴ, ㄷ　　　⑤ ㄱ, ㄴ, ㄷ

Chapter
06

원소의 주기적 성질

06 원소의 주기적 성질

▌들어가기

위 단원 초반부에 배우게 되는 주기율과 주기율표는 정규 교과 과정인 '통합과학'에서 어느정도 다루었던 내용이었으므로 손쉽게 이해하실 수 있으실 것입니다.

최근 위 단원의 내용들이 원소의 주기적 성질을 이용하여 미지의 원소를 추론하는 형태로 나름 변별력 있는 준킬러로 출제되고 있습니다. 다만, 개념들 자체가 어려운 개념은 아니기에 개념을 익히신 후 기출문제를 통하여 적용연습을 충분히 해주신다면 문제 풀이에 무리는 없을 것이라 생각합니다. 일반적으로 주기와 족에 따라 변화하는 '경향성'을 잘 이해하셔야 하며 해당 규칙들을 바탕으로 대소관계 및 자료들을 해석하는 연습을 하셔야 합니다.

하지만 어떤 조건들을 어느 순서로 접근하냐에 따라서 은근 시간 소모가 차이가 많이 나기 때문에 기출분석들을 통해서 제시된 조건들의 우선순위를 판단하는 감각과 문제풀이의 '목적의식'을 키워나가야 합니다.
특히나 '특이한 상황' 에 대한 출제요소들을 명확히 하신다면 훨씬 수월하게 문제들을 해결해 나갈 수 있습니다.

주기율

➡ **주기율** : 원소를 **원자 번호 순**으로 배열할 때, **성질이 비슷한 원소가 주기적으로 나타나는 것을 주기율**이라고 한다.

➡ **주기율이 나타나는 원인** : 원소의 화학적 성질을 결정하는 **원자가 전자 수가 주기적으로 변하기 때문에** 주기율이 나타난다.

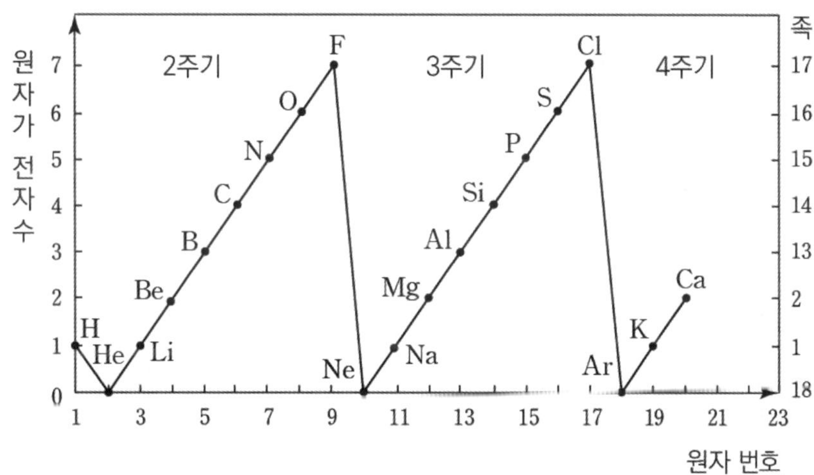

➡ **라부아지에** : 당시에 더 이상 분해할 수 없는 33종의 물질을 기체, 비금속, 금속, 화합물의 네 그룹으로 분류하였다.

➡ **되베라이너** : 화학적 성질이 비슷하고 물리적 성질은 규칙적으로 변하는 세 원소가 있다는 것을 알고, 성질이 비슷한 원소를 3개씩 묶어 세 쌍 원소라고 하였다.

➡ **뉴렌즈** : 원소를 원자량 순으로 나열하면 8번째마다 화학적 성질이 비슷한 원소가 나타나는 규칙성을 발견하고, **옥타브설**을 발표하였다.

➡ **멘델레예프** : 당시까지 발견된 63종의 원소를 화학적 성질에 기준을 두어 원자량 순서로 배열하여 주기율표를 만들었는데, 이것이 **최초의 주기율표**이다. 당시까지 발견되지 않은 원소의 자리는 빈칸으로 두고, 주기율표 상의 위치로부터 새로운 원소의 존재 가능성과 성질을 예측하였다. 원자량 순서로 나열하였을 때 주기성과 맞지 않는 부분이 있었다.

➡ **모즐리** : 원소의 주기적 성질이 **양성자수(원자 번호)**와 관련이 있다는 것을 발견하였고, 원소들을 원자 번호 순서대로 배열하여 현재 사용하고 있는 것과 비슷한 주기율표를 완성하였다.

▌주기율표

1. 주기율표

▶ **주기율표** : 원소들을 **원자 번호 순으로 배열**하여 **화학적 성질이 비슷한 원소가 같은 세로줄**에 오도록 배열한 표이다.

▶ **주기** : 주기율표의 가로줄로, 1~7 주기가 있다.
같은 주기 원소는 서로 전자 껍질 수가 같다. 이때 주기는 전자가 들어 있는 전자 껍질 수와 같다.

▶ **족** : 주기율표의 세로줄로, 1~18족이 있다.
같은 족 원소는 원자가 전자 수가 같아 화학적 성질이 비슷하다. (단, 수소는 1족에 위치하고 있지만 비금속 원소로, 1족에 속해 있는 나머지 금속 원소 들과는 화학적 성질이 다르다.)
1~2족, 13~17족의 경우 원자가 전자 수는 족의 끝자리 수와 같다.

2. 주기율표에서 원소의 분류

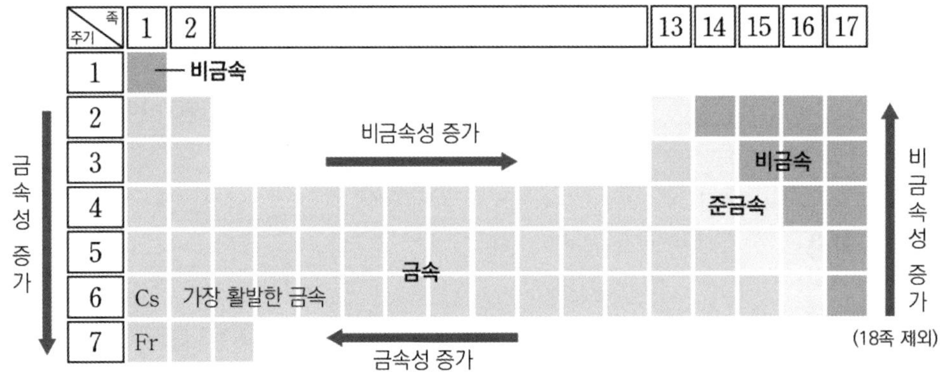

(1) 금속

전자를 잃고 **양이온**이 되기 쉽다.
열전도성, 전기전도성이 크다.
연성(늘어나는 성질), 전성(펴지는 성질)이 크다.

(2) 비금속

전자를 얻어 **음이온**이 되기 쉽다.
열전도성, 전기 전도성이 매우 작다. (흑연은 예외)

(3) 준금속

금속보다는 전기 전도성이 작고, 비금속보다는 전기 전도성이 커서 금속과 비금속의 구분이 명확하지 않은 원소이다.　**ex** 붕소(B), 규소(Si), 비소(As) 등

▌원소의 주기적 성질

1. 유효 핵전하

(1) 유효 핵전하

> 전자에 작용하는 실질적인 핵전하 = 핵전하 − 가려막기 효과(가리움 효과)

수소 원자는 전자가 1개밖에 없으므로 전자들 사이의 반발력은 없이 원자핵과 전자 사이의 인력만 존재한다. 따라서 유효 핵전하는 양성자수에 의한 핵전하와 같은 1+이다. 그러나 다전자 원자의 경우 가려막기 효과가 발생하므로 상황이 달라진다.

❶ 가려막기 효과(가리움 효과)
다전자 원자에서 전자에 작용하는 유효 핵전하가 양성자수에 의한 핵전하보다 작아지는 것은 다른 전자들에 의해 핵이 가려지기 때문이다. 이러한 현상은 자신보다 안쪽 전자 껍질에 있는 전자들뿐만 아니라 자신과 같은 전자 껍질에 있는 다른 전자들에 의해서도 나타난다.

❷ 같은 주기에서 원자 번호에 따른 원자가 전자가 느끼는 유효 핵전하
다전자 원자에서 전자에 작용하는 핵전하는 **전자들 사이의 반발력에 의해 감소**하기 때문에 전자에는 **양성자수에 의한 핵전하만큼의 인력이 작용하지 못한다.**

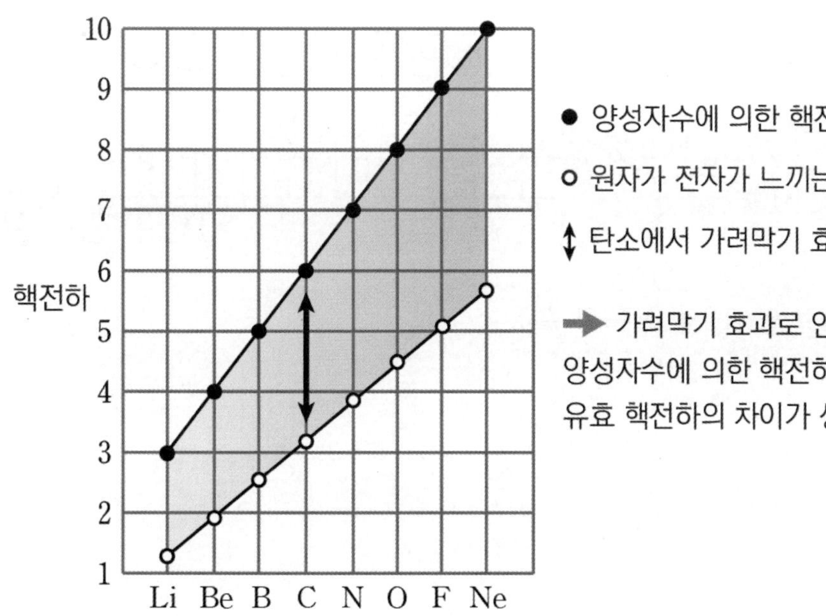

(2) 유효 핵전하의 주기성

▶ 같은 족 : 원자 번호가 증가할수록 양성자 수가 증가하고 동시에 전자 수 증가에 따른 가리움 효과도 증가하지만 양성자 수의 증가 효과가 더 우세하여 유효 핵전하는 증가한다.

▶ 같은 주기 : 원자 번호가 증가할수록 양성자 수가 증가하므로 **유효 핵전하는 증가한다.**

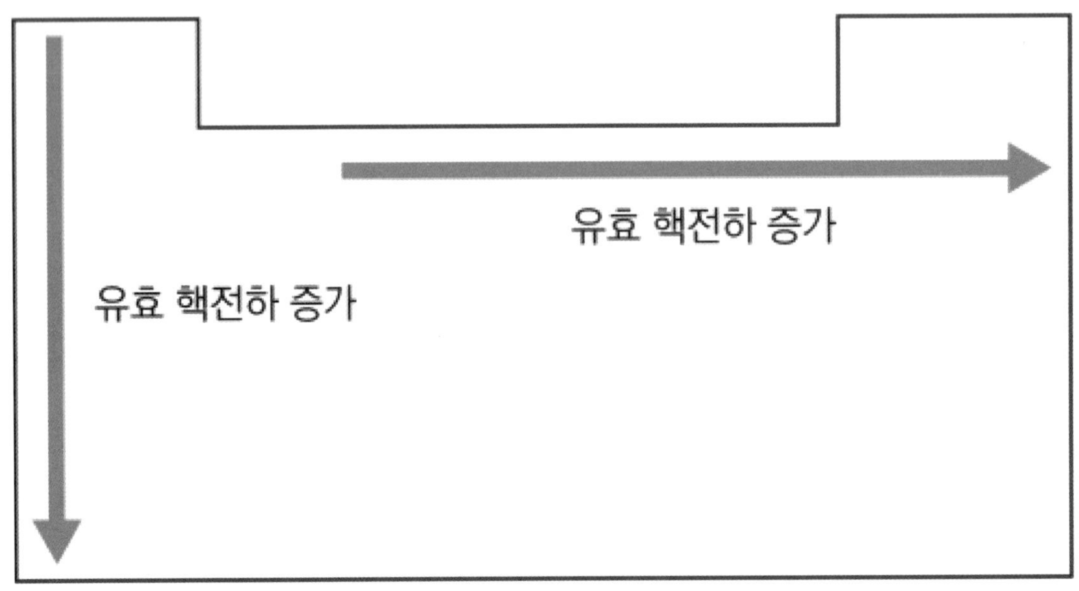

원자 번호가 점점 커지다가 다음 주기로 바뀔 때는 유효 핵전하는 크게 감소한다.

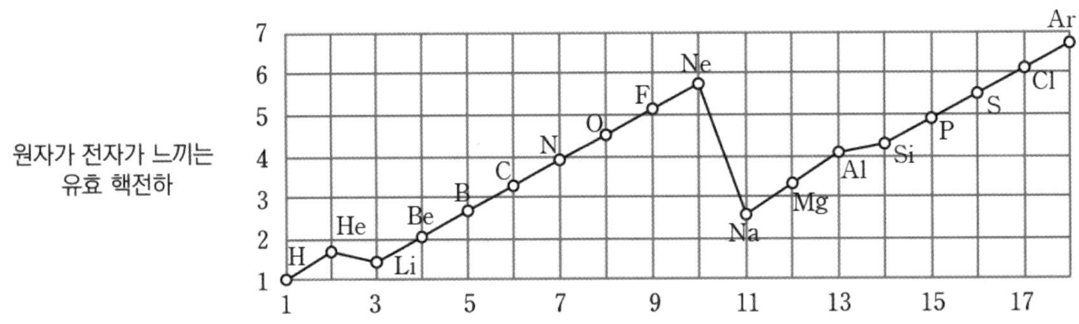

유효핵전하의 주기성을 보면 다음의 그래프와 같다.

(1) 원자 반지름에 영향을 주는 변수들

▶ 전자 껍질 수 : 같은 족에서는 원자 번호가 증가할수록 전자 껍질 수가 증가하며,
전자 껍질 수가 많아질수록 원자가 전자와 핵 사이의 거리가 멀어지므로 원자 반지름이 커진다.

▶ 유효 핵전하 : 같은 주기에서는 원자 번호가 증가할수록 원자가 전자가 느끼는 유효 핵전하가 증가하며,
유효 핵전하가 커질수록 핵과 원자가 전자 사이의 인력이 증가하므로 원자 반지름이 작아진다.

▶ 전자의 수 : 전자의 수가 많을수록 전자 간 반발이 커져 **원자의 반지름은 커진다.**

(2) 원자 반지름의 주기적 변화

▶ 같은 족에서 : 원자 번호가 증가할수록 전자 껍질 수가 증가하므로 **원자 반지름이 커진다.**

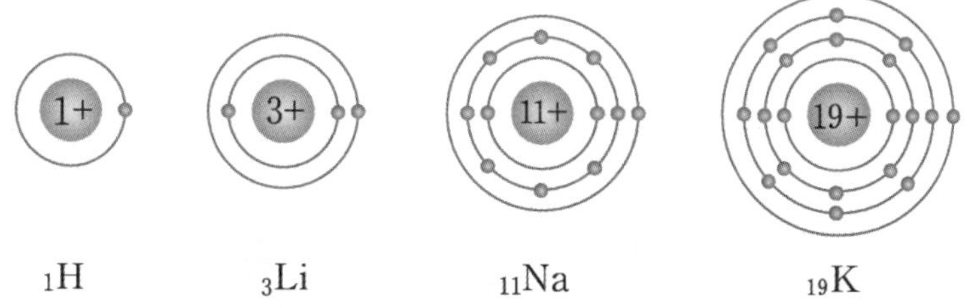

▶ 같은 주기에서 : 원자 번호가 증가할수록 원자가 전자에 작용하는 유효핵전하가 증가하므로 **원자 반지름이
작아진다.**

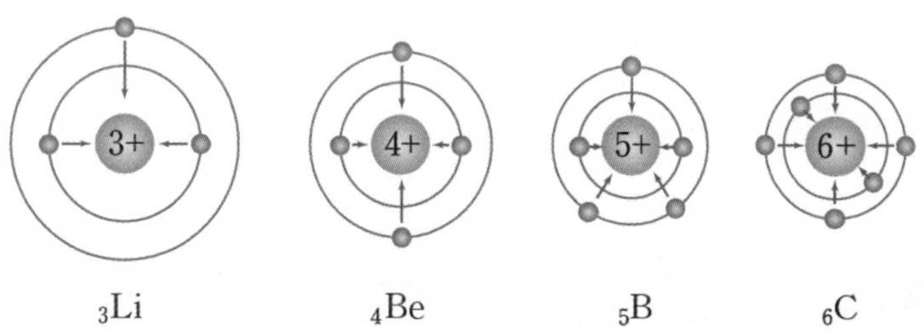

원자 반지름의 주기성을 보면 다음과 같다.

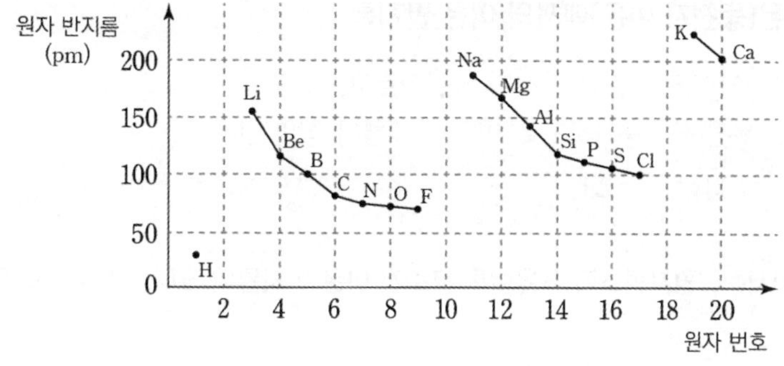

▶ **양이온 반지름** : 금속 원소의 원자가 전자를 잃어서 비활성 기체와 같은 전자 배치를 갖는 양이온이 되면 전자 껍질 수가 감소하므로 이온 반지름은 원자 반지름보다 작아진다.

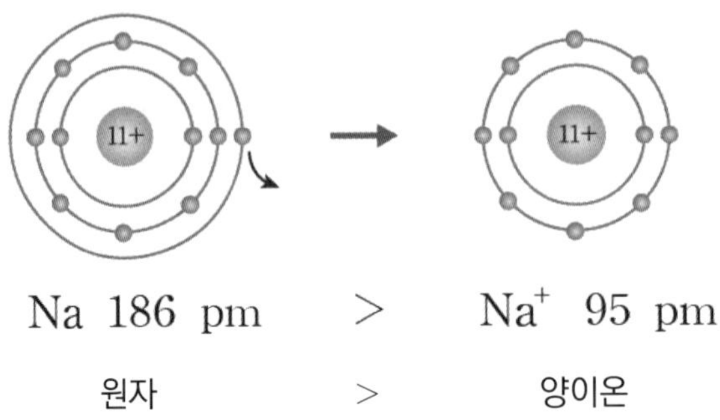

▶ **음이온 반지름** : 비금속 원소의 원자가 비활성 기체와 같은 전자 배치를 갖는 음이온이 되면 전자 수가 증가하여 전자 사이의 반발력이 증가하고 가려막기 효과가 커져서 **유효 핵전하가 감소하므로 이온 반지름이 원자 반지름보다 커진다.**

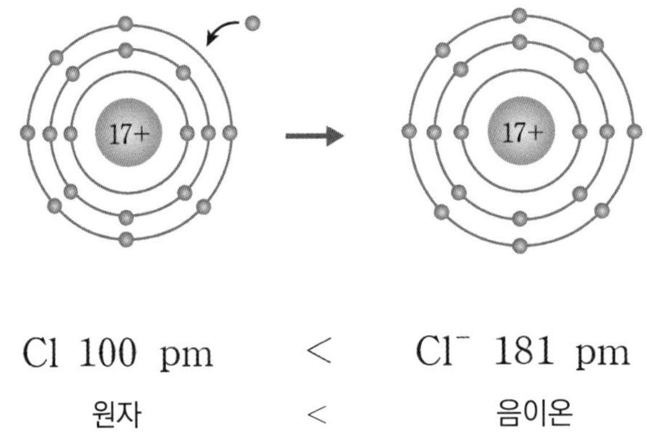

(1) 이온 반지름의 비교

▶ **같은 족에서** : 원자 번호가 증가할수록 전자 껍질 수가 증가하므로 **이온 반지름이 커진다.**

(2) 전자 수가 같은 이온(등전자 이온)에서의 이온 반지름

전자 수가 같은 양이온과 음이온의 경우 양성자수가 다르고,
원자번호가 클수록 유효 핵전하가 증가하므로 이온 반지름이 작아진다.

ex $O^{2-} > F^- > Na^+ > Mg^{2+} > Al^{3+}$

등전자 이온들의 비교에서는 **"원자번호가 작을수록 무조건 이온 반지름이 크다."** 라는 논리를 기억하면 된다.

기체 상태의 중성원자에서 전자 1개를 떼어 내어 기체 상태의 $+1$가 양이온으로 만드는데 필요한 에너지이다.

$$M(g) + E \rightarrow M^+(g) + e^- \quad (E : 이온화\ 에너지)$$

이온화 에너지가 작을수록 전자를 떼어 내기가 쉬워지므로 양이온이 되기 쉽다.

(1) 이온화 에너지의 주기적 변화

▶ **같은 족** : **원자 번호가 증가할수록** 전자 껍질 수가 증가하여 핵과 원자가 전자 사이의 거리가 멀어 전기적 인력이 작아지므로 **이온화 에너지가 감소한다.**

▶ **같은 주기** : **원자 번호가 증가할수록** 원자의 유효 핵전하가 증가하여, 핵과 원자가 전자 사이의 전기적 인력이 커지므로 **이온화 에너지가 대체로 증가한다.** 1족 원소의 이온화 에너지가 가장 작고, 18족 원소의 이온화 에너지가 가장 크다.

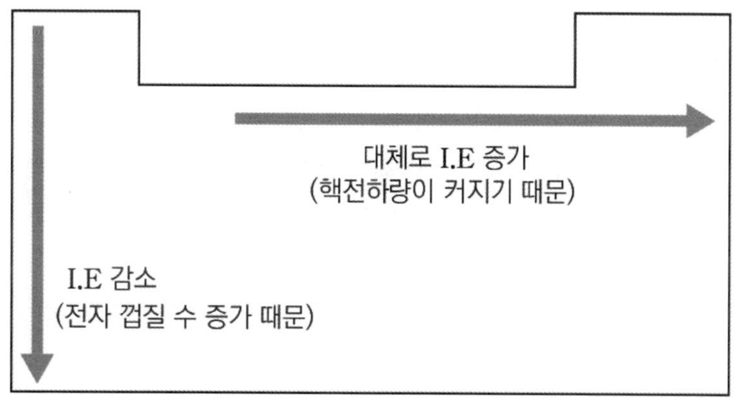

이온화 에너지의 경향성은 다음과 같다.

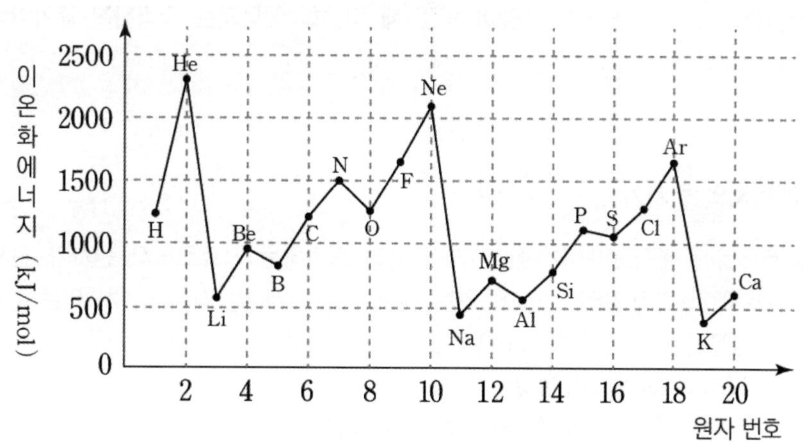

(2) 이온화 에너지 경향성에서 예외 구간이 생기는 이유

❶ 2족 원소 & 13족 원소

에너지 준위가 낮은 s오비탈보다 에너지 준위가 높은 p오비탈에서 전자를 떼어 내는 것이 더 쉽기 때문이다.

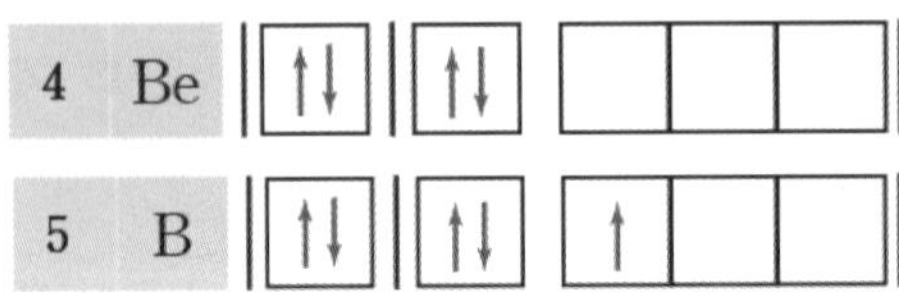

❷ 15족 원소 & 16족 원소

16족 원소는 오비탈 내에 쌍을 이룬 전자 사이에서 반발력이 작용하기 때문에 홀전자만 존재하는 15족 원소보다 전자를 떼어내기가 더 쉽다.

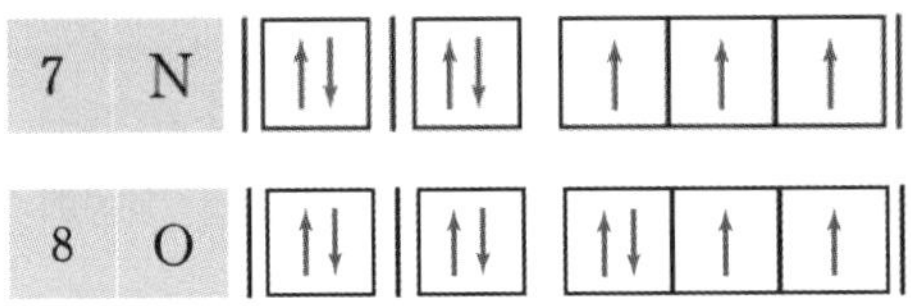

(3) 순차 이온화 에너지

기체 상태의 원자에서 전자를 1개씩 차례대로 떼어 내는 데 필요한 단계별 에너지이다.

ex $M(g) + E_1 \rightarrow M^+(g) + e^-$ (E_1 : 제 1 이온화 에너지)

$M^+(g) + E_2 \rightarrow M^{2+}(g) + e^-$ (E_2 : 제 2 이온화 에너지)

$M^{2+}(g) + E_3 \rightarrow M^{3+}(g) + e^-$ (E_3 : 제 3 이온화 에너지)

(4) 순차 이온화 에너지의 논리

전자를 떼어 낼수록 이온의 전자 수가 감소한다. **전자 수는 감소할수록** 전자 사이의 반발력이 감소하고 가려막기 효과가 감소하므로 유효 핵전하가 증가하여 **다음 전자를 떼어 내기 어려워지므로 순차 이온화 에너지는 차수가 커질수록 증가한다.** 그러다가 **전자 껍질이 바뀔 때 이온화 에너지는 급격하게 증가한다.**

ex $E_1 < E_2 < E_3 \cdots$

(5) 순차 이온화 에너지와 원자가 전자 수 관계

위에 설명한 것을 토대로 순차적 이온화 에너지가 급격히 증가하는 자료로부터 원자가 전자 수를 알아낼 수 있다. 바닥 상태의 원자에서 가장 바깥 껍질에 있는 전자 수가 a개 일 때 $a+1$차 이온화 에너지는 급격하게 증가한다. 가장 바깥 껍질에 있는 전자를 a번이면 모두 떼어내고 $a+1$번째 전자를 떼어 낼 때는 안쪽 전자 껍질에 있는 전자를 떼어내야 하기 때문이다.

ex $E_1 \ll E_2 < E_3 < E_4 \cdots$ 이면 원자가 전자수가 1개이다.

(6) 암기해놓으면 좋을 자료들

아래에 서술해 놓은 자료들은 모르더라도 논리적으로 문제를 해결하는데 전혀 어려움이 없는 내용들이다. 만약 화학을 처음 공부하시는 분들이라면 넘어가고, '나는 화학을 어느정도 했다' 하시는 분들은 한번 본다면 좋을 것이다. 즉, 반드시 암기할 필요는 없지만 암기하면 도움이 될 수도 있는 자료들을 서술해 놓았다.

❶ O, F, Na, Mg의 **이온 반지름을 비교하는 자료**

이온 반지름 : $O^{2-} > F^- > Na^+ > Mg^{2+}$

❷ O, F, Na, Mg의 $\dfrac{\text{이온 반지름}}{\text{전하량}}$ 를 비교하는 자료

$\dfrac{\text{이온 반지름}}{|\text{전하량}|}$: $F^- > Na^+ > O^{2-} > Mg^{2+}$ 순임을 기억하면 문제풀이에 유용할 경우가 많다.

1, 2, 3 주기 1, 2, 13족 원소들의 제1 이온화 에너지의 대소를 알아보자.

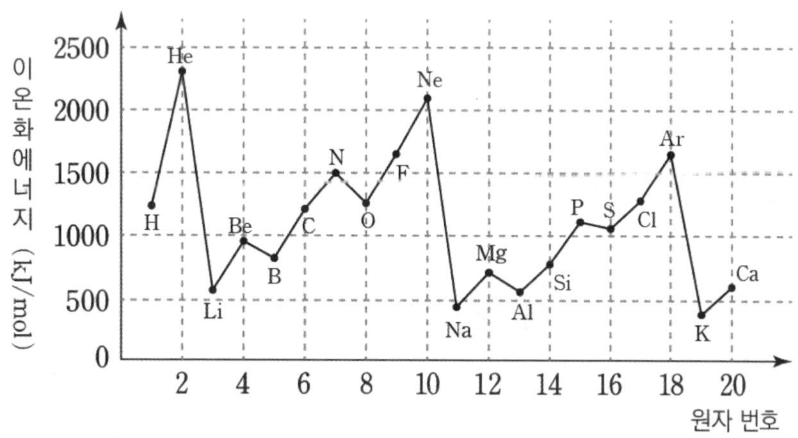

Li, Be, B, Na, Mg, Al의 제1 이온화 에너지를 비교해 보면
$Be > B > Mg > Al > Li > Na$이며 암기할 때 '베브마알리나' 이렇게 앞자리만 따서 암기하는 것을 추천한다.

혹자들은 이런 것들을 보고 '이런 것까지 외워야해?' '이게 화학이 맞아?'라고 비판할 수도 있겠지만 앞서 이야기 했듯이 우리가 공부하는 것은 '화학'이 아니라 '수능화학'이라는 것을 명확히 하고 공부할 때의 목적 역시 '학문 탐구'가 아니라 '빠르고 정확한 문제풀이'라는 것을 인지해야 한다. 그런 맥락에서 보았을 때 최대한 하나라도 많이, 정확하게 암기해 놓는 것이 시험 현장에서 득이 될 것이다.
이온화 에너지의 예외구간을 알아보자.

제1 이온화 에너지 예외구간인 Be/B 와 N/O 를 각각 〈벱& no〉
제2 이온화 에너지 예외구간인 B/C 와 O/F 를 각각 〈because & 오프〉

위와 같은 방식으로 암기를 했지만, 암기 요령은 학생마다 다를 수 있으므로 단지 저의 방법을 소개한 것 뿐이고 바로 나올정도로 암기만 할 수 있다면 다른 방식을 사용하시는 것도 아무 문제 없습니다.

* 위 단원의 문제를 풀다보면 '1,2 주기 원소' 혹은 '2,3 주기 원소' 등의 표현들을 빈번히 마주할 것입니다. 만약 '2,3 주기 원소' 라는 표현이 나오면 반드시 2주기와 3주기 원소가 적어도 하나씩은 존재한다는 의미임을 기억하시길 바랍니다. 다시 말해 '2,3 주기 원소'라는 조건을 준 후에 모든 원소가 2주기이거나 모든 원소가 3주기인 상황은 나오지 않는다는 것을 기억하시고 문제풀이에 적극 활용하시길 바랍니다.

* 아래의 내용은 수능 화학에서 어쩔 수 없이 발생하는 맹점이지만 잘 활용한다면 빠르게 문제들을 해결해 나갈 수 있을 것이다.

예를 들어, 임의의 원소 X, Y가 존재한다고 가정하고 X, Y의 $\dfrac{\text{제 2 이온화 에너지}}{\text{제 1 이온화 에너지}}$ 와 같은 자료값의 대소비교를 시키는 문제가 있다고 생각해보자. 물어보는 자료값들이 반드시 암기해야 하는 자료값이면 이야기가 다르지만 화학1 교육과정에서 원소들의 제1 이온화에너지 값이나 제2 이온화 에너지 값을 암기하게 하지는 않는다.

따라서 위에서 물어보는 $\dfrac{\text{제 2 이온화 에너지}}{\text{제 1 이온화 에너지}}$ 값은 정량적으로 계산을 하라는 것이 아닌, 정성적으로 대소만을 비교하라는 질문이다. 여기서 맹점이 발생한다.

만약, X가 Y보다 제1이온화 에너지와 제2 이온화 에너지 모두 크다면, 정량적인 계산을 하지 않고는 $\dfrac{\text{제 2 이온화 에너지}}{\text{제 1 이온화 에너지}}$ 의 대소비교가 불가능하다. 따라서 '자료값을 정확히 모른는 자료들의 비율'을 묻는 문제가 나올 경우 분자가 $X > Y$이면, 분모는 $X < Y$의 구조로 출제되어 정성적인 대소비교가 가능하도록 출제할 수 밖에 없다.

01 22학년도 수능 14번

다음은 바닥상태 원자 W~Z에 대한 자료이다.
W~Z는 각각 O, F, P, S 중 하나이다.

○ 원자가 전자 수는 W > X이다.

○ 원자 반지름은 W > Y이다.

○ 제1 이온화 에너지는 Z > Y > W이다.

이에 대한 설명으로 옳은 것만을 <보기>에서
있는 대로 고른 것은? (단, W~Z는 임의의 원소
기호이다.)

<보 기>

ㄱ. Y는 P이다.

ㄴ. W와 X는 같은 주기 원소이다.

ㄷ. 원자가 전자가 느끼는 유효 핵전하는
   Y > Z이다.

---

02 21학년도 10월 17번

그림은 2, 3주기 원소 W~Z에 대한 자료를
나타낸 것이다. 원자 번호는 W > X이다.

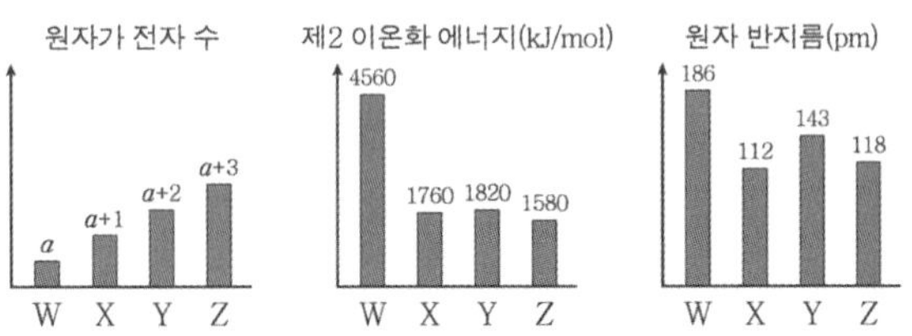

이에 대한 설명으로 옳은 것만을 <보기>에서
있는 대로 고른 것은? (단, W~Z는 임의의 원소
기호이다.)

<보 기>

ㄱ. $a = 1$이다.

ㄴ. W~Z 중 3주기 원소는 2가지이다.

ㄷ. 제1 이온화 에너지는 Y > Z이다.

---

03 22학년도 9월 14번

표는 4가지 각각의 분자에서 플루오린(F)의 전기 음성도(a)와 나머지 구성 원소의 전기 음성도(b) 차($a-b$)를 나타낸 것이다.

분자	CF_4	OF_2	PF_3	ClF
전기 음성도 차($a-b$)	x	0.5	1.9	1.0

이에 대한 설명으로 옳은 것만을 <보기>에서 있는 대로 고른 것은?

<보 기>

ㄱ. $x < 0.5$ 이다.

ㄴ. PF_3에는 극성 공유 결합이 있다.

ㄷ. Cl_2O에서 Cl는 부분적인 양전하(δ^+)를 띤다.

---

04 22학년도 9월 16번

다음은 바닥상태 원자 W~Z에 대한 자료이다. W~Z는 각각 O, F, Na, Mg 중 하나이다.

○ 홀전자 수는 $W > Y > X$이다.

○ 원자 반지름은 $Y > X > Z$이다.

이에 대한 설명으로 옳은 것만을 <보기>에서 있는 대로 고른 것은? (단, W~Z의 이온은 모두 Ne의 전자 배치를 갖는다.)

<보 기>

ㄱ. 원자가 전자가 느끼는 유효 핵전하는 $X > Y$이다.

ㄴ. 이온 반지름은 $X > W$이다.

ㄷ. $\dfrac{제\ 2\ 이온화\ 에너지}{제\ 1\ 이온화\ 에너지}$ 는 $Y > W > Z$이다.

다음은 바닥상태 원자 W ~ Z에 대한 자료이다.

○ W ~ Z의 원자 번호는 각각 7~14 중 하나이다.

○ W ~ Z의 홀전자 수와 제2 이온화 에너지

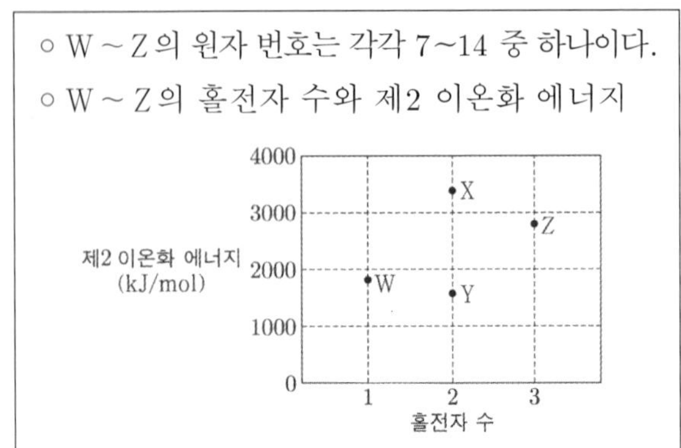

이에 대한 설명으로 옳은 것만을 <보기>에서 있는 대로 고른 것은? (단, W ~ Z는 임의의 원소 기호이다.)

———— <보 기> ————

ㄱ. W는 13족 원소이다.

ㄴ. 원자 반지름은 X > Y이다.

ㄷ. $\dfrac{\text{제 2 이온화 에너지}}{\text{제 1 이온화 에너지}}$ 는 Z > X이다.

그림은 원자 W~Z의 이온화 에너지를 나타낸 것이다. W~Z는 각각 C, F, Na, Mg 중 하나 이다.

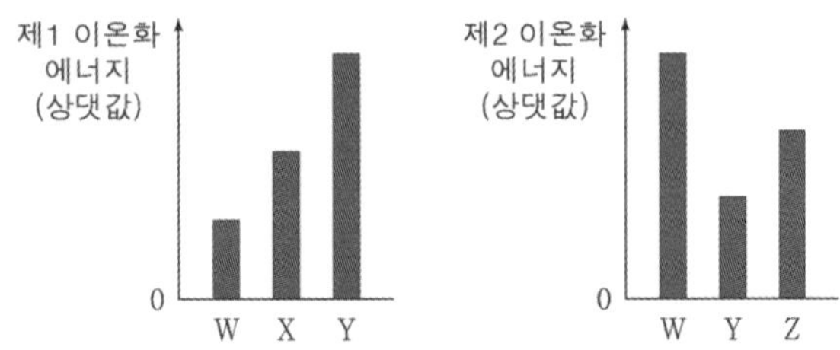

이에 대한 설명으로 옳은 것만을 <보기>에서 있는 대로 고른 것은?

———— <보 기> ————

ㄱ. W는 Na이다.

ㄴ. 원자 반지름은 X > Z이다.

ㄷ. 원자가 전자가 느끼는 유효 핵전하는 Y > Z이다.

07 21학년도 3월 9번

다음은 원소 A~C에 대한 자료이다.

○ A~C는 각각 Cl, K, Ca 중 하나이다.

○ A~C의 이온은 모두 Ar의 전자 배치를 갖는다.

○ $\dfrac{\text{이온 반지름}}{\text{원자 반지름}}$ 은 B가 가장 크다.

○ 바닥상태 원자에서 $\dfrac{p \text{ 오비탈의 전자 수}}{s \text{ 오비탈의 전자 수}}$

는 A > C이다.

A~C에 대한 옳은 설명만을 <보기>에서 있는
대로 고른 것은?

━━━━━ <보 기> ━━━━━

ㄱ. 원자가 전자 수는 B가 가장 크다.

ㄴ. 원자 반지름은 A가 가장 크다.

ㄷ. 원자가 전자가 느끼는 유효 핵전하는
　　C > A이다.

---

08 21학년도 3월 17번

그림은 2주기 원소 중 6가지 원소에 대한 자료
이다.

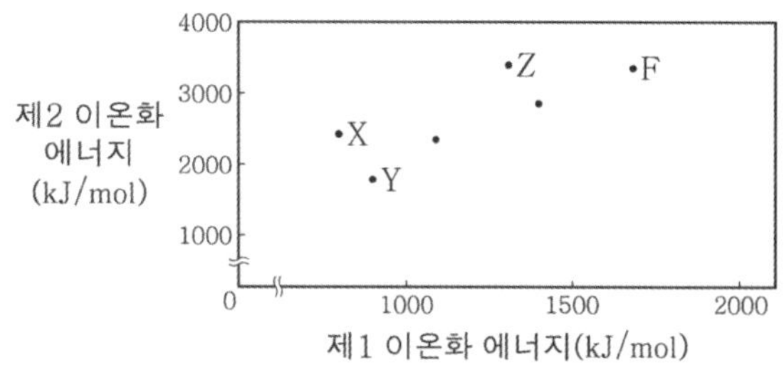

이에 대한 설명으로 옳은 것만을 <보기>에서
있는 대로 고른 것은? (단, X~Z는 임의의 원소
기호이다.)

━━━━━ <보 기> ━━━━━

ㄱ. X는 Be이다.

ㄴ. Y와 Z의 원자 번호의 차는 4이다.

ㄷ. $\dfrac{\text{제2 이온화 에너지}}{\text{제1 이온화 에너지}}$ 는 X > Y이다.

---

09 21학년도 수능 14번

다음은 원자 A~D에 대한 자료이다. A~D의 원자 번호는 각각 7, 8, 12, 13 중 하나이고, A~D의 이온은 모두 Ne의 전자 배치를 갖는다.

> ○ 원자 반지름은 A가 가장 크다.
> ○ 이온 반지름은 B가 가장 작다.
> ○ 제2 이온화 에너지는 D가 가장 크다.

A~D에 대한 설명으로 옳은 것만을 <보기>에서 있는 대로 고른 것은? (단, A~D는 임의의 원소 기호이다.)

> ─── <보 기> ───
> ㄱ. 이온 반지름은 C가 가장 크다.
> ㄴ. 제2 이온화 에너지는 A > B이다.
> ㄷ. 원자가 전자가 느끼는 유효 핵전하는 D > C이다.

10 20학년도 10월 15번

그림은 바닥상태 원자 A~D의 홀전자 수와 원자 반지름을 나타낸 것이다. A~D는 각각 O, Na, Mg, Al 중 하나이다.

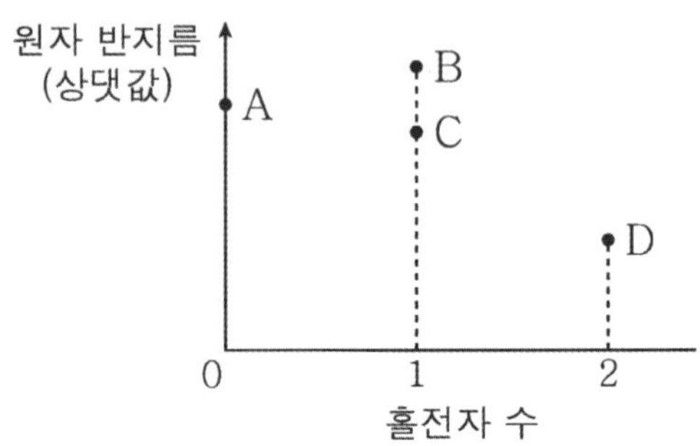

이에 대한 옳은 설명만을 <보기>에서 있는 대로 고른 것은?

> ─── <보 기> ───
> ㄱ. 원자 번호는 C > B이다.
> ㄴ. 이온화 에너지는 C > A이다.
> ㄷ. Ne의 전자 배치를 갖는 이온의 반지름은 B > D이다.

11

다음은 원자 W~Z와 수소(H)로 이루어진 분자 H_aW, H_bX, H_cY, H_dZ에 대한 자료이다. W~Z는 각각 O, F, S, Cl 중 하나이고, 분자 내에서 옥텟 규칙을 만족한다. W, Y는 같은 주기 원소이다.

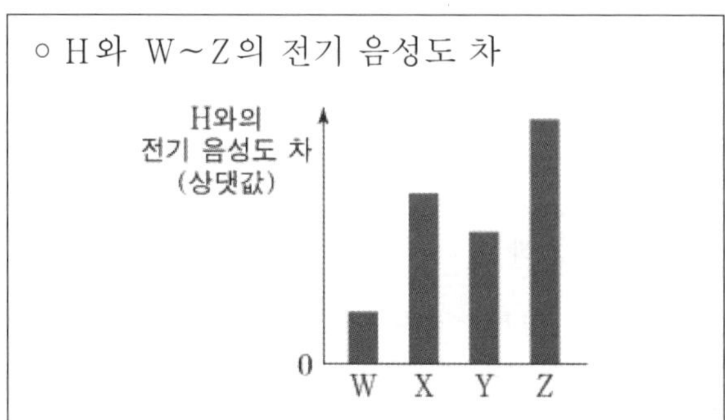

이에 대한 설명으로 옳은 것만을 <보기>에서 있는 대로 고른 것은?

─── <보 기> ───

ㄱ. 전기 음성도는 X > W이다.

ㄴ. c > a이다.

ㄷ. YZ에서 Y는 부분적인 음전하(δ^-)를 띤다.

12

다음은 원자 W~Z에 대한 자료이다.

○ W~Z는 각각 N, O, Na, Mg 중 하나이다.

○ 각 원자의 이온은 모두 Ne의 전자 배치를 갖는다.

○ ㉠, ㉡은 각각 이온 반지름, 제1 이온화 에너지 중 하나이다.

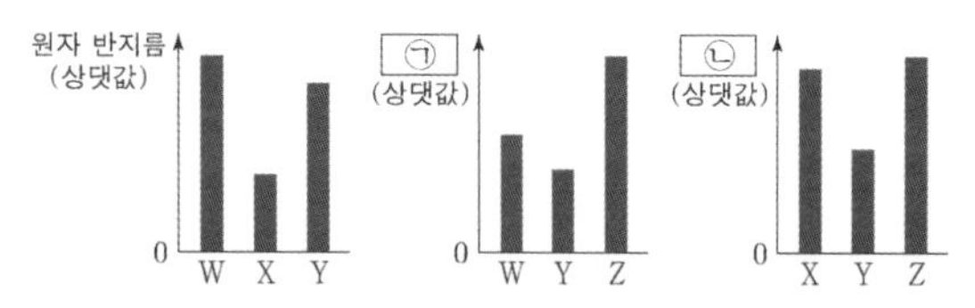

이에 대한 설명으로 옳은 것만을 <보기>에서 있는 대로 고른 것은?

─── <보 기> ───

ㄱ. ㉠은 이온 반지름이다.

ㄴ. 제2 이온화 에너지는 Y > W이다.

ㄷ. 원자가 전자가 느끼는 유효 핵전하는 Z > X이다.

13 20학년도 7월 10번

그림은 2, 3주기 원자 A~E의 원자가 전자 수와 제2 이온화 에너지를 나타낸 것이다.

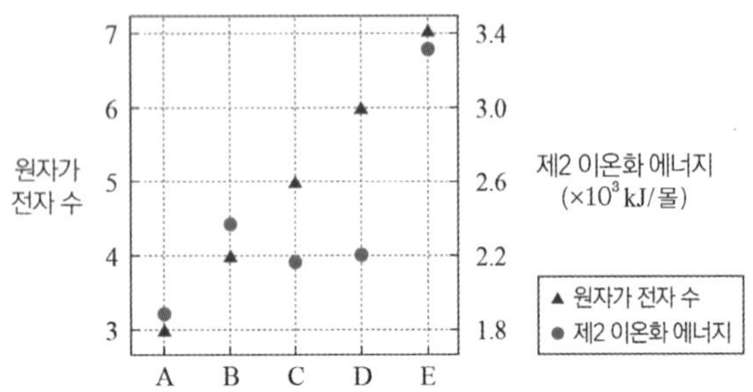

이에 대한 설명으로 옳은 것만을 <보기>에서 있는 대로 고른 것은? (단, A~E는 임의의 원소 기호이다.)

─── <보 기> ───

ㄱ. 원자가 전자의 유효 핵전하는 A > C이다.

ㄴ. B와 E는 2주기 원소이다.

ㄷ. 제1 이온화 에너지는 C > D이다.

14 21학년도 6월 17번

다음은 원자 번호가 연속인 2주기 원자 W~Z의 이온화 에너지에 대한 자료이다. 원자 번호는 W < X < Y < Z이다.

○ 제n 이온화 에너지(E_n)

제1 이온화 에너지(E_1) : $M(g) + E_1$

$\rightarrow M^+(g) + e^-$

제2 이온화 에너지(E_2) : $M+(g) + E_2$

$\rightarrow M^{2+}(g) + e^-$

제3 이온화 에너지(E_3) : $M2+(g) + E_3$

$\rightarrow M^{3+}(g) + e^-$

○ W~Z의 $\dfrac{E_3}{E_2}$

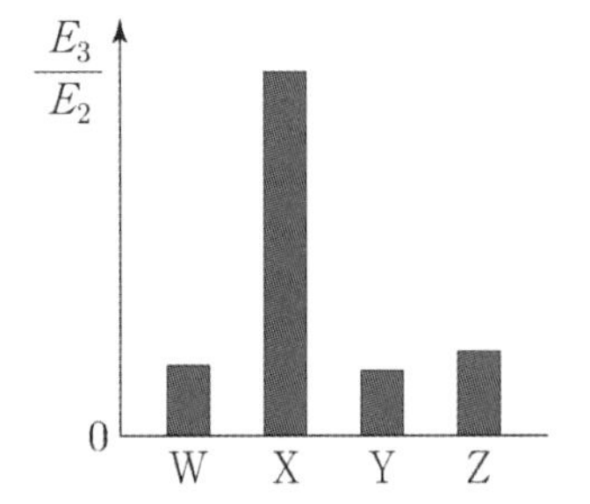

이에 대한 설명으로 옳은 것만을 <보기>에서 있는 대로 고른 것은? (단, W~Z는 임의의 원소 기호이다.)

─── <보 기> ───

ㄱ. 원자 반지름은 W > X이다.

ㄴ. E_2는 Y > Z이다.

ㄷ. $\dfrac{E_2}{E_1}$ 는 Z > W이다.

15 20학년도 4월 11번

표는 바닥상태 원자 (가)~(라)에 대한 자료이다. (가)~(라)는 각각 O, F, Mg, Al 중 하나이다.

원자	(가)	(나)	(다)	(라)
홀전자 수		2		0
원자가 전자가 느끼는 유효 핵전하	4.07	4.45	5.10	x

이에 대한 설명으로 옳은 것만을 <보기>에서 있는 대로 고른 것은?

———— <보 기> ————

ㄱ. (라)는 Mg이다.

ㄴ. x는 4.07보다 크다.

ㄷ. 원자 반지름은 (가)>(다)이다.

16 20학년도 4월 17번

표는 원자 X~Z의 순차 이온화 에너지(E_n)를 나타낸 것이다. X~Z는 각각 Na, Al, K 중 하나이다.

원소	순차적 이온화 에너지(E_n, kJ/몰)			
	E_1	E_2	E_3	E_4
X	419	3051		5877
Y	496		6912	
Z	a	1817	2745	11578

이에 대한 설명으로 옳은 것만을 <보기>에서 있는 대로 고른 것은?

———— <보 기> ————

ㄱ. X의 원자가 전자 수는 1이다.

ㄴ. Y는 K이다.

ㄷ. a는 496보다 크다.

다음은 원자 A ~ C에 대한 자료이다. A ~ C는 각각 Na, Mg, Al 중 하나이다.

○ $\dfrac{\text{제2 이온화 에너지}}{\text{제1 이온화 에너지}}$ 는 A가 가장 크다.

○ 원자가 전자가 느끼는 유효 핵전하는 B > C이다.

A ~ C에 대한 옳은 설명만을 <보기>에서 있는 대로 고른 것은?

─── <보 기> ───

ㄱ. 원자가 전자 수는 B가 가장 크다.

ㄴ. 원자 반지름은 A > C이다.

ㄷ. 제1 이온화 에너지는 C > B이다.

다음은 바닥 상태 원자 W ~ Z에 대한 자료이다.

○ W ~ Z의 원자 번호는 각각 8 ~ 13 중 하나이다.

○ W, X, Y의 홀전자 수는 모두 같다.

○ 각 원자의 이온은 모두 Ne의 전자 배치를 갖는다.

○ ㉠과 ㉡은 각각 전기음성도와 이온 반지름 중 하나이다.

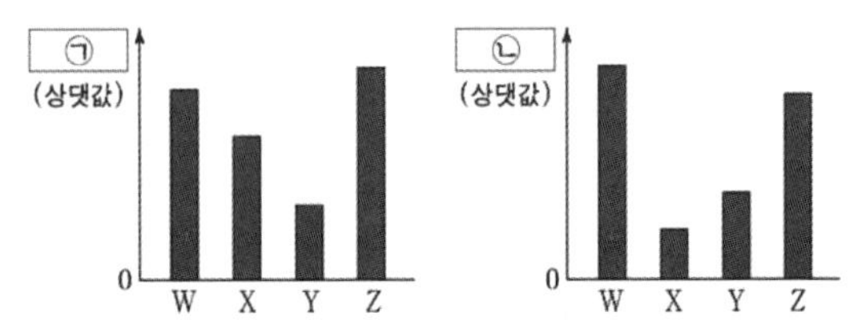

이에 대한 설명으로 옳은 것만을 <보기>에서 있는 대로 고른 것은? (단, W ~ Z는 임의의 원소 기호이다.)

─── <보 기> ───

ㄱ. ㉠은 전기음성도이다.

ㄴ. 제2 이온화 에너지는 Z > W이다.

ㄷ. 원자가 전자가 느끼는 유효 핵전하는 X > Y이다.

---

19 20학년도 수능 10번

다음은 이온화 에너지와 관련하여 학생 A가 세운 가설과 이를 검증하기 위해 수행한 탐구 활동이다.

[가설]

○ 15~17족에 속한 원자들은   ㉠

[탐구 과정]

(가) 15~17족에 속한 각 원자의 제1 이온화 에너지(E_1)를 조사한다.

(나) 조사한 각 원자의 E_1를 족에 따라 구분하여 점으로 표시한 후, 표시한 점을 각 주기별로 연결한다.

[탐구 결과]

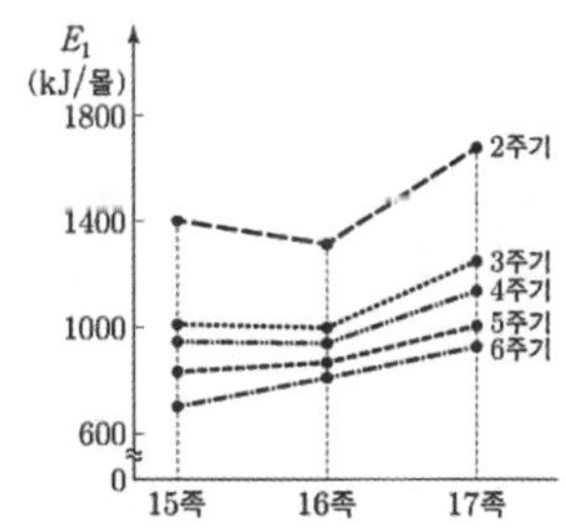

[결론]

○ 가설은 옳다.

학생 A의 결론이 타당할 때, ㉠으로 가장 적절한 것은?

① 원자량이 커질수록 제1 이온화 에너지가 커진다.

② 원자 번호가 커질수록 제1 이온화 에너지가 커진다.

③ 같은 족에서 원자 번호가 커질수록 제1 이온화 에너지가 작아진다.

④ 같은 주기에서 유효 핵전하가 커질수록 제1 이온화 에너지가 커진다.

⑤ 같은 주기에서 원자가 전자 수가 커질수록 제1 이온화 에너지가 작아진다.

20 20학년도 9월 8번

그림은 원자 A~D에 대한 자료이다. 각각 원자 번호가 15, 16, 19, 20 중 하나이고, A~D 이온의 전자 배치는 모두 Ar과 같다.

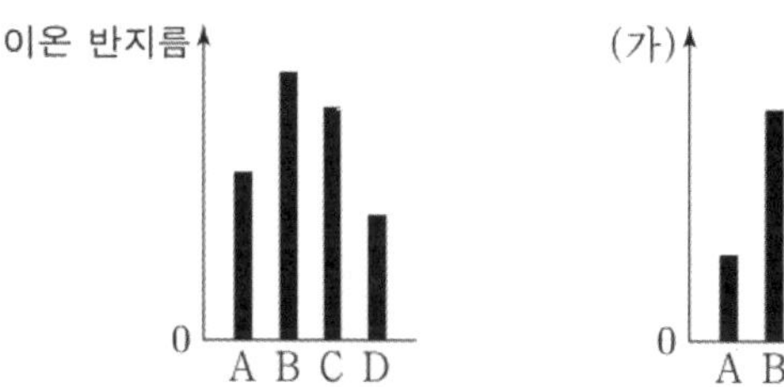

이에 대한 설명으로 옳은 것만을 <보기>에서 있는 대로 고른 것은? (단, A~D는 임의의 원소 기호이다.)

<보   기>

ㄱ. '전기음성도'는 (가)로 적절하다.

ㄴ. 원자가 전자가 느끼는 유효 핵전하는 A > D이다.

ㄷ. 원자 반지름은 D > C이다.

21 20학년도 9월 14번

그림 (가)는 원자 A~D의 제1 이온화 에너지를, (나)는 주기율표에 원소 ㉠~㉣을 나타낸 것이다. A~D는 각각 ㉠~㉣ 중 하나이다.

(가)

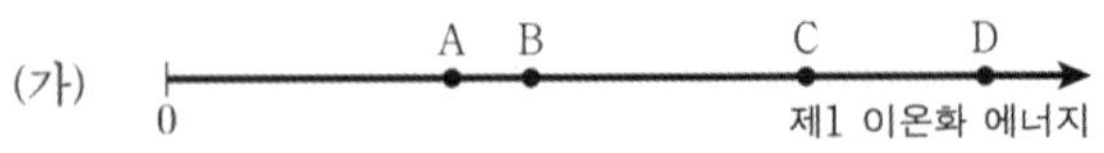

(나)

주기＼족	1	2	13	14	15	16	17	18
1								
2						㉠	㉡	
3		㉢	㉣					

이에 대한 설명으로 옳은 것만을 <보기>에서 있는 대로 고른 것은? (단, A~D는 임의의 원소 기호이다.)

―――― <보 기> ――――

ㄱ. D는 ㉡이다.

ㄴ. C와 D는 같은 주기 원소이다.

ㄷ. $\dfrac{\text{제3 이온화 에너지}}{\text{제2 이온화 에너지}}$ 는 B > A이다.

22 20학년도 6월 14번

다음은 2, 3주기 바닥 상태 원자 A~C에 대한 자료이다.

원자	A	B	C
총 전자 수	$x+3$	$x+6$	$x+10$
원자가 전자 수	$x+1$	$x-4$	x

○ A~C는 18족 원소가 아니다.

○ A~C중 원자가 전자 수와 홀전자 수가 같은 것이 1가지 존재한다.

이에 대한 설명으로 옳은 것만을 <보기>에서 있는 대로 고른 것은? (단, A~C는 임의의 원소 기호이다.)

―――― <보 기> ――――

ㄱ. 원자 반지름은 B > A이다.

ㄴ. 전기 음성도는 C > A이다.

ㄷ. 원자가 전자가 느끼는 유효 핵전하는 C > B이다.

23 20학년도 6월 16번

그림은 원자 A~E의 제1 이온화 에너지와 제2 이온화 에너지를 나타낸 것이다. A~E의 원자 번호는 각각 3, 4, 11, 12, 13 중 하나이다.

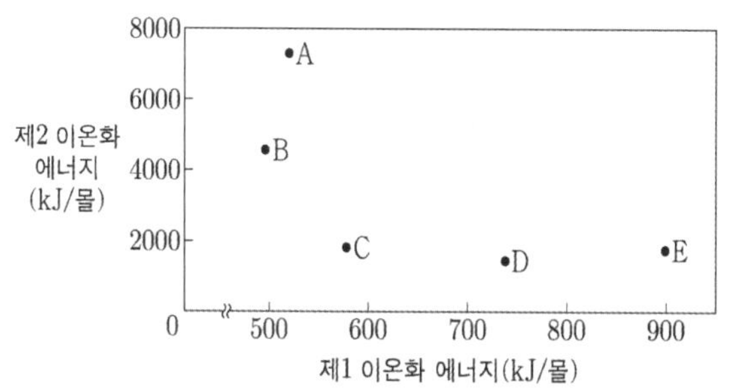

이에 대한 설명으로 옳은 것만을 <보기>에서 있는 대로 고른 것은? (단, A~E는 임의의 원소 기호이다.)

—— <보 기> ——

ㄱ. 원자 번호는 B > A이다.

ㄴ. D와 E는 같은 주기 원소이다.

ㄷ. $\dfrac{\text{제3 이온화 에너지}}{\text{제2 이온화 에너지}}$ 는 C > D이다.

24 19학년도 수능 13번

그림은 원자 A~E의 원자 반지름과 이온 반지름을 나타낸 것이고, (가)와 (나)는 각각 원자 반지름과 이온 반지름 중 하나이다. A~E의 원자 번호는 각각 15, 16, 17, 19, 20 중 하나이고, A~E의 이온은 모두 Ar의 전자 배치를 가진다.

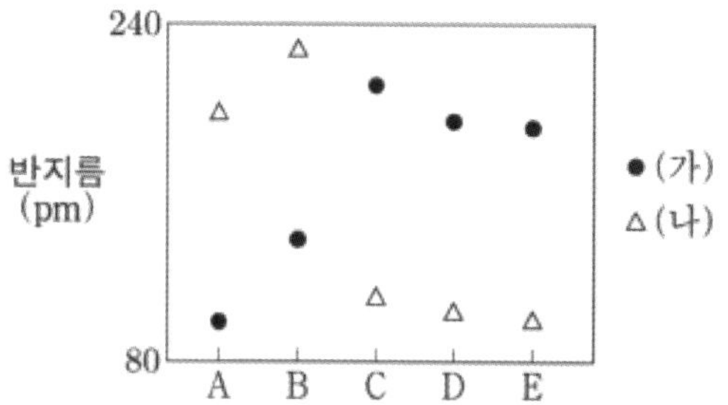

이에 대한 설명으로 옳은 것만을 <보기>에서 있는 대로 고른 것은? (단, A~E는 임의의 원소 기호이다.)

—— <보 기> ——

ㄱ. (가)는 원자 반지름이다.

ㄴ. A의 이온은 A^{2+}이다.

ㄷ. A~E 중 전기음성도는 E가 가장 크다.

25 19학년도 수능 15번

그림은 원자 V~Z의 제2 이온화 에너지를 나타낸 것이다. V~Z는 각각 원자 번호 9~13의 원소 중 하나이다.

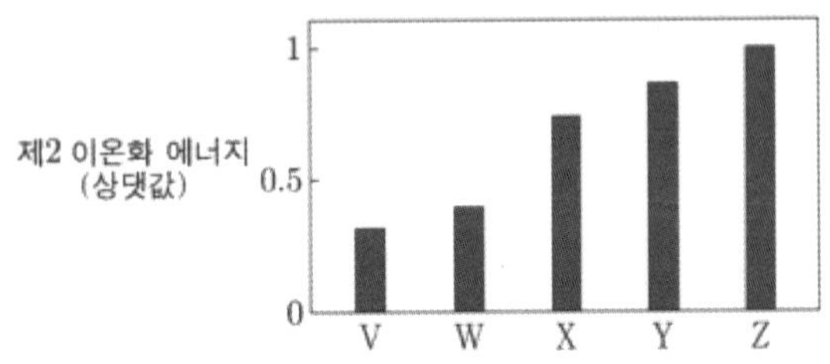

이에 대한 설명으로 옳은 것만을 <보기>에서 있는 대로 고른 것은? (단, V~Z는 임의의 원소 기호이다.)

─── <보 기> ───

ㄱ. Z는 1족 원소이다.

ㄴ. X와 Y는 같은 주기 원소이다.

ㄷ. 원자가 전자가 느끼는 유효 핵전하는 W > V이다.

26 19학년도 9월 7번

다음은 학생 A가 수행한 탐구 활동이다.

[가설]

○ 3주기에서 원자 번호가 큰 원자일수록 항상 제1 이온화 에너지(E_1)가 크다.

[활동]

○ 3주기에서 원자 번호에 따른 원자의 E_1를 조사하고, 원자 번호가 다른 2개 원자의 E_1를 비교한다.

[결과]

○ 3주기 원자의 E_1

원자	(가)	(나)	(다)	(라)	(마)	(바)	(사)	(아)
원자 번호	11	12	13	14	15	16	17	18
E_1(kJ/몰)	496	738	578	787	1012	1000	1251	1521

○ 원자 번호가 다른 2개의 원자에 대한 비교 결과

구분	원자 번호가 큰 원자가 E_1가 크다.	원자 번호가 큰 원자가 E_1가 작다.
비교한 2개의 원자	(가)와 (나), …	(나)와 (다), ㉠

[결론]

○ 가설에 어긋나는 비교 결과가 있으므로 가설은 옳지 않다.

다음 중 ㉠으로 가장 적절한 것은?

① (다)와 (라)　　　② (라)와 (마)

③ (마)와 (바)　　　④ (바)와 (사)

⑤ (사)와 (아)

그림은 원자 A~C에 대하여 $\dfrac{\text{원자 반지름}}{\text{이온 반지름}}$과

$\dfrac{\text{원자 반지름}}{|\text{이온의 전하}|}$을 나타낸 것이다.

A~C는 각각 O, Na, Al 중 하나이며, A~C 이온의 전자 배치는 모두 Ne과 같다.

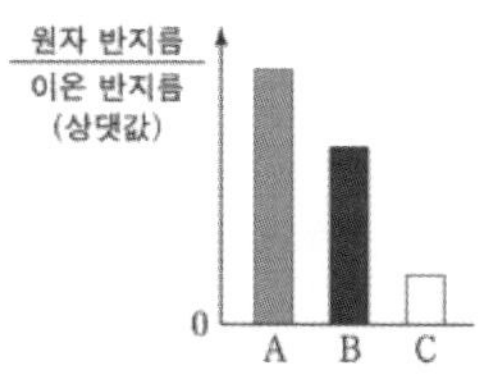

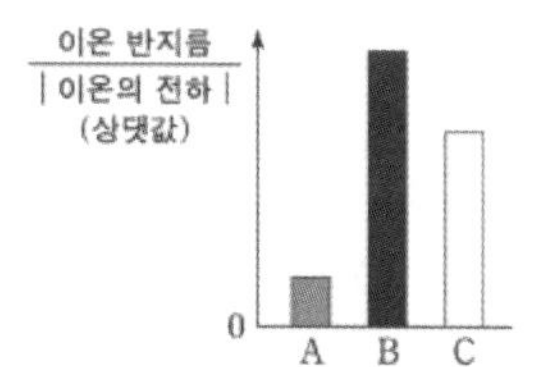

이에 대한 설명으로 옳은 것만을 <보기>에서 있는 대로 고른 것은?

─── <보 기> ───

ㄱ. 원자가 전자가 느끼는 유효 핵전하는 B > A이다.

ㄴ. 이온 반지름은 C 이온이 A 이온보다 크다.

ㄷ. 원자가 전자 수는 C > B이다.

다음은 바닥 상태 원자 A~D에 대한 자료이다.

○ 원자 번호는 각각 8, 9, 11, 12 중 하나이다.

○ 전기음성도는 B > C이다.

○ 각 원자의 이온은 모두 Ne의 전자 배치를 갖는다.

○ A~D의 $\dfrac{\text{이온 반지름}}{|q|}$ (q는 이온의 전하)

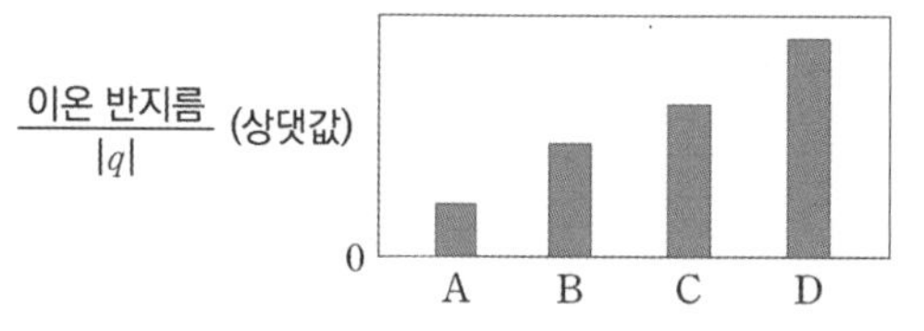

이에 대한 설명으로 옳은 것만을 <보기>에서 있는 대로 고른 것은? (단, A~D는 임의의 원소 기호이다.)

─── <보 기> ───

ㄱ. B는 $\dfrac{\text{이온 반지름}}{\text{원자 반지름}}$ > 1이다.

ㄴ. 전기음성도는 D > B이다.

ㄷ. 원자가 전자가 느끼는 유효 핵전하는 A > C이다.

29 19학년도 6월 17번

다음은 탄소(C)와 2, 3주기 원자 V~Z에 대한 자료이다.

- 모든 원자는 바닥 상태이다.
- 전자가 들어 있는 p 오비탈 수는 3 이하이다.
- 홀전자 수와 제1 이온화 에너지

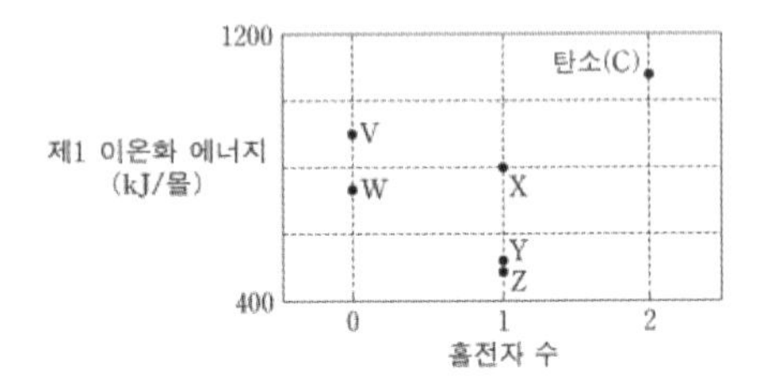

이에 대한 설명으로 옳은 것만을 <보기>에서 있는 대로 고른 것은? (단, V~Z는 임의의 원소 기호이다.)

― <보 기> ―

ㄱ. X는 13족 원소이다.

ㄴ. 원자 반지름은 W > X > V이다.

ㄷ. 제2 이온화 에너지는 Y > Z > X이다.

30 18학년도 수능 14번

다음은 2, 3주기 바닥 상태 원자 A~C에 대한 자료이다.

- A의 원자가 전자 수와 전자가 들어 있는 전자 껍질 수는 n으로 같다.
- A와 B는 같은 족 원소이고, 이온화 에너지는 A > B이다.
- B와 C는 같은 주기 원소이고, 전기음성도는 B > C이다.

이에 대한 설명으로 옳은 것만을 <보기>에서 있는 대로 고른 것은? (단, A~C는 임의의 원소 기호이다.)

― <보 기> ―

ㄱ. A~C에서 원자 반지름은 A가 가장 작다.

ㄴ. 원자가 전자가 느끼는 유효 핵전하는 C > B이다.

ㄷ. n주기 모든 원소 중 원자의 이온화 에너지가 A보다 작은 것은 2가지이다.

31 18학년도 수능 10번

다음은 원자 반지름의 주기적 변화와 관련하여 학생 A가 세운 가설과 이를 검증하기 위해 수행한 탐구 활동이다.

[가설]

o ⊙

[탐구 과정]

o 1족 원소 Li, Na, K, Rb의 원자 반지름을 조사한다.

o 17족 원소 F, Cl, Br, I의 원자 반지름을 조사한다.

o 조사한 8가지 원소의 원자 반지름을 비교한다.

[탐구 결과]

주기	2	3	4	5
원소	$_3$Li	$_{11}$Na	$_{19}$K	$_{37}$Rb
원자 반지름 (pm)	130	160	200	215
원소	$_9$F	$_{17}$Cl	$_{35}$Br	$_{53}$I
원자 반지름 (pm)	60	100	117	136

[결론]

o 가설은 옳다.

학생 A의 결론이 타당할 때, ⊙으로 가장 적절한 것은?

① 전자 수가 클수록 원자 반지름은 커진다.

② 원자가 전자 수가 클수록 원자 반지름은 커진다.

③ 같은 족에서 원자 번호가 클수록 원자 반지름은 커진다.

④ 같은 주기에서 원자 번호가 클수록 원자 반지름은 커진다.

⑤ 전자가 들어 있는 전자 껍질 수가 클수록 원자 반지름은 커진다.

32 18학년도 9월 5번

다음은 단일 결합으로 구성된 분자에서 극성 공유 결합의 특성에 대해 학생 A가 가설을 세우고 수행한 활동이다.

[실험 과정]

o 극성 공유 결합에서 ⊙

[실험 결과]

o H, F, Cl의 전기음성도를 찾아 크기를 비교한다.

o HF, HCl, ClF의 부분적인 (+)전하(δ^+)와 부분적인 (−)전하(δ^-)가 표시된 그림을 찾는다.

[결론]

o 전기음성도 크기 : F > Cl > H

o HF, HCl, ClF에서 δ^+와 δ^-가 표시된 그림

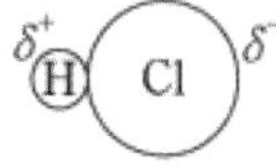
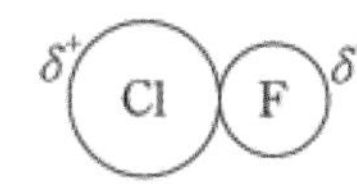

학생 A의 가설이 옳다는 결론을 얻었을 때, ⊙으로 가장 적절한 것은?

① 크기가 더 작은 원자가 부분적인 (+)전하를 띤다.

② 전기음성도가 더 큰 원자가 부분적인 (−)전하를 띤다.

③ Cl는 어떤 원자와 결합하여도 부분적인 (−)전하를 띤다.

④ 원자 간 원자량 차이가 커지면 전기음성도 차이는 커진다.

⑤ 원자 간 전기음성도 차이가 커지면 부분적인 전하의 크기는 작아진다.

33 18학년도 9월 13번

표는 원자 번호가 연속인 2주기 원자 W~Z의 홀전자 수와 제1 이온화 에너지를 나타낸 것이다. W~Z는 임의의 원소 기호이며, 원자 번호 순서가 아니다.

원자	W	X	Y	Z
바닥 상태 원자의 홀전자 수	0	1	2	a
제1 이온화 에너지(상댓값)	b	1	2.1	1.5

W~Z에 대한 설명으로 옳은 것만을 <보기>에서 있는 대로 고른 것은?

34 18학년도 9월 15번

그림은 원자 A~C에 대한 자료이고, Z^*는 원자가 전자가 느끼는 유효 핵전하이다. A~C의 이온은 모두 Ar의 전자 배치를 가지며, 원자 번호는 각각 17, 19, 20 중 하나이다.

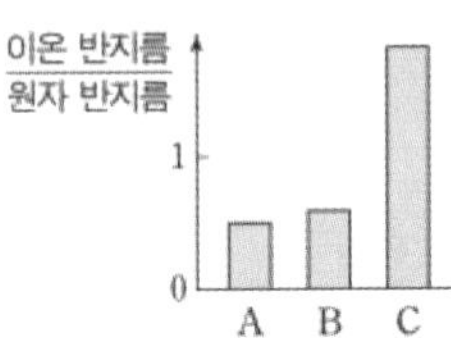

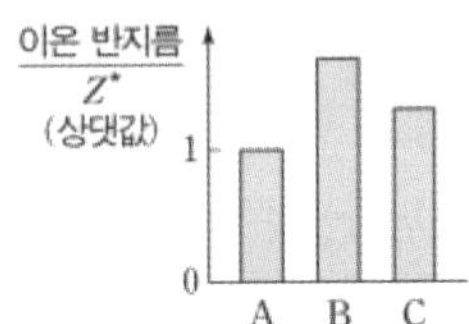

A~C에 대한 설명으로 옳은 것만을 <보기>에서 있는 대로 고른 것은? (단, A~C는 임의의 원소 기호이다.)

35 18학년도 6월 11번

다음은 학생 A가 원소의 주기적 성질을 학습한 후, 이를 토대로 수행한 탐구 활동이다.

[가설]
○ 바닥 상태의 2주기 원자에서 가장 바깥 전자 껍질에 있는 전자 수가 x일 때 제 $\boxed{\bigcirc}$ 이온화 에너지는 급격히 증가한다.

[탐구 활동]

(가) 2주기 원자의 순차적 이온화 에너지를 모두 찾는다.

(나) Li의 순차적 이온화 에너지로 $\dfrac{E_{n+1}}{E_n}$ 를 구하여 그 중 최댓값을 갖는 n을 찾는다. (E_n은 제n 이온화 에너지이다.)

(다) 나머지 원자에 대해 (나)를 반복한다.

[탐구 결과]

원자	Li	Be	B	C	N	O	F	Ne
$\dfrac{E_{n+1}}{E_n}$가 최대인 n	1	2	3	4	5	6	7	8

A의 가설이 옳다는 결론을 얻었을 때, 이에 대한 설명으로 옳은 것만을 <보기>에서 있는 대로 고른 것은?

─── <보 기> ───

ㄱ. ㉠은 $x+1$이다.

ㄴ. Be은 $E_3 > E_2$이다.

ㄷ. $\dfrac{E_{n+1}}{E_n}$가 최대인 n이 6인 원자의 원자가 전자 수는 7이다.

36 18학년도 6월 10번

그림은 원소 A~D가 Ne과 같은 전자 배치를 갖는 이온이 되었을 때의 이온 반지름을 나타낸 것이다. A~D는 각각 O, F, Na, Mg 중 하나이다.

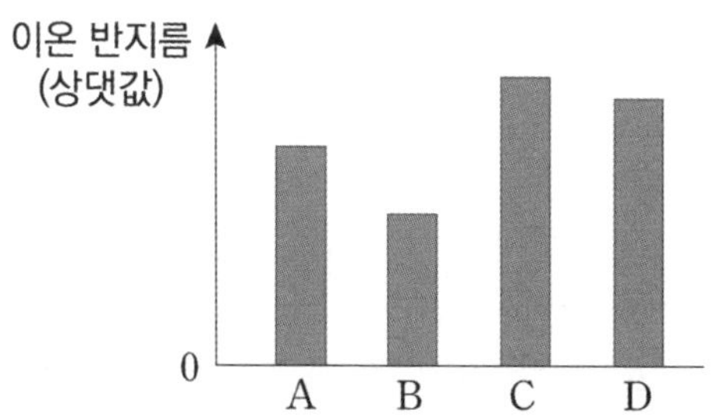

─── <보 기> ───

ㄱ. C는 Na이다.

ㄴ. 원자가 전자가 느끼는 유효 핵전하는 B > A이다.

ㄷ. C와 D는 같은 주기 원소이다.

표는 2, 3주기 원자 X와 Y의 바닥 상태 전자 배치에 대한 자료이다.

원자	X	Y
$\dfrac{\text{전자가 들어 있는 } p \text{ 오비탈 수}}{\text{전자가 들어 있는 } s \text{ 오비탈 수}}$	1	$\dfrac{3}{2}$
$\dfrac{\text{홀전자 수}}{\text{전자가 들어 있는 } p \text{ 오비탈 수}}$	$\dfrac{1}{3}$	1

X가 Y보다 큰 값을 갖는 것만을 <보기>에서 있는 대로 고른 것은? (단, X와 Y는 임의의 원소 기호이다.)

─────── <보 기> ───────

ㄱ. 원자 번호

ㄴ. 원자가 전자 수

ㄷ. 제2 이온화 에너지

그림은 2, 3주기 원소 A~D에 대한 자료이다. A~D는 각각 O, F, Na, Al 중 하나이며, 이온의 전자 배치는 모두 Ne과 같다.

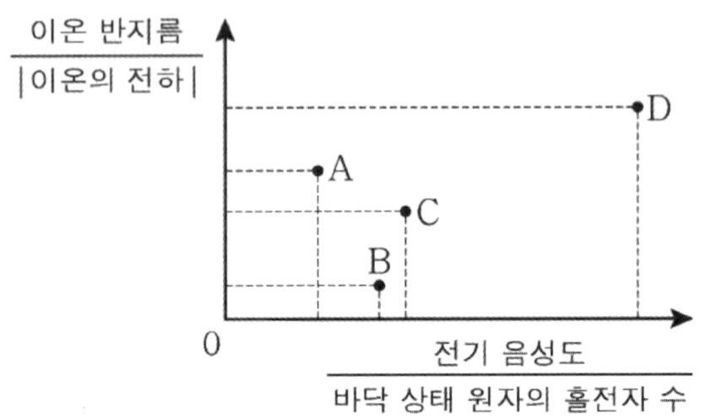

A~D에 대한 옳은 설명만을 <보기>에서 있는 대로 고른 것은?

─────── <보 기> ───────

ㄱ. 바닥 상태 원자의 홀전자 수는 A가 가장 크다.

ㄴ. 원자 반지름은 B가 C보다 크다.

ㄷ. 원자가 전자가 느끼는 유효 핵전하는 C가 D보다 크다.

39 19학년도 7월 8번

다음은 2, 3주기 원소 A~C에 대한 자료이다. X, Y는 각각 원자 반지름과 이온 반지름 중 하나이다.

○ A~C 이온은 모두 Ne의 전자 배치를 갖는다.

○ A~C의 원자 반지름과 이온 반지름

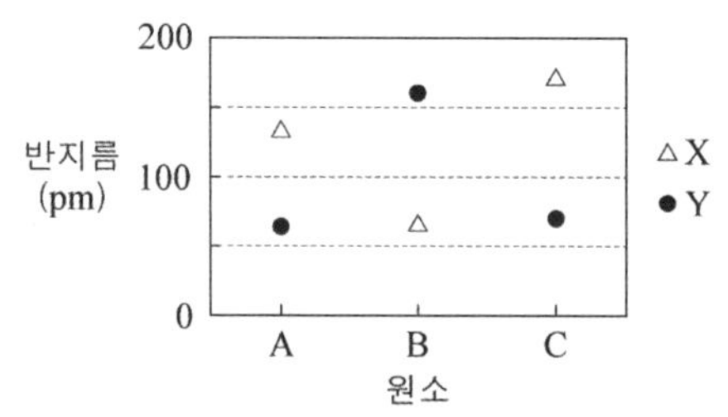

○ A~C 이온의 전하의 절댓값

구분	A 이온	B 이온	C 이온
|이온의 전하|	1	2	3

이에 대한 설명으로 옳은 것만을 <보기>에서 있는 대로 고른 것은? (단, A~C는 임의의 원소 기호이다.)

―――― <보 기> ――――

ㄱ. X는 이온 반지름이다.

ㄴ. 전기 음성도는 B > A 이다.

ㄷ. C는 3주기 원소이다.

40 19학년도 4월 9번

표는 3주기 금속 원소 X~Z의 순차적 이온화 에너지(E_n)를 나타낸 것이다. E_n는 제n 이온화 에너지이다.

원소	순차적 이온화 에너지(E_n, kJ/몰)			
	E_1	E_2	E_3	E_4
X	a	2.0a	10.5a	14.3a
Y	b	3.1b	4.7b	20.0b
Z	c	9.2c	13.9c	19.2c

이에 대한 설명으로 옳은 것만을 <보기>에서 있는 대로 고른 것은? (단, X~Z는 임의의 원소 기호이다.)

―――― <보 기> ――――

ㄱ. a > c이다.

ㄴ. 원자 반지름은 Y > X이다.

ㄷ. 원자가 전자가 느끼는 유효 핵전하는 Z > X이다.

41 19학년도 4월 12번

다음은 원소 W~Z에 대한 자료이다.

○ W~Z가 위치한 주기율표의 일부		
주기＼족	n	$n+1$
m	W	X
$m+1$	Y	Z

○ 바닥상태 원자 Y에서 전자가 들어 있는
　오비탈 수는 9이다.
○ 제1 이온화 에너지는 W > X이다.

이에 대한 설명으로 옳은 것만을 <보기>에서 있는 대로 고른 것은? (단, W~Z는 임의의 원소 기호이다.)

───── <보 기> ─────

ㄱ. $m+n = 17$이다.

ㄴ. 전기 음성도는 X > Y이다.

ㄷ. 바닥상태 전자 배치에서 홀전자 수는 W가 Z의 2배이다.

42 19학년도 3월 10번

다음은 2주기 바닥상태 원자 X~Z에 대한 자료이다.

○ X, Y, Z는 홀전자 수가 같다.
○ 제1 이온화 에너지는 X가 가장 크다.
○ 제2 이온화 에너지는 Z가 가장 크다.

전기 음성도를 옳게 비교한 것은?
(단, X~Z는 임의의 원소 기호이다.)

① X > Y > Z　　　② X > Z > Y

③ Y > Z > X　　　④ Z > X > Y

⑤ Z > Y > X

그림은 2, 3주기 원소 A~D의 이온 반지름을 나타낸 것이다. A^{2+}, B^{3+}, C^{2-}, D^-은 18족 원소의 전자 배치를 갖는다.

$$0 \quad\quad\quad A^{2+}\ B^{3+}\ \ C^{2-} \quad\quad\quad\quad\quad D^- \quad \longrightarrow \text{이온 반지름}$$

A~D에 대한 옳은 설명만을 <보기>에서 있는 대로 고른 것은? (단, A~D는 임의의 원소 기호이다.)

———————— <보 기> ————————

ㄱ. A는 2주기 원소이다.

ㄴ. 원자 번호는 C가 B보다 크다.

ㄷ. 원자 반지름은 D가 B보다 크다

다음은 2, 3주기 바닥상태 원자 X~Z에 대한 자료이다.

○ 원자 번호는 Z > Y > X이다.

○ X~Z는 각각

$$\dfrac{\text{전자가 들어 있는 오비탈 수}}{\text{전자가 들어 있는 }s\text{ 오비탈 수}} = 2 \text{ 이다.}$$

X~Z에 대한 옳은 설명만을 <보기>에서 있는 대로 고른 것은? (단, X~Z는 임의의 원소 기호이다.)

———————— <보 기> ————————

ㄱ. 금속 원소는 2가지이다.

ㄴ. 홀전자 수는 X가 Y의 2배이다.

ㄷ. 원자가 전자 수는 Z가 가장 크다.

45 18학년도 10월 10번

그림은 나트륨(Na), 염소(Cl)의 원자 반지름과
이온 반지름을 나타낸 것이다.

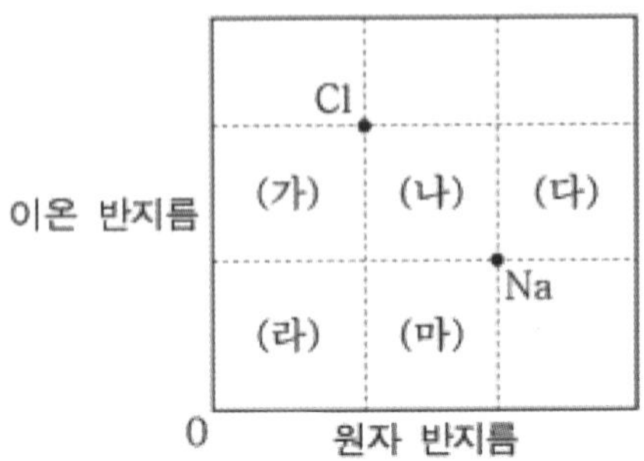

영역 (가)~(마) 중 플루오린(F)의 원자 반지름
과 이온 반지름이 위치하는 영역은? (단, F,
Na, Cl의 이온은 각각 F^-, Na^+, Cl^-이다.)

46 18학년도 7월 6번

그림은 2, 3주기 원소의 바닥상태 원자에서
전자가 모두 채워진 오비탈 수와

$$\dfrac{\text{전자가 들어 있는 } p \text{ 오비탈 수}}{\text{전자가 들어 있는 } s \text{ 오비탈 수}}$$ 를 나타낸 것이다.

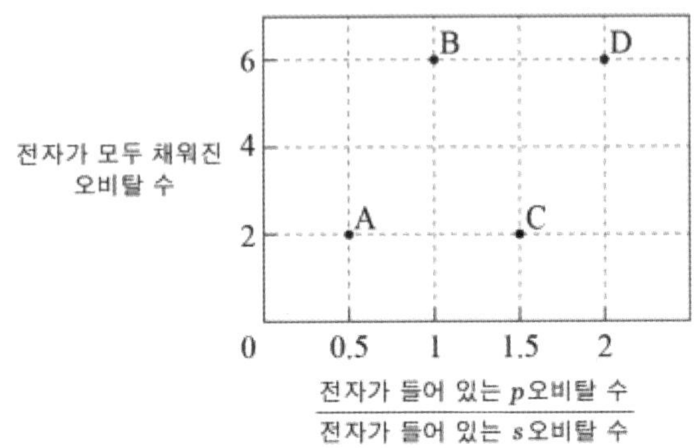

이에 대한 설명으로 옳은 것만을 <보기>에서
있는 대로 고른 것은? (단, A ~ D는 임의의 원소
기호이다.)

```
─────── <보  기> ───────

ㄱ. B는 Mg이다.

ㄴ. D는 15족 원소이다.

ㄷ. 원자가 전자가 느끼는 유효 핵전하는 C가
    A보다 크다.
```

47 18학년도 7월 10번

그림은 원자 번호가 7~13에 속하는 원자 A~D
에 대한 자료이다. A~D의 이온은 모두 네온
(Ne)의 전자 배치를 가지며, X, Y는 각각 전기
음성도와 원자 반지름 중 하나이다.

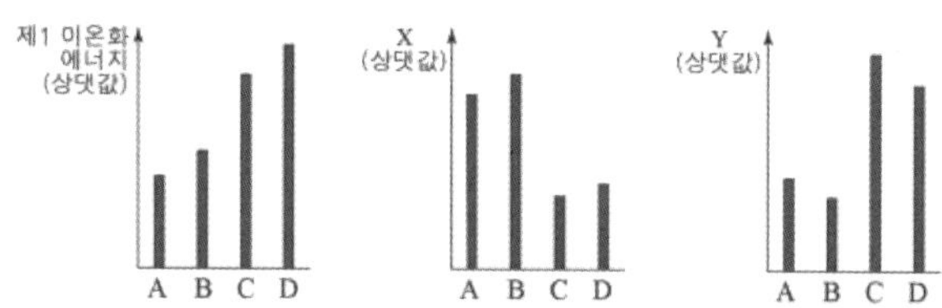

이에 대한 설명으로 옳은 것만을 <보기>에서
있는 대로 고른 것은? (단, A~D는 임의의 원소
기호이다.)

───── <보 기> ─────

ㄱ. Y는 전기 음성도이다.

ㄴ. A는 Al이고, C는 O이다.

ㄷ. 이온 반지름은 A < B < C < D이다.

48 18학년도 7월 13번

그림은 3주기 원소 A~C의

$$\frac{\text{제 } n+1 \text{ 이온화 에너지}}{\text{제 } n \text{ 이온화 에너지}} \left(\frac{E_{n+1}}{E_n} \right)$$ 를 나타낸

것이다.

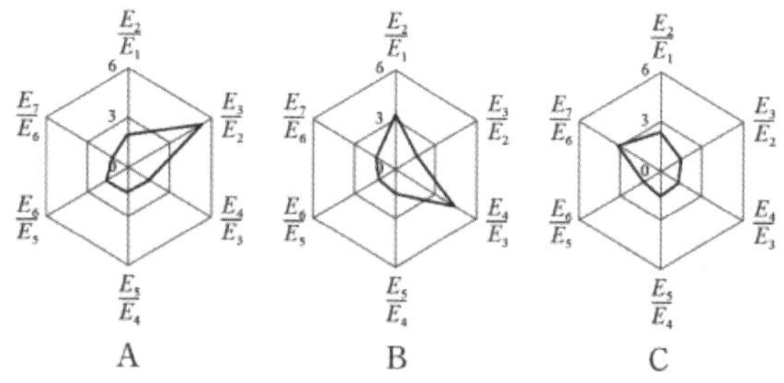

이에 대한 설명으로 옳은 것만을 <보기>에서
있는 대로 고른 것은? (단, A~C는 임의의 원소
기호이다.)

───── <보 기> ─────

ㄱ. C의 원자가 전자 수는 7이다.

ㄴ. 제2 이온화 에너지는 A가 B보다 작다.

ㄷ. 바닥상태에서 홀전자 수는 B가 C보다 크다.

49 18학년도 4월 8번

다음은 원소 X에 대한 설명과 주기율표의 일부
이다.

○ X는 주기율표의 (가)~(마) 위치 중 하나에
  위치한다.
○ 바닥 상태의 X 원자에서 원자가 전자 수는
  전자가 들어 있는 전자 껍질 수보다 크다.

주기＼족	1	2	13	14
2		(가)		
3	(나)		(다)	(라)
4		(마)		

X의 위치는? (단, X는 임의의 원소 기호이다.)

50 18학년도 4월 10번

다음은 원소 X~Z에 대한 자료이다. X~Z는
각각 S, Cl, K 중 하나이다.

○ 원자 반지름 : X > Y
○ 전기음성도 : Z > Y

X~Z의 원자 번호를 비교한 것으로 옳은 것은?

51 18학년도 4월 13번

그림은 원자 번호가 7~14인 8가지 원소의 제1 이온화 에너지를 나타낸 것이다. E_n은 제n 이온화 에너지이다.

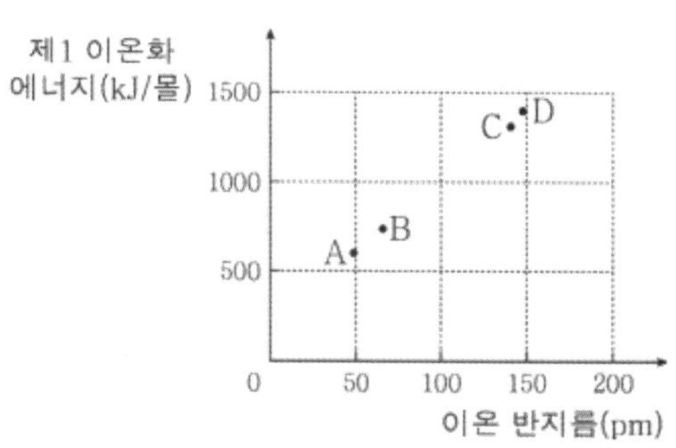

원소 (가)~(마) 중 $\dfrac{E_7}{E_6}$가 가장 큰 것은?

52 18학년도 3월 16번

그림은 2, 3주기 원소 A~D의 이온 반지름과 제1 이온화 에너지를 나타낸 것이다. 이온은 모두 Ne과 같은 전자 배치를 가지며, 바닥상태 원자에서 A~D의 홀전자 수는 모두 다르다.

A~D 중 전기 음성도가 가장 큰 원소 (가)와 제2 이온화 에너지가 가장 작은 원소 (나)를 옳게 고른 것은? (단, A~D는 임의의 원소 기호이다.)

	(가)	(나)		(가)	(나)
①	C	A	②	C	B
③	C	D	④	D	A
⑤	D	B			

53 18학년도 3월 19번

다음은 2, 3주기 바닥상태 원자 X~Z에 대한 자료이다.

○ X~Z의 홀전자 수의 총합은 7이다.

○ p 오비탈에 들어 있는 전자 수는 X가 Y의 3배이다.

○ Z는 $\dfrac{\text{전자가 들어 있는 }p\text{ 오비탈 수}}{\text{전자가 들어 있는 }s\text{ 오비탈 수}}$ 가 1이다.

이에 대한 옳은 설명만을 <보기>에서 있는 대로 고른 것은? (단, X~Z는 임의의 원소 기호이다.)

< 보 기 >

ㄱ. Z는 2주기 원소이다.

ㄴ. 홀전자 수는 X가 Y보다 크다.

ㄷ. X와 Z는 전자가 들어 있는 s 오비탈 수가 같다.

---

54 22학년도 3월 14번

그림은 원자 A~E의 원자 반지름을 나타낸 것이다. A~E의 원자 번호는 각각 7, 8, 9, 11, 12 중 하나이다.

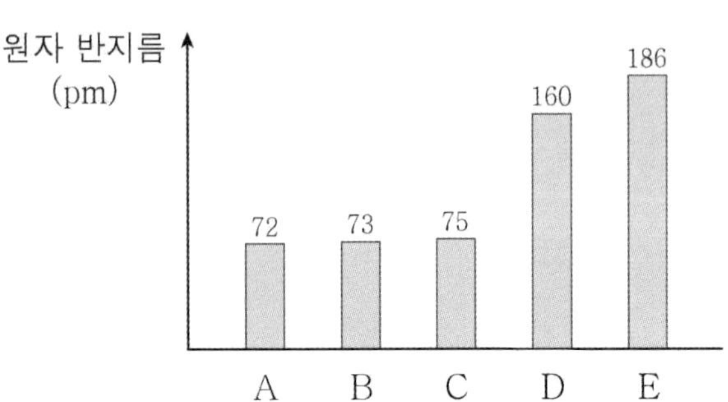

이에 대한 옳은 설명만을 <보기>에서 있는 대로 고른 것은? (단, A~E는 임의의 원소 기호이다.)

< 보 기 >

ㄱ. 원자 번호는 B>A이다.

ㄴ. 원자가 전자가 느끼는 유효 핵전하는 D>E 이다.

ㄷ. 제2 이온화 에너지는 B>C이다.

---

① ㄱ   ② ㄴ   ③ ㄱ, ㄷ

④ ㄴ, ㄷ   ⑤ ㄱ, ㄴ, ㄷ

"

55 22학년도 4월 17번

다음은 2, 3주기 원자 W~Z에 대한 자료이다.

○ W~Z의 원자가 전자 수

원자	W	X	Y	Z
원자가 전자 수	a	a	$a+1$	$a+3$

○ W~Z는 18족 원소가 아니다.
○ 제1 이온화 에너지는 W>Y>X이다.
○ 원자 반지름은 Z>Y이다.

이에 대한 설명으로 옳은 것만을 <보기>에서 있는 대로 고른 것은? (단, W~Z는 임의의 원소 기호이다.)

<보 기>

ㄱ. W는 2족 원소이다.

ㄴ. Z는 3주기 원소이다.

ㄷ. 바닥상태 전자 배치에서 Y의 홀전자 수는 2 이다.

① ㄱ 　　② ㄷ 　　③ ㄱ, ㄴ

④ ㄴ, ㄷ 　　⑤ ㄱ, ㄴ, ㄷ

56 23학년도 6월 2번

다음은 학생 A가 수행한 탐구 활동이다.

[가설]

○ 18족을 제외한 2, 3주기에 속한 원자들은 같은 주기에서 원자 번호가 커질수록 　⊙　

[탐구 과정]

(가) 18족을 제외한 2, 3주기에 속한 원자의 전기 음성도를 조사한다.

(나) (가)에서 조사한 각 원자의 전기 음성도를 원자 번호에 따라 점으로 표시한 후, 표시한 점을 각 주기별로 연결한다.

[탐구 결과]

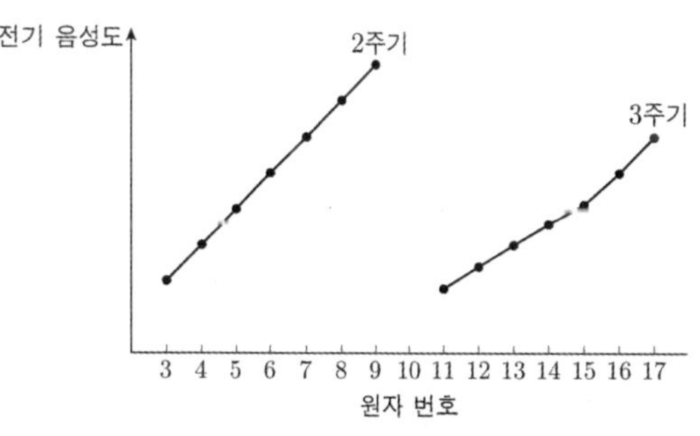

[결론]

○ 가설은 옳다.

학생 A의 결론이 타당할 때, 이에 대한 설명으로 옳은 것만을 <보기>에서 있는 대로 고른 것은?

<보 기>

ㄱ. '전기 음성도가 커진다.'는 ⊙으로 적절하다.

ㄴ. CO_2에서 C는 부분적인 음전하($\delta-$)를 띤다.

ㄷ. PF_3에는 극성 공유 결합이 있다.

① ㄱ 　　② ㄴ 　　③ ㄱ, ㄷ

④ ㄴ, ㄷ 　　⑤ ㄱ, ㄴ, ㄷ

57 23학년도 6월 10번

표는 2, 3주기 원자 X~Z의 제n 이온화 에너지 (E_n)에 대한 자료이다. X~Z의 원자가 전자 수는 각각 3 이하이다.

원자	E_n(103kJ/mol)			
	E_1	E_2	E_3	E_4
X	0.74	1.45	7.72	10.52
Y	0.80	2.42	3.65	24.98
Z	0.90	1.75	14.82	20.97

이에 대한 설명으로 옳은 것만을 <보기>에서 있는 대로 고른 것은? (단, X~Z는 임의의 원소 기호이다.)

<보 기>

ㄱ. Y는 Al이다.

ㄴ. Z는 3주기 원소이다.

ㄷ. 원자가 전자 수는 Y > X이다.

---

① ㄱ   ② ㄴ   ③ ㄷ

④ ㄱ, ㄴ   ⑤ ㄱ, ㄷ

58 23학년도 6월 14번

다음은 바닥상태 원자 W~Z에 대한 자료이다. W~Z의 원자 번호는 각각 7~13 중 하나이다.

○ W~Z의 홀전자 수

원자	W	X	Y	Z
홀전자 수	a	a	b	$a+b$

○ W는 홀전자 수와 원자가 전자 수가 같다.

○ 제1 이온화 에너지는 X>Y>W이다.

○ Ne의 전자 배치를 갖는 이온의 반지름은 Y>X이다.

W~Z에 대한 설명으로 옳은 것만을 <보기>에서 있는 대로 고른 것은? (단, W~Z는 임의의 원소 기호이다.)

<보 기>

ㄱ. Z는 17족 원소이다.

ㄴ. 제2 이온화 에너지는 W가 가장 크다.

ㄷ. 원자 반지름은 Y>Z이다.

---

① ㄱ   ② ㄴ   ③ ㄷ

④ ㄱ, ㄴ   ⑤ ㄴ, ㄷ

59 22학년도 7월 15번

다음은 바닥상태 원자 W~Z에 대한 자료이다.
W~Z는 각각 N, O, F, Na 중 하나이다.

- 홀전자 수는 X>Y이다.
- 원자 반지름은 Y>Z>W이다.
- $\dfrac{\text{제2 이온화 에너지}}{\text{제1 이온화 에너지}}$ 는 X>Z이다.

이에 대한 설명으로 옳은 것만을 <보기>에서
있는 대로 고른 것은? (단, W~Z는 임의의 원소
기호이다.)

<보 기>

ㄱ. X는 O이다.

ㄴ. Ne의 전자 배치를 갖는 이온 반지름은 Z>Y
이다.

ㄷ. 원자가 전자가 느끼는 유효 핵전하는 W>Z
이다.

① ㄱ   ② ㄷ   ③ ㄱ, ㄴ
④ ㄴ, ㄷ   ⑤ ㄱ, ㄴ, ㄷ

60 23학년도 9월 2번

다음은 학생 A가 수행한 탐구 활동이다.

[가설]

- 원자 번호가 5~9인 원자들은 원자가 전자
가 느끼는 유효핵전하가 커질수록 원자 반
지름이 ⟨ ㉠ ⟩.

[탐구 과정]

(가) 원자 번호가 5~9인 원자들의 원자 반지
름과 원자가 전자가 느끼는 유효 핵전하
를 조사한다.

(나) (가)에서 조사한 각 원자들의 원자 반지
름을 원자가 전자가 느끼는 유효 핵전하
에 따라 점으로 표시한다.

[탐구 결과]

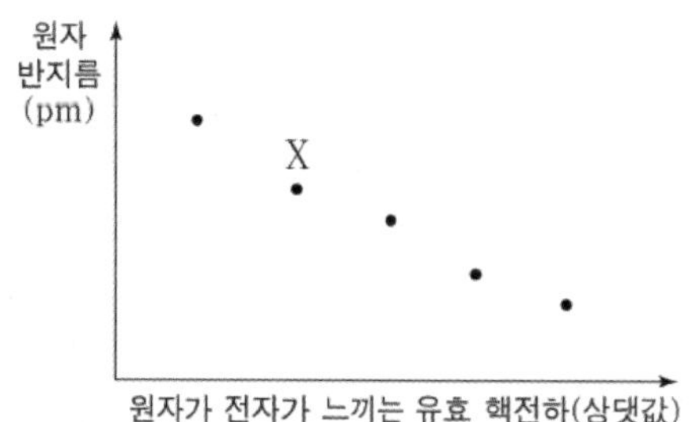

[결론]

- 가설은 옳다.

학생 A의 결론이 타당할 때, ㉠과 X의 원자 번호
로 가장 적절한 것은? (단, X는 임의의 원소 기
호이다.)

	㉠	X의 원자 번호
①	작아진다	6
②	작아진다	8
③	커진다	6
④	커진다	7
⑤	커진다	8

61 22학년도 10월 5번

표는 4가지 원자의 전기 음성도를 나타낸 것이다.

원자	H	C	O	F
전기 음성도	2.1	2.5	3.5	4.0

이에 대한 옳은 설명만을 <보기>에서 있는 대로 고른 것은?

<보 기>

ㄱ. HF에서 H는 부분적인 음전하($\delta-$)를 띤다.

ㄴ. H_2O_2에는 무극성 공유 결합이 있다.

ㄷ. CH_2O에서 C의 산화수는 0이다.

① ㄱ   ② ㄴ   ③ ㄱ, ㄷ

④ ㄴ, ㄷ   ⑤ ㄱ, ㄴ, ㄷ

62 22학년도 10월 12일

다음은 원자 W~Z에 대한 자료이다. W~Z는 각각 O, F, Mg, Al 중 하나이다.

○ 원자 반지름은 W > X > Y이다.

○ Ne의 전자 배치를 갖는 이온의 반지름은 Y > Z > X이다.

이에 대한 옳은 설명만을 <보기>에서 있는 대로 고른 것은?

<보 기>

ㄱ. Y는 O이다.

ㄴ. 제1 이온화 에너지는 W > X이다.

ㄷ. 원자가 전자가 느끼는 유효 핵전하는 Y > Z이다.

① ㄱ   ② ㄷ   ③ ㄱ, ㄴ

④ ㄴ, ㄷ   ⑤ ㄱ, ㄴ, ㄷ

다음은 바닥상태 원자 W~Z에 대한 자료이다. W~Z의 원자 번호는 각각 8~14 중 하나이다.

> ○ W~Z에는 모두 홀전자가 존재한다.
> ○ 전기 음성도는 W~Z 중 W가 가장 크고, X가 가장 작다.
> ○ 전자가 2개 들어 있는 오비탈 수의 비는 X : Y : Z = 2 : 2 : 1 이다.

이에 대한 설명으로 옳은 것만을 <보기>에서 있는 대로 고른 것은? (단, W~Z는 임의의 원소 기호이다.)

> ─── <보 기> ───
> ㄱ. Z는 2주기 원소이다.
> ㄴ. Ne의 전자 배치를 갖는 이온의 반지름은 X > W이다.
> ㄷ. 원자가 전자가 느끼는 유효 핵전하는 Y > X이다.

① ㄱ   ② ㄷ   ③ ㄱ, ㄴ
④ ㄱ, ㄷ   ⑤ ㄴ, ㄷ

그림 (가)는 원자 W~Y의 제3~제5 이온화 에너지($E_3 \sim E_5$)를, (나)는 원자 X~Z의 원자 반지름을 나타낸 것이다. W~Z는 C, O, Si, P을 순서 없이 나타낸 것이다.

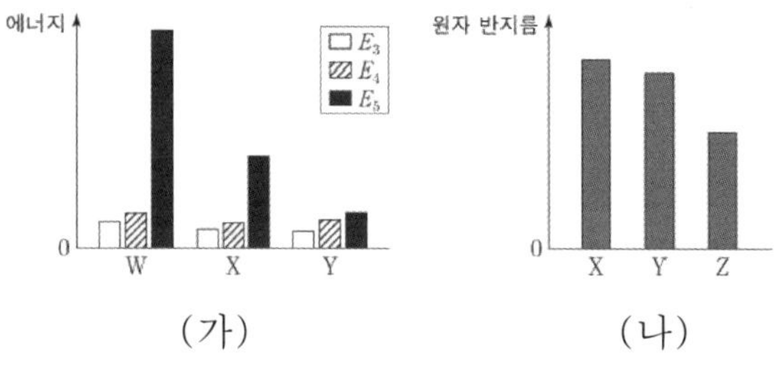

이에 대한 설명으로 옳은 것만을 <보기>에서 있는 대로 고른 것은?

> ─── <보 기> ───
> ㄱ. X는 Si이다.
> ㄴ. W와 Y는 같은 주기 원소이다.
> ㄷ. 제2 이온화 에너지는 Z>Y이다.

① ㄱ   ② ㄷ   ③ ㄱ, ㄴ
④ ㄱ, ㄷ   ⑤ ㄴ, ㄷ

65 24학년도 6월 13번

다음은 ㉠에 대한 설명과 2주기 바닥상태 원자 W~Z에 대한 자료이다. n은 주 양자수이고, l은 방위(부) 양자수이다.

○ ㉠ : 바닥상태 전자 배치에서 전자가 들어 있는 오비탈 중 $n+l$가 가장 큰 오비탈

○ ㉠에 들어 있는 전자 수와 원자가 전자가 느끼는 유효 핵전하($Z*$)

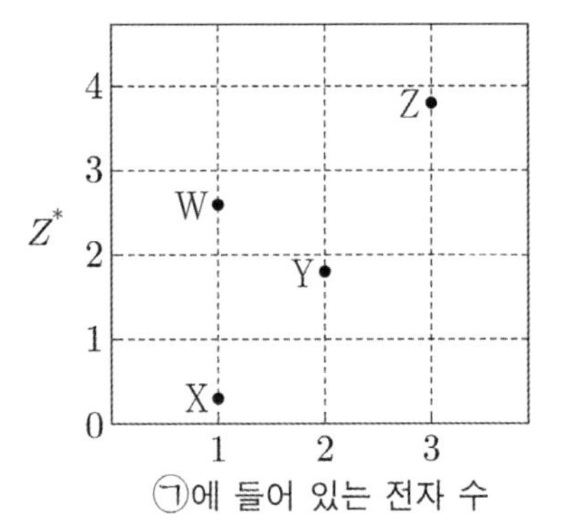

이에 대한 설명으로 옳은 것만을 <보기>에서 있는 대로 고른 것은? (단, W~Z는 임의의 원소 기호이다.)

─── <보 기> ───

ㄱ. Y는 탄소(C)이다.

ㄴ. 원자 반지름은 X>Z이다.

ㄷ. 전기 음성도는 Y>W이다.

① ㄱ   ② ㄴ   ③ ㄷ

④ ㄱ, ㄴ   ⑤ ㄴ, ㄷ

66 24학년도 9월 11번

그림은 원자 W~Z의 $\dfrac{\text{제1이온화에너지}(E_1)}{\text{제2이온화에너지}(E_2)}$를 나타낸 것이다. W~Z는 각각 Li, Be, B, C 중 하나이고, 제1 이온화 에너지는 Y>Z이다.

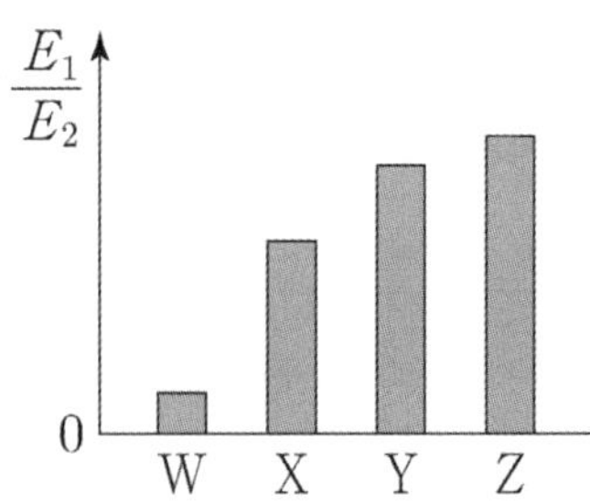

W~Z에 대한 설명으로 옳은 것만을 <보기>에서 있는 대로 고른 것은?

─── <보 기> ───

ㄱ. W는 Li이다.

ㄴ. 원자가 전자가 느끼는 유효 핵전하는 Y>X이다.

ㄷ. 원자 반지름은 Z가 가장 작다.

① ㄱ   ② ㄷ   ③ ㄱ, ㄴ

④ ㄴ, ㄷ   ⑤ ㄱ, ㄴ, ㄷ

67

그림은 이온 X^+, Y^{2-}, Z^{2-}의 전자 배치를 모형으로 나타낸 것이다.

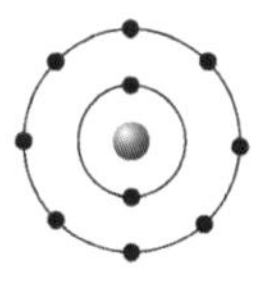
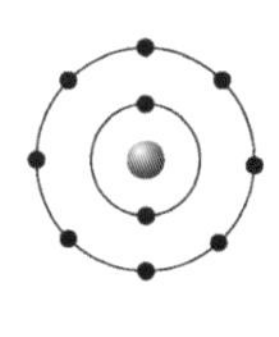
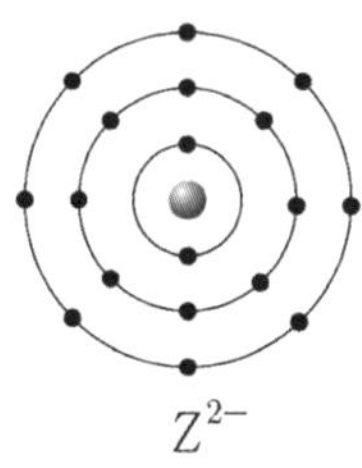

이에 대한 설명으로 옳은 것만을 <보기>에서 있는 대로 고른 것은? (단, X~Z는 임의의 원소 기호이다.)

___ <보 기> ___

ㄱ. X와 Y는 같은 주기 원소이다.

ㄴ. 전기 음성도는 Y>Z이다.

ㄷ. 원자가 전자가 느끼는 유효 핵전하는 X>Z 이다.

① ㄱ   ② ㄴ   ③ ㄷ

④ ㄱ, ㄴ   ⑤ ㄴ, ㄷ

68

그림 (가)는 원자 A~D의 제2 이온화 에너지 (E_2)와 ㉠을, (나)는 원자 C~E의 전기 음성도를 나타낸 것이다. A~E는 O, F, Na, Mg, Al을 순서 없이 나타낸 것이고, A~E의 이온은 모두 Ne의 전자 배치를 갖는다. ㉠은 원자 반지름과 이온 반지름 중 하나이다.

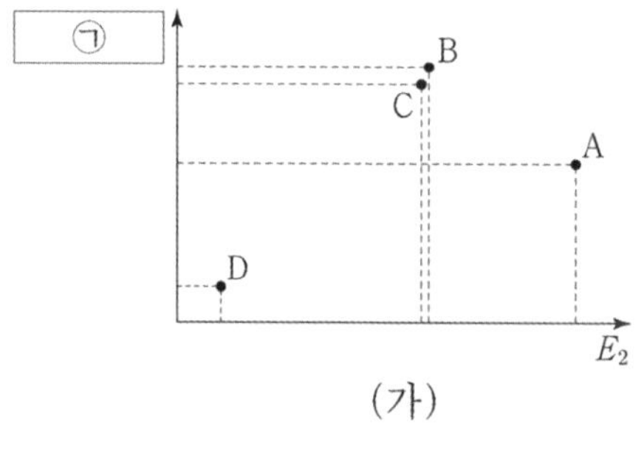

(가)

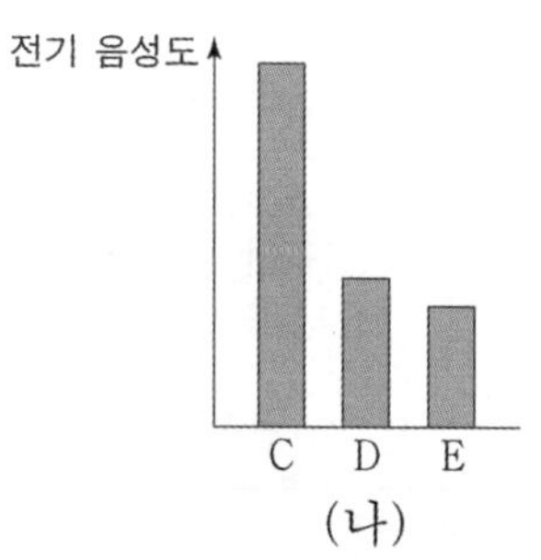

(나)

이에 대한 설명으로 옳은 것만을 <보기>에서 있는 대로 고른 것은?

___ <보 기> ___

ㄱ. B는 산소(O)이다.

ㄴ. ㉠은 원자 반지름이다.

ㄷ. $\dfrac{\text{제3 이온화 에너지}}{\text{제2 이온화 에너지}}$ 는 E>D이다.

① ㄱ   ② ㄷ   ③ ㄱ, ㄴ

④ ㄱ, ㄷ   ⑤ ㄴ, ㄷ

69 23년 10월 18번

다음은 원자 W~Z에 대한 자료이다.

- W~Z는 각각 O, F, Na, Al 중 하나이다.
- W~Z의 이온은 모두 Ne의 전자 배치를 갖는다.
- ㉠과 ㉡은 각각 $\dfrac{\text{이온 반지름}}{|\text{이온의 전하}|}$ 과 $\dfrac{\text{제2 이온화 에너지}}{\text{제1 이온화 에너지}}$ 중 하나이다.

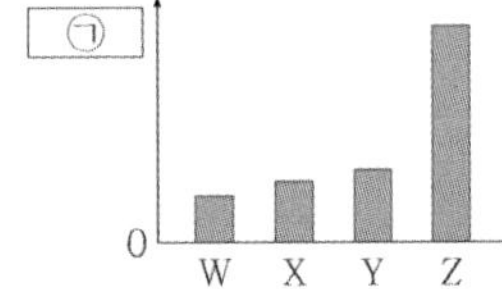
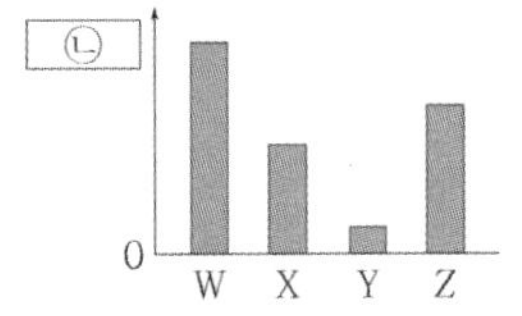

이에 대한 옳은 설명만을 <보기>에서 있는 대로 고른 것은?

<보　기>

ㄱ. ㉠은 $\dfrac{\text{제2 이온화 에너지}}{\text{제1 이온화 에너지}}$ 이다.

ㄴ. W는 F이다.

ㄷ. 원자 반지름은 Y>X이다.

① ㄱ　　　② ㄷ　　　③ ㄱ, ㄴ

④ ㄴ, ㄷ　　⑤ ㄱ, ㄴ, ㄷ

기출의 파급효과

과학탐구영역

과탐 역

화학 Ⅰ 상

해설

화학 I (상)

해설

빠른 정답

Chapter 1. 우리 생활 속의 화학

문항번호	정 답	문항번호	정 답	문항번호	정 답	문항번호	정 답	문항번호	정 답
1	ㄱ, ㄷ	2	②	3	ㄱ, ㄴ	4	④	5	(가),(다)
6	④	7	A, B	8	④	9	ㄱ, ㄴ	10	ㄱ, ㄷ
11	ㄱ, ㄷ	12	ㄱ, ㄴ	13	④	14	③	15	⑤
16	④	17	⑤	18	⑤	19	③	20	③
21	①	22	③						

Chapter 2. 화학식량과 몰

문항번호	정 답	문항번호	정 답	문항번호	정 답	문항번호	정 답	문항번호	정 답
1	ㄴ, ㄷ	2	ㄴ, ㄷ	3	ㄴ	4	ㄱ, ㄴ	5	ㄱ,ㄴ,ㄷ
6	ㄱ,ㄴ,ㄷ	7	48	8	ㄴ, ㄷ	9	ㄱ,ㄴ,ㄷ	10	ㄱ,ㄱ,ㄷ
11	ㄱ, ㄷ	12	$\dfrac{14}{3}$	13	ㄴ	14	ㄱ,ㄴ,ㄷ	15	ㄱ
16	15	17	ㄱ	18	$\dfrac{3}{2}$	19	ㄴ	20	5
21	⑤	22	③	23	①	24	⑤	25	⑤
26	②	27	④	28	⑤	29	⑤	30	③
31	④	32	②	33	③				

Chapter 3. 용액의 농도

문항번호	정 답	문항번호	정 답	문항번호	정 답	문항번호	정 답	문항번호	정 답
1	$\dfrac{9}{2}$	2	$\dfrac{25w}{a}$	3	$\dfrac{5}{19}a$	4	ㄱ, ㄷ	5	B, C
6	$\dfrac{5}{2}d$	7	②	8	$\dfrac{3}{25}$	9	ㄱ,ㄴ,ㄷ	10	45
11	$\dfrac{3}{10}$	12	ㄱ	13	0.1	14	ㄱ, ㄴ	15	①
16	②	17	②	18	①	19	③	20	④
21	③	22	①	23	①	24	①	25	①
26	④								

Chapter 4. 화학 양론(1)

문항번호	정 답	문항번호	정 답	문항번호	정 답	문항번호	정 답	문항번호	정 답
1	ㄱ	2	$\dfrac{1}{2}$	3	7	4	54	5	3
6	ㄱ, ㄴ	7	$\dfrac{5}{4}$	8	ㄴ	9	①	10	②
11	②	12	④	13	①	14	④	15	②
16	④	17	②	18	④	19	③		

화학 양론(2)

문항번호	정 답	문항번호	정 답	문항번호	정 답	문항번호	정 답	문항번호	정 답
1	$\dfrac{5}{4}w$	2	$\dfrac{3}{2}$	3	$\dfrac{27}{2}$	4	$\dfrac{4}{5}$	5	2
6	4	7	$\dfrac{30}{7}$	8	$\dfrac{5}{54}$	9	3	10	$\dfrac{9}{7}$
11	$\dfrac{1}{2}$	12	$\dfrac{5}{2}$	13	4	14	4	15	20
16	36	17	ㄴ, ㄷ	18	$\dfrac{46}{81}w$	19	$\dfrac{5}{2w}$	20	$40w$
21	3	22	$\dfrac{3}{5}$	23	18	24	④	25	④
26	②	27	②	28	③	29	①	30	①
31	③	32	②	33	④	34	②	35	①
36	⑤	37	②							

Chapter 5. 원자의 구조 (1)

문항번호	정 답	문항번호	정 답	문항번호	정 답	문항번호	정 답	문항번호	정 답
1	ㄱ,ㄴ,ㄷ	2	⑤	3	$\dfrac{62}{55}$	4	$\dfrac{3}{2}$	5	ㄴ
6	ㄴ, ㄷ	7	ㄱ, ㄴ	8	ㄱ,ㄴ,ㄷ	9	ㄱ, ㄷ	10	ㄴ
11	ㄱ	12	ㄱ, ㄷ	13	ㄱ, ㄷ	14	ㄴ, ㄷ	15	ㄱ,ㄴ,ㄷ
16	ㄴ, ㄷ	17	$\dfrac{21}{25}$	18	$\dfrac{2}{3}$	19	ㄱ, ㄴ	20	ㄴ, ㄷ
21	ㄴ	22	ㄱ,ㄴ,ㄷ	23	ㄱ, ㄴ	24	ㄴ, ㄷ	25	ㄱ, ㄴ
26	ㄴ, ㄷ	27	⑤	28	①	29	④	30	⑤
31	②	32	②	33	⑤	34	③	35	③
36	⑤	37	⑤	38	①				

원자의 구조 (2)

문항번호	정 답	문항번호	정 답	문항번호	정 답	문항번호	정 답	문항번호	정 답
1	ㄱ, ㄷ	2	ㄱ, ㄷ	3	ㄱ, ㄷ	4	ㄱ	5	①
6	ㄱ, ㄷ	7	ㄱ	8	7	9	④	10	ㄱ, ㄴ
11	④	12	ㄴ	13	ㄱ,ㄴ,ㄷ	14	ㄱ, ㄷ	15	ㄱ, ㄴ,ㄷ
16	ㄱ	17	ㄴ	18	ㄱ, ㄷ	19	ㄴ, ㄷ	20	ㄱ
21	ㄱ	22	ㄴ	23	②	24	ㄱ,ㄴ,ㄷ	25	④
26	ㄴ	27	ㄱ	28	ㄱ, ㄷ	29	④	30	ㄱ, ㄷ
31	①	32	③	33	⑤	34	②	35	④
36	③	37	①	38	⑤	39	①	40	④
41	⑤	42	③	43	②	44	②	45	⑤
46	⑤	47	①	48	⑤	49	③	50	②
51	①	52	①	53	③	54	③	55	②

문항번호	정 답	문항번호	정 답	문항번호	정 답	문항번호	정 답	문항번호	정 답
1	ㄴ	2	ㄱ	3	ㄴ, ㄷ	4	ㄱ, ㄷ	5	ㄱ
6	ㄱ, ㄴ	7	ㄱ,ㄴ,ㄷ	8	ㄴ, ㄷ	9	ㄱ, ㄷ	10	ㄱ
11	ㄱ	12	ㄱ	13	ㄴ, ㄷ	14	ㄱ, ㄴ	15	ㄱ, ㄷ
16	ㄱ, ㄷ	17	ㄱ,ㄴ,ㄷ	18	ㄴ	19	③	20	ㄱ, ㄷ
21	ㄱ,ㄴ,ㄷ	22	ㄱ, ㄷ	23	ㄱ	24	ㄴ, ㄷ	25	ㄱ,ㄴ,ㄷ
26	③	27	ㄴ, ㄷ	28	ㄱ,ㄴ,ㄷ	29	ㄱ, ㄷ	30	ㄱ, ㄷ
31	③	32	②	33	ㄱ, ㄷ	34	ㄴ	35	ㄱ, ㄴ
36	ㄴ, ㄷ	37	ㄱ, ㄷ	38	ㄴ	39	ㄱ	40	ㄱ
41	ㄱ, ㄴ	42	①	43	ㄱ	44	ㄱ, ㄴ	45	(가)
46	ㄱ,ㄴ,ㄷ	47	ㄱ,ㄴ,ㄷ	48	ㄴ	49	(라)	50	X>Z>Y
51	(다)	52	②	53	ㄷ	54	④	55	③
56	③	57	③	58	②	59	⑤	60	①
61	④	62	③	63	④	64	④	65	②
66	③	67	②	68	④	69	⑤		

01 22학년도 수능 2번

정답 : ㄱ, ㄷ

ㄱ. CH_3COOH는 물에 녹이면 CH_3COO^-와 H^+로 이온화 되어 산성 수용액이 된다.

ㄴ. NH_3는 분자내에 탄소(C)가 없으므로 탄소화합물은 아니다.

ㄷ. 에탄올은 의료용 소독제로 이용된다.

02 21학년도 10월 1번

정답 : ②

CH_4는 천연가스의 주성분이다 아세트산(CH_3COOH)의 수용액은 산성이고 에탄올(C_2H_5OH)는 물에 녹아서 중성이며 손소독제를 만드는데 사용한다.

03 22학년도 9월 2번

정답 : ㄱ, ㄴ

(가)의 물질은 암모니아이며, (나)의 물질은 아세트산(CH_3COOH)이다.

ㄱ. (가)는 질소 비료의 원료로 사용된다.

ㄴ. CH_3COOH는 물에 녹이면 CH_3COO^-와 H^+로 이온화 되어 산성 수용액이 된다.

ㄷ. (가)는 탄소화합물이 아니며, (나)는 탄소화합물이다.

* 단순하게 생각해서 물질에 탄소(C)가 있으면 탄소화합물, 없으면 탄소화합물이 아닌 물질이다.

04 21학년도 7월 5번

정답 : ④

맨 앞에 나와있는 그림은 폼알데하이드(CH_2O)이다. (가)의 물질은 아세트산 (CH_3COOH)이며,
(나)의 물질은 메테인 (CH_4), (다)의 물질은 에탄올 (C_2H_5OH)이다.

* 기출들을 보다보면 각각의 물질에 대응하는 표현들이 한정적이기 때문에 해당 물질들의 특성을 암기
해서 바로 대응시킬 수 있도록 하여야 한다.

Tip

혹시나 아세트산과 에탄올이 헷갈리신다면 아세트산은 산소(O)가 2개,
에탄올은 산소(O)가 1개로 암기하시길 바랍니다.

05 22학년도 6월 1번

정답 : (가), (다)

탄소화합물의 정의는 탄소를 포함하는 화합물이니 (가)의 설탕과 (다)의 아세트산이 탄소화합물이다.

06 21학년도 4월 1번

정답 : ④

하버 보슈법을 통하여 암모니아를 원료로 만든 질소비료로 식량문제를 해결하였다.
석회석을 원료로 만들 물질로 주거 문제를 해결하였다.

07 21학년도 3월 1번

정답 : A , B

CH_4는 천연가스의 주성분이다 에탄올은 탄소(C), 수소(H), 산소(O)의 3가지 원소로 구성되어있다.
CH_3COOH는 물에 녹이면 CH_3COO^-와 H^+로 이온화 되어 산성 수용액이 된다.

08 21학년도 수능 1번

정답 : ④

탄소 화합물의 정의는 탄소를 포함한 화합물이며 에탄올이 탄소를 포함하고 있다.

09 20학년도 10월 1번

정답 : ㄱ, ㄴ

ㄱ은 질소, ㄴ은 암모니아, ㄷ은 나일론이다.

나일론(합성섬유)는 천연섬유 보다 대량생산이 쉽다고 질기다는 장점이 있다.

ㄴ은 NH_3로 4원자 분자이며 ㄱ은 N_2로 2원자 분자이므로

분자를 구성하는 원자수는 ㄴ이 ㄱ의 2배이다.

10 21학년도 9월 1번

정답 : ㄱ, ㄷ

나일론은 합성섬유이다. ⓛ은 수소기체이다.

암모니아를 이용한 질소 비료는 인류의 식량 부족 문제를 개선하는데 기여하였다.

11 21학년도 6월 2번

정답 : ㄱ, ㄷ

(가)는 메테인, (나)는 아세트산, (다)는 에탄올이다. CH_4는 천연가스의 주성분이다.

CH_3COOH는 물에 녹이면 CH_3COO^-와 H^+로 이온화 되어 산성 수용액이 된다.

에탄올은 손 소독제를 비롯한 의약품을 만드는데 사용된다.

12 20학년도 3월 2번

정답 : ㄱ, ㄴ

(가)는 메테인, (나)는 에탄올, (다)는 아세트산이다. CH_4는 액화천연가스(LNG)의 주성분이다.

액화 석유 가스(LPG)의 주성분은 프로페인(C_3H_8), 뷰테인(C_4H_{10})이다.

CH_3COOH는 물에 녹이면 CH_3COO^-와 H^+로 이온화 되어 산성 수용액이 된다.

$\dfrac{H\ 원자\ 수}{C\ 원자\ 수}$ 는 (가)가 4, (나)가 3, (다)가 2로 (가)가 가장 크다.

13 22학년도 3월 1번

정답 : ④

CH_3COOH는 C, H, O로 구성된 탄소 화합물이고, CH_3COOH는 물에 녹아서 산성을 띈다.

14 22학년도 4월 1번

정답 : ③

ㄱ. 플라스틱은 공업적으로 대량 생산이 가능하다.

ㄴ. CH_3COOH는 물에 녹여 수용액을 만들 때 수소 이온을 내놓으므로
$CH_3COOH(aq)$는 산성이다.

ㄷ. 탄소 화합물은 탄소(C)를 기본으로 다른 원자들이 공유 결합하여 이루어진 화합물이다.
SO_2는 탄소를 가지고 있지 않으므로 SO_2는 탄소화합물이 아니다.

15 23학년도 6월 1번

정답 : ⑤

ㄱ. 에탄올(C_2H_5OH)은 탄소(C) 원자를 중심으로 수소(H) 원자와 산소(O)원자가 공유 결합하여
이루어진 화합물이므로 탄소 화합물이다.

ㄴ. 아세트산(CH_3COOH)을 물에 녹이면 이온화되어 수소 이온(H^+)을 내놓으므로 산성 수용액이 된다.

ㄷ. 암모니아(NH_3)는 질소 비료의 원료로 사용되므로 ⓒ으로 적절하다.

16 22학년도 7월 3번

정답 : ④

식초의 성분으로 쓰이는 X는 CH_3COOH이다.

㉠, ㉢을 활용하여 만든 Z는 C_2H_5OH이고, 남은 Y는 CH_4이다.

ㄱ. X의 구조식을 완성하기 위해 사용한 퍼즐은 ㉠과 ㉣이다.

ㄴ. 액화 천연가스의 주성분은 CH_4이다.

ㄷ. Z(C_2H_5OH)는 극성이므로 물에 잘 녹는다.

17 23학년도 9월 1번

정답 : ⑤

ㄱ. 메테인(CH_4)은 액화 천연 가스(LNG)의 주성분이다.

ㄴ. 탄소 화합물은 탄소(C)를 골격으로 다른 원자들이 공유 결합하여 이루어진 화합물이므로
뷰테인(C_4H_{10})은 탄소 화합물이다.

ㄷ. 뷰테인(C_4H_{10})은 액화 석유 가스(LPG)의 주성분으로 뷰테인(C_4H_{10})의 연소 반응은 발열반응이다.

18 22학년도 10월 1번

정답 : ⑤

(가)~(다)는 각각 암모니아(NH_3), 메테인(CH_4), 아세트산(CH_3COOH)이다.

ㄱ. 암모니아(NH_3)는 질소 비료를 만드는데 쓰인다.
ㄴ. 메테인(CH_4)은 액화 천연가스의 주성분이다.
ㄷ. 아세트산(CH_3COOH)을 물에 녹이면 이온화되어 수소 이온(H^+)을 내놓으므로
　　산성 수용액이 된다.

19 23학년도 수능 1번

정답 : ③

ㄱ. 에탄올(C_2H_5OH)은 살균 효과가 있으므로 의료용 소독제로 이용된다.
　　따라서 '의료용 소독제로 이용된다'는 ㉠으로 적절하다.
ㄴ. $CaCl_2$를 물에 용해시키면 열이 발생하므로 $CaCl_2$이 물에 용해되는 반응은 발열반응이다.
ㄷ. 탄소 화합물은 탄소를 기본골격으로 다른 원자들이 공유결합하여 이루어진 화합물이다.
　　$CaCl_2$에는 탄소가 없으므로 탄소화합물이 아니다.

20 24학년도 6월 1번

정답 : ③

ㄱ. ㉠은 탄소와 수소를 구성 원소로 하는 탄소 화합물이다.
ㄴ. ㉡을 물에 녹이면 염기성이 아닌 산성 수용액이 된다.
ㄷ. ㉢이 기화되는 반응은 열을 흡수하여 주위을 온도를 낮추는 흡열 반응이다.

21 24학년도 9월 1번

정답 : ①

학생 A. 메테인(CH_4)은 탄소와 수소로 구성 되어있는 탄소화합물이다.
학생 B. 메테인(CH_4)의 연소는 발열 반응이다.
학생 C. 질산 암모늄(NH_4NO_3)이 물에 용해되는 반응은 주위의 열을 흡수하여 주위의 온도를 낮추는
　　　흡열 반응이다.

22 24학년도 수능 1번

정답 : ③

ㄱ. 에탄올(C_2H_5OH)은 구성 원소에 탄소(C)가 포함된 탄소 화합물이다.

ㄴ. 에탄올(C_2H_5OH)이 증발할 때는 주위의 열을 흡수하며 주위의 온도가 낮아진다.

ㄷ. 철가루(Fe)가 산화되는 반응은 주위로 열을 방출하는 발열 반응이다.

01 22학년도 수능 18번

정답 : ㄴ, ㄷ

실제로 이 문제를 현장에서 풀어보게 된다면 실제로 시간과 계산량에 대한 압박감이 심하게 느껴졌을 것이다. 그렇기에 가장 효율적인 계산 방법들을 자료들을 통해서 눈치채야 하며 그러한 길을 찾느냐 찾지 못하느냐에 따라 계산량 차이가 꽤나 날 수도 있다.

0) 선지를 확인해보면 문제에서 요구하는 값이 모두 분수(비율)라는 사실을 확인할 수 있다.
   따라서 앞의 개념에서 언급했던 어짜피 비율이라는 기술을 사용할 수 있다.

1-1) (가) 자료의 XY_2의 양을 a mol, YZ_4의 양을 b mol 이라 하자.

$\dfrac{X의\ 원자수}{Z의\ 원자수}$ 가 $\dfrac{3}{16}$ 이므로 위를 계산해보면 $\dfrac{a}{4b}$ 가 $\dfrac{3}{16}$ 이다.

a:b = 3:4이므로 a와 b 를 각각 3n, 4n으로 나타낼수 있다.

1-2) 똑같은 방식으로 (나)의 자료에 XY_2, X_2Z_4의 양을 각각 cmol, dmol이라 한다면
   c:d = 1:2이므로 c와 d를 각각 m, 2m으로 나타낼수 있다.

※ 이 과정에서 (나)의 자료를 m, 2m이 아닌 (가) 처럼 n, 2n으로 나타내면 안된다.
   물론, 이 문제에서는 우연히 n=m이 도출 되기 때문에 답은 맞추긴 하겠지만 2)의 단계를 거치지 않고 1)의 단계만 거친 상태에서 그냥 바로 n으로 잡는 것은 논리적으로 오류이다.

2) 단위 질량당 Y원자수의 자료를 활용하면 $\dfrac{10n}{55w}$: $\dfrac{2m}{23w}$ = 23 : 11이 나오고 이 식을 통하여
   n=m임을 알 수 있다.

3) 어짜피 비율이라는 기술을 사용할 수 있는 상황이므로 n=m이라는 비율을 만족하는 임의의 실제값을 대입할 수 있다. 따라서 n과 m 대신에 1이라는 실제값을 넣어서 문제의 상황을 관찰해보자.

용기	XY_2	YZ_4	X_2Z_4
(가)	3mol	4mol	
(나)	1mol		2mol

4) 문제에서 주어진 (나) 용기 내부의 $\dfrac{\text{X의 질량}}{\text{Y의 질량}} = \dfrac{15}{16}$ 이라는 자료를 관찰해보자.

(나)의 용기에 들어있는 X의 질량과 Y의 질량을 문제에서 주어진 조건에 따라
각각 $15k$와 $16k$라고 하자.
(나)의 용기에 들어있는 X와 Y의 양은 각각 5mol과 2mol로 표현 되어 있다.
이를 이용해 X와 Y의 분자량을 구하면 각각 $3k$와 $8k$임을 알 수 있다.

5) 이때 다시 한번 어짜피 비율이라는 기술을 사용할 수 있다.
X의 분자량과 Y의 분자량의 비율은 3:8인데 이를 만족하는 편리한 임의의 실제값인 3과 8을 X의
분자량과 Y의 분자량으로 사용하고, 이때의 Z의 상대적인 분자량을 z라는 미지수를 사용해보자.
이렇게 풀이 하게 되면 원래 x, y, z라는 세 개의 미지수를 사용해야 하던 문제를 z라는 하나의 미
지수만 사용하고 문제를 풀이할 수 있게 된다.
이제 용기 (가)와 (나)의 전체 질량비가 55:23이라는 사실을 이용하여 식을 작성해보자

$$\underbrace{\underbrace{3\times3}_{\text{X의 질량}}+\underbrace{(2\times3+4)\times8}_{\text{Y의 질량}}+\underbrace{4\times4\times z}_{\text{Z의 질량}}}_{\langle\text{용기 (가)}\rangle} : \underbrace{\underbrace{(1+2\times2)\times3}_{\text{X의 질량}}+\underbrace{2\times8}_{\text{Y의 질량}}+\underbrace{4\times2\times z}_{\text{Z의 질량}}}_{\langle\text{용기 (나)}\rangle} = 55:23$$

위 비례식을 풀면 Z의 분자량인 z의 값이 $\dfrac{19}{4}$라는 사실을 알 수 있다.

ㄱ. (가)에서 $\dfrac{\text{X의 질량}}{\text{Y의 질량}} = \dfrac{3\times3}{(2\times3+4)\times8} = \dfrac{9}{80}$ 이다.

ㄴ. $\dfrac{\text{(나)에 들어 있는 전체 분자 수}}{\text{(가)에 들어 있는 전체 분자 수}} = \dfrac{1+2}{3+4} = \dfrac{3}{7}$ 이다.

ㄷ. $\dfrac{\text{X의 원자량}}{\text{Y의 원자량 + Z의 원자량}} = \dfrac{3}{8+\dfrac{19}{4}} = \dfrac{12}{32+19} = \dfrac{4}{17}$ 이다.

02 21학년도 10월 18번

정답 : ㄴ, ㄷ

1) 우선 눈에 가장 띄는 자료부터 해석해 보도록 하자. (나)와 (다)의 1g당 부피가 같다고 했으므로
(나)와 (다)의 분자량은 같으며 (나)와 (다)의 분자량이 같으며, (나)와 (다)의 분자량이 같은 상황에
서, 1g당 전체 원자수(1g당 분자수×한분자당 원자수)가 같으므로 (나)와 (다)는 한분자당 원자수도
같음을 알 수 있다.

2) 만약 (나)와 (다)가 2원자 분자라면 $Y > Z > X$.에 의해서 XY와 YZ의 분자량은 같을 수가 없으며
반드시 $YZ > XY$가 된다.
따라서 (나) 와 (다)의 분자당 구성원자수가 3인 3원자 분자이다.
(나)와 (다)가 분자량이 같음을 고려하면 (나)는 XY_2, (다)는 YZ_2가 된다.

3) (가)와 (나)의 1g당 부피비가 $11:7$인데 1g당 전체 원자수가 $22:21$이므로
(가)와 (나)의 분자당 구성 원자수의 비는 $2:3$이다. 따라서 (가) 는 2원자 분자인 XY이다.
(가) : XY, (나) : XY_2, (다) : YZ_2 이며 이들의 분자량 비는 $7:11:11$ 임을 연립하면
$X:Y:Z = 3:4:3.5$ 이다.

※ 문제의 선지를 확인해봤을 때, 단순한 대응을 요구하는 ㄱ선지를 제외한 나머지 모든 선지가 요구하
는 값이 비율임을 알 수 있다. 따라서 어짜피 비율이라는 기술을 사용할 수 있다. 따라서 마지막 3)
과정에서 분자량 7:11:11을 연립할 때 이 비율을 만족하는 편리한 임의의 실제값인 7, 11, 11을
대입하여 연립할 수 있다.

ㄱ. (가) 분자식은 XY이다.
ㄴ. 원자량 비는 $X : Z$ 는 6:7이다.
ㄷ. 1g 당 Y원자 수 비는 (나) : $\dfrac{2}{11}$, (다) $\dfrac{1}{11}$이므로 (나)가 (다)의 2배이다.

03 22학년도 9월 18번

정답 : ㄴ

자료에서 1g당 분자수가 (가) : (나) = $15:22$라 하였으므로 (가)와 (나)의 분자량 비는 $22:15$이다.

$$\dfrac{Y의\ 질량}{X의\ 질량}(상댓값)은\ \dfrac{분자당\ Y의\ 개수}{분자당\ X의\ 개수}(상댓값)\ 으로\ 해석할\ 수\ 있다.$$

분자당 구성 원자 수 5 이하라는 조건과, (가), (나), (다)의 $\dfrac{분자당\ Y의\ 개수}{분자당\ X의\ 개수}$ 의 비율이 1:2:3이라는 조건을 만족하는 케이스를 정리해보면 다음과 같다.

	(가)	(나)	(다)
case1)	XY	XY_2	XY_3
case2)	X_2Y	X_2Y_2	X_2Y_3
case3)	X_2Y	XY	X_2Y_3

하지만 case1)과 case2)의 경우 (가)의 분자량이 (나)의 분자량보다 크다는 것에 모순이 발생하게 되므로 case3)으로 확정이 가능하다.

따라서 (가)는 X_2Y (나)는 XY (다)는 X_2Y_3가 되며

이들의 $\dfrac{분자당\ Y의\ 개수}{분자낭\ X의\ 개수}$ 의 실세값은 $\dfrac{1}{2}$ $1, \dfrac{3}{2}$ 로 확정이 가능하다.

문제의 선지를 관찰해 보았을 때 단순한 대응을 물어보는 ㄴ선지를 제외한 나머지 선지가 요구하는 값이 비율이라는 사실을 확인할 수 있다. 따라서 어짜피 비율이라는 기술을 사용할 수 있다. (가)와 (나)의 분자량의 비율인 22:15를 만족하는 편리한 임의의 실제값인 22와 15를 실제값으로서 사용이 가능하고, 이를 바탕으로 X와 Y의 원자량을 구하게 되면 각각 7과 8임을 알 수 있다.

ㄱ. $\dfrac{Y의\ 원자량}{X의\ 원자량} = \dfrac{8}{7}$ 이다.

ㄴ. (나)의 분자식은 XY 이다.

ㄷ. $\dfrac{(다)의\ 분자량}{(가)의\ 분자량} = \dfrac{38}{22}$ 로 $\dfrac{19}{11}$ 이다.

※ 야매이긴 하지만 사실 이 문제를 현장에서 처음 보았을 때 (가) : (나) 의 분자량이 $15:22$를 보고 (30) (44) 를 떠올렸다면 NO, N_2O 를 바로 대입해서 푸는 것도 가능한 풀이 중 하나이긴 합니다. 하지만 학습, 공부하는 과정에서는 지양해야 하는 풀이이며 실전에서도 시간이 부족하지 않은 이상 논리적인 단계를 거쳐 문제를 해결하길 바랍니다.

정답 : ㄱ, ㄴ

기체 A는 2원자 분자이므로 X_2임으로 화학식이 고정된다. 자료에서 단위 질량당 전체 원자수(상댓값)을 보게 된다면 이 표현은 (단위 질량당 분자수) × (분자당 구성 원자수) 이므로 $A:B:C$ 의 단위 질량당 전체 원자수 $11:12:10$ 을 분자당 구성 원자수 $2:3:5$ 로 나누게 되면 단위 질량당 전제 분자수 비인 $5.5:4:2$ 를 도출할 수 있으며 이에 역수를 취하여 정리해주면 분자량 비가 나오는데 정수로 정리하게 되면 기체 $A:B:C$ 의 분자량 비가 $8:11:22$ 임을 알 수 있다.

B 1g당 들어 있는 X원자 수와 C 1g에 들어 있는 Z 원자수가 같다는 조건을 살펴보도록 하자.

이는 $\dfrac{\text{B 한분자에 들어 있는 X 원자수}}{\text{B의 분자량}} = \dfrac{\text{C 한분자에 들어 있는 Z 원자수}}{\text{C의 분자량}}$ 이라는 것인데 위에서 우리가 구한 조건상, B와 C의 분자량이 $1:2$ 이므로 양 변이 같기 위해서는 (B 한분자에 들어있는 X 원자수) : (C 한분자에 들어있는 Z원자수) 가 $1:2$ 임을 알 수 있다.

여기서 케이스가 두가지로 도출된다.

1) B가 XY_2이고 C가 Y_3Z_2인 경우

   A : X_2(8) B : XY_2(11) C : Y_3Z_2(22)

   기체에 들어 있는 Y의 질량 조건에 따라서 B와 C 가 가지는 Y의 질량이 $2:1$ 이 되어야 한다.
   이는 (한 분자당 포함되어 있는 Y의 몰수) × (기체의 몰수) 로 해석할 수 있다.
   한분자당 포함되어 있는 Y의 몰수는 $B:C$ 가 $2:3$ 이므로 B와 C 의 몰비 는 $3:1$ 이 된다.
   하지만 분자량이 $1:2$ 인 기체 B 와 C의 몰수비가 $3:1$ 이라면 기체의 질량비는 $3:2$ 가 되는데 이는 A~C 의 기체의 질량이 xg 으로 일정하다는 조건에 위배된다. 따라서 이는 모순이다.

2) B가 X_2Y이고 C가 YZ_4인 경우

   A : X_2(8)   B : X_2Y(11)   C : YZ_4(22)

   이를 연립 하여 원자량을 구하면 X(4), Y(3), $Z\left(\dfrac{19}{4}\right)$ 이고, 이들을 간단한 정수비로 나타내기 위해 A,B,C 의 분자량과 X,Y,Z 의 원자량에 모두 4를 곱하여 나타내면
   A: X_2(32)   B : X_2Y(44)   C : YZ_4(88)

   X(16), Y(12), Z(19) 임을 알 수 있다.
   또한 이들이 각각 같은 질량을 가지기 위해서 A,B,C 의 몰수비는 $11:8:4$ 가 되어야 한다.

ㄱ. $\dfrac{\text{B(g)의 양(mol)}}{\text{A(g)의 양(mol)}}$ 은 $\dfrac{8}{11}$ 이다.

ㄴ. C의 분자식은 YZ_4 이므로 C 1mol 에 들어 있는 Y 원자의 양은 1mol 이다.

ㄷ. A,B,C 의 몰수를 각각 임의로 11mol, 8mol, 4mol 로 정하면 x의 값은 11×32 가 된다.

y는 C 4mol에 포함된 Y의 질량이기에 $4 \times 12 = 48$ 따라서 $\dfrac{x}{y} = \dfrac{22}{3}$ 이다.

* X_2와 X_2Y, YZ_4 가 각각 O_2, CO_2, CF_4 이긴 하지만 학습하는 과정에서는 지양하도록 하자.

05 21학년도 4월 10번

정답 : ㄱ, ㄴ, ㄷ

주어진 자료를 살펴보도록 하자. '단위 부피당 질량' 은 '분자량'과 비례하는 자료이다.
분자량의 비가 $8 : 27$의 비율인데, 자료를 살펴보면 (가)의 실제 분자량이 32 임을 통하여
$8 : 27 = 32 : a$임을 알 수 있고 $a = 108$ 이다.
1g에 들어 있는 전체 원자수를 살펴 보았을 때 이 표현은 (1g당 분자수)×(한 분자당 포함된 원자수)

이다. (가) 의 분자량이 32이므로 $\dfrac{m+n}{32} = \dfrac{3}{16}$ 임을 알 수 있고 $m + n = 6$이다.

또한 (나)의 분자량이 108이므로 $\dfrac{n+n+n}{108} = \dfrac{1}{9}$ 이다.

따라서 $3n = 12$, $n = 4, m = 2$ 임을 알 수 있다.

X_2H_4(32) 임을 통하여 X(14) 임을 알 수 있고,

(나)에서 $X_4Y_4H_4$(108) 을 통하여 Y(12) 임을 알 수 있다.

ㄱ. a 는 108이다.

ㄴ. $m = 2$ 이다.

ㄷ. 원자량 비는 $X : Y = 14 : 12 = 7 : 6$이다.

06 21학년도 3월 18번

정답 : ㄱ, ㄴ, ㄷ

우선 자료에서 실제 부피에 관한 값이 하나도 주어지지 않았으므로
전체적으로 부피를 V에 관한 비례 관계로 다루게 될 것이다.
그러니 임의로 V L에 기체 1몰이 들어 있다고 생각하자.
X 40g 이 VL이므로 X의 분자량은 40, $X(40)$으로 나타 낼수 있고,

Y_2 8g을 추가하였는데 부피가 $\frac{1}{4}$V 늘었음을 통하여 $Y_2(32)$ 임을 도출할 수 있다.

문제의 발문에 의하여 실린더 속 전체 원자 수 비는 (나) : (다) = $3 : 7$ 인데,
각각의 실린더에 들어 있는 기체들을 비교해 보면

(나) : X 1mol, Y_2 $\frac{1}{4}$mol   (다) : X 1mol, Y_2 $\frac{1}{4}$mol, ZY_3 n mol

(나)의 전체 원자수는 $\frac{3}{2}$이므로 $3 : 7$ 이 되기 위해서는 (다)의 전체 원자수가 $\frac{7}{2}$이어야 한다.

이를 통해 (다)의 실린더에 ZY_3 기체가 $\frac{V}{2}$L 들어 있고 $ZY_3(80)$ 임을 알 수 있다.

연립을 통하여 $X(40)$, $Y(16)$, $Z(32)$ 임을 알 수 있다.

ㄱ. (다) 에서 a = $\frac{7}{4}$이다.

ㄴ. 원자량 비는 $X : Z = 40 : 32 = 5 : 4$ 이다.

ㄷ. 1g에 들어 있는 전체 원자수는 각각 $\frac{2}{32}$, $\frac{4}{80}$이므로 Y_2가 ZY_3보다 더 크다.

※ ㄷ선지를 판단할 때 앞서 개념에서 언급한대로 1g에 들어 있는 전체 원자수의 대소를 판단할 때는
   가벼운 원자의 비율이 큰 분자가 크다고 생각한다면 된다고 하였다. Y_2와 ZY_3의 구성원자인 Z와
   Y중에서 Y의 분자량이 16으로 더 가벼운데, 상대적으로 Y의 비율이 더 큰 Y_2가 1g에 들어 있는
   전체 원자수의 값이 더 크다고 판단하면 더 빠르게 판단이 가능하다.

07 21학년도 수능 17번

정답 : 48

자료에서 CH_4 14.4g 을 CH_4의 화학식량 16 으로 나누면 CH_4이 0.9 mol 있음을 알 수 있다. $C_2H_5OH(46)$ 이므로 C_2H_5OH 23g 은 C_2H_5OH 분자가 0.5 mol 있는 것임을 알 수 있다.

이들을 바탕으로 (가)의 $\dfrac{\text{산소 원자수}}{\text{전체 원자수}} = \dfrac{0.5}{4.5+4.5}$ 임을 알 수 있고

(나)의 $\dfrac{\text{산소 원자수}}{\text{전체 원자수}}$ 는 (가)의 2배라고 하였으므로 해당 값은 $\dfrac{1}{9}$ 가 된다.

(가) → (나) 에서 CH_3OH xg 을 첨가하였는데 이는 $\dfrac{x}{32}$ mol 이고 이를 바탕으로 식을 세우게 되면

$$\dfrac{0.5+\dfrac{x}{32}}{4.5+4.5+\dfrac{6x}{32}}=\dfrac{1}{9}$$ 가 되고 식을 정리하면 $x=48$ 이라는 값을 얻어 낼 수 있다.

※ CH_3OH xg에 해당하는 몰수를 분자량 32를 도입하여 $\dfrac{x}{32}$ mol이라고 잡고 식을 전개해나가도 되지만, CH_3OH xg에 해당하는 몰수를 새로운 미지수인 X를 도입하여 계산하면 더욱 편리하게 계산이 가능하다. 여기서 알 수 있듯이 문제 조건에서 사용하고 있는 자료(질량, 몰수, 부피등)에 맞는 새로우 미지수를 잡는 것이 화학 문제 풀이에 있어서 중요한 하나의 능력으로 작용하기도 한다.

08 21학년도 9월 17번

정답 : ㄴ, ㄷ

온도와 압력이 일정할 때 기체의 양(mol) 은 기체의 부피에 비례한다.

자료들을 정리하여서 A_2B_4 VL 가 23g, AB $\dfrac{4V}{3}$ L가 10g, A_2B 2VL가 wg 임을 알 수 있다.

처음에 접근할 때 A_2B_4 VL 를 1몰로 생각하고 접근하게 된다면,

$A_2B_4(23)$, AB $(\dfrac{15}{2})$의 꼴로 나오게 되는데 저는 최대한 화학식량들이 분수가 아니라 정수로 나오는 것을 선호하므로 VL 를 0.5 몰이라고 생각해주자.

그러면 $A_2B_4(46)$, AB(15) $A_2B(w)$ 라는 값을 도출해 낼 수 있다.

위 식들을 연립하게 되면 A(7), B(8) 임을 알 수 있으며 $w=22$ 가 나온다.

ㄱ. A(7), B(8) 이므로 원자량은 A $<$ B이다.

ㄴ. w = 22이다.

ㄷ. (다) 에서 실린더 속 기체의 $\dfrac{\text{A 원자수}}{\text{전체 원자수}}$ 를 계산하면 $\dfrac{1}{2}$ 가 나온다.

09 21학년도 6월 18번

정답 : ㄱ, ㄴ, ㄷ

자료에서 t℃ 1기압에서 기체 1mol 의 부피는 24L이라 설정하였으므로

(가)의 기체가 8L임을 통하여 (가) 기체는 $\frac{1}{3}$ mol이 들어 있음을 알 수 있다.

또한 기체 (가)는 3원자 분자인데, (가)의 전체 원자수(상댓값)이 1임을 통하여
전체 원자수 자료가 상댓값인 동시에 실제값과 동일함을 알 수 있다.

기체 $\frac{1}{3}$ mol의 질량이 18g이므로 (가) 기체의 분자량은 54이다.

(나) 기체의 전체 원자수(실제값)이 1.5이므로 3원자 분자인 (나) 기체는 0.5mol이 들어 있다.
0.5mol의 (나) 기체의 질량이 23g이므로 (나)의 기체 ZX_2의 분자량은 46임을 알 수 있다.
따라서 a = 12이다.
(다)의 기체에서 분자량이 104인데, 질량이 26g 들어 있는 자료를 통하여

(다) 기체가 $\frac{1}{4}$ mol 들어있음을 알 수 있다. $6 \times \frac{1}{4} = 1.5$이므로 $b = 1.5$이다.

XY_2(54), ZX_2(46), Z_2Y_4(104) 라는 식을 구해낼 수 있으며,
위 식들을 연립하면 X(16), Y(19), Z(14) 임을 알 수 있다.

ㄱ. a = 12, b = 1.5 이므로 $a \times b = 18$이다.

ㄴ. 1g 에 들어 있는 전체 원자수는 $\frac{3}{46} > \frac{6}{104}$이므로 (나) > (다) 이다.

ㄷ. X_2의 분자량은 32이므로 t℃, 1기압에서 X_2(g) 6L 의 질량은 8g이다.

* 상댓값에 대한 자료가 나오면 상댓값과 실제값 사이의 비율이 중요하다. 위의 문제는 풀이를 하는 과
  정에서 상댓값과 실제값이 같은 값을 가짐을 알 수 있다. 따라서 상댓값을 실제값으로 생각하고 문제
  를 푼다.

* 마지막 연립하는 과정에서 연립방정식을 세 개 세워서 푸는 것이 정석적인 방법이긴 하다. 하지만 마
  지막 단계에서 숫자 46을 보고 NO_2를 의심해 보는 것은 해볼만한 시도라고 생각한다.

10 20학년도 4월 16번

정답 : ㄱ, ㄴ, ㄷ

주어진 자료에서 $\dfrac{C의\ 질량}{H의\ 질량}$ 을 살펴 보자.

C_3H_y에서 $\dfrac{C의\ 질량}{H의\ 질량}$ $=$ $\dfrac{3\times 12}{1\times y}=9$임을 통하여 $y=4$라는 것을 알아낼 수 있다.

분자량 $=$ $\dfrac{질량(g)}{물질의\ 양(mol)}$ 이므로 질량비는 각각 $3:2$이고, 몰수 비는 $2:1$이므로

분자량비는 $1.5:2$ 즉, $3:4$ 임을 알 수 있다.

y가 4이기 때문에 C_3H_4(40)이 되고 C_2H_x(30)이 되어야 하므로 $x=6$ 이 된다.

ㄱ. 같은 온도와 압력에서 기체의 양(mol)은 부피에 비례한다.

C_2H_x는 2VL 존재하고, C_3H_y는 VL 존재하므로 기체의 양은 C_2H_x가 C_3H_y의 2배이다.

ㄴ. 분자량은 C_2H_x : C_3H_y $=$ $3:4$ 이다.

ㄷ. $x=6$ 이다.

11 20학년도 3월 17번

정답 : ㄱ, ㄷ

ㄱ. AB_2의 $\dfrac{B의\ 질량}{A의\ 질량}$ 자료를 해석해 보자.

$\dfrac{2\times M_b}{1\times M_a}=\dfrac{8}{3}$임을 통하여 AB의 $x=\dfrac{1\times M_b}{1\times M_a}$이므로 $\dfrac{4}{3}$ 이다.

ㄴ. 기체 1g당 부피는 분자량에 반비례 하므로 $V_1:V_2=w_2:w_1$이다.

따라서 $\dfrac{V_2}{V_1}=\dfrac{w_1}{w_2}$ 이다.

ㄷ. t℃, 1기압에서 기체 1몰의 부피는

분자1개의 질량(g)$\times$아보가드로 수(N_A)$\times$1g당 부피(L/g) $=$ $w_1 N_A V_1 L$이다.

12 20학년도 수능 14번

정답 : $\dfrac{14}{3}$

(가)와 (나)의 단위 부피당 전체 원자 수가 각각 x, y 이므로 전체 원자 수는 각각 x, $1.4y$이다.

(가)에서 A_4B_8의 분자 수는 $\dfrac{x}{12}$이므로 (나)에서 혼합 기체의 분자 수를 z라고 할 때 일정한 온도와

압력에서 기체의 분자 수는 기체의 부피에 비례하므로 $1 : 1.4 = \dfrac{x}{12} : z$ 이다. $z = \dfrac{7x}{60}$ 이다.

따라서 (나)에서 A_nB_{2n}의 분자수는 $\dfrac{2x}{60}$이다. A_4B_8의 분자량을 a, A_nB_{2n}의 분자량을 b라고 할 때,

A_4B_8와 A_nB_{2n}은 실험식이 같으므로 분자량 비는 분자량 A 원자 수에 비례하므로 $4 : n = 4 : 5$이고,

$n = 5$이다. (나)에서 A_4B_8의 분자 수는 $\dfrac{x}{12}$, A_5B_{10}의 분자수는 $\dfrac{2x}{60}$이므로

전체 원자수는 $x + \dfrac{2x}{60} \times 15 = \dfrac{3}{2}x = 1.4y$이므로 $\dfrac{x}{y} = \dfrac{14}{15}$이다. 따라서 $n \times \dfrac{x}{y} = 5 \times \dfrac{14}{15} = \dfrac{14}{3}$ 이다.

☞ **최적화 풀이**

이 단원 문제를 풀다보면 위의 문제와 같이 실험식이 동일한 경우가 종종 등장한다.

실험식이 동일한 경우에는 서로 다른 물질이 섞여 있다고 해도 전체 원자수와 질량이 비례한다.

이를 이용한다면 위 문제의 계산이 기하급수적으로 간단해진다.

분자량 비교를 통해 n의 값이 5라는 사실을 구하는 방법까지는 동일하다.

(가)와 (나)의 질량은 각각 $2w$와 $3w$로 비율은 2:3이다.

(가)와 (나)에 존재하는 물질은 모두 실험식이 동일하므로 (가)와 (나)의 전체 원자수 비율 또한 2:3이 된다.

이를 (가)와 (나)의 부피인 1L와 1.4L로 나눠주게 되면 단위 부피당 전체 원자수 값이 x와 y의 비율

을 알 수 있다. 이를 이용하여 답을 구하면 $\dfrac{\frac{2}{1}}{\frac{3}{1.4}} \times 5 = \dfrac{14}{3}$ 이다.

이 문제를 통해 실험식이 동일한 경우 전체 원자수는 질량에 비례한다는 사실을 적립했으면 좋겠다.

13 20학년도 9월 16번

정답 : ㄴ

ㄱ. 전체 원자 수 비는 (가) : (다) $= 6 \times 3 : 12 \times 3 = 1 : y$ 이므로 $y = 2$ 이다.
(나)와 (다)의 전체 원자수가 같다.
$4 \times x = 3 \times 12$ 임을 알수 있고 따라서 $x = 9$ 이다. 그러므로 $x + y = 11$ 이다.

ㄴ. 24L를 $1 \mathrm{mol}$ 이라 가정하고 논의를 이어가자. 부피간의 관계를 이용하여
$AB_2(64)$, $AB_3(80)$, $CB_2(46)$ 임을 알 수 있고 연립 방정식을 통해 $A(32)$, $B(16)$, $C(14)$
이다. 따라서 원자량은 $B > C$ 이다.

ㄷ. (나), (다)의 분자량 비는 (나):(다)$=80 : 46$이므로 1g에 들어 있는 B 원자 수 비는
(나) : (다)$= \dfrac{1}{80} \times 3 : \dfrac{1}{46} \times 2$ 이다. 따라서 1g에 들어 있는 B원자 수는 (다)가 (나)보다 크다.

※ ㄷ선지를 판단할 때 앞서 개념에서 언급한대로 1g에 들어 있는 특정 원자 수의 대소를 판단할 때는
그 특정한 원자의 비율이 큰 분자가 크다고 생각한다면 된다고 하였다.
하지만 그것은 AB_3와 A_2B를 비교할 때처럼 두 분자의 구성 원소가 동일한 경우에만 사용해야 한
다. 위의 문제와 같은 상황에서는 비율을 이용한 빠른 판단이 아닌 정석적으로 계산을 해야만 한다.

* 실제 원자와 대입해보면 원자량이
32인 S(황), 원자량이 16인 O(산소), 원자량이 14인 N(질소)이다.
또한 분자량 46을 보고 NO_2를 떠올린다면 나쁠 것은 없다.

14 20학년도 6월 13번

정답 : ㄱ, ㄴ, ㄷ

ㄱ. AB_2에서 분자당 원자 수는 3이고, 1g에 들어 있는 전체 원자 수는 N이므로,
$AB_2(g)$ 1g에 들어 있는 B 원자 수는 $\dfrac{2N}{3}$ 이다.

ㄴ. $AB_2(g)$ 1g의 몰수는 $\dfrac{1}{M}$ 몰이고 $AB_2(g)$ $\dfrac{1}{M}$몰의 부피는 2L 이므로
$AB_2(g)$ 1몰의 부피는 $2M\mathrm{L}$ 이다.

ㄷ. $AB_2(g)$ $\dfrac{1}{M}$몰에 들어 있는 전체 원자 수는 N이므로 분자 수는 $\dfrac{N}{3}$ 이다.
따라서 $AB_2(g)$ $\dfrac{1}{M}$몰에 해당하는 분자 수는 $\dfrac{MN}{3}$ 이다.

15 19학년도 수능 9번

정답 : ㄱ

ㄱ. 분자량은 같은 몰수의 질량에 비례한다. (가)와 (다)에서 질량은 같으나
기체의 몰수는 (가)가 (다)보다 크므로 같은 몰수일 때 기체의 질량은 (다)가 (가)보다 크다.
따라서 분자량은 $XZ_2 > XY_4$이다.

ㄴ. 질량이 같은 (가)와 (나)에서 기체의 분자 수는 (가)가 (나)의 2배이므로
1g에 들어 있는 분자 수가 (가)가 (나)의 2배이다. 또한 1분자 당 원자 수는 (가)가 5,
(나)가 2이므로 1g에 들어 있는 원자 수가 (가)가 (나)의 5배이다.

ㄷ. 분자량 비는 $Z_2 : XZ_2 = \dfrac{1}{11} : \dfrac{1}{8}$ = 8:11이므로 원자량 비는 $X : Z = 3 : 4$이다.

16 19학년도 9월 10번

정답 : 15

기체의 몰수는 $\dfrac{\text{질량}(g)}{\text{1몰의 질량}(g/\text{몰})} = \dfrac{\text{기체의 부피}(L)}{\text{기체 1몰의 부피}(L/\text{몰})}$ 이고,

전체 원자 수는 $(\text{분자수}) \times (\text{1분자당 원자수})$와 같다.

(가) AB $1.5N_A$와 (다) AB_x $0.5N_A$에서 전체 원자 수 비는

　(가) : (다)$= 1.5 \times 2 : 0.5 \times (1+x) = 2 : 1$이므로 $x = 2$이다.

(나) 7L는 0.25몰이고 (나)의 질량은 11g이므로 분자량은 44이다.

(다) $0.5N_A$는 0.5몰이므로 분자량은 46이다.

(나) A_2B와 (다) AB_2의 분자량의 합은 $3 \times (\text{A의 원자량 + B의 원자량}) = 90$이므로

AB의 분자량은 30이고, (가) $1.5N_A$는 1.5몰이므로 $\dfrac{y}{30} = 1.5$　$y = 45$이다.

(나) 11g은 0.25몰이므로 전체 원자 수 비는

(가) : (나)$= 1.5 \times 2 : 0.25 \times 3 = 4 : z$, $z = 1$이다.

따라서 $x = 2$, $y = 45$, $z = 1$이므로 $\dfrac{y}{x+z} = \dfrac{45}{2+1} = 15$이다.

17 19학년도 6월 16번

정답 : ㄱ

단위 질량당 부피(상댓값)가 (가)는 3, (나)는 4이므로 단위 부피당 질량은 (가) $\frac{1}{3}$, (나) $\frac{1}{4}$ 이다.

일정한 온도와 압력에서 분자량은 단위 부피당 질량에 비례하므로

분자량 비는 (가):(나)= $\frac{1}{3} : \frac{1}{4} = 4 : 3$ 이다.

ㄱ. (가)와 (나)의 질량이 $5g$ 으로 같으므로 기체의 분자 수 비는 단위 질량당 부피 비와 같다.
분자 수 비는 (가) : (나)=3:4이므로

전체 원자 수 비는 (가):(나)= $(3n + 6m) : (4m + 8n) = \frac{7}{8} : \frac{4}{3}$ 이며, $3m = 2n$ 이다.

따라서 (가)의 분자식은 $A_{1.5m}B_{2m} = A_3B_4$ 이고 (가)의 분자식은 실험식과 같으므로 $n = 3$ 이다.

ㄴ. (가)의 전체 원자의 몰수는 $\frac{7}{8}$ 몰이고 1분자 당 원자 수는 7이므로 (가) 분자의 몰수는 $\frac{1}{8}$ 몰이다.

(가) 5g의 몰수가 $\frac{1}{8}$ 몰이므로 분자량은 40이다. 따라서 분자량 비는 (가):(나)=4:3이므로

(나)의 분자량은 30이다.

ㄷ. (가)의 분자식은 A_3B_4, 분자량은 40이고 (나)의 분자식은 A_2B_6, 분자량은 30이다.
A의 원자량을 a, B의 인자량을 b라고할 때, 3a+4b=40, 2a+6b=30이므로 a=12, b=1이다.

18 18학년도 수능 15번

정답 : $\frac{3}{2}$

X_2Y 의 질량은 용기 (나)에서가 (가)에서의 2배이므로 X_2Y 의 몰수도 (나)에서가 (가)에서의 2배이다.
또한 X_2Y_2 의 질량은 (가)에서가 (나)에서의 2배이므로 X_2Y_2 의 몰수도 (가)에서가 (나)에서의 2배이다.
(가)에서 X_2Y 의 몰수를 x 라고 한다면 (나)에서는 $2x$ 이고,
(나)에서 X_2Y_2 의 몰수를 y 라고 한다면 (가)에서는 $2y$ 이다.
(가)에서 용기 내 전체 원자의 수는 $3x + 8y = 19N$ 이고
(나)에서 용기 내 전체 원자의 수는 $6x + 4y = 14N$ 이므로 $x = N$, $y = 2N$ 이다.
따라서 (가)에서 Y 원자 수는 N+8N=9N이고 (나)에서 Y 원자 수는 $2N + 4N = 6N$ 이므로

$$\frac{\text{(가)에서 Y 원자 수}}{\text{(나)에서 Y 원자 수}} = \frac{9N}{6N} = \frac{3}{2} \text{이다.}$$

19 18학년도 9월 8번

정답 : ㄴ

(가)~(다)에 각각 포함된 수소 원자의 전체 질량은 같으므로

(분자의 몰수)×(1분자에 포함된 H 원자 수)가 같아야 한다.

(나)의 CH_4 의 분자 수가 $\frac{1}{2}N_A$개이므로 (나)의 몰수는 $\frac{1}{2}$몰이고,

(나)의 $CH_4(g)$에 포함된 수소 원자의 총 몰수는 2몰이다.

(가)의 $H(g)$에 포함된 수소 원자의 총 몰수도 2몰이어야 하므로 (가)의 몰수는 1몰이다.

또한 (다)의 $NH_3(g)$에 포함된 수소 원자의 총 몰수도 2몰이어야 하므로 (다)의 몰수는 $\frac{2}{3}$몰이다.

ㄱ. (가)의 몰수는 1몰이므로 (가)의 질량은 2g이다. 따라서 $x = 2$이다.

ㄴ. 일정한 온도와 압력에서 기체의 부피는 기체의 몰수에 비례하므로 (나)의 부피를 yL라고 할 때,

(나) : (다) $= \frac{1}{2} : \frac{2}{3} = y : V$이다. 따라서 $y = \frac{3V}{4}$이다.

ㄷ. (다)의 몰수는 $\frac{2}{3}$몰이고 NH_3 1분자 당 총 원자 수는 4이므로

(다)에 있는 총 원자의 몰수는 $\frac{2}{3} \times 4 = \frac{8}{3}$몰이다. 따라서 (다)에 있는 총 원자 수는 $\frac{8}{3}N_A$이다.

20 18학년도 6월 5번

정답 : 5

기체의 온도와 압력이 일정할 때 기체의 몰수(분자 수)는 기체의 부피에 비례한다.

25℃, 1기압에서 $A_2B_4(g)$와 $A_4B_8(g)$의 부피가 각각 3L, 2L이므로 각 기체의 분자 수는 3n, 2n 이라고 가정할 수 있다.

총 원자 수는 (기체 분자 수) × (1분자 당 원자 수)와 같다.

1분자 당 원자 수가 A_2B_4는 6, A_4B_8는 12이므로

총 원자 수는 A_2B_4가 3n × 6 = 18n, A_4B_8가 2n × 12 = 24n 이다.

따라서 총 원자 수비가 A_2B_4 : A_4B_8 = 18n : 24n = 3 : x이므로 $x = 4$이다.

또한 단위 부피당 질량 값은 기체의 밀도 값과 같고,

기체의 온도와 압력이 같을 때 기체의 밀도는 기체의 분자량에 비례한다.

분자량은 A_4B_8가 A_2B_4의 2배이므로 단위부피당 질량도 A_4B_8가 A_2B_4의 2배이다.

따라서 y=1이다. $x = 4$, $y = 1$이므로 $x + y = 5$ 이다.

21   22학년도 3월 17번

정답 : ⑤

(가)에서 $\dfrac{B\ 원자수}{A\ 원자수} = \dfrac{2}{3}$ 이므로 AB와 A_2B의 양은 각각 $5n$ 으로 같다.

(나)에서 CB_2의 양을 m 라고 하면 $\dfrac{B\ 원자수}{A\ 원자수} = \dfrac{4n+2m}{4n} = 6$이므로 $m = 10n$ 이다.

분자량 비는 $AB : A_2B = 15 : 22$이므로 (가)에서 AB와 A_2B의 질량은 각각 $15w$, $22w$ 이고,
(나)에서 AB와 CB_2의 질량은 각각 $12w$, $44w$이다.
따라서 $5n$ 을 기준으로 하여 $A(7w)$, $B(8w)$, $C(6w)$ 임을 알 수 있다.

ㄱ. (가)에서 기체 분자수는 AB와 A_2B가 같다

ㄴ. $\dfrac{(가)에서\ A_2B의양}{(나)에서\ CB_2의양} = \dfrac{5n}{10n} = \dfrac{1}{2}$ 이다.

ㄷ. $\dfrac{C의\ 원자량}{B의\ 원자량} = \dfrac{6w}{8w} = \dfrac{3}{4}$

22   22학년도 4월 8번

정답 : ③

(가)와 (나) 모두 구성 원소는 A, B이고 분자당 구성 원자 수는 3이므로 (가)와 (나)는 모두 A_2B와
AB_2 중 하나이다. 이제 1g에 들어 있는 B 원자 수 자료를 관찰해보자. 1g에 들어 있는 B 원자 수
자료는 앞서 언급했듯이 B 원자의 비율이 크면 클수록 크다. 1g에 들어 있는 B 원자 수 값은 (가)와
(나)가 각각 23과 44로 (나)가 더 크다. 따라서 (나)는 A_2B와 AB_2 중 B 원자의 비율이 더 큰
AB_2라는 사실을 알 수 있다. 이에 따라 자연스럽게 (가)는 A_2B라는 것도 확정 지을 수 있다.

ㄱ. (가)는 A_2B이다.

ㄴ. (가)는 A_2B이고 (나)는 AB_2이다. 1g에 들어 있는 B 원자수를 (가)와 (나) 각각 1과 2로 나누면
"1g에 들어 있는 분자수"로 바꿀 수 있고 이 값은 $23 : 22$ 이다.

ㄷ. ㄴ에서 "1g에 들어 있는 분자수" 이 값이 $23 : 22$이라고 하였다.
따라서 "분자량"은 $22 : 23$ 이다.
이를 이용해 A의 분자량과 B의 분자량을 구하면 이 둘의 비율은 7:8이다.

정답 : ①

0) 문제에서 요구하는 값을 살펴보면, $\dfrac{\text{Z의 원자량}}{\text{X의 원자량}}$ 으로 비율임을 알 수 있다. 따라서 앞의 개념에서 언급했던 어짜피 비율이라는 기술을 사용할 수 있다.

1) 1g에 들어 있는 전체 원자수에 대한 자료를 해석해보도록 하자.

$\dfrac{m+2n}{4} : \dfrac{2n}{3} = 21 : 16$ 이므로 이를 계산하면 $2m = 3n$ 이라는 식을 구할 수 있다.

(가)의 분자당 구성 원자 수는 7 이므로 $m+2n = 7$ 이다.

두식을 연립하면 $n = 2$, $m = 3$ 이라는 것을 찾을 수 있다.

2) 구성 원소의 질량비를 해석해보도록 하자. X의 원자량을 x, Y의 원자량을 y라고 두자.

$3x$ 와 $4y$가 9 : 1이므로 이를 이용해 식을 작성해보면,

$3x : 4y = 9 : 1$로 $x = 12y$ 임을 알 수 있다.

어짜피 비율이라는 기술을 사용할 수 있는 상황이므로 위 비율을 만족하는 편리한 임의의 실제값인 12와 1을 각각 x와 y 대신에 대입할 수 있다. 이를 이용해 계산을 진행하면 X_3Y_4의 실제 분자량이 40이 되고 Z_2Y_2 의 분자량 역시 4:3을 통해 30 이 된다.

Z의 분자량을 z라고 두고 $2z + 2 = 30$ 이라는 식을 풀어주면 Z의 원자량은 14임을 알 수 있다.

$\dfrac{m}{n} \times \dfrac{\text{Z의 원자량}}{\text{X의 원자량}} = \dfrac{3}{2} \times \dfrac{14}{12} = \dfrac{7}{4}$ 이다.

24 22학년도 7월 18번

정답 : ⑤

0) 선지를 확인해보면 문제에서 요구하는 값이 모두 분수(비율)이라는 사실을 확인할 수 있다. 따라서 앞의 개념에서 언급했던 어짜피 비율이라는 기술을 사용할 수 있다.

1) 문제에서 전체 기체 분자 수 비가 (가):(나)=4:3이라고 주어졌다. 어짜피 비율이라는 기술을 사용할 수 있는 상황이므로 이를 만족하는 편리한 임의의 실제값인 4mol과 3mol이라고 생각하고 문제 풀이를 진행하자.

2) 앞서 개념에서 언급했듯이 단위 질량당 " ~~ "자료와 전체 기체의 질량 자료가 함께 등장하면 이 둘을 곱해서 전체 기체의 " ~~ "자료를 알아내보자. 이를 통해 용기 (가)와 (나)의 X 원자수가 각각 $90w$, $45w$로 이 둘의 비율이 2:1이라는 사실을 알 수 있다. (여기서 곱한 단위 질량당 X 원자수 자료가 상댓값 자료로 제시 되었으므로 $90w$, $45w$값은 둘 간의 비율을 알아내는 데에만 사용해야 하고 실제값으로 사용하면 안된다.) 또한 Z의 질량이 (가)와 (나)가 각각 $\frac{38}{15}w$와 $\frac{19}{3}w$로 이 둘의 비율이 2:5라는 사실을 알 수 있다. 이를 이용하여 각 기체의 양을 정리하면 다음과 같다.

용기	XY_2	YZ_2	XZ_4
(가)	3mol		1mol
(나)		1mol	2mol

용기(가)의 존재하는 Z의 양은 4mol이고 Z의 질량은 $\frac{38}{15}w$이므로, Z의 원자량은 $\frac{19}{30}w$임을 알 수 있다. X의 원자량을 x, Y의 원자량을 y라고 잡은 뒤 식을 세워서 이 둘의 값을 구하면 다음과 같다.

$$4x + 6y = \frac{112}{15}w, \ 2x + y = \frac{8}{3}w$$

$$x = \frac{16}{15}w, \ y = \frac{8}{15}w$$

계산의 편의성을 위해 이 모든 원자량 값에 30을 곱하면, x, y, z값은 각각 $32w, 16w, 19w$가 된다.

ㄱ. $XZ_4(g)$의 양은 (나)에서가 2mol, (가)에서가 1mol로 (나)에서가 (가)에서의 2배이다.

ㄴ. $\dfrac{YZ_2\text{의 분자량}}{XZ_4\text{의 분자량}} = \dfrac{16w + 19w \times 2}{32w + 19w \times 4} = \dfrac{1}{2}$이다.

ㄷ. (나)에서 $\dfrac{X\text{의 질량}}{Y\text{의 질량}} = \dfrac{2 \times 32w}{1 \times 16w} = 4$이다.

25 23학년도 9월 18번

정답 : ⑤

(가)에서는 X만 존재하는데, '단위 부피당 전체 원자수' 값이 5 가 나온다.

분자당 구성 원자 수 비가 X : Y = 5 : 3인데, (나)에서 단위 부피당 전체 원자수가 3 과 5의 정가운데인 4 값이다. 이를 통해서 (나)에는 X와 Y가 같은 몰 수로 존재함을 알 수 있다.

따라서 X의 분자량을 w 라고 가정하면, Y의 분자량은 $4w$이다.

그렇기에 $\dfrac{\text{Y의 분자량}}{\text{X의 분자량}} = 4$ 임을 알 수 있다.

앞서 이야기했듯이, 전체 기체의 밀도는 전체 기체의 평균 분자량과 비례한다.

(가)에서는 X만 존재하기 때문에 $d_1 = w$라고 가정하면,

(나)에서는 X와 Y가 1 : 1로 존재 하기 때문에

X와 Y의 분자량 평균인 $d_2 = 2.5w$로 나타낼 수 있다.

따라서 $\dfrac{\text{Y의 분자량}}{\text{X의 분자량}} \times \dfrac{d_2}{d_1} = 4 \times \dfrac{2.5}{1} = 10$ 이다.

26 22학년도 10월 18번

정답 : ②

(가)의 경우 전체 원자수 중에서 Y원자가 차지하는 비율이 $\dfrac{1}{2}$이다.

그리고 (다)의 경우 전체 원자수 중에서 Y원자가 차지하는 비율이 $\dfrac{n}{n+2}$이다.

1g에 들어 있는 전체 원자 수에다가 전체 원자수 중에서 Y원자가 차지하는 비율을 곱하게 되면 1g에 들어 있는 Y원자수이다.

문제에서 1g에 들어 있는 Y 원자 수 비가 (가):(다)=5:4라고 주어졌으므로 이를 이용하여 식을 작성해보자.

$$40 \times \frac{1}{2} : 24 \times \frac{n}{n+2} = 5 : 4$$

따라서 $n = 4$이다. 1g에 들어 있는 전체 원자 수를 구성 원자수로 나누게 되면 1g에 들어 있는 분자 수이고 이 값은 분자량에 반비례한다. 1g에 들어 있는 분자수의 비는 20 : 25 : 4이다. 여기에 역수를 취한 뒤 정수화 시켜주면 분자량의 비를 구할 수 있다. 따라서 분자량의 비는 (가) : (나) : (다) = 5 : 4 : 25 임을 알 수 있다. 이후 연립해보면 원자량 비가 X : Y : Z = 1 : 19 : 12임을 알 수 있다.

ㄱ. $n = 4$ 이다.

ㄴ. 질량이 5 : 8이고, 분자량 비가 5 : 4 이므로 기체의 양은 (나)가 (가)의 2배이다.

ㄷ. $\dfrac{\text{Z의 원자량}}{\text{X의 원자량} + \text{Y의 원자량}} = \dfrac{12}{1+19} = \dfrac{3}{5}$ 이다.

정답 : ④

(가)에서 $1:2$를 $1g, 2g$이라 그리고 (나)에서 $3:1$을 $3g$, $1g$이라고 세팅하고 문제 풀이를 진행하자. 〈이렇게 세팅하여도 결국 밀도비는 그대로이기 때문에 상관 없습니다.〉

X_aY_{2b} $1g$을 $m\,\mathrm{mol}$, X_bY_c $1g$을 $n\,\mathrm{mol}$이라고 가정하자.

밀도에 관한 조건을 해석하면 결국 $\dfrac{3g}{m+2n} : \dfrac{4g}{3m+n} = 9 : 8$이라는 식을 구할 수 있다.

정리하면 $3m = 4n$이라는 식을 구할 수 있다. $m = 4\,\mathrm{mol}$이라고, $n = 3\,\mathrm{mol}$이라고 세팅하자.

그럼 (가)는 물질이 각각 $4\mathrm{mol}$, $6\mathrm{mol}$ 있고 (나)는 $12\mathrm{mol}$, $3\mathrm{mol}$ 있게 된다.

이후 $\dfrac{\mathrm{X}\ 원자수}{\mathrm{Y}\ 원자수}$ 자료를 해석하면 $\dfrac{4a+6b}{8b+6c} = \dfrac{13}{24}$, $\dfrac{12a+3b}{24b+3c} = \dfrac{11}{28}$ 이 나오는데

이를 연립하면 $a = 2$, $b = 3$, $c = 4$가 나온다.

따라서 $\dfrac{X_bY_c의\ 분자량}{X_aY_{2b}의\ 분자량} \times \dfrac{c}{a} = \dfrac{\frac{1}{3}}{\frac{1}{4}} \times \dfrac{4}{2} = \dfrac{8}{3}$이다.

* 번외로 솔직히게 말하자면 $\dfrac{\mathrm{X}\ 원자수}{\mathrm{Y}\ 원자수}$ 자료를 해석하는 과정에서 미지수가 3개인 연립방정식의 해를 구하는게 시험장에서 현실적으로 쉽지 않을 것이라 생각된다.

개인적으로 추천하는 가성비 풀이는 $\dfrac{4a+6b}{8b+6c} = \dfrac{13}{24}$ 를 $\dfrac{26}{48}$로 바꾸어서 수를 대입해보는 방식이 시험장에서는 더 효율적이라고 생각된다.

a, b, c가 모두 자연수이기 때문에 13과 같이 흔치 않은 수에 대해서 수리적 감각을 사용하는 것 역시 합리적일 수 있다. (물론, 시간이 되신다면 정석으로 푸는 것이 가장 좋긴 합니다만, 그렇지 못할 경우도 대비하자는 의미입니다.)

정답 : ⑤

(가)의 용기에 들어있는 전체 원자 수는 $10N$개이고,
용기 (가)에는 오직 X_aY_b만 존재하기 때문에 X_aY_b $38w$g에 들어있는 전체 원자 수가 $10N$개임을 알
수 있다.

(나)에는 X_aY_b가 $19w$g으로 이에 절반만큼 존재하고, 이 내부에는 전체 원자 수가 $5N$개 있음을 알
수 있다. 이에 따라 X_aY_c $23w$g에는 전체 원자 수가 $6N$개 있음을 알 수 있다.

(가)에서 원자 수의 비율이 2:3이다. 만약 a가 2, b가 3이고 X_aY_b의 양을 $2N$이라고 가정하면,
(나)에 존재하는 X_aY_b의 양은 N이 된다.

이때 c의 값이 4이고 (나)에 존재하는 X_aY_c의 양을 N이라고 둔다면 모든 문제의 가정에 부합하는 상
황을 찾을 수 있다.

만약 a가 3이고 b가 2라고 두고 문제 풀이를 진행한다면, (가)와 (나)에서 $\dfrac{Y의\ 전체\ 질량}{X의\ 전체\ 질량}$ 의 비가
6 : 7이라는 조건에서 모순이 발생한다.

마지막으로 X와 Y의 원자량을 구하기 위해 식을 작성해주면 다음과 같다.

$$2M_X + 3M_Y = 19w, \ 2M_X + 4M_Y = 23w, \ M_Y = 4w, \ M_X = 3.5w$$

문제의 요구한 값인 $\dfrac{c}{a} \times \dfrac{M_Y}{M_X}$ 을 구하면, $\dfrac{4}{2} \times \dfrac{4w}{3.5w} = \dfrac{16}{7}$ 이다.

정답 : ⑤

이 문제를 해결하기 위해서는 실린더 (가)와 (나)에 존재하는 각각의 분자들이 얼마만큼의 양을 차지하고 있는지를 우선적으로 구해야 한다. 앞으로 문제 풀이의 편의를 위해 VL를 1mol이라고 가정하고 문제풀이를 진행하도록 하겠다.

가장 먼저 Y원자 수의 비율이 (가) : (나) = 7 : 8이라는 사실을 이용해 보자. (나)에 존재하는 기체의 종류를 보았을 때 $XY_4(g)$와 $XY_4Z(g)$로 이 두 종류의 어떤 비율로 존재하든 간에 상관 없이 항상 Y원자 수가 16mol만큼 존재함을 알 수 있다. 문제에서 제시한 비율에 따르면 (가)에 존재하는 Y원자 수는 14mol이다. (가)에 존재하는 $XY_4(g)$의 양을 $x$mol로 두고 $Y_2Z(g)$의 양을 (5-x)mol로 둔 뒤에 이에 따라 식을 작성하면 다음과 같다. $4 \times x + 2 \times (5-x) = 14$, x=2이다.

이후에 (가)와 (나)의 $\dfrac{\text{Z 원자 수}}{\text{X 원자 수}}$ 비율이 6 : 1이라는 사실을 이용해서 문제 풀이를 이어나가 보자.

우선 실린더 (가)의 $\dfrac{\text{Z 원자 수}}{\text{X 원자 수}}$ 는 $\dfrac{3}{2}$ 이다. 이에 따라 (나)의 $\dfrac{\text{Z 원자 수}}{\text{X 원자 수}}$ 는 $\dfrac{1}{4}$ 임을 알 수 있고, 이에 맞추어 실린더 (나)에 존재하는 각각의 기체의 양을 구하면 $XY_4(g)$=3mol, $XY_4Z(g)$=1mol이다.

이 문제의 가장 중요한 point는 (나) 실린더에 존재하는 $XY_4Z(g)$를 원자량 계산을 할 때, XY_4와 Z로 분리해서 생각하는 것이다. 우선 (가)에서 Z는 총 3mol 존재하고 이에 해당하는 질량이 4.8g이다. 이에 따라 Z의 원자량은 1.6임을 알 수 있고 이를 그대로 (나) 실린더에 적용해보자.

(나) 실린더의 상황을 앞서 언급했던 대로 $XY_4Z(g)$를 XY_4와 Z로 분리해서 생각하면, (나) 실린더에는 XY_4 4mol, Z 1mol이 있다고 할 수 있다. Z 1mol의 질량은 1.6g이기 때문에 XY_4 4mol의 질량은 7.2g이고 이에 따라 XY_4의 분자량이 1.6이라는 사실을 추론할 수 있다. 이를 그대로 (가)실린더에 적용하여 계산을 마무리 해보자.

(가)에는 XY_4가 2mol 존재하고 이에 해당하는 질량은 3.2g이다. 이번에도 앞 (나) 실린더에서 했던 행동과 동일하게 $Y_2Z(g)$를 Y_2와 Z로 분리해서 생각해보자. 실린더 (가)에는 Y_2와 Z가 각각 3mol씩 존재하고 이 중 Z 3mol의 질량은 4.8g이다. 따라서 Y_2 3mol의 질량은 자연스럽게 0.6g임을 알 수 있다. 위의 정보들을 종합하여 Y와 Z의 원자량을 구해보면 각각 1.2와 0.1임을 알 수 있다.

$w = 4.8$, $\dfrac{M_X}{M_Z} = \dfrac{1.2}{1.6} = \dfrac{3}{4}$, $4.8 \times \dfrac{3}{4} = 3.6$이다.

30 24학년도 수능 19번

정답 : ③

X_aY_b 7.5wg의 양을 Amol이라고 하고 X_aY_c 8wg의 양을 Bmol이라고 하자. (가)와 (나)의 전체 기체의 부피가 4V로 같다는 사실을 이용하여 A와 B에 관한 식을 작성하면, $2A + 2B = 3A + B$, $A = B$라는 사실을 알 수 있고 이때의 Amol과 Bmol의 양은 기체의 부피로 생각했을 때 VL와 동일하다는 것도 알 수 있다.

(가)와 (나)에 존재하는 Y 원자 수의 비가 6 : 5라는 사실을 이용하여 식을 작성해보면 다음과 같다.

$$2b + 2c : 3b + c = 6 : 5, \quad c = 2b$$

c = 2b라는 사실과 (가)와 (나)에 존재하는 전체 원자 수의 비가 10 : 9라는 사실을 이용하여 다시한번 식을 작성하면 다음과 같다.

$$2a + 2b + 2a + 2c : 3a + 3b + a + c = 10 : 9$$
$$2a + 2b + 2a + 4b : 3a + 3b + a + 2b = 10 : 9, \quad a = b$$

위의 과정들을 통해서 우리는 a, b, c의 상대적인 비율을 알 수 있었다. 문제 풀이의 편의성을 위해 위에서 찾은 비율을 만족하는 임의의 실제 값을 대입하여 보자. a=1, b=1, c=2라고 두고 A와 B의 양을 전체 원자수 자료에 등장하는 단위인 N에 맞추어 Amol = N개, Bmol = N개로 나타내면 (가)의 전체 원자수는 $10N$, (나)의 전체 원자수는 $9N$으로 현재 문제에 등장하는 모든 상황을 만족한다는 사실을 파악할 수 있다. 따라서 설정한 값에 따라 문제 풀이를 이어나가자.

ㄴ선지에서 물어보고 있는 X의 원자량과 Y의 원자량의 비를 구해보자. XY 7.5w과 XY_2 8w의 mol 수가 동일하므로 이를 이용해 식을 작성하면 다음과 같다.

$$M_X + M_Y : M_X + 2M_Y = 7.5w : 8w \ , \ M_X : M_Y = 14 : 1$$

(가)와 (나)의 자료값들을 통해 여러 가지 사실을 알아낸 후에 (다)의 상황을 파악해보자. 우선 Y 원자 수의 상댓값이 9라는 사실을 통해 (다) 내부에 X_aY_b는 7.5w만큼, X_aY_c는 32w만큼 있다는 것을 알 수 있다. 이를 이용하여 정체 원자수인 x의 값을 구해주면 $2 \times 1 + 3 \times 4 = 14$로 $x = 14$임을 알 수 있다.

ㄱ. $a = b$이다.

ㄴ. $\dfrac{\text{X의 원자량}}{\text{Y의 원자량}}$ = 14이다.

ㄷ. $x = 14$이다.

31 2023년 3월 18번

정답 : ④

우선 이 문제를 풀기 전에 기체의 밀도는 분자량에 비례한다는 사실을 명심해야 한다.

오로지 $X_aY_{2a}(g)$만 Nmol 존재하는 초기의 밀도의 상댓값이 14이기 때문에 $X_aY_{2a}(g)$의 분자량이 14라고 두고 문제 풀이를 진행해 나가보자.

이후에 $X_bY_{2a}(g)$를 $2N$mol 첨가한 시점의 밀도의 상댓값이 12라는 사실을 이용하여 $X_bY_{2a}(g)$의 분자량을 구해보자. $X_bY_{2a}(g)$의 분자량을 x라고 두고 식을 쓰면 다음과 같다.

$$\frac{14 \times N + x \times 2N}{N + 2N} = 12, \ x = 11 \text{이다.}$$

이후에 $\dfrac{X_bY_{2a}(g) \ 1\text{g에 들어 있는 X 원자 수}}{X_aY_{2a}(g) \ 1\text{g에 들어 있는 X 원자 수}}$ 가 $\dfrac{21}{22}$ 라는 사실을 이용해서 식을 작성하면 음과 같다.

$$\frac{\dfrac{b}{11}}{\dfrac{a}{14}} = \frac{14b}{11a} = \frac{21}{22}, \ \frac{b}{a} = \frac{3}{4}$$

위의 식을 통해 구한 a와 b값 긴의 비율을 통해서 X의 원자량과 Y의 원자량의 비율을 구해보자. 우선 우리가 구해야 할 것은 X의 원자량과 Y의 원자량의 실제값이 아니라 이 값들간의 비율이기 때문에 이를 구하는 과정에 필요한 a와 b값을 비율을 만족하는 임의의 값을 대입하여 풀어도 된다는 사실을 명심하자. 이에 따라 a에는 4, b에는 3을 대입하여 문제 풀이를 진행하겠다.

$4M_X + 8M_Y = 14$, $3M_X + 8M_Y = 11$, $M_X = 3$, $M_Y = \dfrac{1}{4}$ 이다.

따라서 답은 $\dfrac{b}{a} \times \dfrac{M_X}{M_Y} = \dfrac{3}{4} \times \dfrac{3}{\dfrac{1}{4}} = 9$ 이다.

32 2023년 4월 15번

정답 : ②

(가)와 (나)의 전체 부피를 관찰했을 때 (나)가 (가)의 2배이므로 첨가한 $C_2H_6(g)$의 양이 $(0.2+n)$mol 임을 알 수 있다.

문제에서 1g당 C의 질량이 (가)와 (나)가 동일하다고 하였고 전체 질량은 (나)가 (가)의 2배이므로 전체 실린더에 존재하는 C의 몰수 또한 2배일 것이다. 이를 이용하여 식을 작성하면 다음과 같다.

$$0.2 \times a + 4n = 2 \times (0.2 + n)$$

다음으로 첨가한 $C_2H_6(g)$의 질량과 원래 실린더 (가)에 존재하던 두 기체들의 질량의 합이 동일 wg 으로 동일하다는 사실을 이용하여 식을 작성하면 다음과 같다.

$$0.2 \times (12a + 4) + n \times (58) = (0.2 + n) \times (30)$$

위의 식 2개를 연립하여 a와 n값을 구하면 각각 $a = 1$, $n = 0.1$ 임을 알 수 있다. 이를 이용하여 w 값을 구하면 $w = 9$이다.

33 2023년 7월 18번

정답 : ③

문제의 자료에서 주어진 기체 (가)~(다)의 $\dfrac{\text{Y의 질량}}{\text{X의 질량}}$ 자료를 만족하면서 분자당 구성 원자 수가 5 이하임을 만족하는 조합은 우선 (가)~(다)가 각각 XY_4, XY, XY_3인 경우와 XY_4, X_2Y_2, XY_3인 경우가 있다. 하지만 이 2가지 경우는 (가)와 (나)의 단위 질량당 전체 원자 수가 22 : 23의 비율을 가진다는 조건을 만족할 수가 없다.

따라서 (가)~(다)는 각각 XY_2, X_2Y, X_2Y_3임을 알 수 있다. 이를 이용하여 X와 Y의 원자량을 구하면 각각 14와 16임을 알 수 있고 이에 따라 x값은 46이다.

01 22학년도 수능 15번

정답 : $\dfrac{9}{2}$

$A(s)$ xg을 녹여 10mL의 0.3M $A(aq)$을 만들었으므로 $\dfrac{x}{180} = 0.003$에서 $x = 0.54$이다.

aM $A(aq)$을 각각 8mL, 20mL를 넣었을 때 몰 농도 비는

$\dfrac{0.003 + 0.008a}{0.018} : \dfrac{0.003 + 0.02a}{0.03} = 11 : 9$이므로 $a = 0.12$이다. 따라서 $\dfrac{x}{a} = \dfrac{9}{2}$ 이다.

* 많은 학생들이 $\dfrac{0.003 + 0.008a}{0.018} : \dfrac{0.003 + 0.02a}{0.03} = 11 : 9$ 와 같은 계산을 버겁게 느끼곤 합니다.

이럴 경우 0.018과 0.03을 각각 18, 30으로 생각하고 계산하면 조금이나마 편하게 느껴질 수도 있습니다.

02 21학년도 10월 6번

정답 : $\dfrac{25w}{a}$

용액의 몰 농도(M) = $\dfrac{\text{용질의 양 (mol)}}{\text{용액의 부피 (L)}}$ 이다.

$NaOH(aq)$의 몰 농도 $a = \dfrac{\dfrac{w}{40}}{\dfrac{V}{1000}}$, $V = \dfrac{25w}{a}$ 이다.

* 위 과정에서 분모인 부피에 1000을 나누어 주는 이유는 mL를 L로 바꾸어 주기 위함을 기억하자.

03 22학년도 9월 15번

정답 : $\dfrac{5}{19}a$

(가)에서 $A(s)$ xg을 모두 녹여 $A(aq)$ 500mL를 만들었으므로

(나)에서 $A(aq)$ 100mL에 들어 있는 x의 질량은 $\dfrac{x}{5}$g이고, $A(s)$ $\dfrac{x}{2}$g 을 같이 녹였으므로

(나)에 들어 있는 A의 질량은 $\dfrac{7}{10}x$g 이다.

(다)에서 (가)에서 만든 $A(aq)$ 50mL에 들어 있는 A의 질량은 $\dfrac{x}{10}$ g 이다.

(전체 100mL 중 절반인 50mL를 뽑아냈다.)

(나)에서 만든 $A(aq)$ 200mL에 들어 있는 A의 질량은 $\dfrac{7}{10}x \times \dfrac{2}{5} = \dfrac{7}{25}x$ g이므로

(다)에서 만든 $A(aq)$속 A의 질량은 $\dfrac{x}{10} + \dfrac{7}{25}x = \dfrac{19}{50}x$ g이다.

(다)에서 $A(aq)$의 몰 농도는 0.2M이고, 부피는 500mL이므로

들어 있는 A의 양은 0.2M$\times 0.5$L$=0.1$mol 이다. A의 화학식량이 a이므로 $0.1a = \dfrac{19}{50}x$ 이다.

따라서 $x = \dfrac{5}{19}a$이다.

04 22학년도 6월 12번

정답 : ㄱ, ㄷ

$A(aq)$ 1M에서 x mL를 취하면 $0.001x$ mol의 A가 들어 있다.

수용액 I의 몰농도는 $\dfrac{0.001x}{0.1} = 0.01x$ M 이고, II의 몰농도는 $\dfrac{0.001y}{0.25} = 0.004y$ M 이다.

ㄱ. I과 II의 몰 농도가 같다고 하였으므로 $0.01x = 0.004y$에서 $y = 2.5x$이므로 $x = 20$이다.

ㄴ. $a = 0.01x$ 이므로 $x = 20$ 을 대입하면 $a = 0.2$이다.

ㄷ. $x = 20$, $y = 50$이므로 I에서 A의 양은 $0.02\,\text{mol}$,

　　B에서 A의 양은 $0.05\,\text{mol}$이 되어 I과 II를 혼합한 수용액에 들어 있는 A의 양은 $0.07\,\text{mol}$
　　이다.

* 이런 유형의 문제에서는 은근히 '독해의 실수'가 자주 발생한다.

　발문에서 '(라) : (가)의 $A(aq)$ ymL를 취하여 250mL 부피 플라스크에 모두 넣는다.'라는 발문을 읽
　으면서 '(가)의 $A(aq)$ ymL를 취하여'라는 발문 중 (가)를 (다)로 착각한다는 등의 실수가 빈번하게
　발생한다.

　단순히 앞의 플라스크에 새롭게 첨가한다고 생각하면 관성에 의해서 발문을 제대로 독해하지 못하는
　실수들을 하기 쉬우며, 이런 실수는 위 단원 뿐만 아니라 '과정형 유형'에서 공통적으로 발생한다.

　따라서 '과정형 유형'을 풀이할 때 "어디에서 무엇을 첨가하는지"를 주의깊게 살펴보길 바랍니다.

05 21학년도 4월 4번

정답 : B, C

몰 농도(M)는 용액 1L 속에 녹아 있는 용질의 양(mol)이고,

0.1M 500mL 포도당 수용액에는 포도당 0.05mol이 녹아 있다.

용질의 양(mol) = $\dfrac{\text{질량 (g)}}{\text{분자량 (g/mol)}}$ 이므로 녹아 있는 포도당의 질량은 9g 이다.

부피 플라스크는 표지선까지 용매를 채워서 일정한 부피의 용액을 만들 때 사용하는 실험기구이므로 ⓒ으로 적절하다.

06 21학년도 4월 7번

정답 : $\dfrac{5}{2}d$

퍼센트 농도 = $\dfrac{\text{용질의 질량(g)}}{\text{용액의 질량(g)}} \times 100$ 이고,

$\dfrac{100a}{60+a} : \dfrac{200a}{200+2a} = 3b : 2b$ 이므로 $a = 20$ 이다.

(가)에서 용질의 양(mol)= $\dfrac{20}{100}$ 이고,

(가)의 부피(L)= $\dfrac{0.08}{d}$ 이므로 (가)의 몰농도는 $\dfrac{5}{2}d$ 이다.

07 21학년도 3월 13번

정답 : ②

단위 부피당 포도당 분자 수는 몰 농도에 비례하므로

(가)와 (나)를 혼합한 후 100mL로 희석한 용액의 단위 부피당 분자 수는 $\dfrac{1 \times 20 + 6 \times 30}{100} = 2$ 이다.

08 21학년도 수능 13번

정답 : $\dfrac{3}{25}$

용액을 묽힐 때 묽히기 전후 용질의 양(mol)은 같다. (가)에서 2M $\mathrm{NaOH}(aq)$ 300mL의 몰농도를 1.5M으로 묽혔으므로 $2 \times 300 = 1.5 \times x$, $x = 400$이다. (나)에서 2M $\mathrm{NaOH}(aq)$ 200mL에 들어 있는 NaOH의 양(mol)과 $\mathrm{NaOH}(s)$ yg의 양(mol)의 합과 2.5M $\mathrm{NaOH}(aq)$ 400mL 속 NaOH의 양(mol)은 같으므로 $2\mathrm{M} \times 0.2\mathrm{L} + \dfrac{y}{40}\,\mathrm{mol} = 2.5\mathrm{M} \times 0.4\mathrm{L}$ 따라서 $y = 24$이다.

(가)에서 만든 수용액과 (나)에서 만든 수용액을 모두 혼합하면 NaOH의 양은
$2\mathrm{M} \times 0.3\mathrm{L} + 2.5\mathrm{M} \times 0.4\mathrm{L} = 1.6\mathrm{mol}$이고 용액의 부피는 $400\mathrm{mL} + 400\mathrm{mL} = 800\mathrm{mL}$이므로
이 혼합 용액의 몰농도는 $z = \dfrac{1.6}{0.8} = 2$이다.

따라서 $x = 400$, $y = 24$, $z = 2$이므로 $\dfrac{y \times z}{x} = \dfrac{24 \times 2}{400} = \dfrac{3}{25}$

* '용액을 묽힐 때 묽히기 전후 용질의 양이 같다'를 수식적인 관점에서 해석하자면 $MV = M^{'}V^{'}$이므로 용액을 묽혀 부피가 x배 되었을 경우, 몰농도는 $\dfrac{1}{x}$ 배가 되었음을 의미한다. 위 문제에 적용하면 '2M $\mathrm{NaOH}(aq)$ 300mL의 몰농도를 1.5M으로 묽혔다' 이 과정에서 몰농도가 $\dfrac{1.5}{2} = \dfrac{3}{4}$ 배 되었으므로 부피는 $\dfrac{4}{3}$ 배 되며 따라서 300mL의 $\dfrac{4}{3}$ 배인 400mL가 되었다고 이해할 수 있다.

09 20학년도 10월 16번

정답 : ㄱ, ㄴ, ㄷ

ㄱ. (가)에 들어 있는 A의 질량은 1.5g이므로 A의 양은 0.025 mol이다.
ㄴ. (나)에 들어 있는 A의 양은 0.075mol이므로 A의 질량은 4.5g이다.
ㄷ. (다)는 200mL에 0.1mol의 A가 들어 있으므로 몰 농도가 0.5M이다.

10 21학년도 9월 12번

정답 : 45

(나)에서 만든 $\mathrm{A}(aq)$ 250mL에는 A xg이 있고, (다)에서 (나)의 수용액 50mL를 취하였으므로
이 용액 속에 들어 있는 A의 질량은 $\dfrac{x}{5}$g 이다.

(라)에서 만든 A 수용액의 몰농도와 부피는 0.3M, 500mL이므로
이 용액에 들어 있는 A의 양은 $0.3 \times 0.5 = 0.15\mathrm{mol}$이다.

따라서 (라)에서 만든 $\mathrm{A}(aq)$에 들어 있는 A의 질량은 $0.15\mathrm{mol} \times 60\mathrm{g/mol} = \dfrac{x}{5}\mathrm{g}$이므로 $x = 45$이다.

11 20학년도 7월 16번

정답 : $\dfrac{3}{10}$

(나)에서 수용액에 들어 있는 용질의 양은 $1.5 \times 0.1 = 0.15\text{mol}$ 이고, $w = 40 \times 0.15 = 6(\text{g})$이다.

(다)에서 용액 $V\text{mL}$에 포함된 용질의 양은 $1.5 \times \dfrac{V}{1000}$ (몰)이다.

500mL 용액을 만들었으므로 $1.5 \times \dfrac{V}{1000} \times \dfrac{1}{0.5} = 0.06(\text{M})$에서 $V = 20(\text{mL})$이다.

따라서 $\dfrac{w}{V} = \dfrac{3}{10}$ 이다.

* 계속해서 강조하는 내용이지만 mL로 자료가 나왔을 경우 L로 단위를 맞추어서 진행해야함을 잊지 말자

12 21학년도 6월 8번

정답 : ㄱ

ㄱ. 정확한 몰농도의 용액을 만드는데 사용하는 실험 기구는 부피 플라스크이다.
　　㉠은 부피 플라스크이다.

ㄴ. 0.1 M 포도당 수용액 250 mL에 들어 있는 포도당의 양은 $0.1\text{M} \times 0.25\text{L} = 0.025\text{mol}$이다.
　　포도당의 질량은 $0.025\text{mol} \times 180\text{g/mol} = 4.5\text{g}$ 이다.

ㄷ. (마) 과정에서 만든 0.1 M 포도당 수용액 250mL에 들어 있는 포도당의 양은 0.025mol이므로 포도당 수용액 100 mL에 들어 있는 포도당의 양은 0.01mol이다.

13 20학년도 4월 12번

정답 : 0.1

용액의 몰 농도(M) $= \dfrac{\text{용질의 양 (mol)}}{\text{용액의 부피(L)}}$ 이며, 용질의 양(mol) $= \dfrac{\text{질량}}{\text{화학식량}}$ 이다.

혼합 전과 후 용질의 양은 서로 같으므로

$x\,\text{mol/L} \times 0.1\text{L} + \dfrac{4\text{g}}{100\text{g/mol}} = 0.2\text{mol/L} \times 0.25\text{L}$ 이고, $x = 0.1$이다.

14 20학년도 3월 15번

정답 : ㄱ, ㄴ

ㄱ. (가)의 포도당의 양(mol)은 $0.1\text{M} \times 0.5\text{L} = 0.05\text{mol}$이므로 질량은 $9\,\text{g}$이다.

ㄴ. 수용액에 녹아 있는 포도당의 양(mol)은 (나)와 (다)가 0.04mol로 같다.

ㄷ. 수용액의 전체 부피가 500mL이므로 몰 농도는 $\dfrac{0.08\text{mol}}{0.5\text{L}} = 0.16\,\text{M}$이다.

15 22학년도 3월 13번

정답 : ①

(가)의 $A(aq)$에 들어 있는 A의 양은 0.1mol이므로 $x = 1$이다.

(나)에 들어 있는 A의 양은 0.025mol 이므로 $y = 0.125$ 이다.

〈이 부분에서는 희석 개념을 사용하는게 효율적이다. 부피가 $25\,mL$에서 $200\,mL$로 8배 증가하였기 때문에 몰농도는 $\frac{1}{8}$배 된다라는 개념을 사용하시길 바랍니다〉

(다)에서 $(1 \times 0.05) + (0.125 \times \frac{V}{1000}) = 0.3 \times 0.2$ 이므로, $V = 80$이다.

16 22학년도 4월 14번

정답 : ②

$0.3\,M$ $NaOH(aq)$ 500mL에는 $NaOH(s)$ 0.15mol (=6g)이 녹아 있다.

이 0.15 mol은 $a\,M$ 250mL에 들어 있는 $NaOH$와 $NaOH(s)$ 5g의 합이다.

따라서 $a\,M$ $NaOH(aq)$ 250mL에는 $NaOH(s)$ 1g(=0.025mol)이 녹아 있고, $a\,M$=0,1M이다.

17 23학년도 6월 11번

정답 : ②

(가)에서 100g의 $a\,M$ $A(aq)$ 는 밀도를 나누어서 $\frac{100}{d}\,mL$의 부피를 가짐을 알 수 있다.

즉, 100g일 때 부피는 $\frac{100}{d}\,mL$라는 것이다.

비례관계를 통하여 $x\,mL$에는 $\frac{dx}{100}\,mol$이 있음을 알 수 있다.

(나)에서 물을 혼합하기 전 후의 몰수는 일정하므로 $\frac{dx}{100} = \frac{5}{100}$이다.

따라서 $dx = 5$ 임을 알 수 있다.

(나)에서 만든 $A(aq)$ 250mL에 들어 있는 A의 양은 $\frac{5}{100}$의 절반인 $\frac{5}{200}\,mol$ 이다.

(가)에서 사용한 방식과 같은 방식으로 $y\,mL$에는 $\frac{dy}{100}\,mol$이 들어 있다.

이를 통하여 $\frac{5}{200} + \frac{dy}{100} = \frac{1}{100}$ 이라는 식을 세울 수 있다. 따라서 $dy = \frac{15}{2}$ 임을 알 수 있다.

$x + y = \frac{5}{d} + \frac{15}{2d} = \frac{25}{2d}$ 이다.

18 22학년도 7월 8번

정답 : ①

NaOH $2g$ 은 $\dfrac{2}{40}$=0.05mol 이다. $a = \dfrac{0.05\,\text{mol}}{0.5\,\text{L}}$ = 0.1M 이다.

물을 넣기 전후로 용질의 몰수는 일정하므로

$2 \times \dfrac{V}{1000} = a \times \dfrac{200}{1000}$ 이라는 식을 세울 수 있고 계산을 통하여 $V = 10$ 임을 알 수 있다.

19 23학년도 9월 12번

정답 : ③

* 위 문제의 핵심 포인트는 각 그림의 부피를 적고 몰농도와 곱하여 특이한 값의 지점을 찾아내는 것이다.

각 그림의 부피를 적으면 각각 100mL, 200mL, 300mL, 400mL 이다.

몰농도와 부피값을 곱하여 보면 (가)에 들어 있는 X의 양은 $0.2b\,\text{mol}$ 이고,

(나)에 들어 있는 X의 양도 $\dfrac{2}{3}b \times 0.3 = 0.2b\,\text{mol}$ 이다.

즉, X의 양(mol)의 변화가 없으므로 ⓛ은 $H_2O(l)$이다.

(여기까지가 문제를 풀면서 가장 먼저 찾아야 하는 키이다.)

수용액에 포함된 X의 질량비는 (나) : (다) = 2 : 3 이므로 (다)에 들어 있는 X의 양은 $0.3b\text{mol}$이다.

만약 ⓒ이 $5a\text{M}\ X(aq)$이라면 추가된 X의 양이 $0.5a = 0.1b$ 이 되어 조건에 모순된다.

따라서 ⓒ은 $3a\text{M}\ X(aq)$이고, $0.3a = 0.1b$ 이므로 $b = 3a$ 이다

20 22학년도 10월 8번

정답 : ④

(가)에서 A $36g$은 $\dfrac{36}{180} = 0.2\text{mol}$ 이다. $0.2 = a \times 0.2$ 이므로 $a = 1$이다.

(나)에서 $0.2\text{M}\ A(aq)$ 50mL 에 들어 있는 A의 양은 0.01mol이다.

(가)의 200mL에 0.2mol이 있었으므로, 0.01mol이 있기 위해서 필요한 부피인 $x = 10$이다.

(다)에서 넣어 준 A $18g$은 0.1mol이다.

$0.2 \times \dfrac{y}{200} + 0.1 = 0.2$ 이므로 $y = 100$이다. 따라서 $\dfrac{y}{x} = 10$ 이다.

21 23학년도 수능 9번

정답 : ③

* 몰농도 $= \dfrac{10ad}{M}$ 라는 공식을 반드시 암기해두도록 하자!!

A의 분자량은 a, A(l)의 밀도는 $d_1\,\mathrm{g/mL}$ 이므로 A(l) 10mL 의 양은 $\dfrac{10d_1}{a}\,\mathrm{mol}$이고,

(나)에서 만든 Ⅰ의 몰 농도는 $\dfrac{100d_1}{a}$ M $= x$ M 이다.

(다)에서 만든 Ⅱ에서 A(l)의 밀도는 $d_2\,\mathrm{g/mL}$이므로 A(l) 100g의 부피는 $\dfrac{100}{d_2}$ mL 이고,

몰농도는 $\dfrac{100d_1d_2}{a}$ M $= y$ M 이다.

따라서 $\dfrac{y}{x} = \dfrac{\dfrac{100d_1d_2}{a}}{\dfrac{100d_1}{a}} = d_2$ 이다.

22 24학년도 6월 12번

정답 : ①

수용액 A(aq)에 들어있는 용질의 양(mol) $= \dfrac{w_1}{3a}$, 수용액 A(aq)의 부피(mL) $= \dfrac{2w_2}{d_A}$

수용액 B(aq)에 들어있는 용질의 양(mol) $= \dfrac{2w_1}{a}$, 수용액 B(aq)의 부피(mL) $= \dfrac{w_2}{d_B}$

$x = \dfrac{\dfrac{w_1}{3a}}{\dfrac{2w_2}{d_A}} = \dfrac{w_1 d_A}{6aw_2}$, $y = \dfrac{\dfrac{2w_1}{a}}{\dfrac{w_2}{d_B}} = \dfrac{2w_1 d_B}{aw_2}$, $\dfrac{x}{y} = \dfrac{d_A}{12d_B}$ 이다.

Tip

원래 몰농도를 구할 때 사용하는 부피의 단위는 mL가 아닌 L이다.

하지만 문제에서 요구한 값은 A(aq)와 B(aq)의 정확한 몰농도 값이 아니라 이 두 값간의 비율을 물어보았기 때문에 계산의 편의성을 위하여 이 두 값 모두 mL부피로 사용하여 몰농도를 구하더라도 전혀 지장이 없다.

23 24학년도 9월 13번

정답 : ①

가장 먼저 $A(aq)$를 관찰해보자.

초기에는 0.4M였지만 물을 150mL 더 첨가했을 때 0.1M로 몰농도가 처음과 비교하여 $\frac{1}{4}$배가 된다.

두 시점 모두 용질의 양은 동일하므로 두 시점의 전체 부피가 1 : 4의 비율을 가짐을 추론할 수 있다. 이를 이용하여 초기 $A(aq)$의 부피인 xmL 값을 구하면 다음과 같다.

$$x : x + 150 = 1 : 4, \ x = 50$$

이후에 넣어준 부피가 VmL인 지점에서 두 용액의 몰농도가 같다는 점을 이용하여 V의 값을 구해보자. 계산의 편의성을 위해서 두 용액에 존재하는 용질의 양은 mmol로 계산할 것이다.

$$\frac{20}{50 + V} = \frac{60}{300 + V}, \ V = 75$$

ㄱ. $x = 50$이다.

ㄴ. $V = 75$이다.

ㄷ. 용질의 질량은 $A(aq)$의 경우 $20 \times 3a = 60a$, $B(aq)$의 경우 $60 \times a = 60a$이다.
따라서 이 두 용액에 존재하는 용질의 질량은 $60a$로 동일하다.

24 24학년도 수능 11번

정답 : ①

$$V_1 \times 0.4 : V_2 \times 0.3 = w : 3w, \ V_2 = 4V_1$$

(가)와 (다)를 혼합한 용액의 몰농도 $\dfrac{V_1 \times 0.4 + 4V_1 \times 0.2}{V_1 + 4V_1} = \dfrac{6}{25}$

25 2023년 4월 11번

정답 : ①

만약 (나)가 $H_2O(l)$이라면 용질은 그대로인 상태에서 부피가 $\frac{5}{3}$배가 된 것이므로

몰농도는 $\frac{3}{5}$배가 되어야 한다.

하지만 문제의 그래프에서는 몰농도가 $\frac{4}{5}$배가 되었으므로 모순이 발생한다.

따라서 (가)가 $H_2O(l)$이고 (나)가 $x\text{M } A(aq)$임을 알 수 있다.

(가)가 $H_2O(l)$이므로 전체 부피가 V인 지점과 $1.5\,V$인 지점에서의 용질의 양은 같다.

이를 이용하여 k값을 구하는 식을 쓰면, $0.3 \times V = 5k \times 1.5\,V$, $k = \frac{1}{25}$이다.

전체 부피가 $2.5\,V$인 지점에서의 몰농도가 $4k$인 $\frac{4}{25}$임을 이용하여 x값을 구하는 식을 쓰면,

$0.3 \times V + x \times V = \frac{4}{25} \times 2.5\,V$, $x = 0.1$이다.

26 2023년 7월 11번

정답 : ④

문제에서 제시한 2가지 실험에서 용질의 양을 기준으로 2개의 식을 작성하면 다음과 같다.

$$a \times 0.08 + \frac{2w}{100} = 0.8 \times 0.25, \quad a \times 0.01 + \frac{w}{100} = 0.4 \times 0,1$$

위의 두 식을 연립하면 $a = 2$, $w = 2$임을 알 수 있고 이에 따라 $\frac{w}{a} = 1$이다.

[유제(1)]

01 22학년도 수능 5번

정답 : ㄱ

화학 반응이 일어날 때 반응 전후 원자의 종류와 수는 일정하다. (가)와 (나)의 화학반응식을 완성하면 다음과 같다.

(가) : $HNO_2 + NH_3 \rightarrow N_2 + 2H_2O$

(나) : $3N_2O + 2NH_3 \rightarrow 4N_2 + 3H_2O$

ㄱ. ㉠은 N_2이다.

ㄴ. a=3, b=2 이므로 $a+b=5$ 이다.

ㄷ. (가)와 (나)에서 각각 NH_3 1mol이 모두 반응할 때 생성되는 H_2O의 양의 비는
(가) : (나) = 4:3이므로 (가)와 (나)에서 각각 NH_3 1g이 모두 반응할 때 생성되는
H_2O의 질량은 (가) > (나)이다.

02 21학년도 10월 3번

정답 : $\dfrac{1}{2}$

2가지 화학 반응식을 완성하면 다음과 같다.

$2NaHCO_3 \rightarrow Na_2CO_3 + H_2O + CO_2$

$MnO_2 + 4HCl \rightarrow MnCl_2 + 2H_2O + Cl_2$

㉠은 H_2O이며, a=4, b=2 이다.

03 22학년도 9월 6번

정답 : 7

반응 전후 O 원자의 수는 같으므로 $2a = 10$, a=5 이다.

$2C_2H_2 + 5O_2 \rightarrow 4CO_2 + 2H_2O$ 이다. 반응 몰비는 반응계수 비와 같으므로

C_2H_2 1mol 이 반응하면 CO_2 2mol 이 생성되므로 $x = 2$이다. $a + x = 7$이다.

04 21학년도 7월 2번

정답 : 54

Al_2O_3 1mol 이 생성되었을 때 반응한 Al은 2mol 이고 54g 이다.

05 22학년도 6월 2번

정답 : 3

반응식은 다음과 같다.

$C_2H_5OH + 3O_2 \rightarrow 2CO_2 + 3H_2O$ 반응 몰비는 화학 반응식의 계수 비와 같으므로

C_2H_5OH 1mol을 넣고 반응 할 때 CO_2 2mol 과 H_2O 3mol이 생성되었고 반응후

O_2가 없으므로 반응전 O_2의 양은 3mol 이다.

06 21학년도 수능 5번

정답 : ㄱ, ㄴ

반응식은 다음과 같다.

$Zn + 2HCl \rightarrow ZnCl_2 + H_2$

$2Al + 6HCl \rightarrow 2AlCl_3 + 3H_2$ 이다.

ㄱ. ㉠은 $ZnCl_2$ 이다.

ㄴ. $a = 6$, $b = 3$이므로 $a + b = 9$ 이다.

ㄷ. Zn과 Al이 각각 2몰씩 반응했다고 하면

  Zn은 2몰의 H_2가 생성되고 Al은 3몰의 H_2가 생성된다

07 21학년도 9월 5번

정답 : $\dfrac{5}{4}$

화학반응식을 완성하면 다음과 같다.

$2C_2H_4O + 5O_2 \rightarrow 4CO_2 + 4H_2O$ 이다.

해당 반응에서 1mol의 CO_2가 생성되었으므로 반응한 O_2의 양은 $\dfrac{5}{4}$ 배인 $\dfrac{5}{4}$ mol 이다.

08 21학년도 6월 7번

정답 : ㄴ

반응식을 완성하면 다음과 같다.

$2H_2O_2 \rightarrow 2H_2O + O_2$ 이다.

ㄱ. ㉠은 O_2 이다.

ㄴ. 반응 몰비는 화학 반응식의 계수비와 같다.

H_2O_2와 H_2O의 몰비는 1 : 1이므로 H_2O_2 1mol이 분해되면 H_2O 1mol이 생성된다.

ㄷ. 질량 보존 법칙에 따라서 반응전후의 질량은 변하지 않는다.

H_2O_2 0.5mol 의 질량은 $34 \times 0.5 = 17g$ 이므로 전체 생성물의 질량 역시 17g이다.

09 22학년도 4월 3번

정답 : ①

반응 후 S 원자 수는 12 이므로 $a = 12$ 이다. 반응 전 C의 원자 수는 6 이므로 $b = 1$ 이다.

12mol의 H_2S가 모두 반응했을 때, 생성되는 $C_6H_{12}O_6$의 양은 1이다.

10 –10. 22학년도 7월 2번

정답 : ②

화학 반응식을 완성하면 $NH_4NO_3 \rightarrow N_2O + 2H_2O$ 이다.

생성된 H_2O의 양이 1mol 일 때 반응한 NH_4NO_3의 양은 $\frac{1}{2}$mol 이다.

11 23학년도 9월 4번

정답 : ②

화학 반응식은 다음과 같다. $2AB(g) + B_2(g) \rightarrow 2AB_2(g)$ 이다.

반응 후 $AB(g)$와 $B_2(g)$가 모두 소모되었으므로,

반응 전 기체의 몰비는 $AB(g) : B_2(g) = 2 : 1$ 이다.

 AB가 2mol이라고 가정하면, 반응전 기체의 총 양은 3mol, 반응후는 2mol 이다.

질량은 질량 보존 법칙에 의거하여 일정하므로 밀도비는 결국 부피비의 역수와 동일하다.

따라서 $\dfrac{d_2}{d_1} = \dfrac{\frac{1}{2}}{\frac{1}{3}} = \dfrac{3}{2}$ 이다.

12 22학년도 3월 5번

정답 : ④

ㄱ. ㉠은 H_2 이다.

ㄴ. 반응 후에 OH^-가 존재하므로 염기성이다.

ㄷ. 반응 몰비는 $M : ㉠ = 1 : 1$ 이므로 $\dfrac{w}{a} = \dfrac{V}{24}$ 이다.

13 23학년도 6월 12번

정답 : ①

(가)에서 1g의 금속 $A(s)$의 원자량을 통해 반응하는 $A(s)$의 양을 알 수 있고, 반응계수에 의하여 생성된 $H_2(g)$의 양에 해당하는 $H_2(g)$의 부피를 알 수 있다.

(나)에서 $A(s)$대신 $B(s)$를 이용하여 (가)를 반복한 후 생선된 $H_2(g)$의 부피를 통해 반응한 $B(s)$의 양을 알 수 있다. 따라서 반응한 $B(s)$의 질량이 1g이므로 (가)와 (나)에서 측정한 $H_2(g)$의 부피를 비교함으로써 B의 원자량을 구할 수 있다.

ㄱ. A의 원자량은 필요하다.

ㄴ. H_2의 분자량은 필요하지 않다.

　　H_2가 몇볼 생성되었는지는 반응계수와의 관계를 통해 도출할 수 있다.

ㄷ. 사용한 $HCl(aq)$의 몰농도는 필요하지 않다.

14 22학년도 10월 17번

정답 : ④

혼합물에 들어 있는 A와 B의 양을 각각 a, b라고 하면 $24a + 27b = 12.6$ 이다.

발생한 H_2의 양은 $a + \dfrac{3}{2}b = \dfrac{15}{25}$ 이므로 $a = 0.3$, $b = 0.2$ 이다.

15 23학년도 수능 13번

정답 : ②

YZ_2의 부피가 120mL이므로 $\dfrac{120\text{mL}}{24000\text{mL}} = \dfrac{1}{200}$ mol이다.

반응 계수에 의거하여 XZ도 $\dfrac{1}{200}$ mol 인데 이 때의 질량이 $0.56w$ g 이다.

따라서 XZ 1mol은 $112w$ g 이다. 원자량의 비가 $X : Z = 5 : 2$ 라고 하였으므로 $X(80w)$, $Z(32w)$ 임을 알 수 있다.

여기서 XYZ_3 wg이 반응하였으므로 질량 보존 법칙에 따라서 YZ_2는 $0.44w$g 만큼 있다.

따라서 YZ_2 1mol의 질량은 $88w$ 이고, $Z(32w)$ 이므로 $Y(24w)$ 임을 알 수 있다.

16 24학년도 6월 3번

정답 : ④

문제에서 제시되어있는 모형에 따라 반응식을 작성하면 다음과 같다.

$$2XY + Y_2 \rightarrow 2XY_2$$

ㄱ. 전체 분자 수는 반응 전에는 5, 반응 후에는 4이므로 전체 분자 수는 반응 전과 후가 다르다.

ㄴ. 생성물의 종류는 XY_2로 1가지이다.

ㄷ. 4mol의 XY_2가 생성되었을 때, 반응한 Y_2의 양은 2mol이다.

14 24학년도 9월 3번

정답 : ②

문제에서 주어진 상황을 화학반응식으로 표현하면 다음과 같다.

$$4AB_3(g) + 3C_2(g) \rightarrow 6B_2(g) + 2A_2C_3(s)$$

$$\frac{V_2}{V_1} = \frac{6}{4+3} = \frac{6}{7}$$

Tip

반응 후에 존재하는 A_2B_3는 고체 상태로 반응 후의 부피인 V_2를 구하는데 쓰이지 않음을 명심하자.

18 24학년도 수능 3번

정답 : ④

위 문제의 상황을 반응식을 통해 표현하면 다음과 같다.

$$6HF(g) + 2Al(s) \rightarrow 3H_2(g) + 2AlF_3(s)$$

위 반응식을 통해 반응 전에 존재하는 $Al(s)$와 반응 후에 존재하는 $H_2(g)$의 몰수 비가 2 : 3이라는 사실을 알 수 있다.

이때 $Al(s)$와 $H_2(g)$의 분자량은 각각 27과 2 이므로 $\dfrac{x}{y}$는 $\dfrac{2 \times 27}{3 \times 2}$로 9임을 알 수 있다.

정답 : ③

문제에서 반응 전과 반응 후의 단위 부피당 분자 모형이 제시되어 있다. 단위 부피당 분자 모형 자료를 통해서 각 상황에서 분자들이 어떤 비율로 존재하는지를 파악해보자. 우선 (가)의 분자 모형을 살펴보면, XY와 ZY가 1 : 1로 존재하는 것을 확인 할 수 있다. 또 (나)의 분자 모형을 살펴보면 X_aY_b와 Z_2가 2 : 1로 존재하는 것을 확인할 수 있다. 이를 이용하여 반응식을 완성하면 다음과 같다.

$$2XY(g) + 2ZY(g) \rightarrow 2XY_2 + Z_2(g)$$

X_aY_b는 XY_2이기 때문에 $a = 1$, $b = 2$이고 $b - a = 1$이다.

Tip

만약 문제에서 제시한 그림에 있는 정보를 단위 부피당 분자 모형으로 보지 않고 그림에 있는 분자의 개수를 실제 존재하는 몰수로 봤다면 문제를 풀어내기 힘들었을 것이다. 따라서 분자 모형 그림이 문제에 등장했다면 실제 존재하는 몰수를 표현한 그림인지, 혹은 단위 부피당 분자 모형인지를 우선적으로 파악하고 문제 풀이를 진행해 나가보자.

[유제(2)]

01 22학년도 수능 19번

정답 : $\dfrac{5}{4}w$

$$\langle \text{실험 I} \rangle (\text{몰수})$$

$$aA(g) + B(g) \rightarrow 2C(g)$$

	n	m	0
	$-n$	-2	$+4$
	0	$m-2$	4

$$\langle \text{실험 II} \rangle (\text{몰수})$$

$$aA(g) + B(g) \rightarrow 2C(g)$$

	$2n$	m	0
	$-2n$	-4	$+8$
	0	$m-4$	8

따라서 $m = 5$이다. 실험 IV에서는 B가 모두 소모된 것이므로 양적 관계 반응은 아래와 같다.

$$\langle \text{실험 IV} \rangle (\text{몰수})$$

$$aA(g) + B(g) \rightarrow 2C(g)$$

	$4n$	5	0
	$-2.5n$	-5	$+10$
	$1.5n$	0	10

따라서 $n = 4$이고, $a = 2$이다. 이후 III의 반응을 살펴보자.

$$\langle \text{실험 III} \rangle (\text{몰수})$$

$$aA(g) + B(g) \rightarrow 2C(g)$$

	12	5	0
	-10	-5	$+10$
	2	0	10

실험 II에서 남은 B(g)의 양은 1mol이므로 질량은 $\dfrac{1}{5}x$g 이고,

실험 III에서 남은 A(g)의 양은 2mol 이므로 초기 양의 $\dfrac{1}{6}$ 배이고, 질량은 $\dfrac{3w}{6} = \dfrac{1}{2}w$g 이다.

따라서 $\dfrac{1}{5}x = \dfrac{1}{2}w \times \dfrac{1}{4}$ 이므로 $x = \dfrac{5}{8}w$이다. $a \times x = 2 \times \dfrac{5}{8}w = \dfrac{5}{4}w$이다.

02 21학년도 10월 20번

정답 : $\dfrac{3}{2}$

(가)의 8L를 $8n$이라고 생각하자.

(가)→(나)로 반응할 동안 $-2L$ 이었고, (나)의 6L에 1L를 추가해 총 7L에서 5L로 $-2L$이므로
(가)→(나) 의 반응과 (나)→(다)의 반응의 변화량이 같으므로 같은 양이 반응했음을 알 수 있다.

또한 (나)→(다)의 반응을 혼합의 과정으로 해석하게 되면,
만약 ㉠의 물질이 B라면, (나)→(다)의 반응을 거치고 부피가 증가해야 한다.
(남아 있는 반응물이 A인데, A의 계수보다 C의 계수가 더 크므로) 하지만 이는 조건에 모순이므로
따라서 ㉠의 물질은 A이다.

(가)→(나) 와 (나)→(다)에서 반응한 양이 같으므로 (가)에 원래 있던 A의 양은 1L가 되며 이를 분석하여 나타내면 다음과 같다.

		(가)	(나)	(다)
기체의 양	A	n	0	0
	B	$7n$	$4n$	n
	C	0	$2n$	$4n$

A n mol과 B $3n$ mol이 반응하므로 $b=3$이다. (나)에서 전체 기체의 질량을 $6w$라 하면,
기체의 밀도비 조건을 활용하여 (다)의 전체 기체 질량이 $10w$임을 구할 수 있다.

(나)→(다)에서 추가한 A의 질량은 $4w$이다.
(가)에서 전체 기체의 질량은 $6w$, 그 중 A의 질량이 $4w$이므로 B의 질량은 $2w$임을 알 수 있다.
따라서 $x=4w$, $y=2w$ 이다.

$b \times \dfrac{y}{x} = 3 \times \dfrac{2w}{4w} = \dfrac{3}{2}$ 이다.

03 22학년도 9월 20번

정답 : $\dfrac{27}{2}$

우선 밀도 자료가 나왔으므로 밀도 자료를 해석할 때의 여러 point들을 떠올려보자. 기본적인 부피와 질량 관계, 분자량 등 다양한 방법이 있긴 하지만, 위 문제에서는 초기 조건들 중 분자량에 관련한 자료가 없으므로 기본적인 해석으로 가는 것이 적절해 보인다.

반응 후 전체 기체의 부피가 II에서가 I에서의 2배이고, C의 밀도는 같으므로 생성된 C의 양은 II에서가 I에서의 2배임을 알 수 있다. 생성물(C)의 양은 반응량에 비례하기 때문에, I과 II의 반응량의 비율은 1:2라는 사실 또한 알 수 있다. I에서와 II에서의 B의 질량은 동일하고, A의 질량은 II에서가 I에서의 3배이므로 I에서는 A 1g이 모두 반응하였고, II에서는 B가 모두 반응하며 A는 I에서의 2배인 2g이 반응함을 알 수 있다.

양적 반응식을 작성하면 아래와 같다.

〈실험 Ⅰ〉 (질량)

$$aA(g) + B(g) \rightarrow cC(g)$$

	1	w	0
	-1	$-\dfrac{w}{2}$	$1+\dfrac{w}{2}$
	0	$\dfrac{w}{2}$	$1+\dfrac{w}{2}$

$\xrightarrow{\text{2배}}$

〈실험 Ⅱ〉 (질량)

$$aA(g) + B(g) \rightarrow cC(g)$$

	3	w	0
	-2	$-w$	$2+w$
	1	0	$2+w$

위 식을 조건에 대응시키면, $\dfrac{w}{2} = \dfrac{4}{5}$이므로 $w = \dfrac{8}{5}$라는 사실을 알 수 있다. 따라서 반응하는 질량비는 $A : B : C = 1 : 0.8 : 1.8$이다. 이를 이용하여 III의 양적 반응식을 세우면 다음과 같다.

〈실험 Ⅲ〉 (질량)

$$aA(g) + B(g) \rightarrow cC(g)$$

	4	3.6	0
	-4	-3.2	$+7.2$
	0	0.4	7.2

임을 알 수 있다.

실험 III의 양적 반응식을 관찰하면 반응량이 실험 I의 4배라는 사실을 알 수 있고, 이 반응량은 생성물(C)의 양에 비례하기 때문에 'C의 밀도'와 '전체 기체의 부피'를 곱한 값 또한 이에 비례한다. 따라서 $(17 \times 6) : (x \times 17) = 1:4$이므로 $x=24$임을 알 수 있다.

여기서 실험 I에서 반응한 만큼을 한 사이클이라고 가정하고 문제를 풀어나가 보자.

실험 I을 한 사이클이라고 가정했으므로, A 1g이 $a$mol, B 0.8g이 1mol, C 1.8g이 $c$mol이다. 따라서 실험 I, 실험 II, 실험 III의 반응 후 부피는 각각 1+c, a+2c, 0.5+4c로 잡을 수 있다. 이들의 비율이 문제에서 주어진 자료에 따라 6:12:17이므로 비례식을 풀게 되면 a=2, c=2임을 알 수 있다.

이제 마무리 단계로 w, n, M 표를 작성해보자.

	A	B	C
w	1g	0.8g	1.8g
n	2	1	2
M	0.5	0.8	0.9

따라서 $A : B : C$ 의 분자량 비는 $5 : 8 : 9$이다.

$$\frac{x}{c} \times \frac{C의\ 분자량}{B의\ 분자량} = \frac{24}{2} \times \frac{9}{8} = \frac{27}{2} 이다.$$

04 21학년도 7월 19번

정답 : $\dfrac{4}{5}$

위의 문제를 해석할 때 가장 유의깊게 봐야하는 자료는 Ⅰ실험에서 전체 기체의 밀도 값이 반응전과 반응후가 같다라는 조건이고 이에 대해 우선적으로 해석해 보자.

밀도 $= \dfrac{\text{질량}}{\text{부피}}$ 인데, 질량은 질량보존법칙에 의해 일정하므로 반응 전 후의 밀도가 같으려면 반응 전후의 부피가 변하지 않아야 한다.

해당 논리에 의해 반응물의 반응계수와 생성물의 계수의 합이 같아야 함을 알 수 있다.

따라서 $b = d$ 이다.

Ⅰ과 Ⅱ에서 생성된 C의 양이 같다고 하였으므로 Ⅰ과 Ⅱ는 같은 양만큼 반응을 진행하였으며 이를 통해 Ⅰ에서 A가 한계 반응물임을 알 수 있다. Ⅱ에서 A가 $2w$만큼만 반응하였으므로 Ⅱ에서는 B가 $8w$만큼 반응하여 한계 반응물임을 알 수 있다.

반응질량비는 $-2w : -8w : +10w$ 가 된다.

A $2w$를 $m\,\text{mol}$이라고 하고, B $4w$를 $n\,\text{mol}$이라고 하자.

$\dfrac{14w}{m+3n} : \dfrac{12w}{2m+2n} = \dfrac{7}{2} : 3$을 구하면 $m = n$ 임을 알 수 있고,

A와 B의 분자량 비가 $1 : 2$임을 알 수 있다.

반응하는 질량과 몰에 관하여 다음과 같은 관계가 나오고

	A	B
w	$-2w$	$-8w$
n	1	b
M	2	$\dfrac{8}{b}$

A와 B의 분자량 비가 $1 : 2$ 이므로 $\dfrac{8}{b} = 4$ 따라서 $b = 2$ 이다.

$x = \dfrac{16}{5}$ 이다.

따라서 $\dfrac{x}{b+d} = \dfrac{\dfrac{16}{5}}{\dfrac{2+2}{1}} = \dfrac{4}{5}$ 이다.

05   22학년도 6월 19번

정답 : 2

(가)와 (나)에서 $\dfrac{\text{D의 양}(\text{mol})}{\text{전체 기체의 양}(\text{mol})}$ 은 각각 $\dfrac{2}{5}$, $\dfrac{3}{4}$ 이고,

기체의 부피비가 (가) : (나) = 15 : 16 이므로 D의 양은 (가) : (나) = 6 : 12 임을 알 수 있다.

반응이 진행됨에 따라 D의 양이 $6n\,\text{mol}$ 이 증가한 것이라고 할 수 있다.

화학 반응식에서 D의 계수가 6이므로 반응한 A의 양은 $2n$ mol이라고 할 수 있고, 반응 전 기체의

양을 $15n$ 이라고 가정하면 B의 양은 $7n$ 이 된다.

반응 후 (나)에서 전체 기체의 양을 $16n$ 이라고 하면 C의 양은 $4n$ 이라고 할 수 있으므로

반응 계수 $b = 7$, $c = 4$ 이다. 반응 계수 비는 A : B = 2 : 7 이고, 분자량 비는 A : B = 7 : 4 이므로

반응 질량비는 A : B = 1 : 2 이다. 따라서 (가)에서 B의 질량은 $2wg$ 이다.

D의 양은 (가)에서가 (나)에서의 $\dfrac{1}{2}$ 이므로 (가)에서 D의 질량은 $33g$ 이다.

질량 보존 법칙에 따라 $3w + 33 = \dfrac{9}{14}w + 66$ 이므로 $w = 14$ 이고, $\dfrac{b \times c}{w} = \dfrac{7 \times 4}{14} = 2$ 이다.

06   21학년도 4월 20번

정답 : 4

㉠이 C 라고 가정해보자, 완결점에서 C가 $k\,\text{mol}$ 만큼 생성되었다면,

$\dfrac{㉠의 양(\text{mol})}{\text{전체 기체의 양}(\text{mol})} = \dfrac{k}{k + kd} = \dfrac{2}{3}$ 가 되고 k를 나누어 계산해보면 $d = \dfrac{1}{2}$ 이 나오므로 모순이 발

생한다.

따라서 ㉠은 D 이다. $\dfrac{㉠의 양(\text{mol})}{\text{전체 기체의 양}(\text{mol})} = \dfrac{dk}{k + dk} = \dfrac{2}{3}$ 를 구하면 $d = 2$ 임을 구할 수 있다.

B를 $4w$ 넣었을 때 C가 n 생성된다 가정하면 반응에 대한 해석은 다음과 같다.

$$\langle 4w \ \text{첨가 상황 - 완결전} \rangle$$

$\text{A}(g)$	+	$b\text{B}(g)$	$\rightarrow$	$\text{C}(g)$	+	$2\text{D}(g)$
$3n$		bn		0		0
$-n$		$-bn$		$+n$		$+2n$
$2n$		0		n		$2n$

위에서 A $3w$ 는 $3n\,\text{mol}$ 이며, B $4w$는 $bn\,\text{mol}$ 임을 알 수 있다.

$$\langle 24w \text{ 첨가 상황 } - \text{ 완결후}\rangle$$

$$\mathrm{A(g)} \ + \ b\mathrm{B(g)} \ \rightarrow \ \mathrm{C(g)} \ + 2\mathrm{D(g)}$$

$3n$	$6bn$	0	0
$-3n$	$-3bn$	$+3n$	$+6n$
0	$6n$	$3n$	$6n$

따라서 $3bn = 6n$ 이므로 $b = 2$ 이다.

$$b \times \frac{\mathrm{B} \ \text{분자량}}{\mathrm{A} \ \text{분자량}} \ = \ 2 \times \frac{2}{1} = 4 \ \text{이다.}$$

* 마지막에 분자량을 분모, 분자에 배치하여 답을 계산하게 하는 경우에는 출제자가 정확한 분자량은 구할 수 없고 분자량들 간의 '비율'을 구하여 상수 값이 나오도록 설정한다.

☞ **최적화 풀이**

㉠은 D라는 사실과 $d = 2$라는 사실을 구하는 과정까지는 동일하게 풀이한다.

현재 문제에서 정보가 주어진 두 지점은 넣어준 B의 질량이 $4w$일때와 $24w$일 때이다.

우리가 문제를 통해 구해야할 것은 A의 분자량과 B의 분자량의 실제값이 아닌 두 값간의 상댓값, 즉 비율이다. 따라서 우리가 한 지점을 임의의 실제값으로 잡게 되더라도 문제의 해답을 구하는데 전혀 지장이 없다.

두 지점 모두 $\dfrac{\text{㉠의 양}(\mathrm{mol})}{\text{전체 기체의 양}(\mathrm{mol})}$ 의 값이 $\dfrac{2}{5}$이기 때문에 (A또는 B의양) : (C의 양) : (D의 양) 의 비율이 2:1:2로 존재한다.

두 지점 중 넣어준 B의 양이 $24w$ 인 지점에서의 물질의 양들을 위 비율을 만족하는 가장 간단한 임의의 실제값인 2mol, 1mol, 2mol로 설정한다. 이후에 넣어준 B의 양이 $4w$인 지점의 물질의 양을 $2k$mol, $k$mol, $2k$mol로 설정함으로서 이 두 지점 간의 상대적인 비율인 k값을 구하는 것이 문제 해결의 keypoint이다.

$$<\text{실험 } \mathrm{II}>$$

$$\mathrm{A(g)} \ + \ b\mathrm{B(g)} \ \rightarrow \ \mathrm{C(g)} \ + \ 2\mathrm{D(g)}$$

$3k$		0	0
$-k$		$+k$	$+2k$
$2k$		k	$2k$

(계수비 1:1:2)

세줄 식 작성을 통해 처음 들어있던 A의 양이 $3k$mol이라는 사실을 알 수 있다.

이를 통해 넣어준 B의 양이 $4w$인 지점은 완결 지점까지의 전체 반응 중 $\dfrac{1}{3}$이 반응 한 지점이라는 사실을 알 수 있다.

따라서 완결 지점에서 넣어준 B의 양은 $12w$이고, k값은 $\dfrac{1}{3}$이라는 사실을 알 수 있다.

넣어준 B의 양이 $24w$인 지점에서 남아있는 B의 양은 $12w$인데 이 $12w$에 해당하는 몰수가 2mol이다. (문제 시작할 때 2mol로 설정) 또한 k가 $\frac{1}{3}$임을 통해 처음 들어있던 A의 양이 1mol이라는 사실도 알 수 있다. 넣어준 B의 양이 $24w$인 지점에서 남아있는 B의 양 뿐만 아니라, 완결 지점까지 넣어준 B의 양도 $12w$로 2mol이다. 반응하는 A와 B의 몰수비가 1:2이므로 b는 2라는 사실을 알 수 있다. 또한 A와 B의 분자량의 비율을 구하면 $\frac{3w}{1} : \frac{12w}{2} = 1 : 2$이다. 따라서 답은 $2 \times \frac{2}{1} = 4$이다.

07   21학년도 3월 20번

정답 : $\dfrac{30}{7}$

Ⅰ에서 B의 질량이 생성된 C의 질량보다 크므로 B는 모두 반응 할 수 없다.
따라서 Ⅰ에서는 A가 한계반응물이다. Ⅰ과 Ⅱ의 생성된 C 질량이 2:3이기 때문에
A는 Ⅰ에서 $-8g$, Ⅱ에서는 $-12g$ 만큼 반응했다. 따라서 Ⅱ에서 한계반응물은 B이다.

Ⅰ : $-8, -14, +22$(g)
Ⅱ : $-12, -21, +33$(g)

따라서 $y = 21$ 이다.

아직 사용하지 않은 조건은 '전체 기체의 밀도'가 있다.
A 8g을 $x\,\mathrm{mol}$, B 7g을 $y\,\mathrm{mol}$, C 11g을 $z\,\mathrm{mol}$ 이라고 가정해보자.
식을 세우면 $\dfrac{36}{x+4y} : \dfrac{45}{3x+3y} = 72 : 75$이므로 $x = y$ 임을 구할 수 있다.

Ⅱ에서의 반응 전후 밀도 비를 계산하자.
$\dfrac{45}{3x+3y} : \dfrac{45}{1.5x+3z} = 75 : 100$를 정리하면 $x = y = z$ 임을 구할 수 있다.

Ⅰ에서의 반응 전후 밀도 비를 비교하면, $\dfrac{36}{x+4y} : \dfrac{36}{2y+2z} = 72 : x$이다.

따라서 $x = 90$ 이기 때문에 $\dfrac{x}{y} = \dfrac{30}{7}$ 이다.

정답 : $\dfrac{5}{54}$

반응 전후 질량은 보존되므로 (가)에서 (다)까지 반응한 A의 질량은 $9w$g이고 B의 질량은 $3w$g이다. (다)에 들어 있는 C와 D의 질량의 합은 $12w$g 이다. (다)에서 C와 D의 질량 비는 4:5이므로 C의 질량은 $12w \times \dfrac{4}{9} = \dfrac{16w}{3}$g 이다. D의 질량은 $12w \times \dfrac{5}{9} = \dfrac{20w}{3}$g 이다.

전체 B가 (가)~(다) 동안 $3w$ 반응하였는데 (가)~(나) 동안은 w 반응하였으므로 (나)의 실린더에 있는 C는 (다)의 $\dfrac{1}{3}$ 배인 $\dfrac{16}{9}w$이고, D는 $\dfrac{20}{9}w$이다.

(가)와 (나) 사이에 추가적인 질량 첨가가 없으므로 둘은 질량보존 법칙이 성립해야 하며 (가)에서 A $9w$, B w, 총 $10w$가 있었으므로 (나)에는 A가 $10w - \dfrac{16}{9}w - \dfrac{20}{9}w = 6w$가 존재한다.

밀도 자료를 해석해 보면 (가)와 (나)는 서로 질량이 일정하기 때문에 밀도인 d_1과 d_2는 부피비에 반비례함을 알 수 있다. 따라서 (가)와 (나)의 부피비는 $5:7$ 이다.
(가)의 부피를 $5V$라고 가정하고 (나)의 부피를 $7V$라 하자.

(나)와 (다)의 밀도 자료를 해석해 보았을 때 $d_2 = \dfrac{10w}{7V}$이고 $\dfrac{d_3}{d_2} = \dfrac{14}{25}$임을 통하여 (다)의 실린더의 부피가 $15V$임을 구할 수 있다.

(다)에서의 C,D 가 $15V$이므로 (나)에서의 C,D는 반응의 정도가 $\dfrac{1}{3}$이므로 $5V$의 부피를 가지며, 나머지 A 가 $2V$를 차지한다.
이어서 A $6w$가 $2V$이므로 (가)의 A $9w$는 $3V$이고 나머지 B w는 $2V$의 부피를 차지한다.

(가)에서 (나)로의 반응을 살펴보면 A가 V 만큼 반응하였는데, A와 C의 반응계수는 같으므로
A V 반응시 B는 $2V$ 반응하고, C는 V만큼 반응하며,
D는 $4V$ 반응함을 통하여 1:2:1:4 반응임을 알 수 있다. 따라서 $x = 2$, $y = 4$ 이다.

질량비는 A : D $= 9w : \dfrac{20}{3}w = 27 : 20$ 이고 반응 몰비는 A : D $= 1 : 4$이이므로
분자량 비는 질량비에 반응몰비를 나누어 A : D $= 27 : 5$ 임을 구할 수 있다.
마무리로 $\dfrac{5}{27} \times \dfrac{2}{4} = \dfrac{5}{54}$이다.

정답 : 3

반응전 자료들 중 Ⅰ과 Ⅲ에 관한 자료들이 Ⅱ보다 많으므로 Ⅰ과 Ⅲ의 자료들을 우선적으로 분석하도록 하자.

Ⅰ과 Ⅲ에서 반응전 각각의 질량비는 $7:14$ 인데, 밀도 비가 $4:5$ 임을 통해서 반응 전 부피비는 $5:8$임을 알 수 있다.

A $4g$을 $n \, \mathrm{mol}$ 이라 하고, B $3g$을 $3m \, \mathrm{mol}$ 이라 하자. Ⅰ과 Ⅲ의 반응 전 부피비를 통하여 $n+3m : 3n+2m = 5:8$ 임을 알 수 있고, 이를 정리하면 $n=2m$임을 알 수 있다.

a는 반응계수로 자연수이기 때문에 $\dfrac{2m}{a} < \dfrac{3m, 4m}{1}$ 이다. 따라서 Ⅰ과 Ⅱ에서는 A가 모두 반응한다. 반응식을 작성하면 다음과 같다.

〈실험 Ⅰ〉

$$a\mathrm{A}(g) + \mathrm{B}(g) \longrightarrow a\mathrm{C}(g)$$

	$2m$	$3m$	0
	$-2m$	$\dfrac{2m}{a}$	$+2m$
	0	$3m - \dfrac{2m}{a}$	$2m$

〈실험 Ⅱ〉

$$a\mathrm{A}(g) + \mathrm{B}(g) \longrightarrow a\mathrm{C}(g)$$

	$2m$	$4m$	0
	$-2m$	$-\dfrac{2m}{a}$	$+2m$
	0	$4m - \dfrac{2m}{a}$	$2m$

반응 후 Ⅰ과 Ⅱ의 전체 기체 부피비가 $4:5$이므로 $5m - \dfrac{2m}{a} : 6m - \dfrac{2m}{a} = 4:5$이고, 각변에 m을 나누어 계산하면 $a=2$ 임을 알 수 있다.

〈실험 Ⅲ〉

$$2\mathrm{A}(g) + \mathrm{B}(g) \longrightarrow 2\mathrm{C}(g)$$

	$6m$	$2m$	0
	$-4m$	$-2m$	$+4m$
	$2m$	0	$4m$

실험 Ⅲ에서 $x = 6$임을 알 수 있고, $\dfrac{x}{a} = \dfrac{6}{2} = 3$ 이다.

* 문제에서 구해야 하는 x값은 부피의 상댓값, 즉 어짜피 비율이므로
 $n = 2m$을 만족하는 가장 간단한 수인 n=2, m=1로 설정하고 풀어도 전혀 지장이 없고
 오히려 미지수가 줄어 더 편리하게 계산이 가능하다는 것을 알 수 있다.

10 21학년도 9월 18번

정답 : $\dfrac{9}{7}$

Ⅱ에 관련된 자료들이 많이 제시되었으므로 우선적으로 Ⅱ자료들을 살펴보자.

〈실험 Ⅱ〉 (질량&몰수)

$2\mathrm{A}(\mathrm{g}) + \mathrm{B}(\mathrm{g}) \rightarrow c\mathrm{C}(\mathrm{g})$

$9w$	$2w$	0
	$-2w$	
n(몰)	0	8n(몰)

A와 C의 분자량비가 4:5 라고 하였으므로 A nmol의 질량을 $4k$라 가정하면 C 8n mol의 질량은 $40k$이다. 질량보존 법칙에 따라 $11w = 44k$이므로 $k = \dfrac{1}{4}w$임을 구할 수 있으며 이를 토대로 다시 반응식을 적으면

〈실험 Ⅱ〉 (질량)

$2\mathrm{A}(\mathrm{g}) + \mathrm{B}(\mathrm{g}) \rightarrow c\mathrm{C}(\mathrm{g})$

$9w$	$2w$	0
$-8w$	$-2w$	$10w$
w	0	$10w$

임을 알 수 있다. 이어서 Ⅰ의 반응식까지 완성하면

〈실험 Ⅰ〉 (질량)

$2\mathrm{A}(\mathrm{g}) + \mathrm{B}(\mathrm{g}) \rightarrow c\mathrm{C}(\mathrm{g})$

$4w$	$6w$	0
$-4w$	$-w$	$5w$
0	$5w$	$5w$

wnM 표를 작성하면

w 4 : 1 : 5

n 2 : 1 : c

M 2 : 1 : $\dfrac{5}{c}$ 인데 A, C의 분자량 비가 4 : 5라고 하였으므로 $c = 2$이다.

$\dfrac{V_2}{V_1} = \dfrac{\dfrac{1}{4}+2}{\dfrac{5}{2}+1} = \dfrac{9}{14}$ 이다. 따라서 $c \times \dfrac{V_2}{V_1} = \dfrac{9}{7}$ 이다.

* 문제에서 구해야하는 값이 $\dfrac{V_2}{V_1}$, 즉 어짜피 부피의 비율이므로

이와 비례하는 몰수 또한 가장 편리한 임의의 실제값으로 설정해도 전혀 지장이 없다.

따라서 실험 II에 $\dfrac{\text{C의 양(mol)}}{\text{전체 기체의 양(mol)}}$ 을 만족하는 값을 A nmol, B 8nmol이 아닌 A 1mol,

B 8mol로 설정해도 전혀 지장이 없고 오히려 계산이 편리함을 알 수 있다.

11 20학년도 7월 20번

정답 : $\dfrac{1}{2}$

반응 후 전체 기체의 부피(상댓값) 자료를 살펴보면 자료의 변화값들이 B wg당 -6, -2, $+2$으로
각자 다른 3가지 값이 나오므로 반응종결 지점은 w와 $2w$ 사이의 지점임을 알 수 있다.

반응 종결 지점 이후에는 넣어준 B의 양만큼 전체 물질의 양이 증가한다.
따라서 B wg을 넣어줄 때 해당하는 2(상댓값) 만큼 자료가 증가함을 알 수 있다.

(나) 과정에서 반응물 B를 wg 넣은 상황을 생각해보자. 전체 기체 21에다가 B 2를 추가해서 총 23
이 있는데 반응을 통해 15가 되었으므로 8만큼이 감소 하였음을 알 수 있다.
그럼 결론적으로 B 2 반응할 때 전체 부피가 8감소한다고 생각할 수 있으며,
후에 반응식의 계수를 살펴 보면 B는 1 과 A a가 반응해서 C 2가 생기므로
$a + 1 - 2 = 4$ 임을 알 수 있고, 따라서 $a = 5$ 이다.
(B 2만큼 반응 기준으로 -8이므로 B 1만큼 반응 할때는 비례해서 -4 변화한다.)

이제 반응식들을 살펴 보자.

$$\langle \text{실험 (가)} \rangle$$

$$5\text{A}(g) + \text{B}(g) \rightarrow 2\text{C}(g)$$

m	n	0
$-5n$	$-n$	$+2n$
$m-5n$	0	$2n$

$$\langle \text{실험 (나) } wg \rangle$$

$$5\,\text{A}(g) + \text{B}(g) \rightarrow 2\text{C}(g)$$

$m-5n$	2	$2n$
-10	-2	$+4$
$m-5n-10$	0	$2n+4$

* (나)의 반응식을 적을 때 (가)에서 생성된 C의 양을 고려하지 않는 실수를 자주 하는 경우가 많으므로 유의하도록 하자!! 이어지는 화학반응에서는 앞의 반응의 남은 물질들을 반드시 염두해두어라!!

$$\langle \text{실험 (나) } 2wg \rangle$$

$$5\,\text{A}(g) + \text{B}(g) \rightarrow 2\text{C}(g)$$

$m-5n$	4	$2n$
$-(m-5n)$	$-\dfrac{(m-5n)}{5}$	$+\dfrac{2(m-5n)}{5}$
0	$4-\dfrac{(m-5n)}{5}$	$2n+\dfrac{2(m-5n)}{5}$

반응 후 남은 기체의 부피비를 계산하면 $m-3n=21$, $m+5n=45$ 두식이 나오고 이를 연립하면 $n=3$, $m=30$ 임을 구할 수 있다.

$$a \times \frac{n}{m} = 5 \times \frac{3}{30} = \frac{1}{2} \ \text{이다.}$$

☞ **최적화 풀이**

주입형 문제에서 자료가 표로 등장하고 있어도 이를 우리에게 더욱 익숙한 주입형 그래프에 대응시켜 생각하는 것이 편할 때가 많다. 주입형 그래프 유형에서 문제 풀이 시작의 순서를 대략적으로 짚어보면, 다음과 같다.

반응식이 $a\text{A}(g) + b\text{B}(g) \rightarrow c\text{C}(g)$일 때,
1) 완결점의 위치를 생각해보자
2) 완결 이후의 기울기를 1이라고 가정하자
3) 이때 완결 이전의 기울기가 $\dfrac{c-a}{b}$임을 이용해 반응 계수를 구한다.
4) 처음 부피와 완결점의 부피비가 $a:c$임을 이용해 마무리하자.

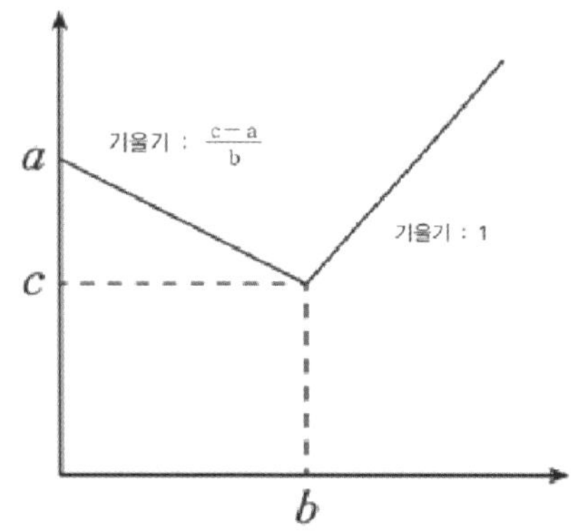

이를 이용해 문제 풀이를 진행해보겠다.

먼저 그래프를 그려 관찰해보면, 완결점은 넣어준 B의 질량이 w일 때와 $2w$일 때 사이에 존재하는 것을 알 수 있다. 따라서 넣어준 B의 질량이 $2w$일 때와 $3w$일 때 사이는 완결 이후라는 사실을 알 수 있다. 완결 이후에는 넣어준 B의 질량 w당 부피의 상댓값은 2만큼 증가한다. 이를 기울기 1이라고 가정하면 완결 이전에는 넣어준 B의 질량 w당 부피의 상댓값은 6만큼 감소하기 때문에 이때의 기울기는 −3이라는 사실을 알 수 있다. 이를 기울기 공식에 대입하여 반응계수를 구하면, $\frac{2-a}{1}=-3$이므로 a의 값은 5임을 빠르게 알 수 있다. 또한 기울기가 −3인 완결 이전 직선과 기울기가 1인 완결 이후 직선의 교점이 완결점이 될 것이기 때문에 그래프를 그려보면, 넣어준 B의 질량이 $\frac{3}{2}w$인 지점이 완결점이 되고 이때의 부피의 상댓값은 12라는 사실을 알 수 있다.

반응 계수를 구한 이후에는 처음 부피와 완결점의 부피의 비율이 5:2라는 사실을 이용해야한다. 다만 여기서 중요한 것은 문제에서 등장한 표는 전체 반응이 아니라 B nmol 먼저 넣은 후에 진행한 반응들의 부피를 표현한 사실이라는 것이다. 따라서 (B nmol을 넣기 전의 전체의 부피):(완결점의 부피) = 5:2라는 점을 주의하며 문제를 풀어야 한다. 위 비례식을 풀게 되면 완결점의 부피의 상댓값은 12이므로 B nmol을 넣기 전의 전체의 부피의 상댓값은 30이라는 사실을 알 수 있다. 또한 B nmol을 넣은 후의 부피의 상댓값은 21이므로 이때는 전체 반응의 $\frac{1}{2}$지점이라는 사실을 알 수 있다.

문제에서 구해야하는 값은 $\frac{n}{m}$, 즉 어짜피 몰수의 비율이므로 문제 상황에 맞는 임의의 실제값을 설정해도 전혀 지장이 없다. 반응식을 관찰해보면 A가 5mol 반응에 참여할 때, B는 1mol 반응에 참여하게 된다. 이때 처음 A의 몰수인 mmol을 문제 상황에 맞는 임의의 실제값인 5mol이라고 가정해보자, B를 nmol 넣은 지점은 전체 반응의 $\frac{1}{2}$지점이므로 nmol은 $\frac{1}{2}$mol이라고 설정할 수 있다.

$$a \times \frac{n}{m} = 5 \times \frac{\frac{1}{2}}{5} = \frac{1}{2}$$

정답 : $\dfrac{5}{2}$

화학 반응식에서 A와 C의 반응 계수가 같으므로 반응한 A의 양만큼 C가 생성된다.

따라서 A VL 가 들어 있는 실린더에 B를 넣어 반응시킬 때 반응이 완결되는 지점까지 전체 기체의 부피는 VL로 일정하다.

A가 모두 반응할 때까지 전체 기체의 부피는 일정하지만 전체 기체의 질량은 증가하므로 전체 기체의 밀도는 증가하며 A가 모두 반응한 후 전체 기체의 밀도는 감소하므로 전체 기체의 밀도가 x일 때 A는 모두 반응하였음을 알 수 있다.

반응 초기 A VL 의 질량을 yg이라고 할 대 $\dfrac{y}{V} : \dfrac{w+y}{2.5V} = 1 : 0.8$이므로 $y = w$이다.

분자량은 A가 B의 2배이므로 A의 분자량을 $2M$, B의 분자량을 M이라고 할 때

A wg과 B wg의 양은 각각 $\dfrac{w}{2M}$mol, $\dfrac{w}{M}$mol이다.

A(g) $\dfrac{w}{2M}$ mol을 n mol이라고 가정하면 B(g) $\dfrac{w}{M}$ mol 은 $2n$ mol이므로, B(g) wg을 넣었을 때까지의 반응을 양적 관계로 나타내면 다음과 같다.

$$\text{(몰수)}$$
$$aA(g) + B(g) \rightarrow cC(g)$$

n	$2n$	0
$-n$	$-\dfrac{n}{a}$	$+n$
0	$2n - \dfrac{n}{a}$	$+n$

기체의 온도와 압력이 일정할 때 기체의 부피는 기체의 양에 비례하므로

B(g)의 질량이 0일 때와 wg 일 때의 몰비는 $n : 2n - \dfrac{n}{a} + n = V : 2.5V$임을 통하여 $a = 2$임을 알 수 있다.

또한 전체 기체의 밀도(상댓값)가 x일 때(그림에서 반응이 완결된 지점) 반응한 B(g)의 양은 $\dfrac{n}{2}$mol 이므로 반응한 A와 B의 질량은 각각 wg, $\dfrac{w}{4}$g이고 생성된 C의 질량은 $\dfrac{5w}{4}$g 이다.

따라서 반응이 완결된 때까지 기체의 부피는 일정하므로

밀도 비는 전체 기체의 질량비와 같고 $w : \dfrac{5w}{4} = 1 : x$이므로 $x = \dfrac{5}{4}$이다.

따라서 $a = 2$, $x = \dfrac{5}{4}$이므로 $a \times x = \dfrac{5}{2}$ 이다.

앞의 개념에서 언급한 평균 화학식량이 평균 밀도와 비례한다는 사실을 이용하여 내분으로 이 문제를 해결해 보도록 하겠다. 가장 먼저 문제에서 등장한 그래프를 관찰해보자.

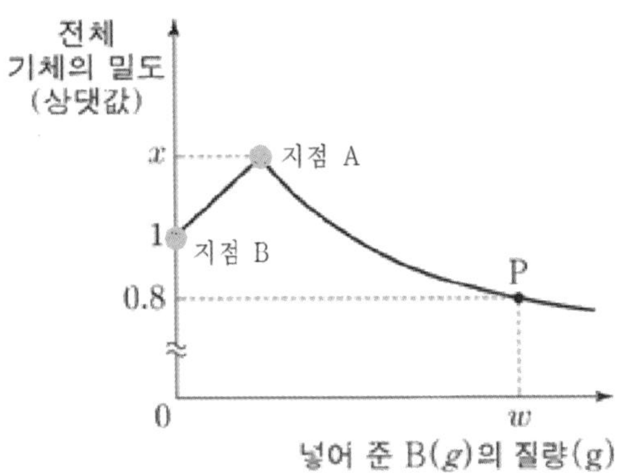

위의 그래프에서 지점 A는 오직 C(g)만이 존재하고, 지점 B는 오직 A(g)만이 존재한다는 사실을 알 수 있다.

앞서 개념에서 밀도와 화학식량이 비례한다는 사실을 언급한 바 있다.

따라서 지점 A의 와 지점 B의 밀도값인 x와 1을 각각 C(g)과 A(g)의 화학식량으로 표현할 수 있다. 그리고 문제 조건에서 분자량이 A(g)가 B(g)의 2배라고 했기 때문에, B(g)의 화학식량을 0.5로 표현할 수 있다.

이제 반응식을 관찰해보자. 반응식을 보면 A(g)와 C(g)의 반응계수가 동일하기 때문에 반응 시작점부터 완결점까지 부피가 VL로 일정하다.

따라서 지점 A에 존재하는 C(g)의 부피는 VL라는 사실을 알 수 있다. 또한 지점 P의 부피가 2.5VL 라고 하였으므로 지점 P에는 C(g)가 VL, B(g)가 1.5VL 존재한다는 사실을 알 수 있다.

이 정보를 바탕으로 내분을 이용하여 C(g)의 화학식량인 x값을 구해보도록 하자.

앞의 개념 **Tip** 에서 설명한대로 B(g)와 C(g)의 존재비율이 3:2이므로 이를 기준으로 내분하면 된다.

이를 이용해 내분 식을 작성하면 $\dfrac{0.5 \times 3 + x \times 2}{3 + 2} = 0.8$가 된다.

이를 통해 x값은 1.25라는 사실을 알 수 있다. 이를 통해 구한 A(g), B(g), C(g)의 화학식량의 값을 반응식에 대입하여 질량보존을 사용하게 되면, $a \times 1 + 0.5 = a \times 1.25$이므로 a값이 2라는 사실을 알 수 있다.

$$a \times x = 2 \times 1.25 = 2.5$$

정답 : 4

반응 전과 후의 전체 기체의 부피의 변화량은 생성된 C의 양에 비례한다.
Ⅰ,Ⅱ에서 각각 $8, 16$g 의 C가 생성되었으며 이때 Ⅱ에서는 전체 기체의 부피가
$-4V$만큼 변화 하였으므로 Ⅰ에서는 $-2V$만큼 변화하였을 것이다.
따라서 반응 후에 Ⅰ의 전체 기체 부피는 $3V$이다.

Ⅰ에서 반응 전 A의 질량이 21인데 생성된 C의 질량은 21보다 작은 8이므로
Ⅰ에서는 B가 모두 반응하였다.

A,C의 반응 계수가 동일 함을 통해서 Ⅰ에서 반응 전 A의 부피와 반응 후에 전체 기체 부피가
같으므로 A 21의 부피는 $3V$이다.

Ⅰ에서는 반응전에 A $3V$, B $2V$가 존재하였음을 알 수 있다.
Ⅱ에서는 A가 14 존재하므로 $2V$, B가 $8V$ 존재한다.
Ⅱ에서는 B가 $4V$ 반응하고 A는 $2V$가 모두 반응하였다. 따라서 $b = 2$이다.

Ⅱ에서 A 14g 이 반응하여 C 16g이 생성되었으므로
B 2g이 반응하였고 반응 질량비는 A~C가 각각 $7 : 1 : 8$이다.

Ⅰ에서 B가 모두 반응하여 C 8g이 생성되었으므로 반응전 B의 질량은 1g이었다.
Ⅰ과 Ⅱ의 반응전 B부피비가 $1 : 4$이므로 $x = 4$이다.

정답 : 4

넣어준 $B(s)$의 양이 $2,4,6$일 때 반응후A의 부피$\times$C의 양 의 값이 0보다 큰 양수이므로 반응 후에 모두 A가 남아 있음을 알 수 있다.

넣어준 $B(s)$의 양이 $2,6$일 때 반응후A의 부피$\times$C의 양 값이 같다는 조건을 보자.
생성된 $C(s)$의 몰 비는 $1:3$이므로 반응 후 $A(g)$의 부피 비는 $3:1$이다.

VL의 $A(g)$를 n몰 이라 하자.

$$A(g)+2B(s)\to cC(s)$$

n	2	0
-1	-2	$+c$
$n-1$	0	c

$$A(g)+2B(s)\to cC(s)$$

n	6	0
-3	-6	$+3c$
$n-3$	0	$3c$

$n-1:n-3=3:1$이므로 $n=4$이다.

A VL 가 4몰이므로 A 3몰은 $\dfrac{3}{4}V$L이고, $\dfrac{3}{4}V\times c=\dfrac{3}{2}V$이므로 $c=2$이다.

B가 4몰일 때를 살펴 보자.

$$A(g)+2B(s)\to cC(s)$$

4	4	0
-2	-4	$+4$
2	0	4

$xV=\dfrac{1}{2}V\times4=2V$이다. 따라서 $c\times x=2\times2=4$이다.

정답 : 20

Ⅰ에서 B가 모두 반응했다면, 기체는 반응 전에 B만, 반응 후에 C만 존재하고 B와 C의 분자량 비가 1:16이기 때문에 반응 전과 후의 밀도비가 1:16이어야 하기 때문에 위 조건은 성립하지 않는다.

따라서 Ⅰ에서 A가 모두 반응하였다.

$$\langle \text{실험 Ⅰ} \rangle$$

$$
\begin{array}{ccccc}
A & + & b\text{B} & \to & C \\
2 & & 7 & & 0 \\
-2 & & -2b & & +2 \\
\hline
0 & & 7-2b & & 2
\end{array}
$$

B와 C의 분자량 비가 1:16이라는 조건과 Ⅰ에서 반응전과 후의 기체 밀도가 1:7라는 조건을 이용하여 $\dfrac{7\times 1}{7} : \dfrac{(7-2b)\times 1 + 2\times 16}{9-2b} = 1:7$임을 풀어서 $b=2$라는 것을 알 수 있다.

$$\langle \text{실험 Ⅱ} \rangle$$

$$
\begin{array}{ccccc}
A & + & 2\text{B} & \to & C \\
3 & & 8 & & 0 \\
-3 & & -6 & & +3 \\
\hline
0 & & 2 & & 3
\end{array}
$$

Ⅱ에서 반응 전과 후의 기체 밀도 비는 $1:x$이므로
$\dfrac{8\times 1}{8} : \dfrac{(2\times 1)+(3\times 16)}{5} = 1:x$이므로 $x=10$이다.

따라서 $b\times x = 2\times 10 = 20$ 이다.

☞ **최적화 풀이**

앞의 개념에서 언급한 평균 화학식량이 평균 밀도와 비례한다는 사실을 이용하여 내분으로 이 문제를 해결해 보도록 하겠다. 먼저 이 문제에서 가장 중요하게 봐야 하는 것은 물질의 상태이다. 이 문제에서는 A(s)의 상태가 고체이기 때문에 실린더 속 기체의 밀도에 영향을 주지 않는다. 이를 바탕으로 문제를 해결해 나가 보자.

문제 조건에서 B의 분자량과 C의 분자량의 비율이 1:16이라고 주어졌다. 이후에 표에 등장하는 반응 전 밀도의 상댓값을 관찰해보자. 반응 전 실린더에는 A가 고체 상태이기 때문에 기체의 밀도에 영향을 주는 것은 B가 유일하다. 그럼 이때의 밀도의 상댓값인 1을 B의 화학식량으로 설정해보자. 그럼 문제에서 주어진 비율에 따라 C의 화학식량을 16으로 설정할 수 있다.

B의 화학식량인 1과 C의 화학 식량인 16을 기준으로 내분을 진행하여 7이라는 값이 만들어지는 상황을 알아봐야 한다. 이때 거리비는 존재 비율의 반대라고 생각하면 편리하다.
거리비가 2:3이기 때문에 존재 비율은 3:2라고 생각하면 된다.

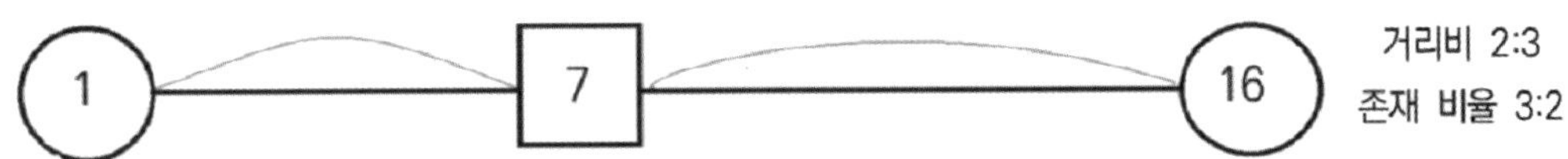

여기서 구한 3:2라는 비율을 만족하도록 세줄 식을 작성해보면 다음과 같다.

$$\langle 실험I \rangle$$

$$A(s) \ + \ bB(g) \ \rightarrow \ C(g)$$

2	7	0
-2	-4	2
0	3	2

이를 통해 반응 계수 b는 2라는 사실을 알 수 있다. 이를 이용해 실험 II의 세줄 식을 작성해보자.

$$\langle 실험II \rangle$$

$$A(s) \ + \ 2B(g) \ \rightarrow \ C(g)$$

3	8	0
-3	-6	$+3$
0	2	3

작성한 세줄 식을 통해 실험 II의 반응 후 상황을 살펴보자.
B와 C의 존재 비율이 2:3이라는 사실을 알 수 있다.
이를 이용해 내분을 진행하여 반응 기체의 밀도의 상댓값인 x를 구하면 다음과 같다.
$\dfrac{1 \times 2 + 16 \times 3}{2 + 3} = 10$이므로 x의 값은 10임을 알 수 있다.

$$b \times x = 2 \times 10 = 20$$

16 20학년도 9월 17번

정답 : 36

A의 몰수가 1일 때 C는 c몰이 생성되며, $\dfrac{\text{전체 물질의 몰수}}{\text{C의 몰수}} = 4$이므로

전체 물질의 몰수는 $4c$이다.

마찬가지로 A의 몰수가 2일 대 C는 $2c$몰이 생성되며, $\dfrac{\text{전체 물질의 몰수}}{\text{C의 몰수}} = 2$이므로

전체 물질의 몰수 역시 $4c$이다.

넣어 준 A의 몰수가 1,2일 때는 반응 종결 이전 지점인데,
이때 반응 후 전체 물질의 몰수가 $4c$로 일정하므로
B가 사라지는 만큼 C가 새로 생성되는 것이므로 $b = c$임을 알 수 있다.

반응 전 B의 몰수 $m = 4c$임을 알 수 있다.
B $4c$몰은 반응 종결 지점에서 모두 C $4c$몰로 바뀐다. 반응 계수 비를 통해 C가 $4c$몰 생성되는 반응 종결 지점은 A가 4몰일때의 지점임을 알 수 있다.

첨가한 A의 몰수가 8,12일 때,
이미 반응 종결이 된 이후 지점이므로 반응 후 C의 몰수는 $4c$로 일정하다.

넣어준 A가 12몰인 지점에서는 $\dfrac{\text{전체 물질의 몰수}}{\text{C의 몰수}} = \dfrac{5c}{4c}$이므로 전체 물질의 몰수는 $5c$이다.

반응 완결 지점과 넣어준 A가 12몰인 지점 사이에는 A가 8몰 더 들어간게 유일하므로
$4c + 8 = 5c$를 통해 $c = 8$임을 구할 수 있다.

$x = \dfrac{4.5c}{4c} = \dfrac{9}{8}$임을 알 수 있다. $m \times x = 32 \times \dfrac{9}{8} = 36$ 이다.

정답 : ㄴ, ㄷ

Ⅰ에서 반응 전체 기체의 몰수는 $3n$이고, 전체 기체의 부피는 $3V$이므로 기체 n몰의 부피는 V이다.

Ⅰ과 Ⅱ에서 부피의 변화량의 비율은 $(3V-\dfrac{5}{2}V):(4V-3V)=1:2$이다.

부피의 변화량은 변화량에 비례하기 때문에 Ⅰ과 Ⅱ의 반응량의 비율은 1:2이다.

이제 한계반응물을 정해보자.

Ⅰ에서 A $2n$몰이 모두 반응했다면, Ⅱ에서 A $4n$몰이 반응하므로 조건에 성립하지 않는다.

따라서 Ⅰ에서 B n몰이 모두 반응하였으므로 Ⅱ에서 B $2n$몰과 A n몰이 반응하였고,

Ⅰ에서 A $0.5n$몰이 반응하였다. 이를 이용하여 세줄 식을 작성해보자.

〈실험 Ⅰ〉   〈실험 Ⅱ〉

실험 Ⅰ				실험 Ⅱ		
A	$+$ bB	$\to$ cC		A	$+$ bB	$\to$ cC
$2n$	n	0	2배	n	$3n$	0
$-0.5n$	$-n$	$+n$	$\longrightarrow$	$-n$	$-2n$	$+2n$
$1.5n$	0	n		0	n	$2n$

따라서 $b=2$, $c=2$임을 알 수 있다.

Ⅲ에서 A $0.25x$와 B x가 반응하므로 wnM 관계식에 따라서

	A	B	C
w	1	4	5
n	1	2	2
M	1	2	2.5

이다.

Ⅲ에서 반응전 A와 B의 질량은 같고, A,B의 분자량 비가 $1:2$이므로
반응 전 A와 B의 몰수 비는 $2:1$이다.

ㄱ. $b=2$이다.

ㄴ. A와 C의 분자량 비는 $2:5$이다.

ㄷ. Ⅱ와 Ⅲ에서 반응 후 생성된 C의 몰수 비는 $8:9$이다.

18 19학년도 수능 18번

정답 : $\dfrac{46}{81}w$

(가)는 반응 전 A만, (다)는 반응이 완결 된 후 B,C만 존재하고,
(가)와 (다)에서 전체 기체의 부피는 $2:5$ 이므로 $2:(b+1)=2:5$ 이다.
따라서 $b=4$ 이다.

C a 몰이 생성될 때, A는 $2a$ 몰 반응하고, B는 $4a$ 몰 생성되므로 (가)에서는 A가 $3a$ 몰 존재하며,
(나)에서는 A가 a 몰, B가 $4a$ 몰, C가 a 몰 존재하며, (다)에서는 B가 $6a$ 몰, C가 $1.5a$ 몰 존재한다.

	A	B	C
w	27	23	4
n	2	4	1
M	27		8

A와 C의 분자량 비는 $27:8$ 이고, A와 C의 몰수 비는 $2:1$ 이므로
반응하는 질량비는 A~C가 $27:23:4$ 로 위의 표와 같다.

따라서 분자량 비는 $\dfrac{27}{2}:\dfrac{23}{4}:\dfrac{4}{1}=54:23:16$ 이다.

A wg 과 B xg 의 몰수비는 $3a:4a$ 즉 $3:4$ 이고,
A와 B의 분자량비는 $54:23$ 이므로 $w:x=3\times54:4\times23=81:46$ 이다.

따라서 $x=\dfrac{46}{81}w$ 이다.

19 19학년도 9월 19번

정답 : $\dfrac{5}{2w}$

그래프가 넣어준 B의 질량이 $5w\,\mathrm{g}$일 때 꺾이므로 이때가 반응 종결 지점이고,
A $y\mathrm{L}$는 B $5w\,\mathrm{g}$와 반응한다.

반응 종결 지점 이전과 이후의 그래프 기울기 비는 $-3:1$이므로 $\dfrac{2-a}{1}:1=(-3):1$ 이다.

따라서 $a=5$이다.

A $y\mathrm{L}$는 B $\dfrac{1}{5}y\mathrm{L}$와 반응하므로 B $5w\,\mathrm{g}$의 부피는 $\dfrac{1}{5}y\mathrm{L}$이고,

반응 종결 지점에서는 C가 $\dfrac{2}{5}y\mathrm{L}$가 존재한다.

반응 종결 지점 이후에는 넣어 준 B의 부피만큼 전체 기체의 부피가 증가한다.

B $3w\,\mathrm{g}$의 부피는 $\dfrac{3}{25}y\mathrm{L}$이므로 $\dfrac{2}{5}y+\dfrac{3}{25}y=26$이므로 $y=50$이다.

B $5w\,\mathrm{g}$ 의 부피는 $10\mathrm{L}$이고, 기체 1몰의 부피는 $40\mathrm{L}$이므로 B의 분자량은 $\dfrac{5w}{0.25}=20w$이다.

따라서 $\dfrac{y}{x}=\dfrac{50}{20w}=\dfrac{5}{2w}$이다.

20 19학년도 6월 15번

정답 : $40w$

$3\mathrm{L}$의 $A(g)$는 0.1몰이며, 0.1몰의 $A(g)$에 $B(g)$를 넣어 가면서 반응시켰을 때,
$B(g)$의 질량이 $w\mathrm{g}$일 때까지 전체 기체의 부피는 일정하므로 반응 계수 $a=c$이다.

B의 분자량을 M이라고 한다면 $a:b:a=0.1:\dfrac{w}{M}:0.1$이므로 $M=\dfrac{a}{b}\times 10w$ 임을 알 수 있다.

실험 II에서 $B(g)$ $2w\mathrm{g}$과 $A(g)$ $2\mathrm{L}$를 넣어 반응 시키면 다음과 같이 된다.

〈실험 II〉

aA	$+$	bB	$\rightarrow$	aC
$\dfrac{2}{30}$		$\dfrac{2w}{M}$		0
$-\dfrac{2}{30}$		$-\dfrac{2}{30}\times\dfrac{b}{a}$		$+\dfrac{2}{30}$
0		$\dfrac{2w}{M}-\dfrac{2}{30}\times\dfrac{b}{a}$		$\dfrac{2}{30}$

반응이 완결된 후 $\dfrac{C(g)의\ 몰수}{전체\ 기체의\ 몰수} = 0.5$이므로 $\dfrac{2w}{M} - \dfrac{2}{30} \times \dfrac{b}{a} = \dfrac{2}{30}$ 이다.

위에서 구한 $M = \dfrac{a}{b} \times 10w$ 의 조건과 연립하면 $\dfrac{a}{b} = 2$임을 알 수 있다.

따라서 (B의 분자량)$\times \dfrac{a}{b} = 40w$ 이다.

☞ 최적화 풀이

먼저 주입형 상황에서 완결 이전의 부피가 일정하기 때문에 $a = c$라는 사실을 알 수 있다. 이제 완결 점에 집중을 해보자. A(g)가 3L 반응하는 동안 B(g)는 wg 반응한다. 이후 실험 II에서 주어진 자료에 서도 A(g)는 부피, B(g)는 질량 자료가 주어졌으니 굳이 부피 또는 질량 하나의 자료로 통일 시키지 않고 주어진 상태 그대로 세줄 식을 작성 해보자.

한계 반응물을 설정해보자. A(g)와 B(g)의 반응 비율을 고려하면 실험 II의 반응 상황에서는 A(g)가 모두 반응하고 B(g)는 $\dfrac{4}{3}w$g 남는다는 사실을 알 수 있다.

$$\langle 실험II \rangle$$
$$a\mathrm{A}(g) \ + \ b\mathrm{B}(g) \ \rightarrow \ a\mathrm{C}(g)$$

2L	$3w$g	0
-2L	$-\dfrac{2}{3}w$g	+2L
0	$\dfrac{4}{3}w$g	2L

문제에서 반응 후 $\dfrac{C(g)의\ 몰수}{전체\ 기체의\ 몰수}$ 의 값이 0.5라고 주어졌으므로

B(g) $\dfrac{4}{3}w$g이 2L에 해당한다는 사실을 알 수 있다.

같은 비율대로라면,

B(g) $\dfrac{2}{3}w$g은 1L에 해당하기 때문에 반응 부피비는 A(g):B(g):C(g)=2:1:2라는 사실을 알 수 있다.

따라서 $a = 2$, $b = 1$임을 알 수 있다.

또한 B(g)의 경우 2L에 해당하는 질량이 $\dfrac{4}{3}w$g이므로 1mol인 30L에 해당하는 질량은 $20w$이다.

따라서 B의 분자량은 $20w$라는 사실을 알 수 있다.

$$(\text{B의 분자량}) \times \dfrac{a}{b} = 20w \times 2 = 40w$$

21 18학년도 수능 17번

정답 : 3

Ⅰ, Ⅱ에서 $\dfrac{\text{전체 기체 몰수}}{\text{C의 몰수}}$ 는 4이고, 반응 후 C,D의 몰수 비는 항상 $1:2$이므로

남은 반응물, C,D의 존재 몰수 비는 $1:1:2$이다.

A의 부피는 일정하지만, B의 부피가 Ⅰ < Ⅱ이므로
반응 후 Ⅰ에서는 A가, Ⅱ에서는 B가 남아 있을 것이다.

〈실험 Ⅰ〉

$2A$	$+$	bB	$\rightarrow$	$C+$	$2D$
x		4		0	0
$-\dfrac{8}{b}$		-4		$+\dfrac{4}{b}$	$+\dfrac{8}{b}$
$x-\dfrac{8}{b}$		0		$\dfrac{4}{b}$	$\dfrac{8}{b}$

〈실험 Ⅱ〉

$2A$	$+$	bB	$\rightarrow$	$C+$	$2D$
x		9		0	0
$-x$		$-\dfrac{bx}{2}$		$+\dfrac{x}{2}$	$+x$
0		$9-\dfrac{bx}{2}$		$\dfrac{x}{2}$	x

남은 반응물 , C, D 의 비율이 각각 $1:1:2$이므로

$x-\dfrac{8}{b}=\dfrac{4}{b}$, $9-\dfrac{bx}{2}=\dfrac{x}{2}$ 임을 정리하면 $x=6$, $b=2$ 이다.

따라서 $\dfrac{x}{b}=3$ 이다.

22 18학년도 9월 20번

정답 : $\dfrac{3}{5}$

A와 B의 분자량 비는 2 : 1이므로 I에서 반응전 A와 B의 몰수 비는 1 : 2이다.

a는 반응계수로 자연수이기 때문에 $\dfrac{1}{a} < \dfrac{2}{1}$이다.

따라서 I에서는 A가 모두 반응한다는 사실을 알 수 있다.

A w g을 1몰이라고 하자.

$$\langle \text{실험 I} \rangle$$

$$
\begin{array}{ccccc}
a\text{A} & + & \text{B} & \to & 2\text{C} \\
1 & & 2 & & 0 \\
-1 & & -\dfrac{1}{a} & & +\dfrac{2}{a} \\
\hline
0 & & 2-\dfrac{1}{a} & & \dfrac{2}{a}
\end{array}
$$

I에서 반응 전과 후의 전체 기체의 몰수 비는 $V : \dfrac{5}{6}V = 6 : 5$이므로

$3 : (2 + \dfrac{1}{a}) = 6 : 5$이고, $a = 2$이다.

II에서 일어나는 반응은 다음과 같다.

$$\langle \text{실험 II} \rangle$$

$$
\begin{array}{ccccc}
2\text{A} & + & \text{B} & \to & 2\text{C} \\
4 & & 4 & & 0 \\
-4 & & -2 & & +4 \\
\hline
0 & & 2 & & 4
\end{array}
$$

C의 단위 부피당 질량은 $\dfrac{(\text{C의 몰수}) \times (\text{C의 분자량})}{\text{전체 기체의 부피}}$ 이므로

위 값은 $\dfrac{\text{C의 몰수}}{\text{전체 기체의 부피}}$ 에 비례한다.

따라서 I과 II에서 C의 단위 부피당 질량 비는 $\dfrac{1}{2.5} : \dfrac{4}{6} = 3 : 5$이다

정답 : 18

$n_{생성물}$ 은 반응 종결 지점 이전에는 증가하다가 반응 종결 지점 이후에 일정하다.

$n_{반응물}$ 은 반응 종결 지점 이전에는 감소하다가 반응 종결 지점 이후에 증가한다.

따라서 $\dfrac{n_{생성물}}{n_{반응물}}$ 은 반응 종결 지점 이전에는 증가하다가 반응 종결 지점 이후에 감소한다.

따라서 넣어 준 B의 몰수가 2일 때는 반응 종결 지점 이전이다.

넣어 준 B의 몰수가 3일때가 반응 종결 지점 이전이면,

넣어준 B의 몰수가 2,3일 때 $n_{생성물}$의 비는 $2:3$이고, $\dfrac{n_{생성물}}{n_{반응물}}$의 비는 $2:3$이므로

$n_{반응물}$의 비가 $1:1$인데, $n_{반응물}$은 반응 종결 지점 이전에 감소하므로 성립하지 않는다.

$$
\begin{array}{ccccc}
a\text{A} & + & \text{B} & \rightarrow & 2\text{C} \\
m & & 2 & & 0 \\
-2a & & -2 & & +4 \\
\hline
m-2a & & 0 & & 4
\end{array}
$$

$$
\begin{array}{ccccc}
a\text{A} & + & \text{B} & \rightarrow & 2\text{C} \\
m & & 3 & & 0 \\
-m & & -\dfrac{m}{a} & & +\dfrac{2m}{a} \\
\hline
0 & & 3-\dfrac{m}{a} & & \dfrac{2m}{a}
\end{array}
$$

$\left(3-\dfrac{m}{a}\right):\dfrac{2m}{a}=1:6$ 이므로 $m=\dfrac{9}{4}a$ 이고, $(m-2a):4=1:4$이므로 $m=2a+1$이며,

따라서 $a=4,\ m=9$이다.

넣어준 B의 몰수가 4.5일 때 반응을 보자.

$$
\begin{array}{ccccc}
4\text{A} & + & \text{B} & \rightarrow & 2\text{C} \\
9 & & 4.5 & & 0 \\
-9 & & -2.25 & & +4.5 \\
\hline
0 & & 2.25 & & 4.5
\end{array}
$$

따라서 $m \times x = 9 \times \dfrac{4.5}{2.25} = 18$이다.

정답 : ④

I 에서 남은 반응물의 질량이 $2g$이다.

남은 반응물의 질량이 반응 전 물질의 질량보다 클 수는 없으므로 I에서는 B가 모두 반응한 것이고,

이를 이용해 세줄 식을 작성하면 반응 질량비는 A : B : C = 4 : 1 : 5 라는 사실을 알 수 있다.

여기서 구한 질량비를 이용하여 II의 반응 양상을 살펴보면,

A가 모두 반응하고 B가 2g 남는다는 사실을 알 수 있다. 이 사실을 이용해 세줄 식을 작성해보자.

<실험I> (질량)

$$a\mathrm{A}(g) \;+\; \mathrm{B}(g) \;\rightarrow\; 2\mathrm{C}(g)$$

6	1	0
−4	−1	+5
2	0	5

<실험II> (질량)

$$a\mathrm{A}(g) \;+\; \mathrm{B}(g) \;\rightarrow\; 2\mathrm{C}(g)$$

8	4	0
−8	−2	+10
0	2	10

여기서 실험 I에서 반응한 만큼을 한 사이클이라고 가정하고 문제를 풀어나가 보자.

실험 I을 한 사이클이라고 가정했으므로, A 4g이 $a$mol, B 1g이 1mol, C 5g이 2mol이다.

이를 이용해 실험 I, II의 반응 후 부피를 표현하면 실험 I은 $\dfrac{a}{2}+2$mol. 실험 II은 2+4mol이다.

문제에서 반응 후 실험 I, II의 밀도가 각각 $7d$와 $8d$라고 주어져있는데 이를 이용해 밀도 식을 작성하면 다음과 같다.

$$\frac{7}{\dfrac{a}{2}+2} : \frac{12}{6} = 7 : 6$$

이를 통해 a의 값이 2라는 사실을 알 수 있다.

실험 I의 반응 전 부피는 4mol이고 반응 후 부피는 3mol이다.

따라서 x의 값은 $7 \times \dfrac{3}{4} = \dfrac{21}{4}$이다.

실험 II의 반응 전 부피는 8mol이고 반응 후 부피는 6mol이다.

따라서 y의 값은 $6 \times \dfrac{3}{4} = \dfrac{9}{2}$이다.

$$a \times \frac{x}{y} = 2 \times \frac{\dfrac{21}{4}}{\dfrac{9}{2}} = \frac{7}{3}$$ 이다.

정답 : ④

I 에서 반응 후 기체의 질량비가 $C : D = 9 : 10$ 이고, $\dfrac{D의\ 분자량}{C의\ 분자량} = \dfrac{5}{3}$ 이므로

C와 D의 반응후 몰수비는 $3 : 2$ 이고 따라서 계수비 역시 $3 : 2$이다. 결국 $c = 6$임을 알 수 있다.

I 에서 보다 II 에서 더 많은 반응물이 반응하므로 생성물도 증가해야 한다.
따라서 (가)는 A 또는 B 이다.

I 과 II 에서 모두 반응 후에 (가)가 남았으므로 한계 반응물이 동일하다는 것을 알 수 있다.
실험 I과 II에서 모두 A가 한계 반응물이라고 가정해보자.
만약 I과 II에서 모두 A가 한계 반응물이라면 실험 I과 실험 II의 반응량의 비가 3:4가 된다.
A가 2mol 반응할 때 반응하는 B의 양을 미지수 k로 잡고 식을 세워 보자.

$2 - 3k : 5 - 4k = 11 : 10$을 계산하면 k의 값은 $\dfrac{5}{2}$가 된다.

얼핏 보면 가능한 거 같지만, k값이 $\dfrac{5}{2}$일 경우 실험 I과 실험 II에서 모두 남는 물질의 양이 음수가
나오므로 모순이 발생한다.
그렇기에 우리는 B가 한계 반응물임을 알 수 있다. 이를 바탕으로 세줄 풀이를 작성해보자.

$$
\begin{array}{cccc}
4A & +\ bB & \rightarrow\ 6C + & 4D \\
6 & 2 & 0 & 0 \\
-2m & -2 & & \\
\hline
6-2m & 0 & &
\end{array}
$$

$$
\begin{array}{cccc}
4A & +\ bB & \rightarrow\ 6C + & 4D \\
8 & 5 & 0 & 0 \\
-5m & -5 & & \\
\hline
8-5m & 0 & &
\end{array}
$$

위의 자료를 통해 $\dfrac{6-2m}{8-5m} = \dfrac{11}{10}$ 임을 알 수 있다. 식을 정리하면 $m = \dfrac{4}{5}$ 이다.

m 값을 대입하여 정리하면

$$
\begin{array}{cccc}
4A & +\ bB & \rightarrow\ 6C + & 4D \\
6 & 2 & 0 & 0 \\
-1.6 & -2 & +2.4 & +1.6 \\
\hline
4.4 & 0 & 2.4 & 1.6
\end{array}
$$

$$
\begin{array}{ccccccc}
4A & + & b\text{B} & \rightarrow & 6\text{C} & + & 4\text{D} \\
8 & & 5 & & 0 & & 0 \\
\hline
4 & & -5 & & +6 & & +4 \\
\hline
4 & & 0 & & 6 & & 4
\end{array}
$$

따라서 $b=5$, $n=0.4$

D $10w$가 1.6mol이므로, 4mol은 $25w$이므로 $x=25w$ 이다.

따라서 $\dfrac{x}{b \times n} = \dfrac{25w}{5 \times 0.4} = \dfrac{25w}{2}$ 이다.

26   23학년도 6월 20번

정답 : ②

Ⅰ에서 반응전과 후의 밀도비가 $5:7$ 이므로 부피비는 $7:5$ 이다.

반응후를 5mol, 반응전을 7mol이라 세팅하고 진행하겠다.

Ⅱ에서 역시 반응전과 후의 밀도비가 $9:11$이므로 부피비는 $11:9$이고, 반응전을 11mol,

반응후가 9mol이 된다.

(이 부분에서 $5n$ mol이 아닌 5mol로 세팅하는건, 어짜피 비율을 봐주는 것이고, 혹여 문제푸는 과정에서 나중에 실제값이 나오면 그것에 맞추어서 계산만 해주면 되니, 편의를 위해 진행한 겁니다.)

즉, Ⅰ에서는 7mol에서 5mol로 2mol이 감소하였고,

Ⅱ에서도 11mol에서 9mol로 2mol 만큼 감소하였으며,

이들은 같은 몰수 만큼 반응하였음을 알 수 있다.

결국 B가 모두 한계반응물이므로

자료값의 반응전 전체 기체의 질량 $3w$와 $5w$의 차이인 $2w$의 값이 A의 질량(상댓값) 4와 동일 함을 알 수 있다.

또한, 이 차이는 4mol과도 동일하다.

따라서 A의 질량(상댓값) 1을 $0.5w$라 할 수 있다.

질량 보존에 의해 반응후 생성된 C의 질량은 $2.5w$이고 4mol 이다.

C가 4mol 나오기 위해서 반응전 B는 2mol이 있어야 하고,

Ⅰ에서 반응전 전체 기체가 7mol이므로 A는 5mol 있었다.

따라서 질량 반응비는 $4:1:5$이고, 분자량비가 $4:2:5$이므로 $a=2$이다.

$a \times \dfrac{\text{B의 분자량}}{\text{C의 분자량}} = 2 \times \dfrac{2}{5} = \dfrac{4}{5}$ 이다.

정답 : ②

반응 후 $\dfrac{C(g)\text{의 양}}{\text{전체 기체의 양}}$ 이 II와 IV에서 같은 값을 가지므로

이들 사이에서 완결점이 있음을 알 수 있다.

문제에서 III에서 반응 후 $C(g)$와 $D(g)$만 존재한다고 하였으므로 III이 우리가 찾던 완결점이다.

넣어준양	0	w	$2w$	$3w$	$4w$
C의 양	0	1	2	3	3
전체 기체의 양	3	4	5	6	7.5

임을 알 수 있다. 따라서 처음에 들어 있던 A는 3mol 이고, $x = 3$이다.

즉, 처음에 A는 3mol 있었다. $3w$인 지점의 값을 보면 A가 다 반응했을 때,
C가 3mol 생성되었으므로, A, C는 반응계수비가 같고, $a = 2$ 이다.

$3w$에서 $4w$로 변하는 지점을 살펴보면 B가 w 들어 갔을 때,
전체 기체의 양이 $1.5\,\mathrm{mol}$ 만큼 증가하였다.
따라서 A $3\mathrm{mol}$과 B $4.5\mathrm{mol}$이 반응하므로 $b = 3$이다.

$$(a+b) \times \frac{y}{x} \;=\; (2+3) \times \frac{1.5}{3} \;=\; \frac{5}{2}\text{이다.}$$

정답 : ③

t_1 에서 t_2로 갈 때 전체 기체의 양이 0.3 만큼 감소하였고, t_2에서 t_3로 갈 때는 전체 기체의 양이 0.6 만큼 감소하였다. 즉, t_2와 t_3사이에서 반응이 t_1과 t_2사이 보다 2배 더 많이 일어났다.

반응하는 A의 질량을 n 이라 하고, 반응한 B의 질량을 m이라 하면

$\dfrac{7-m}{8-n} = \dfrac{7}{9}$, $\dfrac{7-2m}{8-2n} = \dfrac{1}{2}$ 임을 알 수 있다. 이를 계산하면 $m = 1.4$, $n = 0.8$이 나온다.

반응질량비는 $8 : 14 : 22$이고, 계수비가 $1 : 2 : 2$이므로 분자량 비는 $8 : 7 : 11$ 이다.

t_1 일 때 $\dfrac{7}{8}$, t_2 일 때 $\dfrac{5.6}{7.2}$, t_3 일 때 $\dfrac{2.8}{5.6}$ 이다. t_4 일 때는 $\dfrac{0}{4}$ 가 된다.

t_2에서 t_3 와 t_3 에서 t_4 사이 반응한 양이 같다.

따라서 t_2에서 t_3 사이에 0.6mol 감소 하였으므로

t_3 에서 t_4 사이 역시 0.6mol 감소하므로 $y = 5.5$ 이다.

$\dfrac{7+1.4k}{8+0.8k} = 1$ 임을 계산하면 $k = \dfrac{5}{3}$ 이 나온다.

각각 1.4, 0.8 반응하였을 때 전체기체의 양이 0.3 감소하였으므로

이의 $\dfrac{5}{3}$ 배인 0.5 만큼 감소하여 7 이 나왔으므로 $x = 7.5$ 이다.

$\dfrac{\text{A 의 분자량}}{\text{C 의 분자량}} \times \dfrac{y}{x} = \dfrac{8}{11} \times \dfrac{5.5}{7.5} = \dfrac{8}{15}$ 이다.

29 22학년도 10월 19번

정답 : ①

우선 첨가형 유형이니 완결점을 먼저 찾아보도록 하겠다.

$3w$ 이전이 완결점이라고 가정하면, 후의 자료들이 C의 양이 일정한 상태이기 때문에 비율에 맞추어 전체 물질의 양이 증가해야 하므로 자료에 모순된다.

$3w$와 $6w$ 사이에 완결점이 있다면, $6w$ 와 $16w$ 지점에서의 자료값이 각각 $\frac{3}{4}$, $\frac{3}{6}$으로 세팅하고,

B $10w$가 2mol 임을 밝혀낼 수 있다. 그리고 $6w$ 지점에서 C가 3mol 존재하기 때문에, 남은 B가 1mol 존재하는데 이는 $5w$이다. 이러면 완결점이 w가 되어야 하므로 모순이다.

따라서 완결점의 위치는 $6w$와 $16w$ 사이임을 알 수 있다.

B가 $3w$ 반응할 때 C가 3mol 생성된다고 세팅하면, $6w$인 지점에서는 $\frac{6}{8}$로 자료값을 바꾸어 줄 수 있다.

$\frac{3}{8}$과 $\frac{6}{8}$ 자료값을 통해 완결점 전에 전체 물질의 양이 일정하므로 $c = 1$임을 알 수 있다.

우리가 B가 $3w$ 반응할 때 C가 3mol 생성된다고 세팅했으므로 계수비를 통해 B $w\,\text{g}$이 1mol로 세팅됨을 알 수 있고 완결점은 B가 $8w$ 들어간 지점이 된다. A의 분자량도 w이다.

$16w$ 지점에서 B가 $8w$ 남고, C가 $16w$ 생성됨을 분석할 수 있다. C의 분자량은 $2w$이다.

실험 II를 해석하면, C 4mol과 B 3mol을 반응시킨 반응이 된다.

$$
\begin{array}{cccc}
2\text{C} & + & \text{B} & \rightarrow & d\text{D} \\
4 & & 3 & & 0 \\
-4 & & -2 & & +4 \\
\hline
0 & & 1 & & 4
\end{array}
$$

위와 같은 반응이 진행되므로 $d = 2$ 이고, 반응전 질량이 $11w$이므로 D 4mol이 $10w$이다. $\text{D}(2.5w)$이다.

$$\frac{\text{D의 분자량}}{\text{C의 분자량}} = \frac{2.5w}{2w} = \frac{5}{4}\text{이다.}$$

정답 : ①

$$A \;+\; 4B \;\rightarrow\; 3C + \; 2D \;\text{(질량)}$$

$$
\begin{array}{cccc}
15w & 16w & 0 & 0 \\
-5w & -16w & & \\
\hline
10w & 0 & &
\end{array}
$$

B $16w$를 4mol이라고 세팅하자. A $5w$는 1mol이고 생성물 $21w$는 5mol이다.

$\dfrac{\text{생성물의 전체 양}}{\text{남아 있는 반응물의 양}}$ 이 $\dfrac{5}{2}$인데 이것의 상댓값이 3임을 통해 II 에서의 실제값은 $\dfrac{5}{3}$임을 알 수 있다.

$$A \;+\; 4B \;\rightarrow\; 3C + \; 2D \;\text{(몰수)}$$

$$
\begin{array}{cccc}
2 & 4k & 0 & 0 \\
-k & -4k & & \\
\hline
2-k & 0 & & 5k
\end{array}
$$

이므로 $\dfrac{5k}{2-k} = \dfrac{5}{3}$이 나온다. 이를 계산하면 $k = 0.5$임을 알 수 있다.

B 2mol이 xw이므로 $x = 8$이다.

$$A \;+\; 4B \;\rightarrow\; 3C + \; 2D \;\text{(질량)}$$

$$
\begin{array}{cccc}
10w & 48w & 0 & 0 \\
-10w & -32w & & \\
\hline
0 & 16w & & 42w
\end{array}
$$

B $16w$는 4mol이고, C와 D $21w$가 5mol이므로 $42w$는 10 mol이다.

$\dfrac{\text{생성물의 전체 양}}{\text{남아 있는 반응물의 양}} = \dfrac{5}{2}$이므로 $y = 3$임을 알 수 있다.

$x + y = 8 + 3 = 11$이다.

정답 : ③

문제에서 실린더 (다), 즉 완결 이후에 $B(g)$는 $3n\,\text{mol}$ 있고, $C(g)$는 $2n\,\text{mol}$ 있다는 사실을 알 수 있다. 이를 이용해 전체 반응 과정에서의 세줄식을 작성하면 다음과 같다.

$$
\begin{array}{ccccc}
A(g) & + & 2B(g) & \rightarrow & 2C(g) & + & 3D(s) \\
n & & 5n & & 0 & & 0 \\
-n & & -2n & & +2n & & +3n \\
\hline
0 & & 3n & & 2n & & 3n
\end{array}
$$

이제 반응 과정에서 부피의 변화 양상이 어떻게 되는지를 살펴보자.

이때 생성물 중 $D(s)$는 고체로 부피를 계산할 때 포함되지 않을 명심하고 문제 풀이를 이어나가자.

위의 반응에서 반응 전후의 부피 비는 $n+5n : 3n+2n$으로 6 : 5이다.

또한 문제에서 (나)와 (다)의 부피 비가 11 : 10이라고 주어졌으므로 (나)는 전체 반응에서 절반만큼 반응이 진행된 상황의 실린더라는 사실을 알 수 있다.

이 정보를 토대로 질량에 관한 정보를 추가해 문제 풀이를 진행해 나가보자.

우선 반응이 절반만큼 진행된 (나) 실린더에 존재하는 $A(g)$의 질량이 $2x$이기 때문에 반응 이전 상태인 (가) 실린더에 존재하는 $A(g)$의 질량은 $4x$임을 알 수 있다.

또 실린더 (가)에 존재하는 $A(g)$와 $B(g)$의 양이 1 : 5이고 $A(g)$와 $B(g)$의 분자량 비가 32 : 17 이라고 언급해주었기 때문에 이를 이용하여 (가)에 존재하는 $B(g)$의 질량은 $\dfrac{85}{8}x$임을 알 수 있다.

이를 이용해 w의 값이 $4x$와 $\dfrac{85}{8}x$의 합인 $\dfrac{117}{8}x$임을 알 수 있다.

다음으로 반응이 절반만큼 진행된 (나) 실린더에 존재하는 $D(s)$의 질량이 $3x$라는 사실을 이용하여 모든 반응이 완결된 (다) 실린더에 들어있는 $D(s)$의 질량이 $6x$라는 사실을 알 수 있다.

C의 분자량과 A의 분자량의 비를 구하면 $\dfrac{M_C}{M_A} = \dfrac{\frac{9}{8}x}{4x} = \dfrac{9}{32}$ 이다.

이를 통해 문제에서 요구하는 값을 구하면 $\dfrac{8}{117}w \times \dfrac{9}{32} = \dfrac{1}{52}w$이다.

정답 : ②

가장 먼저 문제에서 I~III 모두 $A(g)$가 모두 반응하였다는 점을 중점으로 두고 문제 풀이를 진행해
보자.

I, II, III에서 반응 전 $A(g)$의 질량이 각각 $14w$, $7w$, $7w$이므로 반응량이 2 : 1 : 1의 비율을 가질
것이다.

이 중에서 실험II의 반응 후 몰수에 관한 정보가 나왔으므로 이를 토대로 실험 II의 세줄식을 완성해
보자.

다만 이때 반응 후 $B(g)$와 $D(g)$의 양을 문제에서 제시한 비율을 만족하는 임의의 값인 6과 3을 이
용하여 세줄식을 완성해볼 것이다.

<실험 II>
$$A(g) + 3B(g) \rightarrow C(s) + 3D(g)$$

1	9	0	0
-1	-3	+1	+3
	6	1	3

이를 통해 우리가 가정한 1mol의 $A(g)$가 $7w$g에 해당한다는 사실을 알 수 있다.

이에 따라 실험 II의 반응 전에 존재하는 $14w$g이 2mol에 해당하게 되고 이에 실험 I의 세줄식을 완
성해보자.

또한 문제에서 제시해준 A와 C의 화학식량 조건과 생성된 $D(g)$의 질량이 $27w$g이라는 정보를 종합
해서 질량에 관한 세줄 식도 함께 작성해 주자.

<실험 I> (mol수 기준)
$$A(g) + 3B(g) \rightarrow C(s) + 3D(g)$$

2	?	0	0
-2	-6	+2	+6
?	2	6	

<실험 I> (질량 기준)
$$A(g) + 3B(g) \rightarrow C(s) + 3D(g)$$

$14w$	?	0	0
$-14w$	$-48w$	$+35w$	$+27w$
?	$35w$	$27w$	

이를 통해 $B(g)$ $48w$g이 우리가 가정한 6mol에 해당한다는 사실을 알 수 있다.

이를 실험 II에 그대로 적용해보자.

실험 II의 반응 전 $B(g)$은 9mol이고 이는 $72w$g에 해당한다는 사실을 알 수 있다.

따라서 $x = 72$이다. 위에서 구한 정보들을 토대로 실험 III의 세줄식을 완성해보자.

〈실험 Ⅲ〉

$A(g) + 3B(g) \rightarrow C(s) + 3D(g)$

1	4.5	0	0
−1	−3	+1	+3
	1.5	1	3

이를 토대로 실험 Ⅲ의 반응 후 $\dfrac{B(g)의 \ 양(mol)}{C(g)의 \ 양(mol)}$ 값인 y를 구하면 $\dfrac{1.5}{3} = \dfrac{1}{2}$ 이다.

따라서 $x \times y = 72 \times \dfrac{1}{2} = 36$ 이다.

33 24학년도 수능 20번

정답 : ④

문제에서 Ⅰ과 Ⅱ에서 남은 반응물의 종류가 서로 다르다고 하였다.

이에 맞춰 실험 Ⅰ과 Ⅱ에서 남은 반응물이 무엇인지 찾기 위해 A와 B의 중 어느 것의 비율이 더 높은지를 알아볼 필요가 있다.

이를 살펴 보면 A의 비율이 실험 Ⅰ에서가 실험 Ⅱ에서보다 높다.

따라서 실험 Ⅰ에서는 B가 모두 반응하여 A기 남았고 실험 Ⅱ에서는 A가 모두 반응하여 B가 남았다는 사실을 알 수 있다.

1) 문제에서 최종적으로 요구하는 값이 무엇인지 파악하여 보자. 문제에서 요구하는 x값도 실험 Ⅱ의 $\dfrac{전체 \ 기체의 \ 양(mol)}{C(g)의 \ 양(mol)}$ 의 값으로 비율이고, $\dfrac{C의 \ 분자량}{B의 \ 분자량}$ 또한 비율이다.

앞서 언급했듯이 문제에서 최종적으로 요구하는 값이 비율인 경우 어떠한 비율을 만족하는 임의의 실제값을 대입하여 문제의 계산량을 줄여낼 수 있다.

2) $\dfrac{전체 \ 기체의 \ 양(mol)}{C(g)의 \ 양(mol)}$ 가 3이라는 실험 Ⅰ의 자료값을 이용해 문제 풀이를 시작해보자.

앞에서 이야기 했던 것처럼 비율을 만족하는 임의의 실제값을 대입하여 문제를 해결할 수 있다. 실험 Ⅰ의 반응 후 전체 기체의 양은 6mol, C(g)의 양은 2mol이라고 하고 문제에 주어진 반응식의 계수에 따라서 실험 Ⅰ의 상황을 파악해보자.

〈실험 Ⅰ〉

$2A(g) + 3B(g) \rightarrow 2C(g) + 2D(g)$

4	3	0	0
−2	−3	+2	+2
2		2	2

이를 통해 우리가 임의로 설정하여 나오게 된 반응 전 A(g) 4mol이라는 값이 문제에 실제로 등장한 4VL와 대응된다는 사실도 알 수 있다.

반응 전 B(g) 6g은 기체의 양으로 3mol이기 때문에 실험 II의 반응 전 B(g) 25g은 12.5mol이다.

이에 따라 실험 II의 상황을 파악해보자.

$$\langle 실험\ II \rangle$$
$$2A(g) + 3B(g) \rightarrow 2C(g) + 2D(g)$$

	2A(g)	3B(g)	2C(g)	2D(g)
	5	12.5	0	0
	-5	-7.5	+5	+5
		5	5	5

이에 따라 x의 값은 $\dfrac{5+5+5}{5} = 3$라는 사실을 알 수 있다.

실험 II의 반응 후 남은 B(g) 5mol의 질량은 $40w$ g인데 이는 앞서 구했던 B의 분자량에 따라 실제로는 10g이라는 사실을 알 수 있다.

따라서 w는 $\dfrac{1}{4}$이고, 이에 따라 실험 I의 반응 후 남은 A(g) 2mol의 질량은 $\dfrac{17}{4}$ g임을 알 수 있다.

추가적으로 문제에서 실험 II의 반응 후 생성된 D(g) 5mol이 $\dfrac{45}{8}$ g이라고 주어져있기 때문에 A, B , D의 분자량을 모두 파악할 수 있다.

이에 따라 자연스럽게 C의 분자량도 파악할 수 있고 이를 이용해 식을 작성하면 다음과 같다.

$$M_A = \frac{\frac{17}{4}}{2} = \frac{17}{8} \qquad M_B = \frac{10}{5} = 2 \qquad M_D = \frac{\frac{45}{8}}{5} = \frac{9}{8}$$

$$2 \times M_A + 3 \times M_B = 2 \times M_C + 2 \times M_D \qquad M_C = 4$$

$$\frac{M_C}{M_B} = \frac{4}{2} = 2$$

따라서 x와 $\dfrac{\text{C의 분자량}}{\text{B의 분자량}}$ 의 곱은 $3 \times 2 = 6$이다.

34 2023년 3월 19번

정답 : ②

우선 남은 반응물의 질량이 A : B = 1 : 2이므로 실험 I과 II에서 한계 반응물이 같지 않다.

이제 반응 전 A와 B의 질량비를 비교해봤을 때 I에서는 $2w$: 20, II에서는 $4w$: 6이다.

이를 통해 실험 I에서 A의 상대적인 비율이 실험 II에서보다 작다는 사실을 알 수 있고

이에 따라 실험 I의 한계 반응물이 A임을 확정 지을 수 있고,

두 실험에서의 한계반응물은 같지 않으므로 실험 II의 한계 반응물은 B이다.

실험 II에서 남은 반응물은 A $2w$g으로 이에 따라 실험 II에서는 A $2w$g과 B 6g이 반응함을 알 수

있다. 실험 I에서도 반응한 양은 실험 II와 동일하다. 이에 맞춰 w값을 구하면 (20-6)=w, w=14이다.

구한 w값을 바탕으로 반응 질량비를 구하면 A : B : C가 28 : 6 : 34로 각각에 해당하는 양을

반응식의 계수에 대입하여 가정해보자. (A 28g = 1mol, B 6g = $b$mol, C 34g = 2mol)

이를 이용해 실험 I과 II의 세줄식을 완성하면 다음과 같다.

〈실험I〉

$$A(g) + bB(g) \rightarrow 2C(g)$$

1	$\dfrac{10}{3}b$	0
-1	$-b$	$+2$
0	$\dfrac{7}{3}b$	2

〈실험II〉

$$A(g) + bB(g) \rightarrow 2C(g)$$

2	b	0
-1	$-b$	$+2$
1	0	2

$\dfrac{\text{II에서 반응 후 전체 기체의 부피}}{\text{I에서 반응 전 전체 기체의 부피}}$ 의 값이 $\dfrac{3}{11}$ 이라는 식을 이용하여 식을 작성하면

$$\dfrac{1+2}{1+\dfrac{10}{3}b} = \dfrac{3}{11} \,,\ b = 3.$$

$\dfrac{\text{B의 분자량}}{\text{A의 분자량}}$ 의 값을 구하면 $\dfrac{\frac{6}{3}}{\frac{28}{1}} = \dfrac{1}{14}$ 이다.

문제에서 요구한 값을 구하면 $\dfrac{w}{b} \times \dfrac{M_B}{M_A} = \dfrac{14}{3} \times \dfrac{1}{14} = \dfrac{1}{3}$

정답 : ①

우선 문제에서 II에서 B가 모두 반응하였다고 언급하였다. 따라서 실험 II의 상황보다 B의 양이 적은 실험 I의 상황의 경우에도 B가 모두 반응하였다는 사실을 알 수 있다.

본격적으로 문제 풀이를 시작하기에 앞서 A 7g의 몰수를 m mol, B 1g의 몰수를 n mol로 놓자.

이 가정에 맞추어 몰수를 기준으로 실험 I과 실험 II의 상황을 세줄 식으로 표현해보도록 하겠다.

<실험I>

$$2\text{A}(g) + \text{B}(g) \rightarrow c\text{C}(g)$$

$$
\begin{array}{ccc}
m & n & 0 \\
-2n & -n & +cn \\
\hline
m-2n & 0 & cn
\end{array}
$$

<실험II>

$$2\text{A}(g) + \text{B}(g) \rightarrow c\text{C}(g)$$

$$
\begin{array}{ccc}
m & 2n & 0 \\
-4n & -2n & +2cn \\
\hline
m-4n & 0 & 2cn
\end{array}
$$

문제의 자료에서 제시한 반응 전과 후의 부피비를 이용하여 계산하면 다음과 같다.

$$\frac{m-2n+cn}{m+n} = \frac{8}{9}, \quad \frac{m-4n+2cn}{m+2n} = \frac{4}{5}, \quad c = 2, m = 8n$$

위에서 구한 정보를 토대로 실험 III의 세줄식을 완성하고 이에 따라 ㉠의 값을 구해보자.

<실험III>

$$2\text{A}(g) + \text{B}(g) \rightarrow c\text{C}(g)$$

$$
\begin{array}{ccc}
8n & 4n & 0 \\
-8n & -4n & +8n \\
\hline
0 & 0 & 8n
\end{array}
$$

㉠의 값은 $\dfrac{8n}{8n+4n} = \dfrac{2}{3}$ 이다.

이를 바탕으로 문제에서 최종적으로 요구하는 값을 구해보면 다음과 같다.

$$\frac{M_A}{M_B} \times ㉠ = \frac{\dfrac{7}{8n}}{\dfrac{1}{n}} \times \frac{2}{3} = \frac{7}{8} \times \frac{2}{3} = \frac{7}{12}$$

36 2023년 7월 19번

정답 : ⑤

우선 넣어준 B(g)의 질량이 $14w$g인 지점에서 그래프의 전반적인 개형이 변화하였으므로 이 지점에서 반응이 완결되었음을 알 수 있다. 그래프의 세로 축에 제시되어 있는 밀도의 역수 자료는 $\dfrac{\text{부피}}{\text{질량}}$ 으로 이 값에 각 지점에서의 전체 질량을 곱해줄 경우 각 지점에서의 부피를 파악할 수 있다.
이에 따라 각 지점에서의 부피를 구해보자.

넣어준 B(g)의 질량	0	$7w$	$14w$	$56w$
전체 질량	$8w$	$15w$	$22w$	$64w$
1/밀도 (상댓값)	5	4		5
부피 (상댓값)	40	60		320

위의 정보를 바탕으로 반응식의 계수를 구해보자. 우선 넣어준 B(g)이 $14w$g인 지점까지 모두 완결 이전이기 때문에 0~$7w$사이의 지점과 $7w$~$14w$사이의 지점에서의 부피 변화량이 동일해야 한다.
따라서 넣어준 B(g)의 질량이 $14w$g인 지점에서의 부피의 상댓값은 80임을 알 수 있다.
다음으로 넣어준 B(g)의 질량이 0g인 지점에는 오로지 A(g)만 존재하고 넣어준 B(g)의 질량이 $14w$g인 지점에는 오로지 C(g)만 존재한다는 사실을 이용해보자.
이 두 지점에서의 부피는 각각 40과 80으로 1:2의 비율을 가지는 것을 알 수 있다.
이 비율이 반응식에서 A(g)와 C(g)의 계수의 비와 동일하기 때문에 이를 이용하면 반응식의 계수 c가 2라는 사실을 알 수 있다.

완결 이후 부피 그래프의 기울기를 1이라고 두었을 때 완결 이전 상황의 상대적 기울기는 $\dfrac{1}{2}$라는 사실을 위의 표를 보고 파악할 수 있다. 그리고 이 값은 $\dfrac{c-1}{b} = \dfrac{2-1}{b} = \dfrac{1}{2}$ 이다.
따라서 반응식의 계수 b는 2라는 사실을 알 수 있다.

ㄱ. $c = 2$이다.

ㄴ. $\dfrac{M_A}{M_B} = \dfrac{\dfrac{8w}{1}}{\dfrac{14w}{2}} = \dfrac{8}{7}$ 이다.

ㄷ. A(g) $24w$g과 B(g) $21w$g을 완전히 반응시키면 A(g) $12w$g과 B(g) $21w$g이 반응하여 A(g) $12w$g이 남고 C(g) $33w$g이 생성된다. 그리고 이때의 $\dfrac{\text{C의 양 (mol)}}{\text{전체 기체의 양}}$ 값은 $\dfrac{2}{3}$이다.

37 2023년 10월 20번

정답 : ②

(가)에서 (다)로 넘어가는 과정에서 A(g)는 총 $5w$g 반응하고,

(가)에서 (나)로 넘어가는 과정에서 A(g) $4w$g 반응하므로

(나)에서 C(g)의 질량은 4g이라는 사실을 알 수 있다.

(가)와 (나)의 질량 정보를 이용하여 w값을 구하면 $4w + 4.8 = 8w + 4$, $w = 0.2$이다.

이에 따라 A(g) 0.8g의 부피가 VL, C(g) 4g의 부피가 2VL이므로

B(g) 1.6g의 부피는 VL라는 사실을 알 수 있다.

위의 정보들을 바탕으로 문제에서 최종적으로 요구한 값을 구하면 다음과 같다.

$$\frac{w}{b} \times \frac{M_B}{M_A} = \frac{0.2}{2} \times \frac{\dfrac{1.6}{V}}{\dfrac{0.8}{V}} = 0.2 = \frac{1}{5}$$

[유제(1)]

01 22학년도 수능 17번

정답 : ㄱ, ㄴ, ㄷ

자료에 따르면 (가)에 들어 있는 양성자의 양이 9.6mol이라고 한다.

$16x$=9.6이므로 x=0.6임을 알 수 있다.

(가)와 (나)에 들어 있는 중성자 양의 합은 $(18 \times 0.6) + (10 \times 0.2) + (9 \times y) = 20$이므로 y=0.80이다.

ㄱ. y=0.8이므로 $z = (10 \times 0.2) + (10 \times 0.8) = 10$이다.

ㄴ. (나)에 들어 있는 $\dfrac{^1\text{H 원자 수}}{^2\text{H 원자 수}} = \dfrac{0.4+0.8}{0.8} = \dfrac{3}{2}$ 이다.

ㄷ. $\dfrac{\text{(나)에 들어 있는 } H_2O \text{의 질량}}{\text{(가)에 들어 있는 } O_2 \text{의 질량}} = \dfrac{4+(19 \times 0.8)}{34 \times 0.6} = \dfrac{16}{17}$

routine) 제가 본문에서 제안드린 루틴은 문제를 본 후 바로 풀이에 들어가기전 잠깐 $^{16}O\ ^{18}O$ 옆에 $16, 18, 16$ 을 쓰는 것을 추천한다는 것입니다.

저는 p(양성자), n(중성자), e(전자) 순으로 자료값들을 정리한 뒤에 풀이를 시작하는 편입니다.

물론 문제에 따라서 e(전자)가 필요하지 않는 경우도 자주 있으므로 그럴 경우에는 p, n 값만 작성한 뒤 문제풀이를 시작합니다.

이러한 루틴 없이 쭉 밀고 나가도 문제 풀이에 문제가 없는 분도 계실것이지만, 은근히 사소하게 $^1H\ ^1H\ ^{18}O$의 양성자, 중성자를 사칙연산 중에 잘못된 값을 대입하는 실수가 빈번하게 발생합니다.

잘못된 값을 대입하면 당연히 계산값이 이상하게 나오고 그런 실수는 다시 풀 때 잘 보이지도 않으므로 그런 경우가 화학1 시험운영 자체를 망치는 위험요소가 됩니다.

따라서 일정한 루틴들을 통해 실수를 최소화시키는 방안을 마련하셔야 합니다.

단 10~20초 정도를 추가로 투자함으로서 실수의 위험을 낮출수 있다면 시도해볼만 한 루틴이라 생각합니다.

02 21학년도 10월 15번

정답 : ⑤

분자량이 가장 큰 XCl_3는 ^{m+1}X 1개와 ^{37}Cl 3개로 이루어져 있는 분자를 의미한다.

분자량이 가장 작은 XCl_3는 ^{m}X 1개 와 ^{35}Cl 3개로 이루어져 있는 분자를 의미한다.

위 조건에 맞게 식을 세우면 $\dfrac{\dfrac{100-a}{100}\times\dfrac{1}{4}\times\dfrac{1}{4}\times\dfrac{1}{4}}{\dfrac{a}{100}\times\dfrac{3}{4}\times\dfrac{3}{4}\times\dfrac{3}{4}}=\dfrac{4}{27}$ 이고 식을 계산하면

$a=20$의 값을 구할 수 있다.

^{m}X 과 ^{m+1}X 가 20% 80% 존재 하므로 평균 분자량은 $m+\dfrac{4}{5}$ 이다.

Tip

당연하게도 $\dfrac{\dfrac{100-a}{100}\times\dfrac{1}{4}\times\dfrac{1}{4}\times\dfrac{1}{4}}{\dfrac{a}{100}\times\dfrac{3}{4}\times\dfrac{3}{4}\times\dfrac{3}{4}}=\dfrac{4}{27}$ 를 계산할 때는

$\dfrac{100-a}{a\times3\times3\times3}=\dfrac{4}{27}$ 에서 27를 공통으로 빼내어서 $\dfrac{100-a}{a}=4$ 로 계산하시길 바랍니다.

적절한 약분과 공통인수 빼내기를 통해 계산을 간단히 만들어 실수도 줄이고 시간도 절약하시길 바랍니나.

정답 : $\dfrac{62}{55}$

이 문제에서 우리가 눈여겨 보아야 할 포인트는 X_2Y 분자가 있다면
전체 X원자수와 Y원자수의 개수비가 2:1이라는 점이다.
^aX의 양성자 수가 n이므로 동위 원소인 ^bX의 양성자와 전자 수 역시 n이다.

^bX의 $\dfrac{\text{중성자 수}}{\text{전자 수}}$ (상댓값)이 4인데 $\dfrac{\text{중성자 수}}{\text{전자 수}}$ (실제값)은 $\dfrac{n}{n}=1$이므로

상댓값은 실제값에 4를 곱한 값이라고 생각할 수 있다.

^cY의 $\dfrac{\text{중성자 수}}{\text{전자 수}}$ (상댓값)이 5이므로 $\dfrac{\text{중성자 수}}{\text{전자 수}}$ (실제값)는 $\dfrac{5}{4}$ 이다.

$\dfrac{n+3}{n+1}=\dfrac{5}{4}$ 이므로 n=7 임을 알 수 있다.

$\dfrac{\text{용기 속에 들어 있는 }^aX\text{ 원자 수}}{\text{용기 속에 들어 있는 }^bX\text{ 원자 수}}=\dfrac{2}{3}$ 이므로 ^aX와 ^bX는 2 : 3의 비율로 존재함을 알 수 있다.

$^aX^aX^cY \; : \; ^aX^bX^cY \; : \; ^bX^bX^cY = (\dfrac{2}{5})^2 : 2\times\dfrac{2}{5}\times\dfrac{3}{5} : (\dfrac{3}{5})^2 = 4 : 12 : 9$ 이다.

양성자 수가 22로 같은 $^aX^aX^cY$, $^aX^bX^cY$, $^bX^bX^cY$의 중성자 수는 각각 26, 25, 24이므로
용기 속 전체 양성자 수는 $22\times25=550$이고 전체 중성자 수는
$(26\times4)+(25\times12)+(24\times9)=620$이다.

Tip

(상댓값)이 나오는 문제 유형에서는 (실제값)과 (상댓값)간의 관계에 집중하여 문제를 풀이해나가야 한다는 점이 문제풀이의 포인트다.
위 문제에서는 ^aX와 ^bX는 동위 원소라 양성자 수 & 전자 수가 같다는 논리를 통해

양성자 수 & 전자 수가 모두 n임을 연결 고리 삼아 $\dfrac{\text{중성자 수}}{\text{전자 수}}$ (상댓값)에 대한 해석을 진행한다.

04 21학년도 7월 8번

정답 : $\dfrac{3}{2}$

^{35}X, ^{37}X 의 존재 비율(%)을 각각 a, b라고 할 때, a+b=100이고,

X의 평균 원자량은 $\dfrac{(a\times 35)+(b\times 37)}{100}$=35.5이므로 a=75, b=25 임을 알 수 있다.

^{79}Y, ^{81}Y 의 존재 비율(%)을 각각 c,d 라고 하면,

c+d=100이고, $\dfrac{\text{분자량이 160인 } Y_2\text{의 존재 비율}(\%)}{\text{분자량이 162인 } Y_2\text{의 존재 비율}(\%)} = \dfrac{2cd}{d^2}$=2이므로 c=50, d=50이다.

따라서 $\dfrac{^{35}X\text{의 존재 비율}(\%)}{^{31}Y\text{의 존재 비율}(\%)} = \dfrac{a}{d} = \dfrac{3}{2}$ 이다.

Tip

동위원소 관련 기출들을 풀다보면 35, 37 이 두숫자를 자주 접하게 될 것이다.

논리적인 해결책은 아니지만 개인적으로는 ^{35}Cl과 ^{37}Cl이 각각 75%, 25% 의 비율로 존재한다는 것은 암기하고 있으면 도움이 될 것이다.

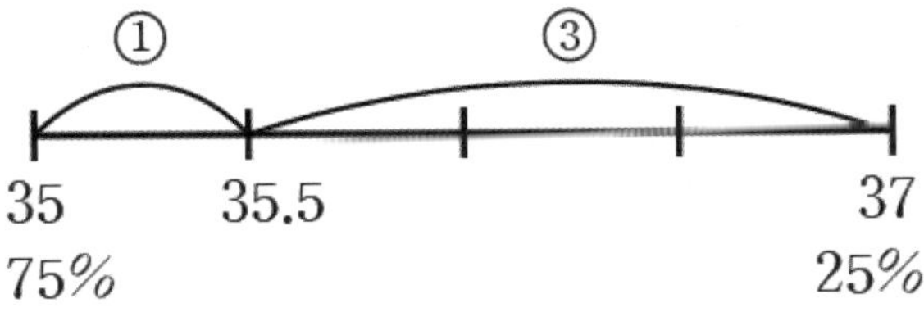

05 22학년도 6월 17번

정답 : ㄴ

(가)와 (나)에 들어 있는 기체의 총 양은 각각 1mol이므로 (가)에 들어 있는 $^{35}_{17}Cl_2$의 양을 amol이라고 하면, ^{35}Cl 원자의 총 양은 2a mol이고, (나)에서 ^{35}Cl 원자의 양은 1mol이고 ^{35}Cl 원자의 양은 (가)에서가 (나)에서의 $\dfrac{3}{2}$배라 하였으므로 $2a = \dfrac{3}{2}$, $a = \dfrac{3}{4}$이다.

ㄱ. (가)에서 $a = \dfrac{3}{4}$이므로 $^{35}_{17}Cl_2$의 양은 $\dfrac{1}{4}$mol이고, $\dfrac{^{35}Cl_2 \text{ 분자 수}}{^{37}Cl_2 \text{ 분자 수}}$=3 이다.

ㄴ. (가)에서 $^{35}_{17}Cl_2$의 양은 $\dfrac{1}{4}$mol이므로 ^{37}Cl 원자 수는 $\dfrac{1}{2}$mol 이다.

(나)에서 ^{37}Cl 원자 수는 1mol이므로 ^{37}Cl 원자수는 (나)에서가 (가)에서의 2배이다.

ㄷ. 중성자 수는 ^{35}Cl, ^{37}Cl 에서 각각 18, 20이므로

중성자의 양은 (가)에서 $(2\times 18\times \dfrac{3}{4})+(2\times 20\times \dfrac{1}{4})$=37mol이고,

(나)에서 18+20=38mol 이므로 중성자의 양은 (나)에서가 (가)에서보다 1mol 만큼 많다.

06 21학년도 4월 17번

정답 : ㄴ, ㄷ

$$\frac{\text{분자량이 } 2a+4\text{인 } X_2\text{의 존재 비율}}{\text{분자량이 } 2a\text{인 } X_2\text{의 존재 비율}} = \frac{\frac{100-b}{100} \times \frac{100-b}{100}}{\frac{b}{100} \times \frac{b}{100}} = \frac{1}{9}$$ 를 정리하면

$\frac{100-b}{b} = \frac{1}{3}$ 임을 알 수 있고 b=75 이다.

ㄱ. X의 동위 원소는 ^aX, ^{a+2}X 2가지이므로 분자량이 서로 다른 X_2는 3가지이다.

ㄴ. b=75이므로 b > 50이다.

ㄷ. 원자량이 a와 a+2인 동위 원소가 3 : 1로 존재하므로

X의 평균 원자량은 $(a \times \frac{3}{4}) + ((a+2) \times \frac{1}{4}) = a + \frac{1}{2}$ 이다.

Tip

$\frac{\frac{100-b}{100} \times \frac{100-b}{100}}{\frac{b}{100} \times \frac{b}{100}} = \frac{1}{9}$ 를 계산하는 과정에서 직접 다 곱해서 이차 방정식을 풀기보다는

$\frac{(100-b)^2}{b^2} = (\frac{1}{3})^2$ 이므로 제곱을 다 지워서 $\frac{100-b}{b} = \frac{1}{3}$ 로 나타내는 식 변형을 활용하여 빠르고

정확한 계산을 하도록 하자.

07 21학년도 3월 10번

정답 : ㄱ, ㄴ

(가)의 $NaCl$ 의 화학식량이 58 이므로 (가)는 ^{23}Na와 ^{35}Cl이 결합한 물질이고,

(나)는 ^{23}Na와 ^{37}Cl이 결합한 물질이다.

Cl의 평균 원자량이 35.5이므로 ^{35}Cl이 75%, ^{37}Cl이 25% 의 존재비율로 존재함을 알 수 있다.

ㄱ. $\frac{\text{(나) 1mol에 들어 있는 중성자 수}}{\text{(가) 1mol에 들어 있는 중성자 수}}$ 는 $\frac{12+20}{12+18}$ 으로 1보다 크다.

ㄴ. $x = 23 + 37$ =60 이다.

ㄷ. 존재 비율이 ^{35}Cl이 75%, ^{37}Cl이 25%로 ^{35}Cl이 ^{37}Cl보다 크므로 a > b이다.

Tip

ㄷ선지를 푸는 과정에서 존재 비율을 정량적으로 구하지 않고도 문제를 해결할 수 있다.
화학식량이 각각 35, 37인데 평균 원자량이 35.5 이다.
35.5 는 35와 37 두 값중 35에 더 가까우므로
존재 비율은 화학식량이 35인 물질이 화학식량이 37인 물질보다 많음을 알 수 있다.

08 21학년도 수능 18번

정답 : ㄱ, ㄴ, ㄷ

ㄱ.

동위원소	^1_1H	^2_1H	^3_1H
원자량	1	2	3
존재 비율(%)	a	b	c

위 표와 같이 존재 하므로 H의 평균 원자량은 $\dfrac{a+2b+3c}{100}$ 이다.

ㄴ. 분자량이 5인 H_2의 존재 비율(%)은 $2 \times bc$이고, 분자량이 6인 H_2의 존재 비율(%)은 c^2이므로

$$\frac{\text{분자량이 5인 } H_2 \text{의 존재 비율(\%)}}{\text{분자량이 6인 } H_2 \text{의 존재 비율(\%)}} = \frac{2bc}{c^2} = \frac{2b}{c} \text{ 이다.}$$

$b > c$이므로 $\dfrac{2b}{c} > 2$이다.

ㄷ. 분자량이 3인 H_2의 존재 비율은 $2 \times \dfrac{a}{100} \times \dfrac{b}{100}$ 이므로

$1mol$의 H_2 중 분자량이 3인 H_2의 전체 중성자 수는 $1 \times 2 \times \dfrac{a}{100} \times \dfrac{b}{100}$ 이다.

분자량이 20인 HF의 존재 비율은 $\dfrac{a}{100}$ 이므로

$1mol$의 HF중 분자량이 20인 HF의 전체 중성자 수는 $10 \times \dfrac{a}{100}$ 이다.

따라서 $\dfrac{2 \times \dfrac{a}{100} \times \dfrac{b}{100}}{10 \times \dfrac{a}{100}} = \dfrac{b}{500}$ 이다.

caution

분자량이 5인 H_2의 존재 비율(%)이 $2bc$인데, 여기서 bc에 2를 곱해준 이유는 '분자량이 5인 H_2'는 $^2H\,^3H$ 인 동시에 $^3H\,^2H$ 도 포함하기 때문이다.

* 위 문제는 동위원소를 틀로 하여서 실제 중성자 수를 구하게 하였다는 점에서 출제 당시에 19번이 있는 양론킬러를 제치고 71.1% 의 오답률을 자랑했던 문제이다.
출제 당시에는 준킬러로 출제하였지만 실제 정답률은 킬러급이 되어버렸으며. 킬러 출제 단원인 양론 보다 정답률이 더 낮았다는 점에서 앞으로는 수능화학에서 준킬러를 소홀히 할 수 없음을 암시하는 문제이기도 하다. (참고로 당시 양론의 오답률은 68.4% 였다.)

정답 : ㄱ, ㄷ

ㄱ. 동위 원소는 질량수가 클수록 중성자수가 크다.

ㄴ. Cu의 평균 원자량이 63.5로 62.9인 ^{63}Cu와 더 근접해 있으므로
존재 비율은 ^{63}Cu $>$ ^{65}Cu 이다.

ㄷ. $\dfrac{^{63}Cu\ 1g에\ 들어\ 있는\ 원자수}{^{65}Cu\ 1g에\ 들어\ 있는\ 원자수}$ $=$ $\dfrac{\frac{1}{63}}{\frac{1}{65}}=\dfrac{65}{63}$ 이므로 1보다 크다.

Tip

① ㄴ 선지 같이 대소를 물어보는 선지의 경우 실제 정량적인 값을 계산하여야 하는 문제도 있지만 정량적 계산 없이 정성적으로 '대소만' 판단해도 되는 문제가 있다.
(위 문제는 대소만 판단하는 문제이다.)

② ㄷ 선지는 앞서 2단원에서 배운 'g당 원자수' 개념을 떠올리면 된다.

10 21학년도 9월 16번

정답 : ㄴ

X_2는 분자량이 서로 다른 3가지 분자로 존재하므로
X의 동위원소는 2가지이며 이들의 존재 비율을 각각 p,q (%)라 가정하자.
(가)~(다)의 존재비율(%)은 p^2, $2pq$, q^2이다.

$\dfrac{q^2}{2pq}=\dfrac{3}{2}$ 이고 p+q=100이므로 p=25, q=75임을 알 수 있다.

ㄱ. X의 동위 원소는 2가지이다.

ㄴ. q $>$ p이므로 X의 평균 원자량은 $\dfrac{(나)의\ 분자량}{2}$ 보다 작다.

ㄷ. (가)와 (나)의 존재 비율(%)은 p^2, $2pq$이므로 $\dfrac{(나)의\ 존재\ 비율(\%)}{(가)의\ 존재\ 비율(\%)}$ $=$ $\dfrac{2pq}{p^2}$ =6이다.

Tip

① X_2 의 분자량이 서로 다른 3가지이면 X의 동위 원소는 2가지 임은 기억해두길 바란다.
② 25%, 75% 의 자료값을 보고 Cl을 떠올릴 수 있다면 유용할 것이다.

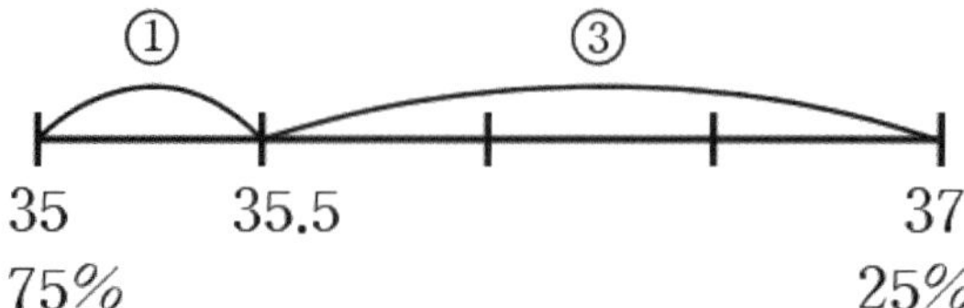

11 20학년도 7월 9번

정답 : ㄱ

(나)의 존재비율이 100% 이고 (가)와 (다)의 존재비율 합이 100%이므로

(가)와 (다)는 동위 원소 관계이며, (나)는 다른 종류의 원소이다.

(가)와 (나)가 다른 원소인데 ㉠값이 같으므로 ㉠은 중성자 수 임을 알 수 있다.

따라서 (가)와 (다) 는 $_5B$이며, (나)는 $_4Be$ 이다.

ㄱ. b=5+4=9, a=11-5=6 이다. 따라서 a+b=15 이다.

ㄴ. $_5B$의 평균 원자량은 $(10 \times 0.2) + (11 \times 0.8)$=10.8 이다.

ㄷ. $\dfrac{중성자\ 수}{전자\ 수}$ 는 (나)에서 $\dfrac{5}{4}$ 이고 (다)에서 $\dfrac{6}{5}$ 이다. 따라서 (나) > (다) 이다.

Tip

앞서 Cl이 35, 37의 존재비를 배경지식으로 알고 있을 경우 도움이 될것이라 했는데 Cl 만큼은 아니지만 그래도 꽤나 빈출되는 원소로 B 역시 존재한다. ^{10}B 와 ^{11}B가 각각 20%, 80%로 존재하여 B의 평균 원자량은 10.8 임을 기억하면 도움이 될 것이다.(Cl과 B의 존재비가 정확히 75,25 / 20,80 인 것은 아니다. 근삿값이 저렇게 나온다는 것이고 실제값은 아주 약간 차이가 난다. 하지만 일반적으로 개념만으로 풀리지 않고 계산을 시켜야 하는 문제의 경우에는 계산의 편의를 위해서 깔끔한 숫자로 출제힌다.)

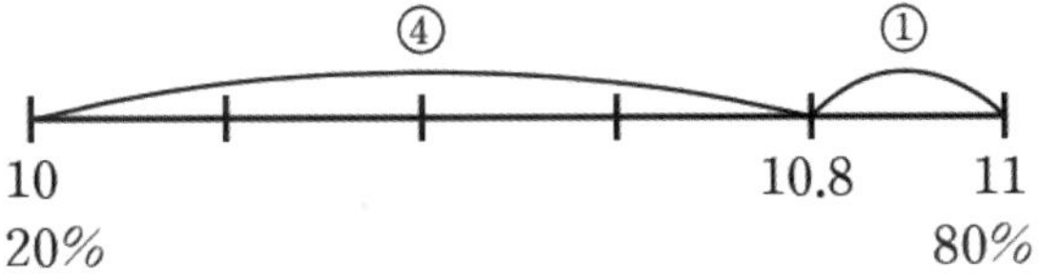

12 21학년도 6월 15번

정답 : ㄱ, ㄷ

ㄱ. 원자의 평균 원자량은 동위 원소의 비율을 고려하여 나타내므로
원자 X의 평균 원자량은 $w = (0.199 \times A) + (0.801 \times B)$이다.

ㄴ. 질량수는 양성자 수와 중성자 수를 합한 값이다.
^aX와 ^bX에서 양성자 수는 같지만 질량수는 b > a이므로 중성자 수는 $^bX > {}^aX$ 이다.

ㄷ. 동위 원소에서 원자량은 질량수가 클수록 크다. 따라서 원자량은 B>A 이다.

1g의 ^aX에 들어 있는 전체 양성자 수는 $\dfrac{1}{A}$에 비례하고, 1g의 ^bX에 들어 있는

전체 양성자 수는 $\dfrac{1}{B}$에 비례하므로 $\dfrac{1g의\ ^aX에\ 들어\ 있는\ 전체\ 양성자\ 수}{1g의\ ^bX에\ 들어\ 있는\ 전체\ 양성자\ 수} = \dfrac{B}{A} > 1$이다.

* 존재 비율을 본 후 바로 앞에서 이야기한 B(붕소)를 떠올린 학생도 있을 것이다.
사실 이 문제의 경우는 계산이 없고 오로지 개념 문제이기 때문에 B(붕소)를 떠올린 것이 직접적으로 문제풀이에 큰 도움이 되진 않았을 것이다.

13 20학년도 4월 9번

정답 : ㄱ, ㄷ

ㄱ. 동위 원소는 양성자 수는 같고 중성자 수는 서로 다르므로
  X의 동위 원소는 (가)와 (다) 또는 (나)와 (다)이다.
  X의 평균 원자량은 63.6이고 원자량은 $^{m}X > {}^{n}X$이므로, (가)~(다)는 각각 ^{n}X, ^{l}Y, ^{m}X 이다.

ㄴ. (나)와 (다)는 동위 원소가 아니므로 원자에서 양성자수, 전자수가 서로 다르다.

ㄷ. ^{n}X와 ^{m}X의 존재 비율(%)을 각각 100-p, p라고 할 때,
  $63.6 = \dfrac{63 \times (100 - \mathrm{p}) + (65 \times \mathrm{p})}{100}$ 이므로 p=30 이다.

* (나)와 (다)가 각각 ^{n}X, ^{m}X 이면 평균 원자량이 64와 65 사이의 값이 나오므로
  63.6이라는 조건에 모순이 발생한다.

Tip

$63.6 = \dfrac{63 \times (100 - \mathrm{p}) + (65 \times \mathrm{p})}{100}$ 를 직접 계산해도 괜찮지만,

계산의 편의를 도와줄 방법을 소개하자면 63.6은 63과는 0.6만큼 차이가 나고 65와는 1.4만큼 차이가 난다.

결국 평균 원자량 자체가 내분으로 구한 것이기에 존재 비율은 서로 바꾸어 주어서
^{n}X와 ^{m}X $1.4 : 0.6 = 7 : 3$의 비율로 존재 한다는 것을 알 수 있으며

전체 100% 중 $\dfrac{3}{10}$인 30%만큼 ^{m}X가 존재 함을 구할 수 있다.

14 20학년도 3월 9번

정답 : ㄴ, ㄷ

분자 X_2의 존재 비율을 보니 X의 동위 원소는 ^{a}X와 ^{a+2}X는 1:1의 비율로 존재한다.

ㄱ. ^{a}X와 ^{a+2}X는 동위 원소 관계이므로 이들이 전자수는 같다.

ㄴ. 중성자 수는 질량수가 더 큰 ^{a+2}X가 ^{a}X보다 많다.

ㄷ. X의 평균 원자량은 $(\mathrm{a} \times 0.5) + ((\mathrm{a} + 2) \times 0.5) = $ a+1이다.

15 20학년도 9월 4번

정답 : ㄱ, ㄴ, ㄷ

ㄱ. 원자는 전기적으로 중성이므로 전자 수와 양성자 수가 같다.

　　X는 전자 수가 6이므로 양성자 수가 6이다.

　　따라서 X의 질량수 ⊙은 중성자 수와 양성자 수의 합이므로 12이다.

ㄴ. Y는 질량수가 13, 중성자 수가 7이므로 양성자 수는 6이다.

　　따라서 X와 Y는 양성자 수가 6으로 같고 질량수는 다르므로 동위 원소이다.

ㄷ. Z는 질량수가 17, 중성자 수가 9이므로 양성자 수는 8이다.

　　Z^{2-}은 전자 수가 양성자 수보다 2만큼 크므로 Z^{2-}의 전자 수는 10이다.

16 20학년도 6월 7번

정답 : ㄴ, ㄷ

ㄱ. ^{13}C와 ^{12}C의 양성자 수는 같으므로 $a = b$이다.

ㄴ. 질량수는 양성자 수와 중성자 수를 더한 값이다.

　　^{12}C와 ^{13}C의 양성자 수는 같지만, 질량수는 $^{13}C > {}^{12}C$이므로 중성자 수는 $^{13}C > {}^{12}C$ 이다.

　　따라서 $d > c$ 이다.

ㄷ. C의 평균 원자량 = (^{12}C 원자량) × (^{12}C의 존재 비율) + (^{13}C 원자량) × (^{13}C의 존재 비율) = 12.01이므로 자연계에서 존재하는 비율은 ^{12}C가 ^{13}C보다 크다.

17 19학년도 수능 14번

정답 : $\dfrac{21}{25}$

질량수는 양성자 수와 중성자 수를 합한 값과 같으므로 ^{1}H에는 중성자가 없고,

^{16}O에는 8개의 중성자가, ^{18}O에는 10개의 중성자가 있다. 또한 기체의 질량은 (분자 수)×(분자량)에 비례한다.

$^{1}H_2{}^{16}O$의 분자량은 18, $^{1}H_2{}^{18}O$의 분자량은 20이다.

(가)와 (나)에 들어있는 기체의 온도와 압력이 같으므로 용기 속 기체의 분자 수는 같다.

(가)에 들어 있는 기체의 분자수를 x, (나)에 들어 있는 $^{1}H_2{}^{16}O(g)$의 수를 y,

$^{1}H_2{}^{18}O(g)$의 수를 $x - y$라고 할 때 질량 비는 (가) : (나)$= 18x : 18y + 20(x - y) = 45 : 46$이므로 $y = 0.8x$이다.

따라서 (나)에 들어 있는 기체의 전체 양성자 수는 $10x$,

전체 중성자 수는 $0.8x \times 8 + 0.2x \times 10$이므로 $\dfrac{\text{전체 중성자 수}}{\text{전체 양성자수}} = \dfrac{8.4x}{10x} = \dfrac{21}{25}$이다.

18 19학년도 9월 15번

정답 : $\dfrac{2}{3}$

^{1}H에는 양성자가 1개 있고, ^{4}He에는 양성자가 2개, 중성자가 2개가 있다.
또한 ^{12}C에는 양성자 6개, 중성자 6개가 있고, ^{13}C에는 양성자 6개, 중성자 7개가 있다.

용기 속에는 ^{4}He 0.1mol, ^{12}C 0.2mol, ^{13}C 0.2mol, ^{1}H 1.6mol이 있다.
전체 중성자 수는 $(0.1 \times 2) + (0.2 \times 6) + (0.2 \times 7) = 2.8$mol이다.
전체 양성자 수는 $(0.1 \times 2) + (0.2 \times 6) + (0.2 \times 6) + (1.6 \times 1) = 4.2$mol이다.

따라서 $\dfrac{\text{전체 중성자 수}}{\text{전체 양성자수}} = \dfrac{2.8}{4.2} = \dfrac{2}{3}$ 이다.

19 19학년도 6월 12번

정답 : ㄱ, ㄴ

만일 (가)가 양성자라면 ⓒ의 원자 번호는 20이 되므로
A~D는 3주기 원소라는 제시된 조건에 맞지 않다.
따라서 (가)는 중성자 수, (나)는 양성자 수이다.
A는 B의 동위 원소이므로 A와 B는 양성자 수가 같다.
제시된 ㉠, ㉡, ㉣의 양성자 수는 모두 다르므로 ⓒ은 A, B 중 하나이다.
또한 C와 D는   전자 수/중성자 수=1인데 ㉠은 1이 아니므로
㉠도 A, B 중 하나이고, 질량수는 ⓒ이 ㉠보다 크므로 ㉠은 A, ⓒ은 B이다.
따라서 ㉡과 ㉣은   전자 수/중성자 수=1이다. 표는 A~D에 대한 자료이다.

원자	㉠ A	㉡ C	ⓒ B	㉣ D
(가) 중성자 수	18	18	20	16
(나) 양성자 수	17	18	17	16
질량수	35	36	37	32

ㄱ. (가)는 중성자 수이다.
ㄴ. B는 양성자 수 17, 중성자 수 20이므로 질량수는 37이다.
ㄷ. D의 양성자 수는 16이므로 원자 번호는 16이다.

20 18학년도 수능 11번

정답 : ㄴ, ㄷ

Z는 2주기 원소이므로 Z^-은 F^-이며, 양성자 수는 9, 전자 수는 10이다.

Z^-에서 ⓛ의 수가 ㉠과 ㉢의 수보다 1 적으므로 ⓛ은 양성자이며 b=9이다.

만일 a=5이면 Y에서 ⓛ은 $\frac{1}{2}(a+b) = \frac{1}{2}(5+9) = 7$이므로 ㉠은 전자이다.

만일 a=6이면 $\frac{1}{2}(a+b) = \frac{1}{2}(6+9) = 7.5$ 가 되는데, 양성자 수, 중성자 수,

전자 수는 자연수이므로 맞지 않다.

따라서 a=5, b=7, ㉠은 전자, ⓛ은 양성자, ㉢은 중성자이다.

ㄱ. ㉠은 전자이다.

ㄴ. 질량수는 원자핵을 구성하는 양성자 수와 중성자 수를 더한 값과 같다.
　　X의 양성자는 5, 중성자는 6이므로 질량수는 11이다

ㄷ. 중성자 수는 X 6, Y 8, Z 10이므로 중성자 수는 Z가 가장 크다.

21 18학년도 6월 12번

정답 : ㄴ

원자는 전기적으로 중성이므로 양성자 수와 전자 수가 같으며,
질량수는 원자핵을 구성하는 양성자 수와 중성자 수를 합한 값과 같다.
원자 X, Y, Z의 양성자 수가 각각 x, y, z라고 할 때 전자 수도 각각 x, y, z이므로
다음과 같은 식이 성립한다.

$$X : \frac{\text{질량수}}{\text{전자수}} = \frac{6+x}{x} = 2 \qquad Y : \frac{\text{질량수}}{\text{전자수}} = \frac{7+y}{y} = 2 \qquad Z : \frac{\text{질량수}}{\text{전자수}} = \frac{8+z}{z} = \frac{7}{3}$$

따라서 $x=6$, $y=7$, $z=6$이다.

ㄱ. X는 양성자 수가 7, 중성자 수가 7, 질량수가 14인 $^{14}_{7}N$이다.

ㄴ. X와 Z는 양성자 수가 6으로 같으나 중성자 수가 달라 질량수가 다른 원소이므로 동위 원소이다.

ㄷ. Z는 양성자 수가 6, 중성자 수가 8, 질량수가 14이므로 Y와 Z의 질량수는 같다.

22 19학년도 10월 6번

정답 : ㄱ, ㄴ, ㄷ

(가)에서 모든 값이 동일하다는 것을 통하여 (가)가 ^{16}O임을 알 수 있다.

따라서 $a = 8$이고 지문의 ^{18}O을 통해서 $b = 10$임을 알아 낼 수 있다.

(가),(나),(다) 모두 동일한 값을 가지는 ㉠은 양성자이며, 이후로 각각 ㉡은 전자이고 ㉢은 중성자이다.

따라서 (가)~(다)는 각각 ^{16}O, $^{18}O^{2-}$, ^{18}O 이다.

ㄱ. ㉠은 양성자이다.

ㄴ. $b = 10$, $a = 8$이므로 $b > a$이다.

ㄷ. $n = 18$이다.

23 19학년도 4월 7번

정답 : ㄱ, ㄴ

ㄱ. 핵전하량으로 (가)~(다)의 양성자수가 각각 1,1,2임을 알 수 있다.
　　따라서 (가)의 원자 번호는 1이다.

ㄴ. (다)는 양성자 수가 2, 중성자 수가 2이므로 질량수는 4이다.

ㄷ. (나)와 (다)는 양성자 수가 다르므로 동위 원소가 아니다.

24 19학년도 3월 8번

정답 : ㄴ, ㄷ

위의 자료를 분석 하면 다음과 같다.

$$^{23}_{11}Na : \quad 11/12/11$$

$$^{18}_{8}O^{2-} : 8/10/10$$

$$^{32}_{16}X^{2-} : 16/16/18$$

(가)는 전자이고, (나)는 양성자이며, (다)는 중성자이다.

ㄱ. (다)는 중성자이다.

ㄴ. $a = 32$이다.

ㄷ. $^{23}_{11}Na^{+}$에서 전자의 수는 10이다.

25 18학년도 7월 15번

정답 : ㄱ, ㄴ

원자 Y에서 b와 c의 입자 수가 다르기 때문에 b와 c중 하나는 중성자이다.

b가 중성자라면 a와 c가 양성자와 전자 중 하나가 되어야하기 때문에 Z^+에서 입자 수가 같을 수 없다.

따라서 c가 중성자 이다. Y의 질량수=양성자 수(N) + 중성자 수($2N$) = $3N$이다.

X와 Z는 양성자 수가 다르므로 동위 원소가 될 수 없다.

ㄱ. c는 중성자이다.

ㄴ. Y의 질량수는 $3N$이다.

ㄷ. X와 Z는 동위원소가 아니다.

26 18학년도 4월 3번

정답 : ㄴ, ㄷ

ㄱ. 원자에서 양성자 수와 전자 수는 같으므로 ㉠은 중성자이다.

따라서 (가)~(다)는 각각 $^{14}_{6}C$, $^{14}_{7}N$, $^{15}_{7}N$이다.

ㄴ. (다)의 중성자 수는 8, 전자 수는 7이므로 $a = 1$이다.

ㄷ. (나)와 (다)는 양성자 수는 같고 중성자 수가 다른 동위 원소이다.

27 22학년도 3월 9번

정답 : ⑤

ㄱ. F의 원자량은 일정하고 B의 원자량만 10, 11 2가지 존재하므로

분자량이 다른 BF_3는 $^{10}B\,^{19}F_3$, $^{11}B\,^{19}F_3$ 2가지가 가능하다.

ㄴ. B는 원자량이 10 과 11 인 동위원소가 $20:80$의 비율로 존재하므로

평균 원자량은 $4:1$ 내분점인 10.8 값을 가진다. ($10 \times 0.2 + 11 \times 0.8 = 10.8$)

ㄷ. 원자량은 $^{11}_{5}B > ^{10}_{5}B$ 이므로 $1g$ 에 들어 있는 양성자 수는 $^{10}_{5}B > ^{11}_{5}B$ 이다.

28 22학년도 4월 11번

정답 : ①

ㄱ. ^{44}X를 구성하는 양성자의 양(mol)과 중성자의 양(mol)의 비는 $5:6$이고,

질량수가 44이므로 X의 원자 번호는 $44 \times \dfrac{5}{11}$ = 20이다.

ㄴ. ^{44}X의 양성자의 양(mol)은 $10 = \dfrac{w}{44} \times 20$이므로 $w = 22$이다.

ㄷ. ^{a}X의 양(mol)은 $\dfrac{w}{a} = \dfrac{22}{a}$이고, ^{a}X 1개의 중성자 수가 $(a-20)$이므로

전체 중성자의 양(mol)은 $\dfrac{22}{a}(a-20) = 11$ 이다. 따라서 이를 계산하면 $a = 40$ 이다.

29 23학년도 6월 17번

정답 : ④

간단히 자료값들을 정리해보면 다음과 같다.

	^aX	^bY	^{b+2}Y
p	x	$x+2$	$x+2$
n	z	y	$y+2$
e^-	x	$x+2$	$x+2$

(사실 이 문제에서, 이온이 없고, 전부다 중성원자이므로 전자수에 대한 값은 양성자수로 대응시킬수 있으므로 전자에 관한 자료를 딱히 작성하지 않아도 좋다.)

$\dfrac{\text{전자 수}}{\text{중성자수}}$ 비는 $^bY : {}^{b+2}Y = \dfrac{x+2}{y} : \dfrac{x+2}{y+2} = $ 5:4이므로 $y = 8$이다.

〈 여기서 추가적인 대수적 팁이 있는데, 분자에 전자수가 서로 같으므로 분모의 비율이 4:5 이며, 실제값 차이는 2인데, 비율의 차이 수는 1이기 때문에 비율을 2배 해주어 $8:10$이 실제값과 동일함을 알 수 있다.〉

$\dfrac{^aX{}^bY \ 1\text{mol 에 들어 있는 전체 중성자 수}}{^aX{}^{b+2}Y \ 1\text{mol에 들어 있는 전체 중성자수}} = \dfrac{y(8)+z}{y(8)+z+2} = \dfrac{7}{8}$ 이므로 $y = 6$이다.

〈 여기서도 앞서 말한 대수적 팁을 사용할 수 있다.

좌변은 위아래가 2 차이가 나는데, 우변인 1차이가 나므로 우변의 위아래에 2를 곱하여 $\dfrac{14}{16}$ 을 만들어 주면, 이는 결국 실제값과 일치하게 되어, $y + z = 14$임을 바로 알 수 있다.〉

$\dfrac{\text{전자 수}}{\text{중성자수}}$ 비는 $^aX : {}^bY = \dfrac{x}{z} : \dfrac{x+2}{y} = 1:1$이므로 $x = 6$이다.

따라서 ^aX의 양성자 수는 6, ^{b+2}Y의 중성자수는 10이므로

$\dfrac{^{b+2}Y\text{의 중성자 수}}{^aX\text{의 양성자 수}} = \dfrac{10}{6} = \dfrac{5}{3}$이다.

30 22학년도 7월 9번

정답 : ⑤

각각 가지고 있는 (p, n, e^-)쌍을 생각해보도록 하자.

$^{14}_{7}\text{N}$ 은 $(7, 7, 7)$ 이고, $^{15}_{7}\text{N}$은 $(7, 8, 7)$ 이며, $^{16}_{8}\text{O}^{2-}$는 $(8, 8, 10)$ 이다.

(㉠-㉢) 의 값이 (다)는 1이다. 따라서 (다)는 $^{15}_{7}\text{N}$일 것이며 ㉠은 n 값일 것이다.

따라서 (가)~(다)는 각각 $^{16}_{8}\text{O}^{2-}$, $^{14}_{7}\text{N}$, $^{15}_{7}\text{N}$ 이고, ㉠~㉢은 각각 중성자 수, 양성자 수, 전자 수이다.

ㄱ. ㉢은 전자 수이다.

ㄴ. 중성자수는 (가)와 (다)가 8로 동일하다

ㄷ. (나)와 (다)는 양성자수는 같지만 중성자 수가 다른 동위원소이다.

31 23학년도 9월 14번

정답 : ②

실린더에 들어 있는 $\text{BF}_3(g)$의 부피가 11.3L이므로 0.5mol이고,

밀도는 3g/L이므로 질량은 33.9g이다. $^{10}\text{B}^{19}\text{F}_3$, $^{11}\text{B}^{19}\text{F}_3$의 분자량은 각각 67, 68 이다.

$^{10}\text{B}^{19}\text{F}_3$ 의 양을 $x$mol이라고 하면 $^{11}\text{B}^{19}\text{F}_3$의 양은 $(0.5-x)$mol 이므로

$67x + 68(0.5-x) = 33.9$이다.

계산을 하게 되면 $x = 0.1$임을 알 수 있다.

자연계에 존재하는 $^{10}\text{B}^{19}\text{F}_3$, $^{11}\text{B}^{19}\text{F}_3$ 의 비율은 $1 : 4$ 이다.

ㄱ. $\dfrac{^{11}\text{B의 존재비율}}{^{10}\text{B의 존재비율}}$ =4 이다.

ㄴ. $^{10}\text{B} : {}^{11}\text{B} = 1 : 4$ 로 존재하므로, B의 평균 원자량은 10.8이다.

ㄷ. 중성자 수는 $^{10}\text{B}^{19}\text{F}_3$가 35 이고, $^{11}\text{B}^{19}\text{F}_3$가 36이다.

따라서 (가)에 들어 있는 중성자의 양은 $(35 \times 0.1) + (36 \times 0.4) = 17.9$ mol 이다.

정답 : ②

	^aX	^{a+2}X	^bY	^{b+2}Y
p	x	x	$x+2$	$x+2$
n	$y-2$	y	y	$y+2$

간단한 표를 작성하면 다음과 같다.

질량수 비는 $x+y-2 : x+y+4$가 $2:3$이다.

실제값은 6만큼 차이 나므로 $2:3$에 6을 곱한 $12:18$이 실제값과 동일함을 알 수 있다.

따라서 $x+y=14$ 이다.

$a=x+y-2$이므로 $a=12$ 이고, $b=x+y+2$이므로 $b=16$ 이다.

ㄱ. $b=a+4$ 이다.

ㄴ. 질량수 비는 $^{a+2}\text{X} : {}^b\text{Y} = 14:16$이므로 $7:8$이다.

ㄷ. 분자량이 다른 XY는 28, 30, 32 총 3종류가 있다.

33 23학년도 수능 15번

정답 : ⑤

원소 X에서 ^{35}X 와 ^{37}X의 자연계에서 존재하는 비율(%)은 각각 a, b이고,

평균 원자량이 35.5이므로 $a=75$, $b=25$이다.

(평균 원자량의 값이 $1:3$ 내분점이므로 존재 비율은 $3:1$ 이다.)

원소 Y에서 ^{69}Y와 ^{71}Y의 자연계에서 존재하는 비율(%)은 각각 c, d이고,

평균 원자량이 69.8이므로 $c=60$, $d=40$이다.

(평균 원자량의 값이 $0.8:1.2$ 내분점이므로 존재 비율은 $1.2:0.8$ 인 $3:2$이다.)

ㄱ. $\dfrac{d}{c}=\dfrac{40}{60}=\dfrac{2}{3}$이다.

ㄴ. 1g의 Y에 들어 있는 양성자 수는 원자량에 반비례한다. ^{69}Y와 ^{71}Y의 양성자 수는 같다.

원자량은 $^{69}\text{Y} < {}^{71}\text{Y}$이므로 $\dfrac{\text{1g의 } ^{69}\text{Y에 들어 있는 양성자 수}}{\text{1g의 } ^{71}\text{Y에 들어 있는 양성자 수}} > 1$ 이다.

ㄷ. 자연계에 존재하는 X_2의 비율은 $^{35}\text{X}^{35}\text{X}$, $^{35}\text{X}^{37}\text{X}$, $^{37}\text{X}^{37}\text{X}$가 각각 $9:6:1$이고,

^{35}X 와 ^{37}X에 들어 있는 중성자 수는 각각 18, 20이므로

$^{35}\text{X}^{35}\text{X}$, $^{35}\text{X}^{37}\text{X}$, $^{37}\text{X}^{37}\text{X}$ 에 들어 있는 중성자 수는 각각 36, 38, 40 이다.

따라서 X_2 1mol에 들어 있는 중성자의 양은 $\left(\dfrac{9}{16}\times36\right)+\left(\dfrac{6}{16}\times38\right)+\left(\dfrac{1}{16}\times40\right)=37$ 이다.

34 24학년도 6월 9번

정답 : ③

X의 평균 원자량이 $m + \dfrac{1}{2}$ 라는 사실을 통해 $a=75$, $b=25$임을 알 수 있다.

ㄱ. $a(75) > b(25)$ 이다.

ㄴ. X에 존재하는 양성자수를 A라고 가정하자. 1g의 ^mX에 들어 있는 양성자수는 $\dfrac{A}{m}$ 이고

이는 1g의 ^{m+2}X에 들어 있는 양성자수인 $\dfrac{A}{m+2}$ 보다 크다.

ㄷ. 1mol의 ^mX에 들어 있는 전자 수와 1mol의 ^{m+2}X에 들어 있는 전자 수는 동일하다.

35 24학년도 9월 16번

정답 : ③

가장 먼저 X의 평균 원자량이 80이라는 사실을 통해 ^{79}X와 ^{81}X가 같은 비율로 존재함을 알 수 있다.
따라서 a와 b의 값은 둘 다 50이다.

문제에서 $\dfrac{\text{XY 중 분자량이 } m\text{+81인 XY의 존재 비율(\%)}}{\text{Y}_2 \text{ 중 분자량이 } 2m\text{+4인 Y}_2\text{의 존재 비율(\%)}}$ 이 8이라고 하였으므로

이에 맞춰 c와 d값을 구하기 위한 식을 쓰면 다음과 같다.

$$\frac{50c+50d}{d \times d} = \frac{50(c+d)}{d^2} = 8, \ (c+d) = 100$$

$$\frac{50 \times 100}{d^2} = 8, \ d^2 = 625, \ d = 25, \ c = 75$$

ㄱ. 자연계에서 분자량이 서로 다른 XY는 분자량이 각각 m+79, m+81, m+83으로 총 3가지이다.

ㄴ. Y의 평균 원자량은 m+1이 아닌 $m+\dfrac{1}{2}$ 이다.

ㄷ. 자연계에서 1mol의 XY중 $\dfrac{^{81}X^mY\text{의 전체 중성자수}}{^{79}X^{m+2}Y\text{의 전체 중성자수}}$ 를 구하기 위해

$^{81}X^mY$와 $^{79}X^{m+2}Y$의 중성자 수와 존재비율을 파악해보자.
두 분자에 포함된 중성자 수는 동일하고, $^{81}X^mY$와 $^{79}X^{m+2}Y$의 존재 비율이 3 : 1이다.

따라서 $\dfrac{^{81}X^mY\text{의 전체 중성자수}}{^{79}X^{m+2}Y\text{의 전체 중성자수}}$ 은 3이다.

정답 : ⑤

A~D의 중성자수와 원자번호(양성자수)의 차를 모두 더하면 6이다.

A~D의 중성자수의 합이 76이므로 A~D의 양성자수 합은 70임을 알 수 있다.

중성자수와 양성자수를 더한 값이 질량수이므로 A~D의 질량수의 합은 146이다.

이를 통해 식을 작성하면 $(m-1)+(m-2)+(m+1)+m=4m-2=146$, $m=37$이다.

지금까지의 정보를 바탕으로 A~D를 표로 정리하면 다음과 같다.

원자	중성자수	양성자수	질량수
A	18	18	36
B	18	17	35
C	20	18	38
D	20	17	37

원자번호는 X > Y이므로 A와 C가 X의 동위 원소이고, B와 D가 Y의 동위 원소이다.

ㄱ. B와 D는 Y의 동위 원소이다.

ㄴ. $\dfrac{\text{1g의 C에 들어 있는 중성자수}}{\text{1g의 A에 들어 있는 중성자수}}$ 의 값은 $\dfrac{\frac{20}{38}}{\frac{18}{36}}=\dfrac{20}{19}$ 이다.

ㄷ. $\dfrac{\text{1mol의 D에 들어 있는 양성자수}}{\text{1mol의 A에 들어 있는 양성자수}}$ 의 값은 $\dfrac{17}{18}$ 로 이는 1보다 작다.

37 2023년 7월 17번

정답 : ①

정답 : ⑤

우선 Y의 평균 원자량은 (99-19)로 80임을 알 수 있다.

$^{19}X^{n+2}Y$ 1mol에 들어 있는 전체 중성자 수는 $(n+2+19)-44 = n-23$이다.

또 $^{19}X^{n}Y$ 1mol에 들어 있는 전체 중성자 수는 $(19+n)-44 = n-25$이다.

위 두 값의 비율이 28 : 27이라고 하였기 때문에 n의 값은 79임을 알 수 있다.

n의 값이 79, Y의 평균 원자량이 80이라는 점을 통해 ^{n}Y와 ^{n+2}Y의 존재비율이 동일하다는 사실을 알 수 있다.

ㄱ. Y의 평균 원자량이 80이기 때문에 Y_2의 평균 분자량은 이에 2배인 160이다.

ㄴ. $\dfrac{\text{1g의 } ^{n}Y^{n+2}Y\text{에 들어 있는 전체 양성자수}}{\text{1g의 } ^{n+2}Y^{n+2}Y\text{에 들어 있는 전체 양성자수}}$ 를 구하기 위한 식을 작성하면 다음과 같다.

$$\frac{\dfrac{70}{160}}{\dfrac{70}{162}} = \frac{81}{80}$$

ㄷ. 자연계에서 ^{n}Y와 ^{n+2}Y의 존재비율은 동일하다.

38 2023년 10월 17번

정답 : ①

우선 X의 동위 원소들의 존재비율(%)의 합이 100(%)임을 이용하여

x를 구하면 $x+(x-40)=100,\ x=70$이다.

또 문제에서 주어진 비율에 따라서 X와 Y의 평균 원자량을 구해보면 다음과 같다.

$$\text{X의 평균 원자량} = a+0.3b$$
$$\text{Y의 평균 원자량} = a+3.4b$$

문제에서 이 두 값 간의 차가 6.2라고 하였으므로 b값이 2라는 사실을 알 수 있다.

ㄱ. $x=70$이다.

ㄴ. $b=2$이다.

ㄷ. ^{a}X와 ^{a+3b}Y의 질량 수 차이는 6만큼 난다.

그리고 문제에서 추가적으로 원자 번호, 즉 양성자 수가 Y가 X보다 2만큼 크다고 말했으므로,

^{a}X와 ^{a+3b}Y의 중성자 수의 차는 (6-2)=4만큼 난다.

[유제(2)]

01 22학년도 수능 9번

정답 : ㄱ, ㄷ

수소 원자에서 오비탈의 에너지 준위는 주 양자수(n)에 따라 달라지므로
오비탈의 에너지 준위는 $3s > 2s = 2p$이다.
따라서 (가)는 $3s$이다. 또한 $2s$의 $n+l$는 2, $2p$의 $n+l$은 3이므로 (나)는 $2p$이고, (다)는 $2s$이다.

ㄱ. (가)는 $3s$이므로 자기 양자수(m_l) 은 0이다.
ㄴ. (나)는 $2p$이므로 $n+l$은 3이다.
ㄷ. (다)는 $2s$이므로 오비탈의 모양은 구형이다.

02 22학년도 수능 11번

정답 : ㄱ, ㄷ

원자	Li	Be	B	C	N	O	F	Ne
전자가 2개 들어 있는 오비탈수	1	2	2	2	2	3	4	5
p오비탈에 들어 있는 홀전자수	0	0	1	2	3	2	1	0

X~Z 는 각각 C, O, F이다.

ㄱ. a=2, b=1이므로 a+b=3이다.
ㄴ. X의 원자가 전자 수는 4이다.
ㄷ. 전자가 들어 있는 오비탈 수는 Y와 Z가 모두 5로 같다.
* 해당 표현들을 직접 써서 비교하는 것을 두려워 하지 말자!!

03 21학년도 10월 12번

정답 : ㄱ, ㄷ

(가)~(다)의 오비탈은 각각 $3s$, $2p$, $1s$ 오비탈이며,
$3s$오비탈에 들어 있는 전자 수가 1이므로 X원자는 Na이다.

(가) : 3/0/0
(나) : 2/1/
(다) : 1/0/0

ㄱ. (나)의 l은 1이고 (가)의 l은 0이다.
ㄴ. 에너지 준위는 (다) 〈 (가)이다.
ㄷ. Na는 바닥상태에서 $3s$오비탈에 홀전자 1개를 가지고 있다.

정답 : ㄱ

원자	Li	Be	B	C	N	O
$\dfrac{\text{홀전자 수}}{\text{전자가 들어 있는 오비탈 수}}$	$\dfrac{1}{2}$	$\dfrac{0}{2}$	$\dfrac{1}{3}$	$\dfrac{2}{4}$	$\dfrac{3}{5}$	$\dfrac{2}{5}$
$\dfrac{p\ \text{오비탈의 전자 수}}{s\ \text{오비탈의 전자 수}}$	$\dfrac{0}{3}$					

$\dfrac{\text{홀전자 수}}{\text{전자가 들어 있는 오비탈 수}}$ 가 $\dfrac{2}{5}$ 인 원소는 O가 유일하므로 Z(O)임을 알 수 있다.

$\dfrac{\text{홀전자 수}}{\text{전자가 들어 있는 오비탈 수}}$ 가 $\dfrac{1}{2}$ 인 원소는 Li와 C가 있다.

하지만 Li의 p오비탈 전자 수가 0이므로 상댓값 2:1 조건에 위배되므로 X(C)이다.

X(C)의 $\dfrac{p\ \text{오비탈의 전자 수}}{s\ \text{오비탈의 전자 수}}$ (실제값)은 $\dfrac{2}{4}$ 인데 X와 Y의 비율이 2:1이므로

Y의 $\dfrac{p\ \text{오비탈의 전자 수}}{s\ \text{오비탈의 전자 수}}$ (실제값) 은 $\dfrac{1}{4}$ 이어야 한다. 따라서 Y(B) 임을 구할 수 있다.

ㄱ. $a = \dfrac{1}{3}$, $b = 4$ 이다.

ㄴ. 원자 번호는 Y(B)〈X(C) 이다.

ㄷ. 전자가 2개 들어 있는 오비탈 수는 Y(B)가 2개이고, Z(O)가 3개이다.

* 직접 자료값을 쓰는 것을 두려워 하지 마라!

Tip

상댓값에 대한 자료가 나오면 '상댓값 간의 비율' or '상댓값과 실제값 간의 비율'을 중심으로 문제풀이를 진행한다.

정답 : ①

수소 원자에서 오비탈의 에너지 준위는 $1s < 2s = 2p < 3s = 3p = 3d$ 이므로
오비탈의 방위양자수(l)와 상관없이 오비탈의 주 양자수(n)가 커질수록 오비탈의 에너지가 높아짐을 알 수 있다.
따라서 ㉠은 주 양자수(n)이다.
또한 주 양자수(n)가 2인 오비탈은 $2s$오비탈과 $2p$ 오비탈이므로 ㉡은 s이다.

06 22학년도 9월 11번

정답 : ㄱ, ㄷ

원자 번호가 20 이하인 바닥상태 원자 중 $\dfrac{p \text{ 오비탈에 들어 있는 전자 수}}{s \text{ 오비탈에 들어 있는 전자 수}} = \dfrac{3}{2}$ 인 것은

$Ne(=\dfrac{6}{4})$, $P(=\dfrac{9}{6})$, $Ca(=\dfrac{12}{8})$ 이다.

원자 번호는 $X > Y > Z$ 이므로 X~Z 는 각각 Ca, P, Ne이다.

ㄱ. X(Ca)는 4주기 2족 원소 이므로 원자가 전자 수가 2이다.

ㄴ. Y(P)는 3주기 15족 원소이므로 홀전자 수는 3이다.

ㄷ. Z(Ne)의 전자 배치는 $1s^2 2s^2 2p^6$ 이므로 전자가 들어 있는 오비탈 수는 5이다.

07 21학년도 7월 4번

정답 : ㄱ

X~Z의 홀전자 수가 6임을 이용하고, 모두 바닥상태이므로

X는 $1s$, $2s$, $2p$에 모두 전자쌍이 존재하고 $3s$에 홀전자가 존재하며,

Y는 $1s$와 $2s$에 전자쌍이 존재한다.

Z역시 $1s$와 $2s$에 전자쌍이 존재하는데,

X의 홀전자 수가 1이므로 Y와 Z의 홀전자 수 합은 5여야 한다.

따라서 Y는 홀전자 수가 2이고, Z는 홀전자수가 3이다.

ㄱ. X는 Na이며, 원자 번호는 11이다.

ㄴ. Y는 $1s$와 $2s$에 전자쌍이 존재하고 $2p$에는 전자가 4개 들어 있으므로
원자 번호가 8이며 16족 원소이다.

ㄷ. 전자가 들어 있는 오비탈 수는 Y = Z이다.

08 21학년도 7월 13번

정답 : 7

(가)는 2/0/0/ 인 $2s$ 오비탈

(나)는 2/1/0/ 인 $2p$ 오비탈

(다)는 3/1/1/ 인 $3p$ 오비탈이다.

a=2, b=1, c=4

a+b+c = 7

09 22학년도 6월 9번

정답 : ④

오비탈	$2s$	$2p$	$3s$	$3p$
주 양자수(n)	2	2	3	3
방위 양자수(l)	0	1	0	1
$n-l$	2	1	3	2

$n-l$ 는 (다) > (나) > (가)이므로 (가)는 $2p$, (다)는 $3s$이고 (나)의 모양은 구형이므로 $2s$이다.
수소 원자에서 오비탈의 에너지 준위는 방위 양자수와 관계 없이 주양자수가 클수록 크고 n이 같으면
같다. 따라서 오비탈의 에너지 준위는 (다) > (가) = (나)이다.

10 22학년도 6월 11번

정답 : ㄱ, ㄴ

2주기 바닥상태 원자 중 홀전자 수가 0인 것은 Be, Ne 뿐이고, 전자가 2개 들어 있는 오비탈 수는
Y가 X의 2배 이므로 X는 Be이고 전자가 2개 들어 있는 오비탈 수가 2이고, Y는 전사가 2개 들어
있는 오비탈 수가 4가 되어 Y의 전자 배치는 $1s^2 2s^2 2p^5$ 가 되어 F이다.

ㄱ. X는 베릴륨(Be) 이다.
ㄴ. Y(F)는 주 양자수가 2인 오비탈에 전자가 7개 있으므로 원자가 전자 수는 7이다.
ㄷ. s오비탈에 들어 있는 전자 수는 X가 4개, Y가 4개로 서로 같다.

11 21학년도 4월 8번

정답 : ④

Li	Be	B	C	N	O	F	Ne
0	0	$\frac{1}{2}$	1	$\frac{3}{2}$	$\frac{3}{2}$	$\frac{3}{2}$	$\frac{3}{2}$

따라서 원자 X 는 C(탄소)이다. X^-의 상태는 (4)와 같은 상태가 된다.

12 21학년도 4월 16번

정답 : ㄴ

$_{13}$Al 의 바탕상태 전자 배치는 $1s^2 2s^2 2p^6 3s^2 3p^1$ 이다.

㉠을 n이라고 가정하면 (나)는 $1s$ 오비탈이 되고, a=1이므로 (가)의 $n+l$=0인 오비탈이 없다.

따라서 ㉠은 l이다. a=3 이며

(가)는 2/0/0/

(나)는 3/0/0/

(다)는 3/1/ / 인 오비탈을 가진다.

ㄱ. ㉠은 l이다.

ㄴ. (가)는 $2s$ 오비탈이므로 m_l=0이다.

ㄷ. (다)에 2개의 전자가 존재할 수는 없다.

13 21학년도 3월 3번

정답 : ㄱ, ㄴ, ㄷ

ㄱ. X는 쌓음원리를 위배한 들뜬상태의 전자 배치이다.

ㄴ. Y는 훈트 규칙을 만족한다.

ㄷ. Z의 전자 수는 7이므로 바닥상태일 때 Z(N)의 홀전자 수는 3이다.

14 21학년도 3월 11번

정답 : ㄱ, ㄷ

모든 전자의 주 양자수(n)의 합은 원자번호가 1증가할 때 2주기에서는 2씩 증가하고,
3주기에서는 3씩 증가한다. 이를 바탕으로 X~Z 는 각각 N, F, Na 이다.

ㄱ. 3주기 원소는 Z(Na) 하나이다.

ㄴ. 전자가 들어 있는 오비탈 수는 X=Y 이다.

ㄷ. s오비탈과 p오비탈의 방위 양자수가 각각 0과 1이므로 모든 전자의 방위 양자수 합은 p오비탈에
들어있는 전자의 수와 같음을 알 수 있다. Z는 6이고 X는 3이다.

Tip

이 문제에서 짚고 넘어가고 싶은 포인트가 있다. 발문에서 '2, 3주기 원자' 라는 표현을 사용했는데 이
럴 경우 X~Z 가 2주기만으로 이루어져도 안되고, 3주기만으로도 이루어져서도 안된다. 즉, 적어도
하나의 2주기와 적어도 하나의 3주기가 X~Z에 포함됨을 알 수 있으며 X~Z 중에 Z의 자료값이
가장 크므로 Z는 반드시 3주기 임을 유추할 수 있기도 하다. 사소한 팁이지만 문제풀이에 은근히 영
향을 끼치기도 한다.

15 21학년도 수능 3번

정답 : ㄱ, ㄴ, ㄷ

ㄱ. (가)와 (나)는 모두 전자 배치 원리를 만족하고 있으므로 바닥상태의 전자 배치이다.

ㄴ. (다)는 $2p$ 오비탈에 쌍을 이룬 전자의 스핀 방향이 같으므로 파울리 배타 원리에 어긋난다.

ㄷ. (라)는 $2p$오비탈에 전자가 다 채워지지 않았음에도 $3s$에 전자가 채워져 있으므로 쌓음 원리를 위배한 들뜬상태의 전자 배치이다.

16 21학년도 수능 7번

정답 : ㄱ

l은 항상 0이상이므로 $l+m_l$=0 인 경우에는 $l=0, m_l=0$일 때만 가능하다. 따라서

(가) 1/0/0

(나) 2/0/0

(다) 2/1/0 의 오비탈을 가진다.

ㄱ. 방위 양자수는 (가)와 (나)가 0으로 모두 같다.

ㄴ. 에너지 준위는 $2s > 1s$이므로 (나) > (가) 이다.

ㄷ. (다)는 아령 모양이다.

17 20학년도 10월 2번

정답 : ㄴ

ㄱ. X의 전자수는 6으로 C(탄소)이므로 14족 원소이다.

ㄴ. Y의 전자 배치는 훈트 규칙을 만족한다.

ㄷ. 바닥 상태에서 홀전자 수는 X가 2, Z가 2 로 서로 같다.

18 20학년도 10월 10번

정답 : ㄱ, ㄷ

에너지 준위가 (가)가 가장 높으므로 (가)는 $3s$오비탈이다.

ㄱ. 주 양자수는 (가)가 3이고 (나)가 2이다.

ㄴ. $2p$인 (나)의 오비탈에는 전자 2개가 전자쌍으로 존재한다.

ㄷ. 에너지 준위는 (나)와 (다) 모두 $2p$로 같다.

19 21학년도 9월 2번

정답 : ㄴ, ㄷ

ㄱ. (가)에서 $2s$ 오비탈에 전자가 다 채워지지 않았음에도 불구하고 $2p$오비탈에 전자가 채워졌으므로 쌓음 원리를 만족하지 않는다.

ㄴ. (다)는 바닥상태 전자 배치이다.

ㄷ. (가)~(다) 모두 한 오비탈에 들어 있는 2개의 전자 스핀 방향이 반대이므로 파울리 배타 원리를 만족한다.

20 21학년도 9월 10번

정답 : ㄱ

주 양자수가 2인 경우 p오비탈이 존재 하지 않으므로 (가)는 A 오비탈이며 1/0/0/ 이고, (나)는 B 오비탈이며 2/1/ / 이다.

ㄱ. (가)는 A오비탈이다.

ㄴ. a=0, b=1 이므로 a+b=1 이다.

ㄷ. (나)의 자기 양자수는 -1, 0, +1 중 하나이므로 $+\dfrac{1}{2}$가 될 수 없다.

* 만약 ㄷ선지를 혼동하셨다면 자기 양자수(m_l)와 스핀 양자수(m_s)의 구분이 안된 것이니 개념을 다시 복습하시길 바랍니다

21 21학년도 6월 10번

정답 : ㄱ

ㄱ. 전자가 들어 있는 전자 껍질 수는 원자가 전자가 들어 있는 오비탈의 주 양자수와 같다. 따라서 전자가 들어 있는 전자 껍질 수는 X가 2, Y가 3이므로 Y > X이다.

ㄴ. 원자가 전자 수는 Y가 2, Z가 3이므로 Z > Y이다.

ㄷ. 홀전자 수는 X와 Z가 모두 1이다.

22 21학년도 6월 12번

정답 : ㄴ

(가)는 2/0/0/ (나)는 2/1/ (다)는 1/0/0/ 이다.

ㄱ. (가)와 (나)의 주 양자수(n)는 모두 2이다.

ㄴ. (가)와 (다)는 모두 s오비탈이므로 방위 양자수는 모두 0이다.

ㄷ. 수소 원자에서 $2s$오비탈과 $2p$오비탈의 에너지 준위는 같다.

23 20학년도 4월 7번

정답 : ②

(가)는 $1s$ 이고 (나)는 $2p_x$ (다)는 $2s$ 이다.

24 20학년도 4월 15번

정답 : ㄱ, ㄴ, ㄷ

3주기 바닥상태 원자의 $\dfrac{p\text{오비탈의 총 전자 수}}{s\text{오비탈의 총 전자 수}}$ 를 조사해 보자.

원소	Na	Mg	Al	Si	P	S	Cl	Ar
값	$\dfrac{6}{5}$	$\dfrac{6}{6}$	$\dfrac{7}{6}$	$\dfrac{8}{6}$	$\dfrac{9}{6}$	$\dfrac{10}{6}$	$\dfrac{11}{6}$	$\dfrac{12}{6}$

(가)에서 원자 번호가 1 증가할 때는 $\dfrac{p\text{오비탈의 총 전자 수}}{s\text{오비탈의 총 전자 수}}$ 값이 감소하고

그 이후로 증가하는 형태를 가지기 때문에 (가)~(라)는 각각 Na, Mg, Al, Si이다.

ㄱ. $x = \dfrac{6}{6}$ 이므로 1이다.

ㄴ. Al에서의 전자배치는 $1s^2 2s^2 2p^6 3s^2 3p^1$ 이므로 전자가 들어 있는 오비탈 수는 7이다.

ㄷ. 홀전자 수는 (라)에서 2이고, (가)에서 1이므로 (라) > (가) 이다.

caution

은근히 문제풀이 도중 '원자 번호가 연속인'과 같은 조건들을 놓치는 경우가 종종 있으니 원소들에 대한 조건이 발문에 나올 경우 인지하도록 하자.

25 20학년도 3월 4번

정답 : ④

2주기 바닥상태 원자 중 홀전자 수가 2인 원소는 탄소(C) 와 산소(O)이다.
전자가 들어 있는 오비탈 수는 탄소(C)가 4, 산소(O)가 5이므로
X는 탄소(C)이고, Y는 산소(O)이다.

26 20학년도 3월 8번

정답 : ㄴ

바닥 상태 나트륨이므로 (나)의 오비탈은 $2p$이고,
(가)가 (나)보다 에너지 준위가 높으므로 (가)의 오비탈은 $3s$이다.

ㄱ. (가)에 들어 있는 전자의 주 양자수는 3이고, (나)에 들어 있는 전자의 주 양자수는 2이므로
　　같지 않다.
ㄴ. 오비탈에 들어 있는 전자 수는 (나)가 2, (가)가 1이므로 (나)가 (가)의 2배이다.
ㄷ. (가)에 들어 있는 전자의 부양자수는 0이다.

27 19학년도 10월 5번

정답 : ㄱ

ㄱ. X는 바닥 상태이다.
ㄴ. Y는 훈트 규칙에 위배 된다.
ㄷ. Z는 2주기 원소이다.

caution

ㄷ 선지를 판단할 때에는 전자의 배치를 바닥상태로 바꾸어 준뒤 몇주기 원소인지 판단하는 것임을 기억해 두세요

28 19학년도 4월 8번

정답 : ㄱ, ㄷ

$2p$오비탈에 전자가 들어 있으므로 위 원자들은 원자 번호가 5 이상이고 $1s$와 $2s$에는 각각 2개의 전자가 들어 있다. 이를 바탕으로 추론하면 X(O), Y(C), Z(B) 임을 알 수 있다.

ㄱ. X는 산소이다.
ㄴ. 원자가 전자 수는 X가 6, Y가 4 이므로 X > Y이다.
ㄷ. 전자가 들어 있는 p오비탈 수는 X가 3, Z가 1 이므로 X가 Z의 3배이다.

29 19학년도 3월 6번

정답 : ④

A~C의 전자 배치를 해보면 전자가 들어 있는 오비탈 수는 각각 5, 5, 7 임을 알 수 있다.
따라서 C > A = B이다.

30   18학년도 4월 12번

정답 : ㄱ, ㄷ

ㄱ. (가)~(다)는 각각 $_3$Li, $_7$N, $_8$O 이다.

ㄴ. (나)와 (다)에서 $2p$ 오비탈에 들어 있는 전자 수는 각각 3,4이고 홀전자 수는 각각 3,2이다.

ㄷ. 전자가 들어 있는 오비탈 수는 (나)와 (다)가 5로 같다.

31   22학년도 3월 4번

정답 : ①

(가)는 바닥상태, (나)는 들뜬상태의 전자 배치이다.

ㄱ. (가)는 Si의 전자 배치이므로 X는 14족 원소이다.

ㄴ. (가)는 바닥상태의 전자 배치이고, (나)는 들뜬상태의 전자 배치이다.

ㄷ. X는 바닥상태에서 $n+l=4$ 인 $3p$ 오비탈의 전자 수가 2개이다.

32   22학년도 3월 18번

정답 : ③

X의 전자 배치는 $1s^2 2s^2 2p^1$ 이고 B(붕소)이다.

X~Z의 홀전자 수의 합이 6이라는 조건을 통하여 Y는 $1s^2 2s^2 2p^2$의 전자배치를 갖는 C(탄소)임을 알 수 있고, Z의 전자 배치는 $1s^2 2s^2 2p^6 3s^2 3p^3$를 가지는 P(인)임을 알 수 있다.

ㄱ. 2주기 원소는 X와 Y 2가지이다.

ㄴ. 원자가 전자수는 X가 3이고, Y가 4 이므로 X < Y이다.

ㄷ. 홀전자 수는 Z가 3이고, Y가 2 이므로 Z > Y 이다.

33   22학년도 4월 4번

정답 : ⑤

바닥상태 전자 배치는 쌓음 원리, 파울리 배타 원리, 훈트 규칙을 만족해야 한다.

(다)는 바닥상태이고 (나)는 들뜬상태이며,

(가)는 파울리 배타 원리에 어긋나므로 불가능한 전자 배치이다.

따라서 바닥상태 전자배치는 (다)이고, 들뜬상태 전자 배치는 (나)이다.

34 22학년도 4월 12번

정답 : ②

$_{17}Cl$의 바닥상태 전자 배치에서 n의 총합이 8이 되기 위해서는 (2,3,3)의 조합만 가능하다.

가능한 오비탈은 $(2s,\ 3s,\ 3p)$ 혹은 $(2p,\ 3s,\ 3p)$의 경우가 있다.

$(2s,\ 3s,\ 3p)$의 케이스에서는 $n+l$ 값이 각각 2,3,4가 나오기 때문에 같은 값을 가지는 조합이 불가능하다. 따라서 이 문제는 $(2p,\ 3s,\ 3p)$의 케이스에 해당한다.

$n+l$값이 가장 큰 (나)는 $3p$오비탈이다. l은 (가)=(나) 이므로 (가)는 $2p$오비탈이다.

따라서 (가)~(다)는 각각 $2p$, $3p$, $3s$ 이다.

ㄱ. (가)는 $2p$ 오비탈이다.

ㄴ. (다)는 s오비탈이기 때문에 자기 양자수는 항상 0이다.

ㄷ. (나)와 (다)의 n(주양자수) 값은 3으로 같다.

35 23학년도 6월 4번

정답 : ④

$2p$와 $3s$의 $n+l$은 모두 3이므로 (나)와 (다)는 각각 $2p$와 $3s$ 중 하나이다.

$2s$와 $3s$의 $2l+1$은 모두 1이므로 (가)와 (나)는 각각 $2s$와 $3s$ 중 하나이다.

따라서 (가)는 $2s$, (나)는 $3s$, (다)는 $2p$, (라)는 $3p$이다.

ㄱ. (라)는 $3p$이다.

ㄴ. (가)는 $2s$이므로 $n+l$=2이다. (라)는 $3p$이므로 $2l+1=3$이다.

　　따라서 $a=2$, $b=3$이므로 $a+b=5$이다.

ㄷ. 수소 원자에서 주 양자수가 클수록 오비탈의 에너지 준위가 크다.

　　따라서 오비탈의 에너지 준위는 (나)$>$(다) 이다.

36 23학년도 6월 9번

정답 : ③

간단한 표를 작성해보면 다음과 같다.

	$_8\text{O}$	$_9\text{F}$	$_{10}\text{Ne}$	$_{11}\text{Na}$	$_{12}\text{Mg}$	$_{13}\text{Al}$	$_{14}\text{Si}$	$_{15}\text{P}$
s 오비탈 전자수	4	4	4	5	6	6	6	6
p 오비탈 전자수	4	5	6	6	6	7	8	9
	1	$\dfrac{5}{4}$	$\dfrac{3}{2}$	$\dfrac{6}{5}$	1	$\dfrac{7}{6}$	$\dfrac{4}{3}$	$\dfrac{3}{2}$

$\dfrac{p \text{ 오비탈에 들어 있는 전자 수}}{s \text{ 오비탈에 들어 있는 전자 수}}$ 가 1인 것은 O와 Mg 이다. X는 O와 Mg 중 하나이다.

$\dfrac{p \text{ 오비탈에 들어 있는 전자 수}}{s \text{ 오비탈에 들어 있는 전자 수}}$ 는 Ne고 P에서 $\dfrac{3}{2}$으로 같으므로

Y와 Z는 각각 Ne과 P 중 하나이다.

만약 X가 O라면, $a=4$이고, Ne과 P의 s오비탈에 들어 있는 전자 수가 각각 4,6이므로

Z는 Ne이고, Y는 P이어야 하지만 P의 p 오비탈에 들어 있는 전자 수는 9이므로

Y의 p오비탈에 들어 있는 전자 수(a)에 맞지 않는다.

따라서 X는 Mg이고, $a=6$, $b=\dfrac{3}{2}$이므로 Y는 Ne, Z는 P이다.

ㄱ. $b=\dfrac{3}{2}$ 이다.

ㄴ. Y(Ne)는 2주기 원소, Z(P)는 3주기 원소이므로 서로 다른 주기 원소이다.

ㄷ. 전자가 들어 있는 p 오비탈 수는 Z(P)가 6, X(Mg)가 3 이므로 Z가 X의 2배이다.

37 22학년도 7월 7번

정답 : ①

p 오비탈에 들어 있는 전자수가 (1, 5)이면 모두 2주기에 있는 B와 F의 쌍을 가지므로 "전자가 들어 있는 전자 껍질 수"가 다르다는 조건에 위배된다.

따라서 (2, 10)의 실제값을 가질 것이고,

이에 해당하는 원자를 찾아보면 X의 전자 배치는 $1s^2 2s^2 2p^2$(C),

Y의 전자 배치는 $1s^2 2s^2 2p^6 3s^2 3p^4$(S) 이다.

ㄱ. 홀전자 수는 X(C)와 Y(S)모두 2로 같다.

ㄴ. X는 14족 원소이고, Y는 16족 원소이다.

ㄷ. 전자가 2개 들어 있는 오비탈수는 X가 2, Y가 7이다.

정답 : ⑤

각각 가지고 있는 (p, n, e^-)쌍을 생각해보도록 하자.

$^{14}_{7}\text{N}$ 은 $(7, 7, 7)$ 이고, $^{15}_{7}\text{N}$은 $(7, 8, 7)$ 이며, $^{16}_{8}\text{O}^{2-}$는 $(8, 8, 10)$ 이다.

$(\text{㉠}-\text{㉢})$ 의 값이 (다)는 1이다. 따라서 (다)는 $^{15}_{7}\text{N}$일 것이며 ㉠은 n 값일 것이다.

따라서 (가)~(다)는 각각 $^{16}_{8}\text{O}^{2-}$, $^{14}_{7}\text{N}$, $^{15}_{7}\text{N}$ 이고, ㉠~㉢은 각각 중성자 수, 양성자 수, 전자 수이다.

ㄱ. ㉢은 전자 수이다.

ㄴ. 중성자수는 (가)와 (다)가 8로 동일하다

ㄷ. (나)와 (다)는 양성자수는 같지만 중성자 수가 다른 동위원소이다.

정답 : ①

오비탈의 (n, l, m_l) 값을 구해보도록 하자.

(가)에서 $n + l = 1$이므로 (가)는 1,0,0 인 $1s$오비탈일 것이다.

동일한 방식으로 구해보면

(가) 1/0/0

(나) 2/0/0

(다) 2/1/0

(라) 3/1/0의 양자수를 가짐을 알 수 있다.

ㄱ. (가)는 s 오비탈이므로 구형이다.

ㄴ. 자기 양자수는 (다)와 (라)가 0으로 같다.

ㄷ. 에너지 준위는 (다)와 (나)가 같다.

정답 : ⑤

	Li	Be	B	C	N	O	F	Ne
홀전자수	1	0	1	2	3	2	1	0
s 오비탈에 들어 있는 전자 수	3	4	4	4	4	4	4	4

	Na	Mg	Al	Si	P	s	Cl	Ar
홀전자수	1	0	1	2	3	2	1	0
s 오비탈에 들어 있는 전자 수	5	6	6	6	6	6	6	6

$\dfrac{\text{홀전자 수}}{s \text{ 오비탈에 들어 있는 전자 수}} = \dfrac{1}{6}$ 인 W와 X는 Cl 또는 Al 중 하나인데,

전기 음성도가 W > Y > X이므로 W는 Cl이다. X는 Al이며, Y는 B이다.
Y와 Z는 같은 주기 원소이므로 Z는 Li이다.

ㄱ. W는 Cl이다.

ㄴ. X와 Y는 모두 13족 원소이다.

ㄷ. $\dfrac{\text{제2 이온화 에너지}}{\text{제1 이온화 에너지}}$ 는 1족인 Z가 가장 크므로 Z > Y이다.

정답 : ⑤

2주기 바닥 상태 원자는 $1s$, $2s$, $2p$ 오비탈에 전자가 배치될 수 있다.
따라서 ㉠은 $n = 2$인 오비탈을 의미하고, ㉡은 $2s$ 또는 $2p$ 오비탈을 의미한다.
㉠에 들어 있는 전자 수는 ㉡에 들어 있는 전자 수보다 크거나 같을 것이다.
$n = 2$인 오비탈에 들어 있는 전자 수는 최대 8이므로
Z의 ㉠에 들어 있는 전자 수를 8이라고 하면 Z는 Ne이고, ㉡에 들어 있는 전자 수는 6이 된다.
따라서 Y의 전자 배치는 $1s^2 2s^2 2p^2$ 가 되어 ㉠에 들어 있는 전자 수는 4,
㉡에 들어 있는 전자 수는 2이다.
또한 X의 전자 배치는 $1s^2 2s^2$가 되어 각각 ㉠, ㉡이 모두 2가 된다.

ㄱ. Z는 Ne이므로 18족 원소이다.

ㄴ. 홀전자 수는 X와 Z가 모두 0이다.

ㄷ. 전자가 들어 있는 오비탈 수는 X : Y = 2 : 4이므로 1 : 2 이다.

42 23학년도 9월 15번

정답 : ③

A ~ C 는 2,3 주기 바닥상태 원자이므로 $n-l=1$인 오비탈은 $1s$, $2p$ 오비탈이고,

$n-l=2$인 오비탈은 $2s$, $3p$ 오비탈이다.

따라서 A는 $n-l=1$인 오비탈에 들어 있는 전자 수가 6이므로

$1s$ 오비탈에 전자가 2개, $2p$ 오비탈에 전자가 4개 들어 있으며 A의 전자 배치는 $1s^2 2s^2 2p^4$ 이며,

$n-l=2$인 오비탈인 $2s$ 오비탈에 들어 있는 전자 수가 2이므로 $x=2$이다.

B는 $n-l=1$인 오비탈에 들어 있는 전자수가 2이므로 $1s$ 오비탈에만 전자가 2개 들어 있고,

$n-l=2$인 오비탈인 $2s$ 오비탈에 전자가 2개 들어 있어야 한다.

따라서 B의 전자 배치는 $1s^2 2s^2$이다.

C는 $n-l=1$인 오비탈인 $1s$ 오비탈과 $2p$ 오비탈에 들어 있는 전자 수가 8이므로

$1s$ 오비탈에 2개, $2p$ 오비탈에 전자가 6개 들어 있고,

$n-l=2$인 $2s$, $3p$ 오비탈에 총 4개가 들어 있으므로

$2s$ 오비탈에 2개, $3p$ 오비탈에 전자가 2개 들어 있어서 전자배치는 $1s^2 2s^2 2p^6 3s^2 3p^2$이다.

ㄱ. A의 전자 배치는 $1s^2 2s^2 2p^4$이다.

    따라서 $n-l=2$인 $2s$ 오비탈에 들어 있는 전자 수가 2이므로 $x=2$이다.

ㄴ. $2p$ 오비탈 중 하나는 $l+m_l$이 $l=1$, $m_l=0$으로 합이 1인 오비탈이 존재한다.

    A는 $2p$ 오비탈에 전자가 4개 들어 있으므로

    3종류의 $2p$ 오비탈에 전자가 모두 들어 있기에 $l+m_l=1$인 오비탈도 존재한다.

ㄷ. 원자가 전자 수는 B와 C가 각각 2,4이다.

43 22학년도 10월 4번

정답 : ②

에너지 준위가 (가) > (나) 이므로 (나)는 $2p$ 오비탈이고, $n+l$ 은 (나)와 (다)가 3으로 같으므로
(다)는 $3s$ 오비탈이다. 따라서 (가)는 $3p$ 오비탈이다.

ㄱ. (가)는 $3p$ 오비탈이므로 구형 모양이 아니다.

ㄴ. 에너지 준위는 (가)와 (다)가 같다.

ㄷ. l(부양자수)는 (나)가 1이고, (다)가 0이므로 (나) > (다)이다.

정답 : ②

표를 작성해보면

	Li	Be	B	C	N	O	F	N e
전자가 2개 들어 있는 오비탈 수	1	2	2	2	2	3	4	5
p 오비탈에 들어 있는 전자 수	0	0	1	2	3	4	5	6

	Na	Mg	Al	Si	P	S	Cl	Ar
전자가 2개 들어 있는 오비탈 수	5	6	6	6	6	7	8	9
p 오비탈에 들어 있는 전자 수	6	6	7	8	9	10	11	12

$\dfrac{7}{10}$ 이라는 자료값을 통하여 X(S)임을 알 수 있다.

$\dfrac{5}{6}$ 이라는 값은 N e 과 Na가 있는데, 홀전자 수가 1이므로 Y(Na)임을 알 수 있다.

나머지 자료를 통하여 Z(C)임을 알아낼 수 있다.

ㄱ. X(S)의 홀전자 수는 2이므로 $a = 2$이다.

ㄴ. 3주기 원소는 X와 Y 2가지이다.

ㄷ. s 오비탈에 들어 있는 전자수는 Y(Na)가 5이고, Z(C)가 4이므로 Y > Z이다.

45 23학년도 수능 10번

정답 : ⑤

	B	C	N	Al	Si	P
원자가 전자수	3	4	5	3	4	5
$\dfrac{\text{홀전자 수}}{\text{전자가 들어 있는 오비탈 수}}$	$\dfrac{1}{3}$	$\dfrac{1}{2}$	$\dfrac{3}{5}$	$\dfrac{1}{7}$	$\dfrac{1}{4}$	$\dfrac{1}{3}$
$\dfrac{s \text{ 오비탈에 들어 있는 전자 수}}{\text{홀전자 수}}$	4	2	$\dfrac{4}{3}$	6	3	2

W와 X의 $\dfrac{\text{홀전자 수}}{\text{전자가 들어 있는 오비탈 수}}$ 는 같으므로 W와 X는 각각 B와 P중 하나이다.

$\dfrac{s \text{ 오비탈에 들어 있는 전자 수}}{\text{홀전자 수}}$ 의 비는 $X : Y : Z = 1 : 1 : 3$이므로

X와 Y는 각각 C와 P중 하나이고, Z는 Al이다.

따라서 $X(P)$, $Y(C)$, $W(B)$이다.

ㄱ. $Y(C)$는 2주기 원소이다.

ㄴ. 홀전자 수는 $W(B)$와 $Z(Al)$에서 모두 1로 같다.

ㄷ. s 오비탈에 들어 있는 전자 수의 비는 $X(P) : Y(C) = 3{:}2$이다.

46 23학년도 수능 11번

정답 : ⑤

수소 원자의 오비탈에서 $n+l$이 2인 오비탈은 $2s$ 오비탈이 유일하므로 (가)는 $2s$ 오비탈이다.

$2s$ 오비탈의 $\dfrac{n+l+m_l}{n} = 1$이므로 상대값은 실제값에 6을 곱한 값임을 알 수 있고

(나)~(라)의 $\dfrac{n+l+m_l}{n}$의 상대값을 구하려면 모두 6을 나누어 각각 2, $\dfrac{3}{2}$, $\dfrac{4}{3}$ 임을 알 수 있다.

(나), (다)를 분석하는 과정에서 $3s$ 오비탈을 가정하면 3/0/0이므로

$\dfrac{n+l+m_l}{n}$값이 무조건 1이 나온다.

따라서 (나)와 (다)는 $2p$ 오비탈임을 알 수 있고, (나)는 2/1/1, (다)는 2/1/0 값을 가짐을 알 수 있다.

(라)의 $\dfrac{n+l+m_l}{n}$값에 대해서 분석하다보면 $\dfrac{4}{3}$이라는 값을 통하여

(라)는 3/1/0을 가지는 $3p$ 오비탈임을 알 수 있다.

ㄱ. (나)는 $2p$ 오비탈이다.

ㄴ. (가)와 (다)는 각각 $2s$, $2p$ 오비탈이므로 에너지 준위는 (가)와 (다)가 같다.

ㄴ. (가)와 (라)는 각각 $2s$, $3p$ 오비탈이고, (가)와 (라)의 m_l은 모두 0으로 같다.

47   24학년도 6월 8번

정답 : ①

만약 ㉠이 p 오비탈이고 ㉡이 s오비탈이라면

$\dfrac{p\text{오비탈에 들어있는 전자 수}}{s\text{오비탈에 들어있는 전자 수}}$ 가 $\dfrac{2}{3}$ 인 X 또는 Y가 존재하지 않는다.

따라서 ㉠이 s오비탈이고 ㉡이 p오비탈이 된다.

이에 따라 X, Y, Z가 될 수 있는 후보군들을 찾으면 다음과 같다.

이에 따라 X, Y는 Ne와 P중 하나, Z는 S임을 알 수 있다.

또한 문제에서 추가적으로 Y의 원자 번호가 X의 원자 번호보다 크다고 주어졌기 때문에

X는 Ne, Y는 P임을 확정 지을 수 있다.

ㄱ. 2주기 원소는 X(Ne)로 1가지이다.

ㄴ. X(Ne)에는 홀전자가 존재하지 않는다.

ㄷ. Y(P)의 원자가 전자 수가 Z(s)의 원자가 전자 수보다 작다.

48   24학년도 6월 10번

정답 : ⑤

2,3주기의 원자들 중에서 원자 번호가 3 차이 나면서 $\dfrac{\text{홀전자 수}}{\text{원자가 전자 수}}$ 가 2배 차이 나는 원자 Y와

Z의 관계를 만족할 수 있는 원자는 Y가 나트륨(Na), Z가 규소(Si)일 때가 유일하다.

이에 따라 Y의 원자 번호인 m은 11이 되고 원자 번호가 $m-3$인 X는 산소(O)임을 알 수 있다.

이때 산소(O)의 $\dfrac{\text{홀전자 수}}{\text{원자가 전자 수}}$ 값은 $\dfrac{1}{3}$ 이 되고 이를 문제에 주어진 상댓값 비율에 맞춰

㉠이 무엇인지 구하면 ㉠이 2임을 알 수 있다.

ㄱ. ㉠은 2이다.

ㄴ. X(O)와 Z(Si)는 모두 홀전자 수가 2개로 같다.

ㄷ. 제1 이온화 에너지는 X(O) > Z(Si) > Y(Na)의 크기 순서를 가진다.

정답 : ③

먼저 문제를 본격적으로 풀기에 앞서 오비탈 (가)~(라)이 수소 원자의 오비탈임을 확인하고 들어가자. 만약 에너지 준위와 관련된 발문이 나왔을 때 일반적인 다전자 원자와 다르게 오로지 주양자수에 따라 에너지 준위가 결정될 것이라는 것을 염두에 두고 문제 풀이를 시작하자.

우선 문제의 자료에서 (가)~(라) 오비탈의 $n+l$이 하였으니 (가)~(라) 오비탈의 후보군을 $1s$, $2s$, $2p$, $3s$로 한정 지을 수 있다. 문제에서는 $n+l$이 (가) > (나)라고 하였다.
우선 (나)가 $1s$라고 가정해보자,
만약 (나)가 $1s$라면 n의 값이 (나) > (다)라는 2번째 조건을 만족할 수 없다.
따라서 (나)는 $1s$가 아닌 $2s$임을 확정 지을 수 있다.

다음으로 m_l의 값이 (라) > (나)라는 문제 조건에 맞추어 풀이를 이어나가 보자. (나)의 m_l값은 0이므로 (라)의 m_l 값은 1임을 알 수 있다.
이에 따라 자연스럽게 (라) 오비탈은 m_l이 1인 $2p$오비탈임을 확정 지을 수 있다.
또한 n의 값이 (나) > (다)라는 조건을 통해 (다) 오비탈은 n의 값이 1인 $1s$ 오비탈임을 확정 지을 수 있다.
마지막으로 (가)~(라)의 m_l 합이 0이라는 정보를 토대로 (가) 오비탈은 m_l값이 -1인 $2p$ 오비탈이라는 것을 알아낼 수 있다.

ㄱ. (다)는 $1s$오비탈이다.
ㄴ. (나)의 m_l는 0이고, (가)의 m_l는 -1이다. 따라서 m_l는 (나) > (가)이다.
ㄷ. (가)와 (라)는 모두 $2p$ 오비탈로 에너지 준위가 같다.

50 24학년도 9월 7번

정답 : ②

(가)~(라)의 오비탈들은 모두 바닥상태의 Mg의 전자배치에서 전자가 들어있는 오비탈이기 때문에 (가)~(라)의 오비탈들의 후보는 $1s$, $2s$, $2p$, $3s$임을 알 수 있다.

$n+l$이 (가) > (나) > (다)이고 앞서 언급한 후보들이 가질 수 있는 $n+l$의 값은 오직 1, 2, 3이기 때문에, (나) 오비탈은 $n+l$의 값이 2인 $2s$, (다) 오비탈은 $n+l$의 값이 1인 $1s$임을 확정 지을 수 있다.

또한 m_l의 값이 (나) = (라) > (가)라는 사실을 통해 (라) 오비탈의 m_l값은 0, (가) 오비탈의 m_l값은 −1임을 알 수 있다.

(가) 오비탈의 m_l이 −1이기 때문에 앞서 언급한 후보중에서 $2p$라는 사실을 알 수 있다.

마지막으로 (라) 오비탈은 (가)~(라) 중에서 $l+m_l$이 가장 크다는 사실을 토대로 (라) 오비탈은 m_l의 값이 0인 $2p$라는 사실을 알아낼 수 있다.

ㄱ. 에너지 준위는 (가) 오비탈($2p$)이 (나) 오비탈($2s$)보다 높다.

ㄴ. (가) 오비탈의 $l+m_l$의 값은 0이다.

ㄷ. (라) 오비탈은 $3s$가 아닌 $2p$이다.

51 24학년도 9월 10번

정답 : ①

원자 X~Z는 2,3주기의 14~16족 바닥 상태의 원자 중 하나이다. 위 범위 내에 속해있는 모든 원자들의 '홀전자 수'와 'p오비탈에 들어 있는 전자 수'를 정리해보자.

원자	C	N	O	Si	P	S
p오비탈에 들어 있는 전자 수	2	3	4	8	9	10
홀전자 수	2	3	2	2	3	2

문제에서 X, Y, Z의 $\dfrac{\text{홀전자 수}}{p\text{오비탈에 들어 있는 전자 수}}$ 가 각각 2, 3, 4라고 하였으므로 이를 만족하는 X, Y, Z를 찾아보면 X, Y, Z는 각각 O, P, Si임을 알 수 있다

ㄱ. 3주기 원소는 Y와 Z로 총 2가지이다.

ㄴ. X의 홀전자 수는 2, Y의 홀전자 수는 3이다, 따라서 홀전자 수는 X 〈 Y이다.

ㄷ. Z의 전자가 들어있는 오비탈 수는 8, X의 전자가 들어있는 오비탈 수는 5이다.
  따라서 이 두 값이 2배라는 선지는 틀렸다.

52 24학년도 수능 8번

정답 : ①

2,3주기 15~17족 원소인 W~Z의 원자가 각각 무엇인지 구하기 위해 문제에서 주어진 자료값인 'p오비탈에 들어 있는 전자 수', '홀전자 수', 's오비탈에 들어 있는 전자 수'를 모두 나열해보자

원자	N	O	F	P	S	Cl
p오비탈에 들어 있는 전자 수	3	4	5	9	10	11
홀전자 수	3	2	1	3	2	1
s오비탈에 들어 있는 전자 수	4	4	4	6	6	6

가장 먼저 $\dfrac{p\text{오비탈에 들어 있는 전자 수}}{\text{홀전자 수}}$ 가 같은 원자는 S와 F밖에 존재하지 않으므로

W와 Y는 각각 S와 F 둘 중 하나이다.

이후에 $\dfrac{\text{홀전자 수}}{s\text{오비탈에 들어 있는 전자 수}}$ 의 비율이 X : Y : Z = 9 : 4 : 2를 만족하는 원자가

N$(\frac{3}{4})$, S$(\frac{2}{6})$, Cl$(\frac{1}{6})$밖에 없다는 사실을 이용하면 X와 Y와 Z가 각각 N, S, Cl이라는 사실을

도출할 수 있다. 이에 따라 자연스럽게 W는 F라는 것도 확정 지을 수 있다.

ㄱ. 3주기 원소는 S와 Cl로 총 2가지이다.

ㄴ. W(F)의 원자가 전자 수와 Z(Cl)의 원자가 전자 수가 모두 7개로 같다.

ㄷ. X(N)의 전자가 들어있는 오비탈 수는 5개, Y(S)의 전자가 들어있는 오비탈 수는 9개이다.
  따라서 전자가 들어있는 오비탈 수가 X > Y라는 선지는 틀렸다.

Tip

화학에서 상댓값 자료를 다루는 것은 '숫자 놀음'이다. 상댓값 자료에 등장하는 '9'라는 값을 만족하기 위해서 최대한 분자에 9를 만들 수 있는 숫자가 들어있어야 한다는 생각과 함께 홀전자 수가 3인 N과 P를 X의 후보군으로 두는 것이 시간을 줄일 수 있는 풀이의 시작점이 될 수 있다. 그렇다고 해서 위 문제에서 제시한 것과 같은 복잡한 자료가 제시된 문제에서 직접 나열하여 적어보지 않고 머릿속으로만 생각하는 것은 오히려 위험한 길이 될 수도 있기 때문에 기본적으로 자료값들을 나열해본 후에 후보군을 줄여 나가는 과정에서 위와 같은 '숫자 놀음'적인 생각을 함께해주는 것이 위와 같은 문제를 푸는 가장 바람직한 방향이라고 생각한다.

53 24학년도 수능 10번

정답 : ③

문제의 자료를 통해 파악해야 하는 오비탈 (가)~(라)는 바닥상태 탄소(C) 원자의 전자 배치에서 전자가 들어있는 오비탈이기 때문에 우리가 관찰할 오비탈은 $1s$, $2s$, $2p$로 한정된다. 가장 먼저 $n-l$의 값을 통해 (가)오비탈이 $2s$라는 사실을 알 수 있다. 나머지 오비탈인 (나), (다), (라)가 무엇인지 확정하기 위해 $l-m_l$의 값이 될 수 있는 경우의 수들을 생각해보면, $1s$일때는 0, $2p$일때는 m_l의 값이 무엇이냐에 따라서 2, 1, 0이 될 수 있다. 따라서 (나)오비탈과 (라)오비탈은 각각 $1s$와 m_l의 값이 1인 $2p$중 하나라는 사실을 알 수 있다. (나)와 (라)중 (라)가 $\dfrac{n+l+m_l}{n}$의 값이 더 크기 때문에 (나)가 $1s$, (라)가 m_l의 값이 1인 $2p$임을 확정 지을 수 있다. 이후에 $\dfrac{n+l+m_l}{n}$의 값이 (나)와 (다)가 동일함을 이용하면 (다)가 m_l의 값이 -1인 $2p$라는 사실까지 확정 지을 수 있다.

ㄱ. (나)는 $1s$이다.
ㄴ. (다)에 들어 있는 전자 수는 1이다.
ㄷ. 에너지 준위는 (라)오비탈($2p$)이 (가)오비탈($2s$)보다 높다.

54 2023년 4월 9번

정답 : ③

우선 p오비탈에 들어 있는 전자 수는 Na = Mg > F > O이다.
이를 통해 X는 플루오린(F), Y는 산소(O)임을 알 수 있다.

추가적으로 Z가 산소(O)인 Y보다 $\dfrac{\text{이온 반지름}}{|\text{이온의 전하}|}$가 크다고 하였고 이를 만족할 수 있는 것은 Na와 Mg 중에서 Na이므로 Z가 나트륨(Na)임을 알 수 있다.
따라서 배정 받지 못한 나머지 하나인 마그네슘(Mg)이 W이다.

ㄱ. X는 플루오린(F)이다.
ㄴ. 바닥 상태의 원자 W(Mg)의 홀전자 수는 0이다.
ㄷ. 원자 반지름은 W~Z중에서 나트륨(Na)인 Z가 가장 크다.

55 2023년 7월 8번

정답 : ②

문제의 조건을 만족하는 원자 X~Z를 찾으면, X가 붕소(B), Y가 산소(O), Z가 인(P)이다.

ㄱ. Y의 원자가 전자 수는 6이다.
ㄴ. X와 Y는 각각 붕소와 산소로 같은 2주기 원소이다
ㄷ. p 오비탈에 들어있는 전자 수는 Z가 9, X가 1로 Z가 X의 9배이다.

06 해설

01 22학년도 수능 14번

정답 : ㄴ

원자가 전자 수는 $W > X$이므로 만약 W가 F라면 원자 반지름이 가장 작아서 주어진 조건을 만족하지 않고, 만약 W가 O라면 제1 이온화 에너지의 조건을 만족하지 않는다.

따라서 W는 S이고, X는 P이다. 원자 반지름이 $W > Y$이므로 Y는 F또는 O가 가능하다.

Y가 F이면 제1 이온화 에너지의 조건을 만족하지 않으므로 Y는 O이고, Z는 F이다.

ㄱ. Y는 O이다.

ㄴ. W, X는 각각 S,P이므로 모두 3주기 원소이다.

ㄷ. 원자 번호는 $Z > Y$이므로 원자가 전자가 느끼는 유효 핵전하는 $Z > Y$이다.

* 우선 문제의 발문을 단순히 읽기보다는 '세 조건에서 모두 W에 대한 정보가 나와있으니 W를 기준으로 문제를 풀어나가야지'라는 '목적의식'을 가지고 W를 기준 삼아 차례대로 조건을 분석한다고 생각하길 바랍니다.

02 21학년도 10월 17번

정답 : ㄱ

W의 제2 이온화 에너지 그래프로 추론해 볼 때 W는 1족 원소이다.

$a = 1$이므로 X, Z를 해석해보면 X는 2족원소, Z는 14족 원소인데, 원자 반지름은 $X < Z$이다.

따라서 Z는 3주기 14족 원소, X는 2주기 2족 원소임을 알 수 있다.

따라서 W~Z는 각각 Na, Be, Al, Si 이다.

ㄱ. a=1 이다.

ㄴ. W~Z 중 3주기 원소는 3가지이다.

ㄷ. 제1 이온화 에너지는 Y(Al)⟨Z(Si) 이다.

* 위 문제는 W 부터 해석해서 $a = 1$을 이끌어 내어야 하는 일정한 문제풀이의 과정이 정해진 문제입니다. 이렇게 일정한 문제풀이의 과정이 있는 유형은 일반적으로 자료값에서 특이한 포인트를 간접적으로 보여주는 방식으로 출제합니다. 위 문제에서는 두 번째 자료인 제2 이온화 에너지의 특이한 값을 통해 방향을 암시하였습니다.

03 22학년도 9월 14번

정답 : ㄴ, ㄷ

F의 전기 음성도는 4.0이고,
나머지 원자는 $C(2.5)$, $O(3.5)$, $P(2.1)$, $Cl(3.0)$의 전기음성도 값을 가진다.

ㄱ. $x = 1.5$이다. 따라서 0.5 보다 크다.

ㄴ. PF_3 는 P와 F 사이에 극성 공유 결합이 있다.

ㄷ. Cl_2O에서 전기 음성도는 $O > Cl$이므로 Cl은 부분적인 양전하(δ^+)를 띤다.

위 문제를 보고나면 '아 전기음성도 표 자료값을 반드시 외워야겠다'라는 것을 인지하시게 될 것입니다.

04 22학년도 9월 16번

정답 : ㄱ, ㄷ

홀전자 수는 $O > F = Na > Mg$이고 원자 반지름은 $Na > Mg > O > F$이다.
따라서 $W(O)$이고, $X(Mg)$이다.
Y는 Na 또는 F 중 하나이다. 원자 반지름은 Y가 가장 크므로 $Y(Na)$이고, $Z(F)$이다.

ㄱ. 원자 번호는 $X > Y$이므로 원자가 전자가 느끼는 유효 핵전하는 $X > Y$이다.

ㄴ. 이온 반지름은 $O^{2-} > Mg^{2+}$이므로 $W > X$이다.

ㄷ. W~Z 중 $\dfrac{\text{제 2 이온화 에너지}}{\text{제 1 이온화 에너지}}$ 는 1족 원소인 $Y(Na)$가 가장 크다.

　또한 제1 이온화 에너지는 $Z > W$이고, 제2 이온화 에너지는 $W > Z$이므로

　$\dfrac{\text{제 2 이온화 에너지}}{\text{제 1 이온화 에너지}}$ 는 $Y > W > Z$이다.

* 홀전자 수는 결국 0, 1, 2, 3내의 숫자에서만 존재하고 위의 문제에서 주어진 원소들의 홀전자 수
　는 0, 1, 2이므로 $W > Y > X$에서 각각의 홀전자 수가 1대1 대응됨을 통해 문제를 해결해 나간다.

05 22학년도 6월 16번

정답 : ㄱ

원자 번호가 7~14번인 원자의 홀전자 수는 각각 3,2,1,0,1,0,1,2이다.

따라서 Z는 N이고, X와 Y는 O와 Si중 하나인데 제2 이온화 에너지가 X > Z이므로

X는 O, Y는 Si이다.

홀전자 수가 1인 것은 F, Na, Al이고, F는 제2 이온화 에너지가 Z(N)보다 커야 하므로

해당하지 않고, Na는 제2 이온화 에너지가 가장 커야 하므로 해당되지 않는다.

따라서 제2 이온화 에너지가 W > Y이므로 W(Al)이다.

ㄱ. W는 Al이므로 13족 원소이다.

ㄴ. X와 Y는 각각 O, Si인데 3주기 원소이면서

　　원자가 전자 수가 작은 Y가 2주기 원소인 X보다 원자 반지름이 크다.

ㄷ. 제1 이온화 에너지는 Z(N) > X(O)이고,

　　제2 이온화 에너지는 X(O) > Z(N)이므로 $\dfrac{제\ 2\ 이온화\ 에너지}{제\ 1\ 이온화\ 에너지}$ 는 X > Z이다.

* 앞의 본문에서도 이야기 한적 있지만 $\dfrac{제\ 2\ 이온화\ 에너지}{제\ 1\ 이온화\ 에너지}$ 와 같은 자료들은 분모와 분자의 대소

가 서로 반대여야 답을 도출해 낼 수 있는 구조이다. 추가적으로 분모와 분자의 대소관계가 반대일

경우, 정답은 분자의 대소관계를 따라간 것과 동일하다. 예를 들어 분모, 분자 대소관계가 다르면

$\dfrac{제\ 2\ 이온화\ 에너지}{제\ 1\ 이온화\ 에너지}$ 의 대소관계는 제2 이온화 에너지의 대소관계와 같다는 것이다.

06 21학년도 4월 13번

정답 : ㄱ, ㄴ

ㄱ. 제1 이온화 에너지는 F > C > Mg > Na이고,

　　제2 이온화 에너지는 Na > F > C > Mg이므로 W~Z 는 각각 Na, Mg, C, F이다.

ㄴ. 원자 반지름은 같은 주기에서 원자 번호가 클수록 작아지고,

　　같은 족에서 원자 번호가 클수록 커지므로 X > Z이다.

ㄷ. 같은 주기에서 원자가 전자가 느끼는 유효 핵전하는 원자 번호가 클수록 크므로 Z > Y이다.

* 위 문제에서 잡아내야할 포인트는 'W가 제1 이온화 에너지는 작은데 제2 이온화 에너지는 굉장히

　크네'를 통해 W가 Na 임을 알아 내는 것이 문제풀이의 핵심이다.

07 21학년도 3월 9번

정답 : ㄱ, ㄴ, ㄷ

$\dfrac{\text{이온 반지름}}{\text{원자 반지름}}$ 이 B에서 가장 크다고 하였으므로 B는 음이온인 Cl이다.

$\dfrac{p\;\text{오비탈의 전자 수}}{s\;\text{오비탈의 전자 수}}$ 를 비교해 보면 K의 경우 $\dfrac{12}{7}$ 이고,

Ca의 경우 $\dfrac{12}{8}$ 이므로 A(K)이고, C(Ca)이다.

ㄱ. 원자가 전자 수는 B(Cl)이 가장 크다.

ㄴ. 원자 반지름은 A(K)가 가장 크다.

ㄷ. 원자가 전자가 느끼는 유효 핵전하는 C(Ca) > A(K)이다.

08 21학년도 3월 17번

정답 : ㄴ, ㄷ

2주기에서 제1 이온화 에너지는 Li < B < Be < C < O < N < F < Ne 이고,
제2 이온화 에너지는 1족 원소인 Li가 가장 크므로 X~Z 는 각각 B, Be, O이다.

ㄱ. X는 B이다.

ㄴ. Y와 Z의 원자 번호의 차는 4이다.

ㄷ. $\dfrac{\text{제 2 이온화 에너지}}{\text{제 1 이온화 에너지}}$ 는 X(B) > Y(Be)이다.

* 문제를 계속 풀다보니 이미 눈치를 채신 분들도 있으시겠지만
$\dfrac{\text{제 2 이온화 에너지}}{\text{제 1 이온화 에너지}}$ 의 대소 비교를 시키는 선지에서 유독 원소들이 소위 말하는 '이온화 에너지
예외 구간' 들이 계속 출제되는 것을 알 수 있을 것이다.
ㄷ에서도 제1 이온화 에너지는 Y(Be) > X(B)이고, 제2 이온화 에너지는 Y(Be) < X(B)이므로
$\dfrac{\text{제 2 이온화 에너지}}{\text{제 1 이온화 에너지}}$ 는 분자의 대소를 따라가면서 X(B) > Y(Be) 이다.

09 21학년도 수능 14번

정답 : ㄱ, ㄷ

A~D 의 원자 번호는 각각 7,8,12,13 중 하나이므로 A~D는 N, O, Mg, Al 중 하나이다.
4가지 원소 중 원자 반지름은 Mg이 가장 크므로 A는 Mg이고 이온 반지름은 Al이 가장 작으므로
B는 Al이다.
또한 제2 이온화 에너지는 O가 N보다 크므로 D(O)이고, C(N)이다.

ㄱ. Ne의 전자 배치를 갖는 이온의 반지름은 전자 수가 같으므로 원자 번호가 작을수록 이온 반지름
　　이 크다. 따라서 이온 반지름은 C(N)이 가장 크다.

ㄴ. 제1 이온화 에너지는 A(Mg) > B(Al)이지만 3주기 원소 중 제2 이온화 에너지는 Mg이 가장
　　작으므로 제2 이온화 에너지는 A(Mg) < B(Al)이다.

ㄷ. 같은 주기에서 원자가 느끼는 유효 핵전하는 원자 번호가 클수록 크다.
　　따라서 원자가 전자가 느끼는 유효 핵전하는 D(O) > C(N)이다.

10 20학년도 10월 15번

정답 : ㄱ

홀전자 수를 통하여 A(Mg), D(O)임을 알 수 있고, B,C는 Na,Al중 하나이다. 원자 반지름 자료
를 통하여 B가 C보다 원자 반지름이 크므로 B(Na), C(Al)임을 알 수 있다.

ㄱ. 원자 번호는 C(Al) > B(Na)이다.

ㄴ. 같은 주기에서 이온화 에너지는 2족 원자가 13족 원자보다 크므로 A(Mg) > C(Al)이다.

ㄷ. Ne의 전자 배치를 갖는 이온의 반지름은 음이온인 O^{2-}가 양이온인 Na^+보다 크므로
　　B < D이다.

11 21학년도 9월 13번

정답 : ㄱ

O, F, S, Cl의 전기 음성도는 F(4.0) > O(3.5), Cl(3.0) > S(2.5)이므로
H(2.1)와 S(2.5)의 전기 음성도 차가 가장 작고 H(2.1)와 F(4.0)의 전기 음성도 차가 가장 크다.
위 자료들을 바탕으로 W(S), Z(F) 임을 알 수 있고,
W,Y는 같은 주기 원소라는 조건을 통하여 Y(Cl), X(O)임을 알 수 있다.
(사실 'W,Y는 같은 주기 원소라는 조건' 이 없어도 자료값을 암기한 경우 손쉽게 해결할 수 있다.)

ㄱ. 같은 족에서 원자번호가 작을수록 전기 음성도가 크다. 따라서 전기음성도는 X(O) > W(S)이다.

ㄴ. 원자 W~Z 와 수소(H)로 이루어진 분자의 분자식은 각각 H_2S, H_2O, HCl, HF이므로
    a=2, b=2, c=1, d=1 이다. 따라서 $a > c$이다.

ㄷ. YZ에서 전기 음성도는 Z > Y이므로
    Y는 부분적인 양전하(δ^+)를, Z는 부분적인 음전하(δ^-)를 띤다.

* 여러차례 이야기 하는 부분이지만 전기음성도의 자료값은 반드시 암기하도록 하자. 공부할 때 조금
  시간 투자해서 암기해 놓으면 수능 시험 실전에서 그만큼 더 시간을 아낄 수 있음을 명심하자!

12 21학년도 9월 19번

정답 : ㄱ

위와 같은 문제에서는 '가장 특징적인 원소'를 기준으로 생각하면 편하다.
위의 조건에서 Y에 관한 조건이 3가지이므로 이를 기준으로 생각해보자.
Y보다 원자 반지름이 큰 원자가 존재하므로 Y는 Na가 될 수 없다.
이온 반지름과 제1 이온화 에너지에서 Y보다 큰 원소가 2개 이상 존재하므로
Y는 금속원소여야 한다. 따라서 Y(Mg)이고, W(Na)임을 알 수 있다.
W(Na)의 제1 이온화 에너지가 가장 작으므로 ㉠은 제1 이온화에너지가 될 수 없으며,
이온 반지름이 된다.
또한 ㉡은 제1 이온화 에너지이며, Z의 값이 X보다 크므로 Z(N)이고 X(O)임을 알 수 있다.

ㄱ. ㉠은 이온 반지름이다.
ㄴ. 제2 이온화 에너지는 Y(Mg)〈 W(Na)이다.
ㄷ. 원자가 전자가 느끼는 유효 핵전하는 Z(N)〈 X(O)이다.

13 20학년도 7월 10번

정답 : ㄴ, ㄷ

A~E 는 각각 13,14,15,16,17 족 원소 이다.

A,B가 각각 13,14 족 원소인데 제2 이온화 에너지가 A < B이다.

A와 B가 같은 주기의 원소라면 제2 이온화 에너지는 A > B이어야 하지만 다른 자료값이 도출 되었으므로 A,B는 각각 다른 주기 원소이며 제2 이온화 에너지 값이 더 큰 B가 2주기, 제2 이온화 에너지가 더 작은 A 는 3주기 원소이다.

따라서 A(Al), B(C)라는 것을 알 수 있다. 또한 제2 이온화 에너지가 B > C이므로 C(P)임을 알 수 있으며 D,E가 16,17족 원소인데 제2 이온화 에너지가 D < E임을 통해 D(S), E(F)임을 알 수 있다.

ㄱ. 원자가 전자의 유효 핵전하는 A(Al) < C(P) 이다.

ㄴ. B(C)와 E(F)는 2주기 원소이다.

ㄷ. 제1 이온화 에너지는 C(P) > D(S)이다.

* 위 문제에서 임의의 원소를 지시하는 A,B,C,D,E를 실제 원소 B(붕소), C(탄소) 등과 혼동하여 순간적으로 선지판단에 오류를 범하는 사례가 종종 있으니 조심하길 바랍니다.

14 21학년도 6월 17번

정답 : ㄱ, ㄴ

2주기에서 제2 이온화 에너지는 2족 원소가 가장 작고 제3 이온화 에너지는 2족 원소가 가장 크므로 2주기 원소에서 $\dfrac{E_3}{E_2}$ 는 2족 원소가 가장 크다.

따라서 W~Z의 원자 번호는 연속이고 X는 2족 원소이므로,

W는 1족 원소, Y는 13족 원소, Z는 14족 원소이다.

ㄱ. 2주기에서 원자 반지름은 원자 번호가 작을수록 크다. 따라서 원자 반지름은 W > X이다.

ㄴ. 2주기 13족 원소와 14족 원소에 제1 이온화 에너지를 가하여 전자를 떼어낸 후 바닥 상태 전자 배치는 각각 Y^+: $1s^2 2s^2$, Z^+: $1s^2 2s^2 2p^1$이다. 제2 이온화 에너지를 가하여 두 번째 전자를 떼어낼 때 Z^+에서 에너지 준위가 높은 $2p$ 오비탈의 전자를 떼어내므로 Y^+에서 전자를 떼어낼 때보다 에너지가 적게 필요하다. 따라서 E_2는 Y > Z이다.

ㄷ. 2주기에서 제1 이온화 에너지는 1족 원소가 가장 작고 제2 이온화 에너지는 1족 원소가 가장 크므로 2주기 원소에서 $\dfrac{E_2}{E_1}$ 는 1족 원소가 가장 크다. 따라서 $\dfrac{E_2}{E_1}$ 는 W > Z이다.

15 20학년도 4월 11번

정답 : ㄱ, ㄷ

(나)에서 홀전자 수가 2이므로 (나)는 O이며 (라)에서 홀전자 수가 0이므로 (라)는 Mg이다.

(가)와 (다)는 F, Al중 하나이다.

원자가 전자가 느끼는 유효 핵전하 자료를 통하여 (가)는 Al, (다)는 F임을 알 수 있다.

ㄱ. (라)는 Mg이다.

ㄴ. 같은 주기에서 원자 번호가 클수록 원자가 전자가 느끼는 유효 핵전하는 증가하므로
   $x < 4.07$이다.

ㄷ. 같은 주기에서 원자 번호가 클수록 원자 반지름은 작아지고,
   같은 족에서 원자 번호가 클수록 원자 반지름은 커지므로 원자 반지름은 (가)(Al) > (다)(F) 이다.

16 20학년도 4월 17번

정답 : ㄱ, ㄷ

Z는 $E_1 < E_2 < E_3 \ll E_4$ 이므로 원자가 전자 수가 3인 Al이다.

같은 족에서 원자 번호가 클수록 이온화 에너지가 감소하므로 X(K)이며, Y(Na)이다.

ㄱ. X(K)이므로 원자가 전자 수는 1이다.

ㄴ. Y는 Na이다.

ㄷ. 같은 주기에서 원자 번호가 클수록 이온화 에너지는 대체로 증가하고,
   이온화 에너지는 Al > Na이므로 $a > 496$이다.

* 이온화 에너지를 해석할 때는 '예외구간' 과 '급격하게 상승하는 구간'을 고려하여 자료를 해석하길 바랍니다.

17 20학년도 3월 11번

정답 : ㄱ, ㄴ, ㄷ

$\dfrac{\text{제 2 이온화 에너지}}{\text{제 1 이온화 에너지}}$ 가 가장 큰 것은 1족 원소인 Na이다.

원자가 전자가 느끼는 휴효 핵전하는 같은 주기에서 원자 번호가 커질수록 커지므로
B(Al) > C(Mg)

ㄱ. 원자가 전자 수는 B(Al)가 가장 크다.

ㄴ. 원자 반지름은 A(Na) > C(Mg) 이다.

ㄷ. 제1 이온화 에너지는 C(Mg) > B(Al)이다.

18 20학년도 수능 15번

정답 : ㄴ

원자 번호가 8~13인 원소는 O, F, Ne, Na, Mg, Al이고 이 중 홀전자 수가 같은 원소는 F, Na, Al이므로 W, X, Y는 각각 F, Na, Al 중 하나이다.
또한 F, Na, Al의 전기 음성도는 $F > Al > Na$이므로
ⓛ은 전기 음성도이고 W는 F, X는 Na, Y는 Al이며 Z의 전기 음성도는 W보다 작고, X, Y보다 크므로 Z는 O이다. W, X, Y, Z의 이온반지름은 $Z > W > X > Y$이므로
㉠은 이온 반지름이다.

ㄱ. ㉠은 이온 반지름이다.
ㄴ. 제2 이온화 에너지는 제1 이온화 에너지의 값들을 왼쪽으로 1칸만큼 이동한 형태를 띄므로
　제2 이온화 에너지는 $Z(O) > W(F)$이다.
ㄷ. X는 Na, Y는 Al이므로
　원자가 전자가 느끼는 유효 핵전하는 원자 번호가 큰 Y가 X보다 크다.

* ㄴ선지의 경우 제n 이온화 에너지를 물어볼 경우,
　왼쪽으로 $n-1$ 만큼 이동해서 생각하는 것을 추천한다.

19 20학년도 수능 10번

정답 : ③

15~17족 원소들은 모두 같은 족에서 원자 번호가 커질수록 제1 이온화 에너지가 작아지므로 '같은 족에서 원자 번호가 커질수록 제1 이온화 에너지가 작아진다.'를 가설로 하여 탐구 활동을 했다면 가설은 옳다.

20 20학년도 9월 8번

정답 : ㄱ, ㄷ

원자 번호가 15, 16, 19, 20인 원자는 P, S, K, Ca이고
이온 반지름은 $P^{3-} > S^{2-} > K^{+} > Ca^{2+}$이다. 따라서 A는 K, B는 P, C는 S, D는 Ca이다.

ㄱ. 주기율표에서 전기 음성도는 오른쪽 위로 갈수록 증가하므로(단, 18족 원소 제외)
　$C(S) > B(P) > D(Ca) > A(K)$ 순이다.
　따라서 A~D의 전기 음성도가 제시된 자료에 부합하므로 전기 음성도는 (가)로 적절하다.
ㄴ. 같은 주기에서 원자가 전자가 느끼는 유효 핵전하는 원자 번호가 클수록 증가하므로
　$D(Ca)$가 $A(K)$보다 크다.
ㄷ. 주기율표에서 원자 반지름은 왼쪽 아래로 갈수록 증가하므로 $D(Ca)$가 $C(S)$보다 크다.

21 20학년도 9월 14번

정답 : ㄱ, ㄴ, ㄷ

3주기에서 13족 원소인 Al은 $3s$오비탈보다 에너지 준위가 높은 $3p$오비탈에 전자가 채워지므로
제1 이온화 에너지는 2주기 원소인 Mg이 13족 원소인 Al보다 크다.

ㄱ. 원소 ㉠~㉣의 제1 이온화 에너지는 ㉡ > ㉠ > ㉢ > ㉣이다.
　　따라서 A는 ㉣, B는 ㉢, C는 ㉠, D는 ㉡이다.

ㄴ. C는 2주기 16족 원소인 ㉠, D는 2주기 17족 원소인 ㉡이므로 같은 주기 원소이다.

ㄷ. A는 3주기 13족 원소, B는 3주기 2족 원소인데,
　　3주기 원소 중 제2 이온화 에너지는 2족 원소가 가장 작고 제3 이온화 에너지는 2족 원소가 가장
　　크다.

　　따라서 $\dfrac{\text{제3 이온화 에너지}}{\text{제2 이온화 에너지}}$ 2족 원소인 B가 13족 원소인 A 보다 크다.

* $A(Al)$이고 $B(Mg)$이다. 제2 이온화 에너지는 $B(Mg) < A(Al)$이고,

제3 이온화 에너지는 $B(Mg) > A(Al)$ 이므로 $\dfrac{\text{제3 이온화 에너지}}{\text{제2 이온화 에너지}}$ 는 $B(Mg) > A(Al)$이다.

22 20학년도 6월 14번

정답 : ㄱ, ㄷ

A~C는 18족 원소가 아니므로 원자가 전자 수는 1~7 중 하나이다. $x-4 \geq 1$, $x+1 \leq 7$이다.
따라서 $x = 5$또는 $x = 6$이다.
$x = 5$일 때 A는 O, B는 Na, C는 P이고 홀전자 수는 각각 2, 1, 3이므로
원자가 전자 수와 홀전자 수가 같은 원자는 Na 1가지로 제시된 자료에 부합한다.
$x = 6$ 일 때 A는 F, B는 Mg, C는 S이므로 원자가 전자 수와 홀전자 수가 같은 원자는 없다.
따라서 A는 O, B는 Na, C는 P이다.

ㄱ. 주기율표에서 왼쪽 아래로 갈수록 원자 반지름이 크므로
　　원자 반지름은 $B(Na)$가 $A(O)$보다 크다.

ㄴ. 주기율표에서 전기 음성도는 오른쪽 위로 갈수록 크므로 $A(O)$가 $C(P)$보다 크다.

ㄷ. 같은 주기에서 원자가 전자가 느끼는 유효 핵전하는 원자 번호가 클수록 크다.
　　따라서 원자가 전자가 느끼는 유효 핵전하는 $C(P)$가 $B(Na)$보다 크다.

23   20학년도 6월 16번

정답 : ㄱ

원자 번호가 3, 4, 11, 12, 13인 원자는 각각 Li, Be, Na, Mg, Al이다.
제1 이온화 에너지는 Be > Li이고 Mg > Al > Na이며 Be > Mg이므로,
E는 제1 이온화 에너지가 가장 큰 Be이다.
또한 제2 이온화 에너지는 Li이 가장 크고 Na이 두 번째로 크므로 A는 Li, B는 Na이다.
따라서 A는 Li, B는 Na, C는 Al, D는 Mg, E는 Be이다.

ㄱ. 원자 번호는 B(Na)가 A(Li)보다 크다.

ㄴ. D(Mg)는 3주기 원소, E(Be)는 2주기 원소이다.

ㄷ. 제2 이온화 에너지는 Al > Mg이고, 제3 이온화 에너지는 Mg > Al 이므로
$\dfrac{\text{제3 이온화 에너지}}{\text{제2 이온화 에너지}}$ 는 C(Al)가 D(Mg)보다 작다.

24   19학년도 수능 13번

정답 : ㄴ, ㄷ

원자 번호 15, 16, 17은 3주기 원소, 원자 번호 19, 20은 4주기 원소이다.
원자 반지름은 같은 주기에서 원자 번호가 작을수록, 같은 족에서 원자 번호가 클수록 크므로
원자 반지름은 19 > 20 > 15 > 16 > 17이다.
또한 Ar의 전자 배치를 갖는 이온이 되면 이온의 반지름은 원자 번호가 작을수록 크므로
이온 반지름은 15 > 16 > 17 > 19 > 20이다.
제시된 자료에서 A, B는 반지름이 (나)>(가)이고, C, D, E 는 반지름이 (가)>(나)이므로
A~E는 각각 Ca, K, P, S, Cl 이다.

ㄱ. A, B의 반지름은 (나)가 (가)보다 크므로 (가)는 이온 반지름이다.

ㄴ. A는 Ca이므로 A이온은 $A^{2+}(Ca^{2+})$이다.

ㄷ. 3, 4주기 원소 중 전기 음성도가 가장 큰 것은 Cl이므로
A~E 중 전기 음성도가 가장 큰 것은 E(Cl)이다.

25   19학년도 수능 15번

정답 : ㄱ, ㄴ, ㄷ

원자 번호 9~13인 원소는 각각 F, Ne, Na, Al이고, 제2 이온화 에너지는
Na > Ne > F > Al > Mg이므로 V는 Mg, W는 Al, X는 F, Y는 Ne, Z는 Na이다.

ㄱ. Z는 Na이므로 1족 원소이다.

ㄴ. X는 F, Y는 Ne이므로 모두 2주기 원소이다.

ㄷ. 원자가 전자가 느끼는 유효 핵전하는 같은 주기에서 원자 번호가 클수록 크다.
따라서 Al인 W가 Mg인 V보다 크다.

26 19학년도 9월 7번

정답 : ③

학생A는 '3주기에서 원자 번호가 큰 원자일수록 항상 제1 이온화 에너지(E_1)가 크다.'로 가설을 설정하였으므로, 3주기 원소 중 원자 번호가 크지만 제1 이온화 에너지가 작은 원자가 있는지를 확인하여야 한다.

제1이온화 에너지는 같은 주기에서 원자 번호가 클수록 대체로 증가하지만,

2족과 13족, 15족과 16족 원소의 경우 원자 번호가 크지만

제1 이온화 에너지가 작으므로 가설에 어긋나는 비교 결과를 알아보려면

2족과 13족의 원소인 (나)와 (다), 15족과 16족 원소인 (마)와 (바)를 비교하여야 한다.

27 19학년도 9월 11번

정답 : ㄴ, ㄷ

원자 반지름은 $O < Al < Na$이고, 이온 반지름은 $Al^{3+} < Na^+ < O^{2-}$이므로,

$\dfrac{원자\ 반지름}{이온\ 반지름}$ 은 O가 가장 작다.

또한 이온의 전하는 $O : -2$, $Na : +1$, $Al : +3$이므로

$\dfrac{이온\ 반지름}{|이온의전하|}$ 은 Al이 가장 작다. 따라서 A는 Al, B는 Na, C는 O이다.

ㄱ. 같은 주기에서 원자가 전자가 느끼는 유효 핵전하는 원자 번호가 클수록 크므로,
　　원자 번호가 큰 A(Al)가 B(Na)보다 크다.

ㄴ. 전자 수가 같은 이온의 반지름은 원자 번호가 작을수록 크므로
　　C이온(O^{2-})이 A이온(Al^{3+})보다 크다.

ㄷ. 원자가 전자 수는 A(Al):3, B(Na):1, C(O):6이다.

28 19학년도 6월 13번

정답 : ㄱ, ㄴ, ㄷ

원자 번호 8, 9, 11, 12의 원소는 각각 O, F, Na, Mg이고 이온의 전하는 각각 -2, -1, +1, +2 이다.

또한 이온 반지름은 $O > F > Na > Mg$이므로 $\dfrac{\text{이온 반지름}}{|\text{이온의 전하}|}$ 은 Mg이 가장 작고 F이 가장 크며,

전기 음성도는 $B > C$이므로 $\dfrac{\text{이온 반지름}}{|\text{이온의 전하}|}$ 은 $O > Na$이다.

따라서 A는 Mg, B는 O, C는 Na, D는 F이다.

ㄱ. B는 O이므로 이온 반지름이 원자 반지름보다 크다. 따라서 $\dfrac{\text{원자 반지름}}{\text{이온반지름}} > 1$이다.

ㄴ. B는 O, D는 F이므로 전기 음성도는 D > B이다.

ㄷ. A는 Mg, C는 Na이다. 같은 주기에서 원자 번호가 증가할수록 원자가 전자가 느끼는 유효
핵전하는 크므로 A가 C보다 크다.

29 19학년도 6월 17번

정답 : ㄱ, ㄷ

2, 3주기 원자 중 전자가 들어 있는 p오비탈 수가 3 이하인 원자는 Li, Be, B, C, N, O, F, Ne, Na, Mg이고, 이 중 C 원자보다 제1 이온화 에너지가 작은 원자는 Li, Be, B, Na, Mg이 며, 홀전자 수는 각각 1, 0, 1, 1, 0이다. 홀전자 수가 0인 Be과 Mg은 같은 족 원소이며, 제1 이 온화 에너지는 같은 족에서 원자 번호가 작을수록 크므로 V는 Be, W는 Mg이다. 홀전자 수가 1인 Li, B, Na의 제1 이온화 에너지는 $B > Li > Na$ 이므로 X는 B, Y는 Li, Z는 Na이다.

ㄱ. X는 B이므로 13족 원소이다.

ㄴ. W는 Mg, X는 B, V는 Be인데, 원자 반지름은 같은 족에서 원자 번호가 클수록,
같은 주기에서 원자 번호가 작을수록 크므로 원자 반지름은 $Mg > Be > B$이다.
따라서 원자 반지름은 $W > V > X$이다.

ㄷ. X는 B, Y는 Li, Z는 Na이다. X~Z에 제1 이온화 에너지로 전자를 떼어내면
각각 Be, He, Ne과 같은 전자 배치가 되므로 제2 이온화 에너지는 $Y > Z > X$이다.

30   18학년도 수능 14번

정답 : ㄱ, ㄷ

2, 3주기 원소 중 원자가 전자 수와 전자가 들어 있는 전자껍질 수가 같은 원소는 2주기 2족 원소인 Be, 3주기 13족 원소인 Al이다.

또한 A와 B는 같은 족 원소이므로

A는 2주기 2족 원소인 Be이고, B는 3주기 2족 원소인 Mg이다.

또한 B와 C는 같은 주기 원소이고, 전기 음성도가 B > C이므로 C는 3주기 1족 원소인 Na이다.

ㄱ. 같은 주기에서 원자 반지름은 원자 번호가 클수록 작으므로 B가 C보다 원자 반지름이 작고, 같은 족에서 원자 반지름은 원자 번호가 작을수록 작으므로 A가 B보다 작다.

    따라서 A~C에서 원자 반지름은 A가 가장 작다.

ㄴ. 원자가 전자가 느끼는 유효 핵전하는 같은 주기에서 원자 번호가 클수록 크다.

    따라서 원자가 전자가 느끼는 유효 핵전하는 원자 번호가 큰 B가 C보다 크다.

ㄷ. A는 2주기 원소이므로 $n = 2$이며, 2주기에서 모든 원소 중 원자의 이온화 에너지가 A보다 작은 것은 2주기 1족 원소인 Li과 2주기 13족 원소인 B로 2가지이다.

31   18학년도 수능 10번

정답 : ③

원자 반지름은 같은 족에서 원자 번호가 증가할수록 커지고, 같은 주기에서 원자 번호가 증가할수록 작아진다.

1족 원소인 Li, Na, K, Rb의 원자 반지름을 조사하여 비교하였고,

17족 원소인 F, Cl, Br, I의 원자 반지름을 조사하여 비교하였으므로

학생 A는 같은 족에서 원자 번호가에 따른 원자 반지름의 주기성을 비교하고 가설을 설정하였다.

따라서 학생 A가 세운 가설은

'같은 족에서 원자 번호가 클수록 원자 반지름은 커진다.'가 가장 적절하다.

32 18학년도 9월 5번

정답 : ②

비금속 원소의 원자가 극성 공유 결합을 형성할 때 전기 음성도가 큰 원자가 공유 전자쌍을 더 세게 잡아당기므로 부분적인 (−)전하(δ^-)를 띠고, 전기 음성도가 작은 원자가 부분적인 (+)전하(δ^+)를 띤다. ② HF에서 F이, HCl에서 Cl가, ClF에서 F이 부분적인 (−)전하를 띠고 있다는 결과를 도출하고 가설이 옳다는 결론을 얻었으므로, 학생 A는 극성 공유 결합에서 전기 음성도가 더 큰 원자가 부분적인 (−)전하를 띤다는 가설을 세우고 탐구활동을 수행하였다.

① 원자 반지름은 Cl가 F보다 큰데 ClF에서 F가 부분적인 (−)전하를 띠므로 가설의 결론이 옳지 않다.
③ ClF에서와 같이 Cl는 자신보다 전기 음성도가 큰 원자와 결합을 하면 부분적인 (+)전하를 띠므로 가설의 결론이 옳지 않다.
④ 원자 간 원자량 차이는 HCl가 HF보다 큰데 전기 음성도 차이는 HF가 HCl보다 크므로 가설의 결론이 옳지 않다.
⑤ 탐구 활동에서 원자 간 전기 음성도 차이에 따른 부분적인 전하의 크기에 대한 결과가 없으므로 가설의 옳고 그름을 판단할 수 없으며, 일반적으로 원자 간 전기 음성도 차이가 커지면 부분적인 전하의 크기는 커지므로 가설의 결론이 옳지 않다.

33 18학년도 9월 13번

정답 : ㄱ, ㄷ

2주기 원자의 바닥상태 전자 배치에서 홀전자 수는 다음과 같다. 홀전자 수 : 1 0 1 2 3 2 1 0
또한 제1 이온화 에너지의 크기는 Li < B < Be < C < O < N < F < Ne 이다.

제시된 자료에서 홀전자 수가 2인 Y의 제1 이온화 에너지가 홀전자 수가 1인 X보다 크므로
Y는 14족 원소인 C이다. W~Z의 원자 번호가 연속이므로
W~Z는 Li, Be, B, C 또는 Be, B, C, N 중 하나에 해당된다.

ㄱ. Z의 홀전자 수(a)가 3이라면 제1 이온화 에너지는 15족 원소인 Z가 14족 원소인 Y보다 커야하므로 제시된 자료에 맞지 않다. 따라서 Z의 홀전자 수(a)는 이다.
ㄴ. 홀전자 수가 0인 W는 2족 원소이다.
　　2주기에서 제1 이온화 에너지는 2족 원소인 W가 1족 원소인 X와 13족 원소인 Z보다 크므로 $b > 1.5$다.
ㄷ. 제2 이온화 에너지는 같은 주기에서 2족 원소가 가장 작으므로
　　제2 이온화 에너지는 14족 원소인 Y가 2족 원소인 W보다 크다.

34   18학년도 9월 15번

정답 : ㄴ

비금속 원소는 $\dfrac{\text{이온 반지름}}{\text{원자 반지름}} > 1$이고, 금속 원소는 $\dfrac{\text{이온 반지름}}{\text{원자 반지름}} < 1$이다.

그림에서 A와 B는 $\dfrac{\text{이온 반지름}}{\text{원자 반지름}} < 1$이므로 모두 금속 원소이고,

는 $\dfrac{\text{이온 반지름}}{\text{원자 반지름}} > 1$이므로 비금속 원소이다.

따라서 C는 원자 번호가 17인 Cl이다.

4주기 1족과 2족에서 원자 번호가 클수록 이온 반지름이 작고,

원자가 전자가 느끼는 효 핵전하(Z^*)가 크므로 원자 번호가 클수록 $\dfrac{\text{이온반지름}}{Z^*}$ 가 작다.

따라서 A는 원자 번호가 20인 Ca, B는 19인 K이다.

ㄱ. 원자 반지름은 K > Ca > Cl이므로 B가 가장 크다.

ㄴ. 원자가 전자가 느끼는 유효 핵전하는 원자번호가 큰 A가 B보다 크다.

ㄷ. B는 K, C는 Cl이므로 1:1로 결합하여 안정한 화합물 KCl을 형성한다.

35   18학년도 6월 11번

정답 : ㄱ, ㄴ

순차적 이온화 에너지로 전자를 떼어낼 때 원자가 전자를 모두 떼어 낸 후,
그 다음 전자를 떼어 낼 때는 안쪽 전자껍질에서 전자가 떨어지게 되어
순차적 이온화 에너지가 급격히 증가하게 된다.

ㄱ. 순차적 이온화 에너지가 급격히 증가하기 직전까지 떼어 낸 전자 수는 원자가 전자 수와 같으므로,
원자가 전자 수가 x일 때 제 $x+1$ 이온화 에너지는 급격히 증가한다.

ㄴ. 원자에서 전자를 떼어 낼수록 전자 수가 감소하므로 남아 있는 전자의 유효 핵전하가 증가하여
전자를 떼어 내기 어려워진다.
따라서 순차적 이온화 에너지는 차수가 커질수록 증가하므로
Be의 순차적 이온화 에너지는 $E_3 > E_2$ 이다.

ㄷ. 제시된 실험의 탐구결과에서 알 수 있듯이,

$\dfrac{E_{n+1}}{E_n}$ 가 최대일 때의 n은 원자가 전자 수와 같으므로

$\dfrac{E_{n+1}}{E_n}$ 가 최대인 n이 6인 원자의 원자가 전자 수는 6이다.

36 18학년도 6월 10번

정답 : ㄴ, ㄷ

Ne과 같은 전자 배치를 갖는 이온(등전자 이온)의 반지름은 원자 번호가 클수록 작다.
따라서 이온 반지름은 $Mg^{2+} < Na^+ < F^- < O^{2-}$ 이므로
A는 Na, B는 Mg, C는 O, D는 F이다.

ㄱ. C는 O이다.

ㄴ. 같은 주기에서 원자가 전자가 느끼는 유효 핵전하는 원자 번호가 클수록 크다.
   B(Mg)의 원자 번호는 A(Na)보다 크므로
   원자가 전자의 유효 핵전하는 B(Mg)가 A(Na)보다 크다.

ㄷ. C는 O, D는 F이므로 모두 2주기 원소이다.

37 19학년도 10월 11번

정답 : ㄱ, ㄷ

전자 배치를 해석하면 X(Na), Y(N) 임을 알 수 있다.

ㄱ. X(Na)가 Y(N)보다 원자 번호가 크다.

ㄴ. 원자가 전자 수는 Y > X 이다.

ㄷ. 제2 이온화 에너지는 X > Y이다.

38 19학년도 10월 16번

정답 : ㄴ

A(Na), B(Al), C(O), D(F) 임을 알 수 있다.

ㄱ. 바닥 상태 원자의 홀전자 수는 C(O)가 가장 크다.

ㄴ. 원자 반지름은 B(Al)이 C(O)보다 크다.

ㄷ. 원자가 전자가 느끼는 유효 핵전하는 C(O)가 C(O) < D(F)이다.

39   19학년도 7월 8번

정답 : ㄱ

A, B, C는 F, Mg, N 또는 Na, O, Al 중 하나이다.
A보다 C가 이온 반지름과 원자 반지름이 모두 크기 때문에 A, B, C는 각각 F, Mg, N이다.
F, N은 이온 반지름이 원자 반지름보다 크고, Mg는 원자 반지름이 이온 반지름보다 크기 때문에
X는 이온 반지름이고 Y는 원자 반지름이다.

ㄱ. X는 이온 반지름이다.
ㄴ. 전기 음성도는 B(Mg) < A(F)이다.
ㄷ. C(N)은 2주기 원소이다.

40   19학년도 4월 9번

정답 : ㄱ

X는 $E_2 \ll E_3$이므로 2족인 Mg, Y는 $E_3 \ll E_4$이므로
13족인 Al, Z는 $E_1 \ll E_2$이므로 1족인 Na이다.

ㄱ. 제1 이온화 에너지는 X(Mg) > Z(Na)이므로 $a > c$ 이다.
ㄴ. 같은 주기에서 원자 번호가 클수록 원자 반지름이 작으므로 원자 반지름은 Y(Al) < X(Mg)이다.
ㄷ. 같은 주기에서 원자 번호가 클수록 유효 핵전하가 증가하므로
　　유효 핵전하는 Z(Na) < X(Mg)이다.

41   19학년도 4월 12번

정답 : ㄱ, ㄴ

W(N), X(O), Y(P), Z(S)이다.

ㄱ. W(N)는 2주기, 15족 원소 이므로 m, n은 각각 2, 15이다. 따라서 $m + n = 17$이다.
ㄴ. 전기 음성도는 같은 주기에서 원자 번호가 클수록, 같은 족에서 원자 번호가 작을수록 커지므로
　　전기 음성도는 X(O) > Y(P)이다.
ㄷ. 바닥상태 전자 배치에서 홀전자 수는 W(N), Z(S)가 각각 3, 2이므로 W가 Z의 1.5배이다.

42   19학년도 3월 10번

정답 : ①

홀전자 수가 1인 Li, B, F 중 제1 이온화 에너지는 F이, 제2 이온화 에너지는 Li이 가장 크다.
따라서 X(F), Y(B), Z(Li)이고 전기 음성도는 X > Y > Z 이다.

43 19학년도 3월 13번

정답 : ㄱ

이온 반지름이 $B^{3+} > A^{2+}$이므로 A는 2주기 2족, B는 3주기 13족 원소이고, $D^- > C^{2-}$이므로 C는 2주기 16족, D는 3주기 17족이다. 따라서 A(Be), B(Al), C(O), D(Cl) 이다.

ㄱ. A(Be)는 2주기 원소이다.

ㄴ. 원자 번호는 C(O)가 8이고, B(Al)이 13이므로 B > C이다.

ㄷ. 원자 반지름은 B(Al)이 D(Cl)보다 크다.

44 18학년도 10월 9번

정답 : ㄱ, ㄴ

X(C), Y(Na), Z(Mg)임을 알 수 있다.

ㄱ. 금속 원소는 Y(Na), Z(Mg) 2가지이다.

ㄴ. 홀전자 수는 X(C)가 2이고 Y(Na)가 1이므로 X가 Y의 2배이다.

ㄷ. 원자가 전자 수는 X(C)가 가장 크다.

45 18학년도 10월 10번

정답 : (가)

원자 반지름은 Na > Cl > F이고, 이온 반지름은 $Cl^- > F^- > Na^+$ 이다.

46 18학년도 7월 6번

정답 : ㄱ, ㄴ, ㄷ

자료를 해석하면 A(B), B(Mg), C(N), D(P) 임을 알 수 있다.

ㄱ. B는 Mg이다.

ㄴ. D(P)는15족 원소이다.

ㄷ. 원자가 전자가 느끼는 유효핵전하는 같은 주기에서는 원자번호가 클수록 커지므로 C(N)이 A(B)보다 크다.

47 18학년도 7월 10번

정답 : ㄱ, ㄴ, ㄷ

3주기 원소가 큰 값을 갖는 X는 원자 반지름, 2주기 원소가 큰 값을 갖는 Y는 전기 음성도이다.
원자 반지름은 같은 주기에서 원자 번호가 커질수록 작아지므로
원자 번호는 $A > B > C > D$가 된다.
이온의 전자 배치가 Ne이 되는 원소 중에서 원자 번호가 크면서
제1 이온화 에너지가 가장 작은 원소는 2주기에서 N,O이고 3주기에서는 Mg,Al이다.
따라서 $A(Al)$, $B(Mg)$, $C(O)$, $D(N)$이다.

ㄱ. Y는 전기 음성도이다.

ㄴ. A는 Al이고, C는 O이다.

ㄷ. A~D의 이온은 등전자 이온이다. 등전자 이온의 이온 반지름은 원자 번호가 커질수록 작아지므로
$A < B < C < D$이다.

48 18학년도 7월 13번

정답 : ㄴ

원자가 전자 수가 n일 때, $\dfrac{E_{n+1}}{E_n}$ 가 가장 크므로 A는 2족 원소, B는 13족 원소,

C는 16족 원소이다. C는 16족 원소이므로 원자가 전자 수가 6이다.
따라서 $A(Mg)$, $B(Al)$, $C(S)$ 임을 알 수 있다.

ㄱ. $C(S)$의 원자가 전자 수는 6이다.

ㄴ. 제2 이온화 에너지는 2족인 $A(Mg)$가 13족인 $B(Al)$보다 작다.

ㄷ. 바닥상태 전자 배치에서 홀전자 수는 B가 1개, C가 2개다.

49 18학년도 4월 8번

정답 : (라)

원자가 전자 수는 족의 일의 자리와 같고,
바닥 상태에서 전자가 들어 있는 전자 껍질 수는 주기와 같다.
주기율표 (가)~(마) 위치의 원소 중 바닥 상태에서 원자가 전자 수가 전자가 들어 있는 전자 껍질 수보다 큰 원소는 (라) 위치의 Si 이다.

50 18학년도 4월 10번

정답 : $X > Z > Y$

원자 반지름은 $K > S > Cl$이고, 전기 음성도는 $Cl > S > K$이므로 $X(K)$, $Y(S)$, $Z(Cl)$이다.
원자번호는 $X > Z > Y$이다.

51 18학년도 4월 13번

정답 : (다)

원자 번호가 7~14인 원소의 제1 이온화 에너지는 $Na < Al < Mg < Si < O < N < F < Ne$ 순으로
(가)~(마)는 각각 Al, Mg, O, N, F 이다.

이 중 $\dfrac{E_7}{E_6}$ 가 가장 큰 원소는 원자가 전자 수가 6인 (다)이다.

52 18학년도 3월 16번

정답 : ②

Ne과 전자 배치가 같은 2,3주기 원소의 이온 반지름은 원자 번호가 클수록 작다.
제1 이온화 에너지는 2족이 13족보다 크고, 15족이 16족보다 크다.
또한 A~D의 홀전자 수는 모두 다르므로
A~D 중 제2 이온화 에너지가 가장 작은 원소는 Mg이다.

53 18학년도 3월 19번

정답 : ㄷ

홀전자 수의 총합이 7인 세 원자의 홀전자 수는 각각 3,3,1 또는 3,2,2이므로
p 오비탈에 들어 있는 전자 수의 비가 $3:1$인 X,Y는 각각 N,B

또는 P,N이고 $\dfrac{\text{전자가 들어 있는 } p \text{ 오비탈 수}}{\text{전자가 들어 있는 } s \text{ 오비탈 수}}$ 가 1인 Z는 C,Na 중 하나이다.

따라서 X(P), Y(N), Z(Na) 임을 알 수 있다.

ㄱ. Z(Na)는 3주기 원소이다.
ㄴ. 홀전자 수는 X(P)와 Y(N) 모두 3으로 같다.
ㄷ. X(P)와 Z(Na)에 전자가 들어 있는 s 오비탈 수는 6으로 같다.

54 22학년도 3월 14번

정답 : ④

원자 반지름은 $Na > Mg > N > O > F$ 이므로 A~E는 각각 F, O, N, Mg, Na 이다.

ㄱ. 원자 번호는 B(O) $<$ A(F) 이다.
ㄴ. 원자가 전자가 느끼는 유효 핵전하는 오른쪽으로 갈수록 커진다. 따라서 D(Mg) > E(Na) 이다.
ㄷ. 제2 이온화 에너지는 $B(O) > C(N)$ 이다.

55 22학년도 4월 17번

정답 : ③

W, X는 같은 족 원소인데, 제1 이온화 에너지는 W > X 이므로 W는 2주기, X는 3주기 원소이다.
주기율표에서는 Z가 Y보다 오른쪽에 위치하고, 원자 반지름은 Z > Y이므로
Z는 3주기, Y는 2주기 원소이다.
같은 주기에서 원자가 전자 수가 1만큼 크지만
제1 이온화 에너지가 작아지는 경우는 a가 2 또는 5일 때이다.
W~Z는 18족 원소가 아니므로 $a = 2$ 이다.
따라서 W(Be), X(Mg), Y(B), Z(P) 임을 알 수 있다.

ㄱ. W(Be)는 2족 원소이다.
ㄴ. Z(P)는 3주기 원소이다.
ㄷ. 바닥상태 전자 배치에서 Y(B)의 홀전자 수는 1이다.

56 23학년도 6월 2번

정답 : ③

같은 주기에서 원자 번호가 커질수록 전기 음성도는 대체로 증가하고, 같은 족에서 원자 번호가 커질수록 전기 음성도는 대체로 감소한다.

ㄱ. 탐구 결과에서 같은 주기의 원자들은 원자 번호가 커질수록 전기 음성도가 증가하므로
　　'전기 음성도가 커진다' 는 ㉠으로 적합하다.
ㄴ. 전기 음성도는 O가 C보다 크므로 CO_2에서 C는 부분적인 양전하를 띤다.
ㄷ. PF_3에는 전기 음성도가 다른 P와 F가 공유 결합을 이루고 있으므로
　　PF_3에는 극성 공유 결합이 있다.

57 23학년도 6월 10번

정답 : ③

X는 E_2 에서 E_3가 될 때, Y는 E_3에서 E_4가 될 때, Z는 E_2에서 E_3가 될 때,
이온화 에너지가 크게 증가한다.
따라서 X와 Z의 원자가 전자 수는 2이고 Y의 원자가 전자 수는 3이다.
같은 족에서 이온화 에너지는 원자 번호가 작을수록 크고,
X와 Z는 같은 족이며 제1 이온화 에너지가 Z > X이므로 X는 3주기 원소, Z는 2주기 원소이다.
따라서 X(Mg), Z(Be) 임을 알 수 있다.
제1 이온화 에너지는 Z > Y > X 이므로 X(Mg), Y(B), Z(Be) 이다.

ㄱ. Y는 B 이다.

ㄴ. Z(Be)는 2주기 원소이다.

ㄷ. 원자가 전자 수는 Y(B) > X(Mg) 이다.

* 2022년 4월에서도 출제되었긴 하지만, B의 제1 이온화 에너지가 Be보다는 작고 Mg보다는 크다
는 내용이 꽤나 흔하게 출제된다. (외울 필요는 없지만 기억해두면 편하게 풀이를 이어갈 수는 있다.)

58 23학년도 6월 14번

정답 : ②

	N	O	F	Ne	Na	Mg	Al
홀전자 수	3	2	1	0	1	0	1
원자가 전자 수	5	6	7	0	1	2	3

W는 홀전자 수와 원자가 전자 수가 같으므로 W는 Na이고 $a = 1$이다.
X의 홀전자 수는 a로 1이므로
F 도는 Al이고, X가 Al이면 Al보다 제1 이온화 에너지가 작은 원자는 Na 1가지이므로
제1 이온화 에너지 X > Y > W의 자료에 부합하지 않는다.
따라서 X(F)이고, Ne의 전자 배치를 갖는 이온의 반지름에서
F^-보다 큰 이온은 O^{2-}와 N^{3-} 인데 Z의 홀전자 수는 $a+b$로 3을 초과할 수 없으므로
Y(O)이고, $b = 2$이며, Z의 홀전자 수는 3이므로 Z(N)이다.

ㄱ. Z(N)은 15족 원소이다.

ㄴ. 제2 이온화 에너지는 1족 원소인 W(Na)가 가장 크다.

ㄷ. 원자 반지름은 같은 주기에서 원자 번호가 작을수록 크므로 원자 반지름은 Z(N) > Y(O) 이다.

59 22학년도 7월 15번

정답 : ⑤

홀전자 수와 원자반지름의 비교에 관련된 자료에 공통적으로 Y가 들어가 있으니
Y를 중점적으로 자료를 해석해보자.
원자 반지름은 $Na > N > O > F$ 인데, Y, Z, W 중에 Y는 가장 원자 반지름이 큰데,
동시에 X는 Y보다 홀전자 수가 많아야 한다.
만약 $Y(N)$라면, N보다 홀전자 수가 많은 원자가 없으므로 모순이고 따라서 $Y(Na)$가 되어야 한다.
X는 $Y(Na)$보다 홀전자 수가 많아야 하므로 $X(O)$ 혹은 $X(N)$이어야 한다.
밑의 조건과 연동하여 사고해보면 $X(O)$임을 알 수 있다.
따라서 $W(F)$, $X(O)$, $Y(Na)$, $Z(N)$ 임을 구할 수 있다.

ㄱ. $X(O)$이다.
ㄴ. Ne의 전자 배치를 갖는 이온 반지름은 $Z(N) > Y(Na)$이다.
ㄷ. 원자가 전자가 느끼는 유효 핵전하는 $W(F) > Z(N)$이다.

60 23학년도 9월 2번

정답 : ①

원자 번호가 5~9인 원자는 B, C, N, O, F으로 모두 2주기 원소이다.
같은 주기에서는 원자 번호가 증가할수록 원자가 전자가 느끼는 유효 핵전하가 증가하며,
유효 핵전하가 커질수록 핵과 원자가 전자 사이의 전기적 인력이 증가하므로 원자 반지름이 작아진다.
따라서 ㉠으로 '작아진다'는 적절하다.
5가지 원소 중 원자 반지름이 두 번째로 큰 X의 원자 번호는 6이다.

61 22학년도 10월 5번

정답 : ④

ㄱ. HF에서 전기음성도는 F가 H보다 크므로 H는 부분적인 양전하를 띤다.
ㄴ. H_2O_2에는 O 원자 사이의 무극성 공유 결합이 있다.
ㄷ. CH_2O에서 C, H, O 사이의 산화수는 각각 0, +1, −2이다.

62 22학년도 10월 12번

정답 : ③

Ne의 전자 배치를 갖는 이온의 반지름은 $O > F > Mg > Al$이다.
원자반지름과 이온의 반지름 조건에 모두 X, Y가 있으므로
이들을 중점적으로 비교해보면 $W(Mg)$, $X(Al)$, $Y(O)$, $Z(F)$임을 구할 수 있다.

ㄱ. $Y(O)$이다.
ㄴ. 제1 이온화 에너지는 $W(Mg) > X(Al)$이다.
ㄷ. 원자가 전자가 느끼는 유효 핵전하는 $Y(O) < Z(F)$이다.

63 23학년도 수능 6번

정답 : ④

바닥상태 원자 $W \sim Z$의 원자 번호가 각각 8~14 중 하나이고, 모두 홀전자가 존재하므로
$W \sim Z$는 각각 O, F, Na, Al, Si 중 하나이다.

	O	F	Na	Al	Si
전자가 2개 들어 있는 오비탈 수	3	4	5	6	6

전자가 2개 들어 있는 오비탈 수의 비는 $X : Y : Z = 2 : 2 : 1$에서 (3, 6, 6) 쌍을 가지는 원소임을 알 수 있다.
따라서 X와 Y는 각각 Al, Si 중 하나이고, Z는 O이다.
전기 음성도는 W가 가장 크면 $Z(O)$보다 유일하게 전기음성도가 큰 $W(F)$가 되어야 한다.
X가 전기음성도가 가장 작으므로 $X(Al)$이고 $Y(Si)$이다.

ㄱ. $Z(O)$는 2주기 원소이다.
ㄴ. Ne의 전자 배치를 갖는 이온의 반지름은 $W(F) > X(Al)$ 이다.
ㄷ. 원자가 전자가 느끼는 유효 핵전하는 $Y(Si) > X(Al)$ 이다.

64 23학년도 수능 12번

정답 : ④

W와 X의 $E_5 \gg E_4$를 통하여 W와 X가 14족 원소임을 알 수 있다.

이온화 에너지는 W > X이므로 W가 2주기 원소이고, X가 3주기 원소임을 알 수 있다.

따라서 W(C), X(Si)이다.

원자 반지름은 X > Y이므로 Y(O)이면,

Z(P)이지만 원자 반지름은 P > O이므로 자료에 부합하지 않는다.

따라서 Y(P), Z(O) 이다.

ㄱ. X는 Si 이다.

ㄴ. W(C)는 2주기 원소이고 Y(P)는 3주기 원소이므로 서로 다른 주기 원소이다.

ㄷ. 제2 이온화 에너지는 Z(O) > Y(P)이다.

65 24학년도 6월 13번

정답 : ②

우선 문제에서 원자 W~Z가 바닥상태의 2주기 원소라고 하였기 때문에 ㉠을 $2s$와 $2p$로 한정 지을 수 있다.

㉠에 들어있는 진자 수가 3인 Z부터 확인해보자.

만약 Z의 ㉠이 $2s$라면 ㉠에 들어있는 전자 수가 3이 나오는 것이 불가능하다.

따라서 Z의 ㉠은 $2p$임을 알 수 있고 이에 따라 Z가 질소(N)임을 알 수 있다.

이후에 ㉠에 들어있는 전자 수가 1인 W와 X를 관찰해보자.

㉠에 들어있는 전자 수가 1이 나올 수 있는 경우의 수는 ㉠이 $2s$가 되었을 때 리튬(Li), ㉠이 $2p$가 되었을 때 붕소(B)로 총 2가지가 있다. 이 중에서 W가 X보다 유효 핵전하가 크기 때문에 W는 붕소(B), X는 리튬(Li)임을 확정 지을 수 있다.

마지막으로 ㉠에 들어있는 전자 수가 2인 Y를 관찰해보자.

㉠에 들어있는 전자 수가 2가 나올 수 있는 경우의 수는 ㉠이 $2s$가 되었을 때 베릴륨(Be), ㉠이 $2p$가 되었을 때 탄소(C)로 총 2가지가 있다.

이 중에서 Y의 유효 핵전하가 리튬(Li)보다 크고 붕소(B)보다 작다는 것을 고려하면

Y가 베릴륨(Be)임을 알 수 있다.

ㄱ. Y는 베릴륨(Be)이다.

ㄴ. 원자 반지름은 X(Li) > Z(N)이다.

ㄷ. 전기 음성도는 W(B) > Y(Be)이다.

66 24학년도 9월 11번

정답 : ③

문제에서는 $\dfrac{\text{제1 이온화 에너지}(E_1)}{\text{제2 이온화 에너지}(E_2)}$ 자료가 등장한다.

이는 지금까지 자주 출제되던 $\dfrac{\text{제2 이온화 에너지}(E_2)}{\text{제1 이온화 에너지}(E_1)}$ 의 역수 형태의 자료로 자료값들 간의 크기

비교를 진행할 때 기존에 보던 자료와 반대로 생각하면 된다.

예를 들어 $\dfrac{\text{제1 이온화 에너지}(E_1)}{\text{제2 이온화 에너지}(E_2)}$ 가 가장 작은 W가 주기가 변화하는 지점에 존재하는 리튬(Li)이다.

다음으로 $\dfrac{\text{제1 이온화 에너지}(E_1)}{\text{제2 이온화 에너지}(E_2)}$ 가 두 번째로 작은 X의 경우 이온화 에너지의 예외 구간에 걸쳐

있는 붕소(B)이다.

다음으로 남은 Y와 Z 중에서 Y가 제1 이온화 에너지가 더 크기 때문에 Y는 탄소(C)이고 Z는 베릴륨(Be)이다.

ㄱ. W는 리튬(Li)이다.

ㄴ. 원자가 전자가 느끼는 유효 핵전하는 Y(탄소) > X(붕소)

ㄷ. 원자 반지름은 Z(베릴륨)가 아닌 Y(탄소)가 가장 작다.

67 24학년도 수능 5번

정답 : ②

문제에서 주어진 이온의 전자배치 모형에 따라 X는 Na, Y는 O, Z는 S임을 파악할 수 있다.

ㄱ. X(Na)는 3주기, Y(O)는 2주기로 이 두 원자의 주기는 서로 다르다.

ㄴ. Y(O)와 Z(S)의 전기 음성도를 비교했을 때 Y > Z임을 알 수 있다.

ㄷ. '원자가 전자가 느끼는 유효 핵전하'는 같은 주기 내에서 원자번호가 클수록 크기 때문에 Z(S)의 '원자가 전자가 느끼는 유효 핵전하'가 X(Na)의 '원자가 전자가 느끼는 유효 핵전하'보다 크다는 사실을 알 수 있다.

68 24학년도 수능 15번

정답 : ④

C와 D를 관찰해보자 전기음성도는 C가 D보다 매우 크기 때문에 C는 O와 F중에 하나,
D는 Na, Mg, Al중에 하나라는 것을 확인할 수 있다.
만약 ㉠이 원자 반지름이라면 C의 원자 반지름이 D의 원자 반지름보다 클 수 없기 때문에
이는 모순이다.
따라서 ㉠은 이온 반지름임을 확정 지을 수 있다.
이후에 전기음성도와 제 2 이온화 에너지(E_2)에 관한 정보를 통해
A는 Na, B는 O, C는 F, D는 Al, E는 Mg라는 사실을 도출해낼 수 있다.

ㄱ. B는 산소(O)이다.

ㄴ. ㉠은 원자 반지름이 아닌 이온 반지름이다.

ㄷ. $\dfrac{\text{제3 이온화 에너지}}{\text{제2 이온화 에너지}}$ 는 E(Mg)가 D(Al)보다 크다.

69 2023년 10월 18번

정답 : ⑤

왼쪽의 표의 경우 Z의 ㉠의 자료값이 다른 원자들에 비해 급격히 크다.

이러한 양상으로 보아 ㉠이 $\dfrac{\text{제2 이온화 에너지}}{\text{제1 이온화 에너지}}$ 이고

그 값이 급격하게 큰 Z가 나트륨(Na)이라는 사실을 추론할 수 있다.

따라서 ㉡은 $\dfrac{\text{이온 반지름}}{|\text{이온의 전하}|}$ 이고,

㉡의 값이 가장 작은 Y가 알루미늄(Al)이라는 사실도 함께 추론할 수 있다.
이후에 문제의 조건에 따라 남은 원자들도 배치해주면 W가 플루오린(F),
X가 산소(O)임을 알 수 있다.

ㄱ. ㉠은 $\dfrac{\text{제2 이온화 에너지}}{\text{제1 이온화 에너지}}$ 이다.

ㄴ. W는 플루오린(F)이다.

ㄷ. 원자 반지름의 경우 Y(Al) > X(O)이다.